航天科技图书出版基金资助出版

空间太赫兹技术丛书

总 主 编 李凉海
副总主编 牟进超

太赫兹空间通信技术

牟进超　朱海亮　乔海东 等　著

中国宇航出版社

·北京·

图书在版编目（ＣＩＰ）数据

太赫兹空间通信技术 / 牟进超等著 . －－北京 : 中国宇航出版社，2023.10

（空间太赫兹技术丛书 / 总主编:李凉海;副总主编:牟进超）

ISBN 978 - 7 - 5159 - 2315 - 4

Ⅰ.①太… Ⅱ.①牟… Ⅲ.①电磁辐射－雷达－通信技术 Ⅳ.①TN958

中国国家版本馆 CIP 数据核字（2023）第 218178 号

责任编辑	侯丽平	**封面设计**	王晓武

出　版
发　行 　中国宇航出版社

社　址	北京市阜成路 8 号　**邮　编**　100830	**版　次**	2023 年 10 月第 1 版
	（010）68768548		2023 年 10 月第 1 次印刷
网　址	www.caphbook.com	**规　格**	787×1092
经　销	新华书店	**开　本**	1/16
发行部	（010）68767386　　（010）68371900	**印　张**	26
	（010）68767382　　（010）88100613（传真）	**字　数**	633 千字
零售店	读者服务部　　（010）68371105	**书　号**	ISBN 978 - 7 - 5159 - 2315 - 4
承　印	北京中科印刷有限公司	**定　价**	200.00 元

本书如有印装质量问题，可与发行部联系调换

航天科技图书出版基金简介

航天科技图书出版基金是由中国航天科技集团公司于 2007 年设立的，旨在鼓励航天科技人员著书立说，不断积累和传承航天科技知识，为航天事业提供知识储备和技术支持，繁荣航天科技图书出版工作，促进航天事业又好又快地发展。基金资助项目由航天科技图书出版基金评审委员会审定，由中国宇航出版社出版。

申请出版基金资助的项目包括航天基础理论著作，航天工程技术著作，航天科技工具书，航天型号管理经验与管理思想集萃，世界航天各学科前沿技术发展译著以及有代表性的科研生产、经营管理译著，向社会公众普及航天知识、宣传航天文化的优秀读物等。出版基金每年评审 1～2 次，资助 20～30 项。

欢迎广大作者积极申请航天科技图书出版基金。可以登录中国航天科技国际交流中心网站，点击"通知公告"专栏查询详情并下载基金申请表；也可以通过电话、信函索取申报指南和基金申请表。

网址：http：//www.ccastic.spacechina.com

电话：(010) 68767205，68767805

序　一

太赫兹技术是关系国家安全和社会发展的战略前沿技术，也是先进航天电子信息技术的典型代表以及载荷和信息装备更新换代的重要创新手段，特别是在遥感与深空探测、空天感知与攻防、空天通信与组网等领域具有不可替代的应用优势。

《空间太赫兹技术丛书》对太赫兹系统实现以及信号源、探测器、天线、芯片等关键技术进行了系统化梳理和体系化总结，其内容主要具有以下特点：一是应用与技术深度融合，注重需求导向、问题导向，更加聚焦太赫兹技术的空天应用场景，更加关注太赫兹技术对新型空间基础设施等国家重大战略工程的支撑作用；二是选题与章节全面系统，注重各分册主题和章节的顶层设计和逻辑自洽，丛书内容自成体系、可持续拓展；三是理论与工程有机耦合，概念和原理经过实践检验，技术方案注重工程适用性，有助于更好推进太赫兹技术应用落地；四是阐释与剖析新颖实用，结合研发经历清晰深刻地阐释概念、机理、原理，既适合工程技术人员参考，也可作为研究生教材或参考书。

丛书作者团队均在科研和工程技术一线工作，具有深厚的专业理论知识、丰富的科研攻关经历、突出的跨学科理解能力，善于发现工程中的科学问题和技术问题，能够运用多学科知识，以全新视角审视和解析前沿技术、提出创新解决方案，突破了一系列太赫兹关键技术难题，相关研究成果于 2022 年入选航天科技集团十大技术突破。

相信本套丛书的出版，能够进一步为我国空间太赫兹技术发展夯实理论基础，对太赫兹技术人才的培养起到积极作用，同时也能够推动太赫兹技术在空间科学与深空探测、新质目标探测与态势感知、通导遥空间基础设施体系等重要领域、重大工程中的应用落地。

中国科学院院士　于登云

序 二

电磁频谱既是服务社会发展和经济建设的自然资源，也是服务国家安全与发展的战略资源。电磁频谱域是唯一能够打通和连接陆海空天地理空间域的纽带和经络，同时也是支撑网络域实现的物理基础。开发利用新电磁频谱是掌握信息权优势、保障电磁空间安全的基石。

太赫兹作为最后一段被集中开发利用的电磁频谱，具有天然的制信息权优势。太赫兹技术在维护国家电磁频谱安全、保障信息主权优势方面具有举足轻重的地位。同时，它也是推动新一代空天信息技术进步的核心动力，为提升系统协同效能、增强通信和探测性能提供了坚实的创新基础。率先开发并利用好太赫兹频谱对于获取空天信息非对称优势、确保电磁空间安全具有重大意义。

《空间太赫兹技术丛书》聚焦于空天太赫兹系统与关键技术，从系统、模组、芯片、应用等方面对太赫兹技术进行了系统性梳理，论述视角新颖、章节架构设计合理，实现了理论、技术与应用需求的有机融合，主要具有三个方面特色：一、应用需求与技术供给紧密结合，突显问题导向和需求导向在技术创新发展中的核心地位；二、选题设置和章节架构强调顶层设计，体现了系统性与全面性；三、内容兼顾创新性和实用性，融入一线攻关宝贵经验，注重概念内涵、基本原理以及典型方案的阐释解读。

这套丛书不仅可以满足科研生产一线工作者的实际需求，也适合作为高校相关专业课程的重要参考资料。希望本套丛书的出版，对推动我国太赫兹技术的进一步发展起到积极作用，能够更好地促进太赫兹技术在电磁空间安全、装备协同体系应用、新型空间基础设施建设等领域的应用落地。

中国工程院院士 苏东林

丛书序

作为最后一段被集中开发利用的电磁频谱，太赫兹既是宝贵的频率资源也是重要的创新要素。太赫兹技术在提升通信速率与安全性、提高探测精度与时效性、获取非对称信息优势方面具有独特优势，在空天通信与组网、空天感知与攻防、遥感与深空探测等关键领域已展现出比较明确的应用价值，是推动空天信息技术发展进步的创新驱动力。为抢占技术制高点，世界主要国家纷纷加大对太赫兹技术的研发投入力度，以期率先突破核心技术，推动太赫兹技术的规模化应用和装备化发展。

发展太赫兹技术，并积极推动其在航天、国防等领域的广泛应用，对于构建空天信息产业的新发展格局、推动装备体系的升级换代、支撑新型空间基础设施的高质量建设至关重要，对于掌握信息权、空天权优势极为关键，对于建设航天强国和网络强国、支撑未来产业发展意义重大，是国家安全体系稳固构建和国民社会经济持续发展的创新技术支撑。

鉴于上述背景，我于2021年年初组织了一批工作在科研一线的青年骨干开始撰写《空间太赫兹技术丛书》。团队不仅具备扎实的理论基础，还拥有成功的项目实践经验，目前正处于创新创造力的巅峰时期，攻关的太赫兹项目于2022年入选航天科技集团十大技术突破（集团科学技术一等奖级别），成果也曾被《人民日报》专题报道过。

《空间太赫兹技术丛书》是团队结合自身研发经历和成功实践对太赫兹技术的一次全面梳理和系统性总结。在著书过程中，我们力求精准、严谨，力图以我们深刻的行业见解和独特的专业视角对太赫兹技术及其应用做一次深刻剖析和全面阐述。考虑到专题关键性和需求迫切性，《空间太赫兹技术丛书》将陆续推出《太赫兹空间通信技术》《太赫兹探测成像技术》《太赫兹信号产生与波束调控技术》《太赫兹检波天线芯片及其应用》等分册，涵盖系统、探测器、信号源、天线与波束调控、芯片等关键技术以及创新应用场景。

本套丛书旨在为相关专业人员提供学习和参考依据，并可作为实用的指导工具。我们期望这套丛书能对太赫兹领域的人才培养、基础研究和工程应用产生积极影响。我们也欢迎更多的专家学者、工程技术人员发挥自身研究特长，依托《空间太赫兹技术丛书》平台著书立说，持续丰富太赫兹技术与应用体系，为新型空间基础设施建设、武器装备与攻防体系升级等重大工程提供创新技术支撑，共同加快推进太赫兹技术的规模化应用进程。

李凉海

中国航天电子技术研究院总工程师

前　言

通信，作为一种战略性、基础性和先导性技术，是构建信息基础设施、完善跨域协同体系的核心支柱，是体系化推进应用场景创新的技术底座，在保障国家安全、支撑经济发展、促进民生改善等方面发挥着举足轻重的作用，是信息化、数字化、智能化时代获取战略制高点的关键支撑。太赫兹通信技术凭借其频率资源丰富、传输速率高、抗干扰性好以及系统体积重量小等优势，已在星间/星地高速安全链路、等离子体黑障高可靠通信、复杂电磁环境抗干扰通信以及未来移动通信、无线局域网等领域展现出应用价值，是提升空天通信组网体系能力、支撑新型空间基础设施建设、谋求空天信息权非对称优势的创新技术基础。

作者在过去十余年中一直从事太赫兹技术攻关研究，中后期又参与到体系设计建设工作中。从技术攻关到体系设计的角色转变，促使作者尝试在全书架构、内容取舍以及论述风格方面做一些探索和创新。相比于其他同类主题专著，本书主要突显三个方面特色：一是架构设计方面，不仅涵盖太赫兹通信系统涉及的关键技术，还有机融合了与太赫兹应用密切相关的组网技术和网络生态体系研究，突出应用导向、需求导向；二是内容取舍方面，不仅介绍了太赫兹系统和部组件关键技术，还针对性地介绍了一些太赫兹关键器件和芯片知识，争取做到知其然、知其所以然、知其所以必然；三是论述风格方面，尽可能用简明清晰的文字把深奥的原理和机理阐释清楚，突出知识点间的关联主线、技术发展的历史主线，争取做到复杂事情简单化、简单事情逻辑化。下面是撰写本书的三点基本考虑。

一是构建以应用和需求为导向的知识体系是可持续发展的基础。

信息爆炸给科研带来便利的同时，也导致大量碎片化知识充斥在日常科研工作中。过多的碎片化知识会干扰研究主线、降低研究效率。体系具有自洽闭环性和开放包容性，因此，构建知识体系可以将知识碎片有序且持久、有机且深度地耦合起来，实现新知识和旧知识的网络化重构，将其转化为有价值的资源，释放出 $1+1>2$ 的共生协同增益效能，进而形成应对复杂、开放、多元问题的合力。知识体系化可以帮助我们在有限时间和资源约束下迅速找到问题切入点并制定最优解决方案，可以帮助我们在面对全新领域时高效找出找准卡点、痛点和堵点并做出正确决策。

构建知识体系重在甄别要素并构建逻辑关系，从而使知识关联化、组成结构化。这就要求从繁杂的差异化表象中提取出共性特征进而使架构清晰化、主线简明化，特别需要注重构建符合事物客观发展规律的底层逻辑，进而使要素丰富但架构至简、内容深刻但阐述简明，支撑知识体系稳健且弹性可持续发展。因此，本书在架构设计方面首先探讨认知、理解和定位，再阐述理论、技术和创新，最后展望应用、发展和愿景，既注重技术本身也注重应用和发展，在顶层设计上突出准确的定位、完备的要素以及闭环的逻辑。

二是垂直贯穿物理底层和体系顶层知识是高质量解决问题的基础。

作者读研期间正值国内太赫兹技术发展起步阶段，当时承担的项目旨在解决太赫兹核心器件和芯片的自主可控问题。因此，作者有机会全程参与芯片的设计与制备，这段经历使作者对半导体微观机理和芯片制备过程有了深刻的感性认识。随后，作者在上述自研芯片基础上开发出太赫兹收发前端并完成初步应用演示；博士后期间，又针对前期工作开展了理论化研究。这段经历使作者对信息系统有了更为理性的认识。回国后，作者牵头并主笔完成了航天科技集团太赫兹技术综合论证；在项目攻关中，作者尝试将前期基础研究与实际应用需求结合起来，构建起以"器件→芯片→模块→系统"为主线的、自底而上的垂直化研发逻辑，成果于 2022 年入选航天科技集团十大技术突破，比较成功地验证了研发思路的有效性。

2021 年，作者开始参与攻防装备和对抗体系设计工作，后又因工作需要进入新型空间基础设施建设领域，在前期研发逻辑基础上新增了更为顶层的"体系"节点。如今站在"跨域融合复杂网络体系工程"层面反观过往研发经历，作者对物理底层研究和体系顶层研究有了更深刻的认识：器件物理层研究有助于理解内在机理，没有物理层积累则会导致应用层设计缺失稳健演进的根基；体系逻辑层研究有助于掌握发展规律，没有体系牵引则会导致物理层设计缺失高效优化的方向。因此，本书虽然以太赫兹通信系统技术为主题，但同时非常重视对关键物理机理的总结与阐释，尝试结合自身研发经历和理解认识将物理机理用简明的文字和清晰的图像阐释清楚。

三是微波和红外跨专业互融互通及其专业史总结是创新研发的源泉。

专业划分的精细化有助于研究的深入化，但也容易导致学问的片面化。太赫兹作为一段处于微波与红外之间的过渡频段，历史上就存在电学和光学两条研究途径。电学研究者通常视其为微波向更高频率的拓展，称之为亚毫米波；光学研究者则将其看作红外向更长波长的延伸，称之为远红外。然而，无论是亚毫米波还是远红外，研究对象是同一个。作者在开展太赫兹系统研发过程中，根据不同物理过程的实际特点，综合采用了电学和光学途径，利用固态电子学手段实现低功耗、高效率、高集成度变频功能，利用光学变换手段实现高效的导行波和自由空间波耦合与模式转换功能，成效比较显著，成果曾被《人民日报》报道并荣获航天科技集团创新创意银奖。所以，作者认为，在开展太赫兹技术研究时，不应该人为主观地设置学科边界，而应强调需求导向和问题导向，通过融汇贯通多学科知识、灵活运用跨专业技术推动太赫兹技术的创新发展与应用落地。因此，作者在技术方案取舍方面秉承一视同仁的态度，选取具有应用价值和启发意义的电学和光学途径案例，期望给读者带来帮助。

　　除了跨专业互融互通外，全面了解专业发展历史对于深刻理解概念并预判发展趋势至关重要。当前，电学和光学虽然是相对独立的两个发展分支，但通过总结梳理专业发展史可以发现两者有很多同宗同源的概念，可以互融共通、辩证统一地灵活运用。同时，作者也感悟到技术发展的阶段性和时代性。一项新技术需经历认知、实践、再认知、再实践的螺旋上升过程。新技术能否实现规模化应用，不仅取决于其技术成熟度，还受当时的社会经济发展水平、被服务对象的认知程度等因素影响，只有把握好时间窗口才能真正使新技术作用于社会经济发展的贡献最大化。这非常考验技术人员的战略预判力，而预判力的形成是以科学技术史为基础的。因此，本书对太赫兹技术及其相关学科专业、应用生态的发展历程做了比较系统的梳理和提炼，力求将太赫兹技术融入科学技术历史格局中，希望能够为读者带来一些启发。

　　基于上述认知和考虑，作者将全书设计为三大板块，共9章。

　　第一板块包含第1章，主要探讨认知、理解和定位。第1章主要介绍太赫兹技术的基本概念，以电磁频谱开发利用和电磁空间发展运用为出发点，回顾了相关技术的发展历程，梳理出太赫兹通信技术的典型应用场景。

　　第二板块包含第2章到第6章，主要阐述理论、技术和创新。第2章从系统构成、关键性能指标、链路预算以及典型系统案例四个方面，对太赫兹通信系统技术进行了系统性阐述。第3章聚焦于太赫兹通信天线技术，着重介绍了在实际通信工程中广泛应用的喇叭、反射面、透镜和阵列等天线类型。第4章对太赫兹通信收发链路技术进行了深入阐述，重点介绍了收发链路架构，对工程中常用的源、探测器和放大器等模块器件进行了详细分析。第5章总结了太赫兹波在低层大气、等离子体等典型介质中的传播特性，详细阐述了太赫兹传输线和调控技术。第6章介绍了编码与调制技术，包括信源编码、信道编码、调制与解调以及信道估计与均衡技术。

　　第三板块包含第7章到第9章，主要展望应用、发展和愿景。第7章对通信组网相关技术进行了系统性梳理，涵盖了复用与多址、交换与路由、协议与标准、数据链、无线传感器网络以及安全与抗干扰等多个方面。第8章对空间平台与运行控制技术进行了介绍，包括轨道与星座、卫星平台、地面测控以及信关站等关键要素，这些要素是太赫兹空间通信系统及其应用体系的设计约束和实现支撑。第9章对卫星通信网、因特网、移动通信网和物联网等四类网络生态系统的概念及其演进历程进行了总结，深入探讨了太赫兹通信技术在支撑天地融合组网发展中的有益价值。

　　全书由牟进超负责章节架构设计和内容统稿。第1章由牟进超撰写；第2章由牟进超、乔海东撰写；第3章由刘娣、朱海亮、牟进超撰写；第4章由乔海东、牟进超撰写；第5章由朱海亮、牟进超、刘娣撰写；第6章由乔海东、牟进超撰写；第7章由牟进超、乔海东撰写；第8章由牟进超、乔海东、朱海亮撰写；第9章由牟进超撰写。

　　本书主要面向信息类工程技术和管理人员，可作为太赫兹相关课程的研究生教材或参考书。本书的出版得到了航天科技图书出版基金和北京市科技新星计划的大力支持与资助，在此表示衷心的感谢！

本书成稿于 2022 年新旧交替之际，是作者在过往学习和科研经历基础上对太赫兹通信技术所做的一次系统化全口径总结。由于作者水平有限，书中难免存在不足之处，恳请读者批评指正。

年进超[*]

---

[*] 作者系博士，正高级工程师，现任职于中国星网网络创新研究院有限公司，担任中国宇航学会空间激光与太赫兹专委会委员、中国电子学会太赫兹分会委员，入选 2020 年"北京市科技新星计划"。

目　录

第1章 总 述

通信技术的发展离不开电磁频谱的开发利用。作为最后一段被集中开发利用的电磁频谱，太赫兹在未来空间通信领域具有广阔的应用前景。

1.1 电磁频谱的基本概念

1.1.1 电磁频谱与电磁空间

电磁频谱是指按电磁波频率（或波长）连续排列的电磁波族，按照频率从低到高或波长从长到短，通常划分为无线电波、微波、红外、可见光、紫外、X射线和γ射线，如图1-1所示。电磁频谱是电磁空间的运行主体，电磁空间是电磁频谱的体系化描述。电磁空间是建立在统一时空基准上，以幅度、频率、相位、极化等形式承载和传递信息的各频段电磁波集合，如图1-2所示。相比于电磁频谱概念，电磁空间概念更加强调电磁频谱的网络化、数字化、智能化运用，更加强调电磁频谱资源的有效管理和充分利用。

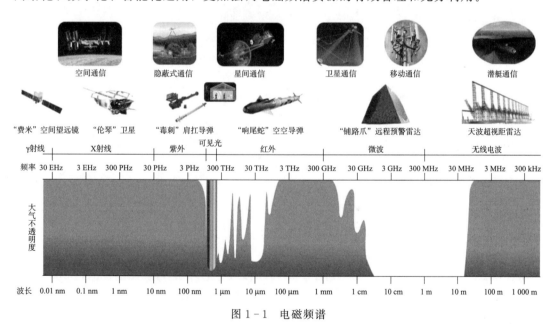

图 1-1 电磁频谱

1.1.2 电磁频谱的资源属性

电磁频谱既是服务于社会发展和经济建设的自然资源，也是服务于国家安全与装备发展的战略资源。民用方面，电磁波是信息与能量的载体，既充满了空间但又不占用实体空

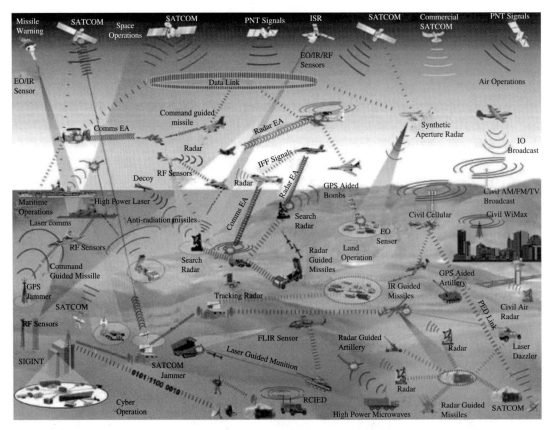

图 1-2　电磁空间（来源：美国国防部电磁频谱战概念图）

间，是实现无线信息与能量交互的理想途径；电磁频谱的开发利用是通信技术发展的基础和前提。军用方面，电磁频谱域是唯一可以打通和连接陆、海、空、天多个作战域的纽带和经络，是逻辑域（网）的物理基础。制电磁权是现代战争的前提要素，确保电磁空间安全是保障国家领土安全的基石。电磁频谱具有以下三个主要特点：

一是电磁频谱具有自然资源的无限性和人工使用的有限性。电磁频谱频率范围覆盖从 1 Hz 以下到 10^{25} Hz 以上，因此，电磁频谱资源从理论上来说是取之不尽、用之不竭的。但是，在实际应用中，受到应用环境、业务场景、技术条件等多因素条件约束，电磁频谱资源的可用范围十分有限。以卫星频率资源为例，国际电信联盟（International Telecommunication Union，ITU）对于卫星频段和轨道的规划遵循"先登先占"原则，在频轨有限但通导遥卫星数量激增的形势下，频率资源成为新型空间基础设施建设的重要战略资源。

二是电磁频谱具有空间传播的自由性和开发利用的主权性。电磁波在空间中的传播是相对自由的，主要由辐射源的方向性决定，不受国土疆域约束。但是，在一定的地理空间范围内使用电磁频谱必须遵守国际或所在国家的频谱管理政策。例如，由 ITU 制定的《无线电规则》（*Radio Regulations*）为世界各国在太空、空中、海上和陆地开展无线电业务制定了技术和规则框架，确保无线电频谱资源非冲突有效使用；我国工业和信息化部无线电管理局制定了《中华人民共和国无线电管理条例》，确保各种无线电业务正常进行，更加有效开发利用无线电频谱资源。

三是电磁频谱具有电磁环境的复杂性和电磁空间的协同性。电磁空间已经成为继陆、海、空、天、网之后的第六维空间。"陆""海""空""天"属于地理空间范畴，"网"属于逻辑空间范畴，"电磁"属于物理空间范畴。电磁空间作为物理基础，贯穿了地理空间和逻辑空间，如图 1-3 所示。电磁环境是在一定时空范围内的电磁活动和现象总和，是电磁空间的一种表现形式。电磁环境通过电磁辐射强度在时间、空间、频率域的分布展现出来，在信息化、网络化、体系化时代呈现出空域信号密集、时域动态变化、频域资源拥挤等复杂特征。以战场为例，双方能够在复杂电磁环境中实现侦察与反侦察、干扰与反干扰、摧毁与反摧毁等博弈，构成以电磁空间协同为主导的空间域和逻辑域，这也是世界主要国家持续演进电磁频谱作战概念的基本出发点，如图 1-4 所示。因此，谁率先开发利用了新电磁频谱，谁就拥有了信息主动权，谁就掌握了非对称优势。

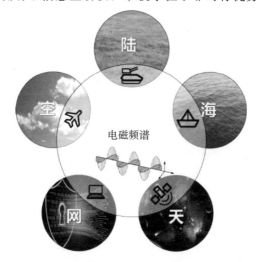

图 1-3 陆、海、空、天、网、电磁六域一体化

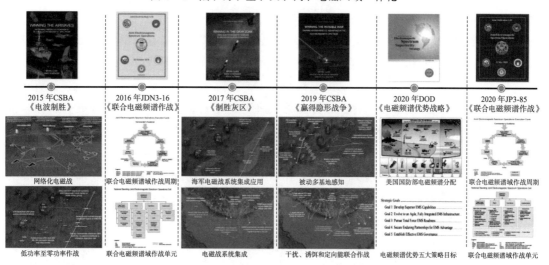

图 1-4 美军电磁频谱作战概念演进

1.1.3　电磁频谱的开发历程

电磁频谱是一种客观存在，根据频率由低到高或波长由长到短划分为无线电波、微波、红外、可见光、紫外、X射线和γ射线。历史上，电磁频谱的开发利用是按照可见光、红外、紫外、无线电/微波、X射线、γ射线顺序开展的，如图1-5所示。

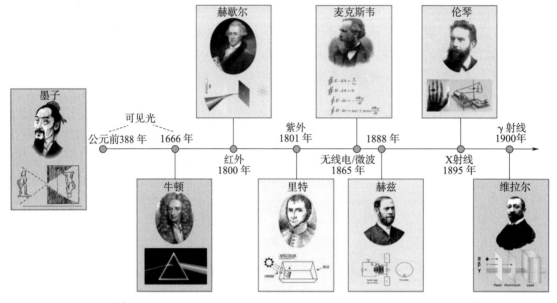

图1-5　电磁频谱发现开发历程

1）可见光是最早被研究和开发利用的电磁频谱。作为能够被人眼直接感知的电磁频谱，可见光技术是伴随着人类对自然资源的开发利用不断发展起来的。早在春秋战国时期，《墨经》就记载了小孔成像现象，指出光线沿直线传播的性质。到了16世纪以后，可见光技术从现象规律总结逐步向科学化研究方向发展，以英国物理学家牛顿（Isaac Newton）通过棱镜实验使太阳光折射出红、橙、黄、绿、青、蓝、紫多色光区为代表性事件，标志着可见光研究进入理论体系化构建和应用系统开发阶段。

2）红外是第二个被发现的电磁频谱。1800年，英国物理学家赫歇尔（William Herschel）在研究各色可见光的温度特性时，偶然发现了红光以外区域具有更高的测量温度值，由此推断在红光以外区域还存在一种不可见能量，当时称之为"热射线"（Caloric Ray）即后来的红外波段。

3）紫外是第三个被发现的电磁频谱。1801年，德国物理学家里特（Johann Wilhelm Ritter）将含有溴化银（AgBr）的照相底片放置于紫光以外区域后变黑，由此验证了紫外线的存在。

4）无线电/微波是第四个被发现的电磁频谱。1865年，英国物理学麦克斯韦（James Clerk Maxwell）预言了电磁波的存在，后来德国物理学家赫兹（Heinrich Rudolf Hertz）

于 1888 年通过电火花实验验证了电磁波的存在。

5）X 射线是第五个被发现的电磁频谱。1895 年，德国物理学家伦琴（Wilhelm Conrad Röntgen）在研究阴极射线时发现了一种能够使荧光屏发光但却无法用肉眼观察到的射线，由于当时并不清楚射线本质，故以数学上的未知数 X 命名为"X 射线"。

6）γ 射线是第六个被发现的电磁频谱。1900 年，法国物理学家维拉尔（Paul Villard）在研究镭辐射时观察到比 α 射线和 β 射线穿透力更强的 γ 射线。至此，电磁频谱的主要波段分布情况被勾勒了出来。

1.2 通信与网络的基本概念

1.2.1 概念与内涵

广义上，通信是指一切传达信息的过程。从最早的肢体和语言交流、烽火传信、飞鸽传书，到电报和有线模拟电话，再到有线数字电话、卫星通信、因特网和移动电话，上述过程均属于广义通信的概念范畴。在工程技术中，通信特指利用电信号或光信号来传递信息的过程，是社会发展和科技进步的技术底座。

网络是指像网一样纵横交错的组织或系统，由若干节点和连接这些节点的链路构成，节点是用户和设备的抽象模型，链路是节点之间连接关系的抽象表述。网络化是指利用通信技术并按照一定规则把分布在不同地点的人机物互联起来，从而达到信息传输、资源分享的目的。网络是通信的高级应用形态，通信是网络的基础技术支撑。

1.2.2 技术重要性

通信技术是国民经济发展和国家安全保障的技术基础，在人类发展进程中具有十分重要的作用。

首先，通信是人类文明发展进步的加速器。通信的根本目的是信息交换，信息交换手段经历了四个阶段变革，如图 1-6 所示。1）工业革命之前，人类主要采用面对面的声音或手势交换实现近距离实时通信，采用非面对面的驿站和飞鸽传书、图画和文字交换等手段实现远距离非实时通信；2）第一次工业革命时期，蒸汽机的发明推动了火车、邮轮等交通工具的发展，可以实现跨国家、跨洲的非实时通信；3）第二次工业革命时期，电力的广泛应用推动了电报、电话等技术的发展，可以实现远距离的实时通信；4）第三次工业革命时期，计算机、芯片等信息技术的发展推动了因特网、卫星通信、移动通信等技术的发展，可以实现语音、文字、多媒体信息的广域及时交换。未来，人工智能（AI）、卫星网络等技术发展将为人们提供全域、全时、按需的网络化服务。

其次，通信是基础设施建设与社会经济发展的技术底座。基础设施是指为社会生产和居民生活提供公共服务的物质工程设施，是用于保证国家或地区社会经济活动正常进行的公共服务系统。通信手段变革促进了传统基础设施向着数字化、智能化、网络化、体系化方向发展，使基础设施的资源配置利用率更优、运营维护效率更高、用户体验感觉更好，

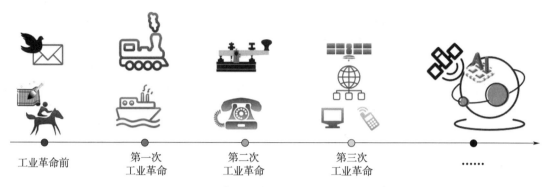

工业革命前　　　第一次　　　第二次　　　第三次　　　……
　　　　　　　工业革命　　　工业革命　　　工业革命

图 1-6　通信是人类文明发展进步的加速器

如图 1-7 所示。通信技术的发展与创新不仅能够提高效率、提升效能、提增效益，而且能够促进并加速新产业、新业态、新商业模式发展。

图 1-7　通信是基础设施建设与社会经济发展的技术底座

最后，通信是体系化作战效能倍增的技术支撑。"多域融合作战"与"跨域协同作战"是指涵盖"陆、海、空、天、网"等全部作战域，融合太空、网络、威慑、运输、电磁频谱、导弹防御等各种能力的联合作战体系。在信息化、网络化背景下，联合作战的各个要素被连接到同一个平台中，通信体系将不同的作战力量用数据的方式链接起来，各作战要素之间无缝链接、信息实时共享、指挥控制与武器装备火力控制一体化，使得体系化作战效能倍增，如图 1-8 所示。

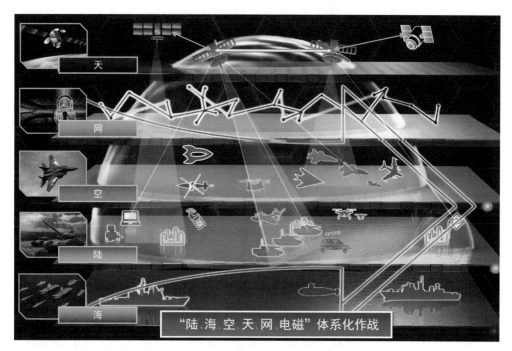

图 1-8　通信是体系化作战效能倍增的技术支撑

1.2.3　主要技术手段

目前，通信主要采用具有广覆盖优势的无线电/微波通信技术以及具有大容量高速率优势的激光通信技术（主要是红外波段），分别属于电通信和光通信范畴。

(1) 电通信

①频段划分

无线电波的频率范围为 300 kHz～300 GHz，微波的频率范围为 300 MHz～300 GHz，两者是包含与被包含关系，即微波是波长小于 1 m 的高频段无线电波。无线电/微波可以进一步细化为若干子波段，主要有两种划分方式：

一是根据十倍频程关系，划分为甚低频、低频、中频、高频、甚高频、特高频、超高频和极高频，如表 1-1 所示。进入微波波段，又根据波长量级可以分为分米波、厘米波和毫米波。

二是根据应用场景特点，分为 L 波段（1～2 GHz）、S 波段（2～4 GHz）、C 波段（4～8 GHz）、X 波段（8～12 GHz）、Ku 波段（12～18 GHz）、K 波段（18～27 GHz）、Ka 波段（27～40 GHz）、V 波段（40～75 GHz）、W 波段（75～110 GHz），如表 1-2 所示。上述波段是由 IEEE Std 521™—2019 标准定义的名称。在卫星通信中，还经常采用 Q 波段（36～46 GHz），是由 ISO 组织（International Organization for Standardization）定义的名称。

表 1-1　无线电/微波的子波段划分（按照倍频程关系）

频段名称	频率范围	波长范围	典型应用
甚低频 VLF	3～30 kHz	100～10 km	海岸潜艇通信 远距离通信 超远距离导航
低频 LF	30～300 kHz	10～1 km	越洋通信 中距离通信 地下岩层通信 远距离导航
中频 MF	300 kHz～3 MHz	1 km～100 m	船用通信 业余无线电通信 移动通信 中距离导航
高频 HF	3～30 MHz	100～10 m	远距离短波通信 国际定点通信 移动通信
甚高频 VHF	30～300 MHz	10～1 m	电离层散射通信 流星余迹通信 人造电离层通信 对航天器通信 移动通信
特高频 UHF （分米波）	300 MHz～3 GHz	1 m～10 cm	小容量微波中继通信 对流层散射通信 中容量微波通信 移动通信
超高频 SHF （厘米波）	3～30 GHz	10～1 cm	大容量微波中继通信 卫星通信
极高频 EHF （毫米波）	30 GHz～300 GHz	1 cm～1 mm	再入大气层通信 波导通信 星间通信

表 1-2　无线电/微波的子波段划分（按照应用特点分类）

频段名称	频率范围	典型应用
L 波段	1～2 GHz	移动通信 Band3 Inmarsat 海事卫星 导航卫星
S 波段	2～4 GHz	统一 S 频段测控 TDRSS 中继卫星
C 波段	4～8 GHz	统一 C 频段测控 Inmarsat 海事卫星
X 波段	8～12 GHz	卫星测控数传
Ku 波段	12～18 GHz	高通量卫星
K 波段	18～27 GHz	卫星测控数传
Ka 波段	27～40 GHz	高通量卫星

续表

频段名称	频率范围	典型应用
Q 波段 (ISO)	36～46 GHz	星间通信
V 波段	40～75 GHz	星间通信
W 波段	75～110 GHz	尚未正式应用于通信领域
F 波段	90～140 GHz	
D 波段	110～170 GHz	
G 波段	170～260 GHz	

②发展历程

有线电报是最早的远距离单工电通信手段，于 19 世纪 30 年代在英国和美国发展起来。1833 年，德国数学家高斯（C. F. Gauss）和德国物理学家韦伯（W. E. Weber）一起研制出一种电磁式电报机。1837 年，美国发明家摩尔斯（S. F. B. Morse）发展出一套字母和数字编码，即"摩尔斯电码"，如图 1-9 所示。1839 年，英国大西方铁路（Great Western Railway）架设了首条真正投入使用运营的电报线路。1850 年，世界上第一条电报传送海底电缆在法英之间的英吉利海峡成功铺设。

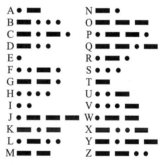

图 1-9　摩尔斯电报机和摩尔斯电码

有线电话是最早的远距离双工电通信手段，由美国发明家贝尔（A. G. Bell）于 1876 年发明。1878 年，贝尔首次实现了波士顿和纽约之间的 300 km 长途电话。同年，第一部商用磁石式人工电话交换机在美国纽哈芬投入使用。1891 年，世界上第一台步进制电话交换机成功发明并于次年投入使用，如图 1-10 所示。1909 年，德国西门子公司改进了步进制电话交换机。1919 年，瑞典工程师贝塔兰德和帕尔姆格伦共同发明了"纵横连线器"新型电话交换机，克服了步进制电话交换机滑动式连接磨损大、寿命短的问题。在此基础上，世界上第一个大型纵横制自动电话交换机于 1926 年在瑞典松兹瓦尔市投入使用。1938 年起，美、法、日等国陆续开通了 1 号纵横制自动电话交换系统。随着计算机、集成电路等技术的发展，贝尔于 1965 年成功研制出世界上第一台程控交换机——商用存储程式控制交换机 No.1 ESS（Electronic Switching System），本质上是由电子计算机控制的交换机。电话交换机技术的进步促进了复杂电话网络的发展，对后续互联网的发展也影响深远。20 世纪 60 年代，脉冲编码调制（PCM）技术得到了成功应用，进一步提升了通话质量和传输距离。1970 年，法国开通了世界上第一部程控数字交换机 E10，开始了"数字"交换新时代。从早期的人工交换到后来的自动交换、从早期的模拟电话到后来的数字电话，电子交换机和程控交换机的发展促进了现代公共电话交换网（Public Switched Telephone Network，PSTN）的发展。然而，随着数据通信需求的增加，PSTN 已无法满足应用需求。1972 年，国际电报电话咨询委员会（CCITT）提出综合业务数字网（Integrated Service Digital Network，ISDN）概念，可以同时提供电话业务和数据通信业务。20 世纪 90 年代，随着因特网技术的发展，IP 分组语音话音通信技术得到突破，VoIP（Voice over Internet Protocol）逐渐发展起来。

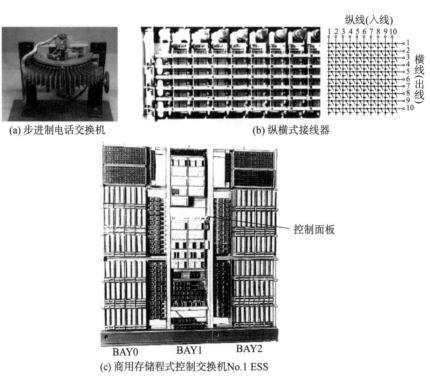

(a) 步进制电话交换机　　　　　　　　(b) 纵横式接线器

(c) 商用存储程式控制交换机No.1 ESS

图 1-10　交换机

有线电话网络和数字通信技术的发展推进了因特网的发展。1967 年，美国高级研究计划署（ARPA，后来的 DARPA）提出"分布式网络"ARPANET 构想。1969 年，ARPANET 第一期工程投入使用并逐步向大学和商务部门等非军事部门开放。1974 年，TCP/IP 协议正式提出，后来逐渐成为因特网的正式网络协议。1989 年，第一个 Web 服务器和第一个 Web 客户端软件成功研制。本书第 9 章详细梳理了因特网发展史。因特网是有线通信技术发展到一定阶段的高级产物。

有线通信技术发展的同时，无线通信技术也随着电磁波的深入研究逐渐发展起来。1865 年，英国物理学家麦克斯韦预言了电磁波的存在；1888 年，德国物理学家赫兹用实验证明了电磁波的存在，从此开启了无线电/微波的开发利用时代。1896 年，意大利无线电工程师和企业家马可尼（G. M. Marconi）实现了人类历史上首次无线电通信，通信距离为 30 m；次年，马可尼在英国海岸成功实现了跨海无线电通信试验，如图 1 - 11 （a）所示。二战时期，美国摩托罗拉公司开发出 SCR - 300 军用步话机，工作频段为 40～48 MHz，能够实现 12.9 km 远距离无线通信，如图 1 - 11 （b）所示。1973 年，美国摩托罗拉公司工程师库帕（M. L. Cooper）发明了移动电话。20 世纪 80 年代起，移动通信进入快速发展阶段并平均每十年更新换代一次。本书第 9 章系统性梳理了移动通信网发展史。移动通信网是无线通信技术发展到一定阶段的高级产物。

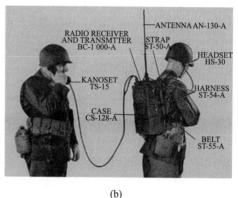

(a)　　　　　　　　　　　(b)

图 1 - 11　（a）马可尼无线电通信站；（b）SCR - 300 军用步话机

在无线电通信应用得到验证后，英国科幻作家克拉克（A. C. Clark）于 1945 年在《世界无线电》杂志上发表了《地球外的中继》一文，提出利用卫星通信实现全球通信的设想，如图 1 - 12 （a）所示。1958 年，美国发射了世界上第一颗试验通信卫星"斯科尔"（Score），利用星载录音磁带实现了异步电话和电报通信。1960 年，世界上首次通过"回声 1 号"卫星（Echo - 1）成功试验跨洋通信。1982 年，国际海事卫星系统正式开通，能够全面提供海事、航空、陆地移动卫星通信和信息服务，支持电话、传真、低速数据、高速数据及 IP 数据等多种业务类型，如图 1 - 12 （b）所示。1983 年起，跟踪与数据中继卫星陆续发展起来，能够为航天器与航天器之间、航天器与地面站之间提供高覆盖率数据中继、连续轨道跟踪与测控服务。2000 年以后，随着毫米波通信、点波束等技术发展，具有宽带传输业务能力的高通量卫星（High Throughput Satellite，HTS）逐渐发展起来。2020 年左右，以规模化星座为基础的卫星互联网系统迅速发展起来，开启了天地网络融合发展新阶段。本书第 9 章详细梳理了卫星通信网发展史。卫星通信网是卫星通信、移动通信网、因特网发展到一定阶段后的融合创新高级网络形态。

（2）光通信

①波段划分

光通信主要包括光纤通信和空间激光通信，通常工作于红外波段。红外的频率范围为 300 GHz～400 THz，对应波长为 1 mm～0.75 μm，通常划分为近红外、短波红外、中波红外、长波红外和远红外等波段，如表 1 - 3 所示。

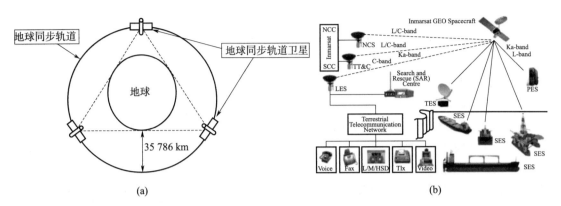

图 1-12　　(a)《地球外的中继》设想；(b) 国际海事卫星 Inmarsat

表 1-3　红外波段划分

波段	波长范围	频率范围	主要用途
近红外 NIR	750 nm～1.4 μm	214～400 THz	光纤通信 成像(夜视成像)
短波红外 SWIR	1.4～3 μm	100～214 THz	远距离光纤通信 空间激光通信
中波红外 MWIR	3～8 μm	37～100 THz	成像(光谱成像、红外制导)
长波红外 LWIR	8～15 μm	20～37 THz	成像(前视成像)
远红外 FIR	15～1 000 μm	0.3～20 THz	成像(透视成像、光谱成像)

　　最早的光纤通信系统采用 850 nm 波长多模光纤，属于近红外波段。随着单模光纤的发展和广泛应用，光纤通信系统的工作波长逐步过渡到 1 260～1 625 nm 低损耗区域，进入短波红外波段。根据应用情况，国际电信联盟（ITU）又进一步把 1 260～1 625 nm 波段细化成 O、E、S、C、L、U 六个波段，如表 1-4 所示。

表 1-4　ITU-T 光纤通信波段划分

波段	中英文全名	波长范围	频率范围
850 nm 波段	850 nm band 850 nm 波段	850 nm (770～910 nm)	389.6～329.7 THz
O 波段	original band 原始波段	1 260～1 360 nm	237.9～220.4 THz
E 波段	extended - wavelength band 扩展波段	1 360～1 460 nm	220.4～205.3 THz
S 波段	short - wavelength band 短波长波段	1 460～1 530 nm	205.3～195.9 THz
C 波段	conventional band 常规波段	1 530～1 565 nm	195.9～191.6 THz

续表

波段	中英文全名	波长范围	频率范围
L 波段	long – wavelength band 长波长波段	1 565～1 625 nm	191.6～184.5 THz
U 波段	ultra – long – wavelength band 超长波长波段	1 625～1 675 nm	184.5～179.0 THz

由于色散导致的信号失真最小、损耗最低，O 波段（1 260～1360 nm）是历史上第一个应用于光通信的波段，如图 1-13 所示。C 波段（1 530～1 565 nm）光纤损耗最低，在长距离光纤通信领域应用广泛，并且该波段器件的技术成熟度较高、产业链相对成熟，因此也是无线激光通信的主要波段。L 波段（1 565～1 625 nm）的损耗仅次于 C 波段，因而作为 C 波段的备份。E 波段衰减较高，因此应用较少。这里需要特别注意的是红外中的 L 波段、C 波段和 S 波段与微波中的 L 波段、C 波段和 S 波段并非同一概念。

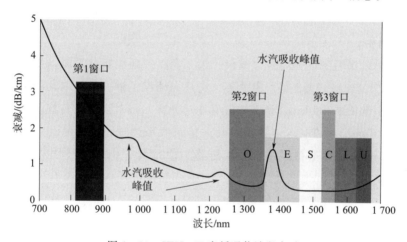

图 1-13　ITU-T 光纤通信波段衰减

② 发展历程

19 世纪 80 年代初，贝尔（Alexander Graham Bell）利用太阳光作为光源、大气作为传输媒质、硒晶体作为光接收器件，成功进行了"光电话"实验，通话距离为 200 m 左右，如图 1-14 所示。

1960 年，美国物理学家梅曼（T. H. Ted Maiman）发明了红宝石激光器，能够产生 694.3 nm 波长红光，这是世界上第一台激光器。1966 年，华裔物理学家高锟发表了光纤传输论文，预言通过降低玻璃纤维中的杂质可以将光纤损耗从 1 000 dB/km 降低至 20 dB/km。1970 年，美国康宁玻璃公司成功研制出世界上第一根低损耗石英光纤，损耗仅为 20 dB/km。激光器和低损耗光纤的发明为光纤通信的发展和应用奠定了技术基础。20 世纪六七十年代，光纤通信迅速发展起来，同时空间激光通信也逐渐开始理论研究和技术攻关。20 世纪 90 年代，空间激光通信逐渐应用于卫星通信。下面分别从光纤通信和空间激光通信两条主线介绍光通信技术的发展历程。

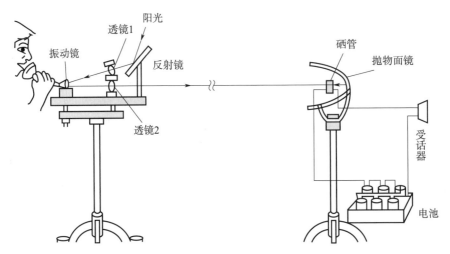

图 1 - 14　光电话示意图

（a）光纤通信

1976 年，贝尔实验室在亚特兰大铺设了第一套光纤通信实验系统，光缆含有 144 根光纤，速率为 44.7 Mbps。1988 年，美、英、法共同铺设了第一条跨越大西洋的海底通信光缆（TAT - 8），全长 6 700 km。该光缆含有 3 对光纤，每对光纤的传输速率为 280 Mbps，中继站距离为 67 km。次年，全长 13 200 km 的跨太平洋海底光缆建成。海底光缆从此取代了同轴电缆，成为洲际通信的主要有线链路。1996 年，由华裔科学家厉鼎毅发明的波分复用技术（WDM）正式走向商用，为后续 30 多年的光通信系统扩容升级提供了主要技术支撑。2003 年，国际电信联盟电信标准化组织（ITU - T）将千兆无源光网络（GPON）标准化，为后续宽带数字化发展奠定了基础。2004 年，英国伦敦大学学院泰勒（M. Taylor）首次提出基于数字信号处理（DSP）的相干光通信，为数字域补偿光信号失真提供了可行性依据。2011 年，美国贝尔实验室的温泽尔（P. Winzer）发表了空分复用技术论文，为成倍提高光纤系统传输容量奠定了理论基础。同年，阿尔卡特·朗讯公司首次将 100 Gbps 相干光技术商用化。2020 年，华为等公司发布了 800 Gbps 传输光模块，推动了 800 Gbps 超高速光纤通信的发展，将商用系统容量提升至 48 Tbps。

光纤通信是骨干网络的核心，其发展主要历经了五个代际：

第一代系统（1966—1976 年），采用 800 nm GaAs 激光器光源和多模光纤，传输速率为 45 Mbps，每 10 km 需要设置一个中继器。

第二代系统（1976—1986 年），采用 1 310 nm 波长单模光纤，传输速率为 140～565 Mbps，在无中继放大器条件下可以实现 100 km 传输。

第三代系统（1986—1996 年），采用 1 550 nm 激光器作为光源，通过掺铒光纤放大器（Erbium - Doped Fiber Amplifier，EDFA）和色散位移光纤（Dispersion - Shifted Fiber，DSF）等技术使传输速率提高至 10 Gbps，在无中继放大器条件下可以实现 150 km 传输。

第四代系统（1996—2009 年），采用波分复用（Wavelength Division Multiplexing，WDM）技术将传输速率提高至 10Tbps，传输距离达到 160 km。

第五代系统（2009 至今），工作波长延伸至 1 300～1 650 nm，引入光孤子技术，利用光纤非线性效应减小色散。

（b）空间激光通信

空间激光通信是星地/星间高速建链的重要手段。1979 年，美国喷气推进实验室（JPL）开始研究空间激光通信并于 1994 年成功研制出 830 nm 光通信演示系统（Optical Communication Demonstrator，OCD），采用开关键控调制（On‑Off Keying，OOK），数据率可达 250 Mbps。该系统采用焦平面阵列探测器和快速反射镜实现捕获瞄准跟踪（Acquisition，Pointing and Tracking，APT）。2000 年，JPL 在 OCD 基础上进行了改进，完成 45 km 地面通信试验。2001 年，欧空局的"半导体激光星间链路试验"计划（Semiconductor‑laser Inter‑satellite Link Experiment，SILEX）首次完成了高低轨星间激光通信试验，通信距离为 45 000 km，上行（低轨向高轨）速率为 50 Mbps，下行（高轨向低轨）速率为 2 Mbps。2013 年，NASA 的月球激光通信演示验证计划（Lunar Laser Communication Demonstration，LLCD）实现月地 400 000 km 激光双向通信试验，上下行速率分别达到 20 Mbps 和 622 Mbps，如图 1‑15 所示。

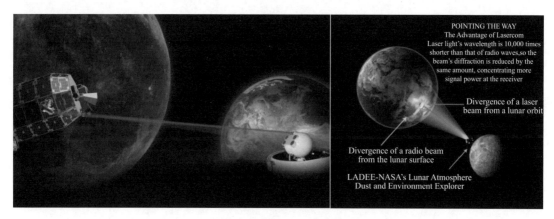

图 1‑15　LLCD 计划

1.2.4　技术发展趋势

（1）新频谱高频段开发利用

频谱资源既是推动无线通信与信息产业发展的核心保障，也是事关电磁领域作战的重要战略储备。目前，30 GHz 以下频率的无线电/微波已经得到广泛应用并且 6 GHz 以下频谱十分拥挤。此外，受到带宽限制，传统较低频段难以通过提高单节点能力和增加空间节点数量来提高系统整体容量。要实现高达 100 Gbps 甚至 1 Tbps 传输速率需要更大带宽，这就要求开发利用更高频率的电磁频谱。2018 年，我国工业和信息化部对 100～275 GHz 频段的地面固定和移动业务、星地业务、星间业务做出了划分规定；2019 年，

ITU 批准了 275～450 GHz 频段可用于地面固定和移动业务，详细情况见 1.4.2 节。开发利用太赫兹频段成为无线通信领域发展的主要方向之一。

(2) 多频段协同空天地融合

随着信息技术的不断发展，信息服务的地理空间范畴不断延展，各种天基、空基、海基、地基网络服务不断涌现，对多维综合信息资源的需求也逐步提升。空天地一体化网络可以为陆、海、空、天用户提供无缝信息服务，满足未来网络对全时全域互联互通的需求。国家"十四五"规划提出"建设高速泛在、天地一体、集成互联、安全高效的信息基础设施，增强数据感知、传输、存储和运算能力"，还提出要"打造全球覆盖、高效运行的通信、导航、遥感空间基础设施体系"。所谓"泛在"，是指任何人或物能够在任何时间、任何地点实现信息传输和资源共享。相比于传统各类网络，泛在网络的用户包含人机物，地理上涵盖陆、海、空、天的广域地理空间，时间上不受地理空间约束能够按需随时接入。相比于传统的单地理空间域网络，空天地一体化泛在网络的场景更为复杂。这就要求综合采用多频段、多体制通信技术，打造出有速度、有梯度、有密度的无线链路体系，以满足各类场景、各类用户的差异化应用需求。

1.3　太赫兹通信的基本概念

1.3.1　定义与内涵

太赫兹通信是指以太赫兹波作为载波实现信息传递和数据传输的技术手段。所谓"太赫兹波"，泛指位于微波和红外之间的一段电磁频谱，频率范围为 100 GHz～10THz，与微波的高频段和红外的低频段有交叠，如图 1-16 所示。

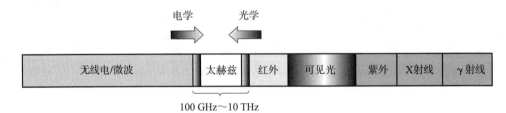

图 1-16　太赫兹波在电磁频谱中的位置示意图

关于太赫兹频率范围有若干不同定义，包括 100 GHz～3 THz[①]、300 GHz～3 THz[②]、100 GHz～10 THz[③]、100 GHz～30 THz[④]，均与传统的微波和红外波段定义有重叠。本书

① LUBECKE V M, MIZUNO K, REBEIZ G M. Micromachining for terahertz applications [J]. IEEE transactions on microwave theory and techniques, 1998, 46 (11): 1821-1831.

② SIEGEL P H. Terahertz technology [J]. IEEE Transactions on microwave theory and techniques, 2002, 50 (3): 910-928.

③ DRAGOMAN D, DRAGOMAN M. Terahertz fields and applications [J]. Progress in quantum electronics, 2004, 28 (1): 1-66.

④ TONOUCHI M. Cutting-edge terahertz technology [J]. Nature photonics, 2007, 1 (2): 97-105.

采用 100 GHz～10 THz 作为太赫兹频率范围的定义。

无论采用哪一种频段定义，太赫兹技术研究都可以分为由微波向高频拓展的电学途径以及由红外向长波长延伸的光学途径。太赫兹波可以被视为具有波动性的电磁波，也可以被视为具有一定温度的辐射，还可以被视为具有粒子性的光子。早期，太赫兹被微波领域和红外领域研究人员分别称为"亚毫米波"和"远红外"。

1.3.2 物理特征与传播特性

电磁波的物理特征和传播特性决定了应用特点，其中，物理特征决定了系统应用性能的上限，传播特性决定了系统应用性能的下限。物理特征包括频率、相位、波长、周期和能量等物理量，决定了通信系统的速率、集成度等指标；传播特征主要由电磁波与传播介质之间相互作用所导致的衰减或调制来表征，决定了通信系统的环境适应性以及在同等收发链路水平条件下的最大通信距离。两者共同决定了应用场景的适用性。

（1）太赫兹波的物理特征

物理特征可以从频率域、相位域、空间域、时间域和能量域五个维度进行描述，如图 1-17 所示。频率域物理量即为频率 f，反映了单位时间内的完整周期电磁波个数（单位是 Hz）。相位域物理量即为角频率 ω，反映了单位时间内的完整电磁波相位变化量（单位是 rad）。空间域物理量即为波长 λ，反映了一个完整周期的电磁波所对应的空间长度（单位是 m）。时间域物理量即为周期 T，反映了电磁波相位（0～2π）恢复到原始状态所需要的时间（单位是 s）。能量域物理量即为光子能量 E，是将电磁波视作粒子时的能量度量（单位是 eV）。表 1-5 给出了典型频率太赫兹波的物理特征数值。

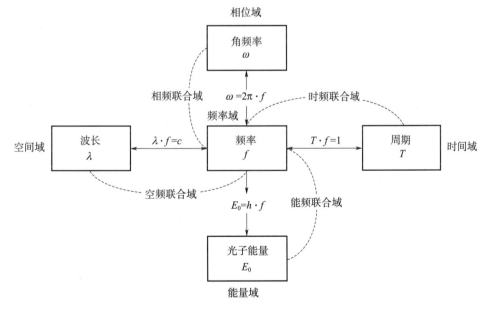

图 1-17 太赫兹波五域物理量模型

频率域与相位域、空间域、时间域和能量域之间具有一定的协作和制约关系，进而构成了相频、空频、时频和能频四个联合域。所谓"协作"，是指共进同退。例如，角频率 ω 与频率 f 之间是正比关系，有 $\omega = 2\pi \cdot f$，即频率越高则相位变化率越快，反之亦然；光子能量 E 与频率 f 之间是正比关系，有 $E = h \cdot f(h \approx 6.63 \times 10^{-34}$ J·s$)$，即频率越高则光子能量越高，反之亦然。所谓"制约"，是指此消彼长。例如，波长 λ 与频率 f 之间是反比关系，两者乘积为常数（光速），有 $\lambda \cdot f = c(c \approx 3 \times 10^8$ m/s$)$；周期 T 与频率 f 之间是反比关系，两者乘积为常数（1），有 $T \cdot f = 1$。

通信系统的基本作用是改变信号的物理特征以适应信道特征并以最佳性能传输。本书第 3 章将介绍用于导行波与自由空间波相互转换的天线；第 4 章将介绍用于信号频率变换和能量放大的收发链路；第 5 章将介绍引导或调整电磁波传输的传输线和调控器件。

表 1-5　太赫兹波的特征物理量

频率	角频率	周期/ps	波长	光子能量
100 GHz	$2\pi \times 10^{11}$ rad	10	3 mm	0.414 meV
220 GHz	$4.4\pi \times 10^{11}$ rad	4.55	1.36 mm	0.911 meV
340 GHz	$6.8\pi \times 10^{11}$ rad	2.94	0.88 mm	1.41 meV
500 GHz	$10\pi \times 10^{11}$ rad	2	0.6 mm	2.07 meV
850 GHz	$17\pi \times 10^{11}$ rad	1.18	0.35 mm	3.52 meV
1 THz	$2\pi \times 10^{12}$ rad	1	300 μm	4.14 meV
2.5 THz	$5\pi \times 10^{12}$ rad	0.4	120 μm	10.35 meV
4.5 THz	$9\pi \times 10^{12}$ rad	0.22	67 μm	18.63 meV
10 THz	$2\pi \times 10^{13}$ rad	0.1	30 μm	41.4 meV

（2）太赫兹波的传播特性

太赫兹波在传播过程中会与物质发生相互作用，导致衰减或调制现象。衰减是指由于分子、粒子的吸收和散射等因素，导致太赫兹波在宏观上表现出能量损耗。调制是指由于介质的非均匀性和各向异性等因素，导致太赫兹波在宏观上表现出折射、极化旋转、相位畸变等现象。衰减程度决定了系统的作用距离；调制决定了信号的失真程度。

太赫兹波的主要传播路径包括大气（例如，无线通信、遥感等应用）、等离子体鞘套（例如，黑障通信、高速飞行器本体探测等应用）、固体材料（例如，介质透镜天线、传输线等）三类。总体而言，太赫兹受到水分子、氧气分子等大气分子的吸收衰减影响，以及烟粒、尘埃、冰晶等固态微粒和水滴、云滴等液态颗粒的散射衰减影响。因此，太赫兹信号在潮湿环境、极性分子介质中衰减较大，在近真空环境、干燥空气、低密度等离子体（10^{13}/cm³ 量级以下）、非极性分子介质中的传播损耗较低。本书第 5 章将详细介绍太赫兹在典型介质中的传播特性。此外，为了提高太赫兹信号在信道中的传输效率并降低误码率，需要对传输信号进行调制和编码，本书第 6 章将介绍调制和编码的相关知识。

1.3.3　特点与优势

上述物理特征和传播特性决定了太赫兹通信具有以下应用优势，如图 1-18 所示：

1）可用频率资源丰富。作为最后一段被集中开发利用的电磁频谱，太赫兹频段可被分配的通信带宽更宽也更为灵活。

2）传输速率高容量大。太赫兹频率高于微波，容易实现更大绝对带宽，能够实现更高传输速率。

3）抗干扰性好更安全。太赫兹频段远离传统通信频段并且波束较窄，能够有效避免电磁干扰和空口干扰。

4）系统体积、重量小。太赫兹波长短于微波，天线和收发组件在相同电性能指标条件下体积、重量更小，因而系统集成度更高，更适合航天器、航空器和轻小型无人装备搭载。

尽管太赫兹通信系统具有上述优势，但必须辩证看待上述优点。在实际应用场景中，技术途径选择的本质是有限边界条件约束下的方案寻优问题。若边界条件发生变化，则最优解（即最优方案）也有可能发生变化。例如，微波通信具有广覆盖优势，建链或接入灵活性强，更适合高机动群协作指挥控制场景；激光通信具有高速率优势，更适合（较）静态点对点高速通信场景；太赫兹通信兼具覆盖和速率优势，适合高动态多合作对象高速通信场景，如图 1-19 所示。

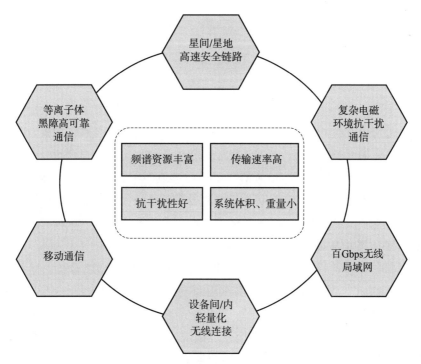

图 1-18　太赫兹的特点与应用前景

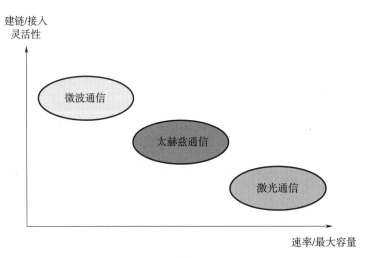

图 1-19　通信技术途径对比

注：在同等发射功率、接收灵敏度、调制解调方式、编码方式、信道环境和距离、复用方式等条件下。

1.3.4　应用前景

上述特点决定了太赫兹通信技术在星间/星地高速安全链路、等离子体黑障高可靠通信、复杂电磁环境抗干扰通信、未来移动通信、百 Gbps 无线局域网、设备间/内轻量化无线连接六个方面具有广泛的应用前景。

（1）星间/星地高速安全链路

新型空间基础设施建设以及人类向深空的探索离不开高速星间/星地通信技术。目前星间/星地链路通常采用微波/毫米波和光学链路。微波/毫米波具有建链/接入灵活的优势，但最高速率受限于可用带宽；光学链路具有高速率优势，但对跟瞄要求高。太赫兹链路兼具微波通信和光学通信的优点，并且波束窄、频率新，具有物理层安全性。此外，尽管太赫兹波在常规近地面环境中传输损耗高，但在干燥地区和中高空以上区域损耗很低，因而采用太赫兹通信机构建航天器与飞机之间、航天器与干燥地区地面站之间的通信链路具有较大潜力。目前，国际电联和我国工信部均划分了太赫兹频段用于星间和星地业务。因此，太赫兹通信技术是构建高时空动态卫星网络高速链路体系的潜力途径，如图 1-20 所示。

（2）等离子体黑障高可靠通信

进入大气层的返回舱以及临近空间高超声速飞行器与空气剧烈摩擦，导致飞行器头部前方产生激波。由于激波压缩和大气黏度作用，飞行器的动能转化为热能，使激波和飞行器之间的大气被加热到数千摄氏度，导致气体发生电离，由此在飞行器周围形成等离子体鞘套，如图 1-21 所示。等离子体鞘套会使电磁波衰减或反射，引起通信严重恶化甚至完全中断，称为"黑障"现象，此时无法对飞行器进行遥测遥控，成为影响航天员生命安全和精确打击任务成败的风险因素。太赫兹波的频率远高于等离子体鞘套的截止频率，能够以极低损耗和极小失真穿透等离子体鞘套。因此，太赫兹通信是解决黑障问题、实现高速

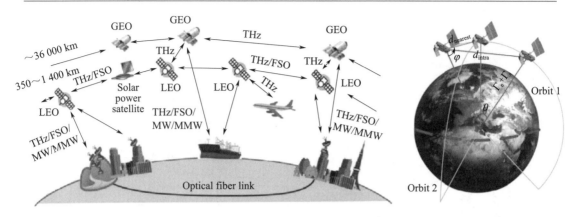

图 1-20 星间通信/星地通信应用场景

（①T NAGATSUMA，A KASAMATSU. Terahertz Communications for Space Applications ［C］. 2018 Asia-Pacific Microwave Conference（APMC）：73-75. ②K TEKBIYIK, et al. Reconfigurable Intelligent Surfaces Empowered THz Communication in LEO Satellite Networks ［J］. IEEE Access，2022，10：121957-121969.）

飞行器可靠通信的有效途径。

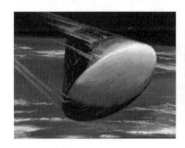

图 1-21 等离子体黑障高可靠通信应用场景

（3）复杂电磁环境抗干扰通信

在信息化战争中，由于作战双方使用的无线电设备种类和数量迅速增加、功率增大，加上作战区域内其他民用电磁设备以及自然界辐射源产生的电磁能量，导致战场电磁环境极为复杂，不仅直接影响战场信息的获取、传输、交换与处理，而且会严重影响和制约战场态势感知、指挥控制、武器装备效能发挥及部队的战场生存，如图 1-22 所示。太赫兹是远离现有装备工作频段的新电磁频谱。由于不同频率的正（余）弦波具有正交性，因此太赫兹通信与其他工作频段不会相互影响。此外，太赫兹通信波束窄，能够有效避免空口干扰。因此，太赫兹通信在复杂电磁环境中具有天然的抗干扰优势。

太赫兹通信技术在未来车联网、无人机协同等领域也具有广泛的应用前景。车联网是由车内网、车际网和车云网组成，通过无线通信实现信息交互的大系统网络。其中，车际网络是指以车辆、路侧单元以及行人为节点而构成的开放式移动自组织网络，通过结合全球定位系统以及无线局域网、蜂窝网络等无线通信技术建立无线多跳连接，为运动车辆提供高速数据接入服务，实现 V2X 信息交互。太赫兹通信带宽宽、速率高、系统体积小并且可以有效避免传统频段电磁干扰，因此被认为是构建车际网无线链路的有效手段，如图

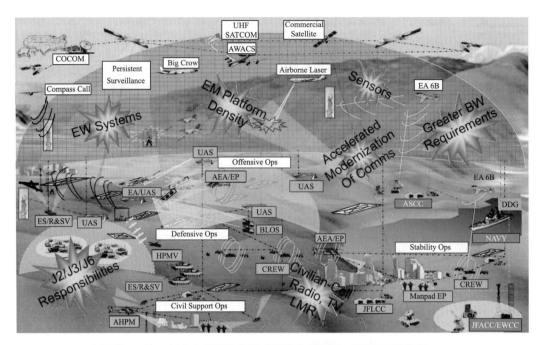

图 1-22　复杂电磁环境抗干扰通信应用场景（图源于互联网）

1-23 所示。类似的，太赫兹通信技术也可以应用于无人机协同场景，如图 1-24 所示。

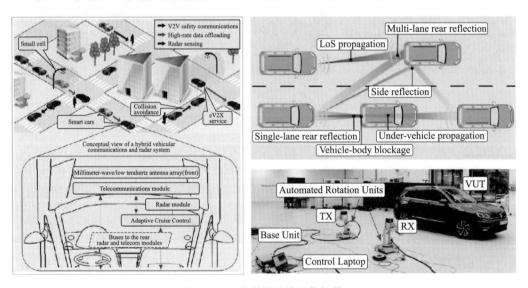

图 1-23　车联网无线通信场景

（①V PETROV，et al. On Unified Vehicular Communications and Radar Sensing in Millimeter - Wave and
Low Terahertz Bands [J]. IEEE Wireless Communications，2019，26（3）：146 - 153. ②J M
ECKHARDT，et al. Channel Measurements and Modeling for Low - Terahertz Band Vehicular
Communications [J]. IEEE Journal on Selected Areas in Communications，2021，39（6）：1590 - 1603. ）

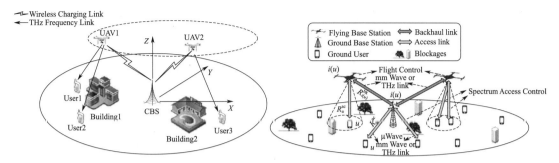

图 1 - 24　无人机通信场景

（①Q LI，A NAYAK，Y ZHANG，F R YU. A Cooperative Recharging - Transmission Strategy in Powered UAV - Aided Terahertz Downlink Networks ［J］. IEEE Transactions on Vehicular Technology，2023，72（4）：5479 - 5484. ②S KRISHNA MOORTHY，et al. ESN Reinforcement Learning for Spectrum and Flight Control in THz - Enabled Drone Networks ［J］. IEEE/ACM Transactions on Networking，2022，30（2）：782 - 795. ）

（4）移动通信

目前 IMT - 2020 描绘的 5G 网络，其峰值速率达到数十 Gbps、用户体验速率达到 0.1～1 Gbps、数据流量密度达到 Tbps/km² 量级。而全息通信、高质量视频会议、增强现实/虚拟现实、3D 游戏等未来通信业务应用对数据速率、时延和连接数等网络关键指标需求相比于 5G 将提升百倍。提升移动网络传输速率的有效途径之一是采用具有大带宽、高速率优势的太赫兹通信技术，如图 1 - 25 所示。国际电联于 2019 年批准了 275～450 GHz 范围内的四个频段可以用于固定和移动通信业务。中国联通于 2020 年发布的《太赫兹通信技术白皮书》、IMT - 2030（6G）于 2021 年发布的《太赫兹通信技术研究报告》等都对太赫兹在未来移动通信场景中的应用进行了描绘。

（5）百 Gbps 无线局域网

无线局域网（Wireless Local Area Networks，WLAN）具有带宽大、成本低、部署灵活等特点，可在局部区域为用户提供高速数据通信服务，目前主要工作频段为 2.4 GHz 和 5 GHz，最高速率可达 600 Mbps 以上。然而随着数字化社会建设进程加快，无线局域网的速率还需要进一步提高。IEEE 802.15 工作组曾建议过信息亭（Kiosk Downloading）应用场景，如图 1 - 26 所示，可以部署在火车站、机场、商场等公共区域以及公共交通工具上，实现多媒体信息的高速下载，如表 1 - 6 所示。德国 Real 100G 项目面向高速信息亭应用开展 200 GHz 以上硅基射频集成前端研究，完成了 100 Gbps 短距离无线通信演示，详情见 1.4.1 节。此外，一些研究机构已经面向机上娱乐（In - Flight Entertainment，IFE）和高铁上娱乐（In - Train Entertainment，ITE）应用场景开展了太赫兹通信技术研究，如图 1 - 27 所示。未来，太赫兹通信还可以应用于太空旅游、月球基地等场景，为太空旅客和航天员提供高速无线数据传输服务，如图 1 - 28 所示。

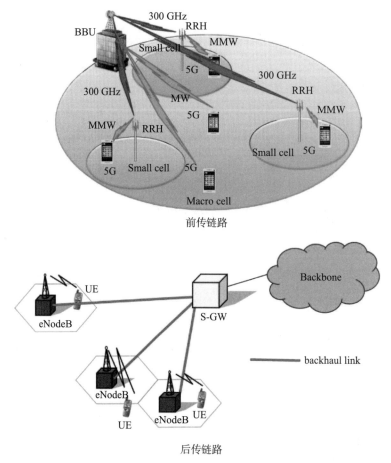

前传链路

后传链路

图 1-25　未来移动通信场景

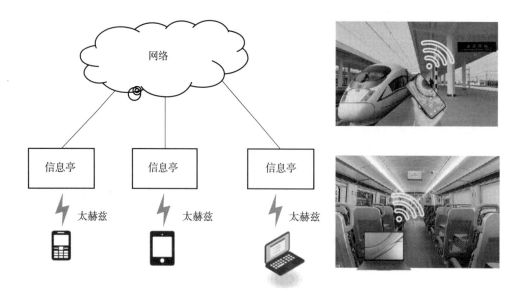

图 1-26　信息亭应用场景

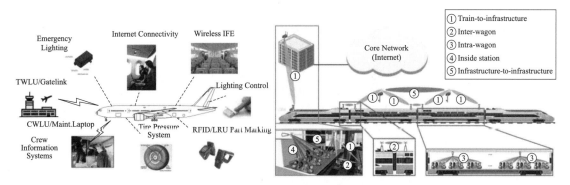

图 1-27 机上娱乐和高铁上娱乐应用场景

（K GUAN，et al. On Millimeter Wave and THz Mobile Radio Channel for Smart Rail Mobility ［J］.

IEEE Transactions on Vehicular Technology，2017，66（7）：5658 - 5674.）

图 1-28 太空旅游和月球基地应用场景

表 1-6 IEEE 802.15 分析的信息亭下载时长

（https：//mentor. ieee. org/802. 15/documents？is _ group＝003d&n＝5）

文件类型	文件大小/MB	下载时间/s				
		802.15.3 d (16QAM) 传输速率 4.6 Gbps	802.15.3 d (64QAM) 传输速率 6.9 Gbps	802.15.3 d (1024QAM) 传输速率 66 Gbps	TransferJet 传输速率 375 Mbps	802.11ac 传输速率 740 Mbps
图书	1	0.002	0.001	0.000 1	0.021	0.011
漫画	30	0.05	0.03	0.003	0.64	0.32
杂志	300	0.5	0.3	0.03	6.4	3.2
音乐(1 h)	60	0.10	0.07	0.007	1.3	0.65
电影(1 h)	450	0.8	0.5	0.05	9.6	4.9
电影(2 h)	900	1.6	1.1	0.11	19.2	9.7

续表

文件类型	文件大小/MB	下载时间/s				
		802.15.3 d (16QAM)	802.15.3 d (64QAM)	802.15.3 d (1024QAM)	TransferJet	802.11ac
		传输速率 4.6 Gbps	传输速率 6.9 Gbps	传输速率 66 Gbps	传输速率 375 Mbps	传输速率 740 Mbps
4K 短视频 (1 min)	263	0.5	0.3	0.031	5.65	2.8
4K 短视频 (5 min)	1313	2.3	1.5	0.15	28.0	14.2

注:1. 音乐:MP3(码率 = 128 kbps);

　　2. 电影:H.265(高清,码率 = 1 Mbps);

　　3.4K 视频:4K/60p,HEVC/H.265(码率=35 Mbps)。

(6) 设备间/内轻量化无线连接

设备间或设备内各组件之间采用高速无线连接,有助于提升链路配置灵活性、节约线缆占用空间、提升维护效率。IEEE 802.15 工作组曾建议了数据中心无线链路(Wireless Links in Data Centers)和设备内(无线)通信(Intra-device Communication)两类应用场景。

①数据中心无线链路

数据中心采用的有线连接属于静态链接,无法根据流量动态灵活配置网络体系结构和链路。此外,有线连接布局占用大量空间并且维护复杂。通过太赫兹无线链路连接,能够提升数据中心的运维效率,如图 1-29 所示。欧盟研究与创新框架计划"地平线 2020"(Horizon 2020)已经设立了 TERAPOD 项目,旨在开展太赫兹通信在数据中心无线建链应用方面的可行性研究,详细情况见 1.4.1 节。该应用场景可以推广应用到运载火箭、卫星等航天装备中。例如,运载火箭内部的上百根线缆重达数百千克,导致推进剂存储容量和载荷搭载重量无法有效提升。此外,错综复杂的电缆不仅耗费大量时间和人力来梳理检查,而且极易出现质量问题,制约了批产能力提升。采用太赫兹无线链路可以实现各类数据和指令的高效传输,并且由于其频段远高于现有装备工作频段,能够有效避免信号完整性问题。

②设备内无线通信

IEEE 802.15 工作组曾设想的应用案例之一是高清摄像机内的数据无线传输,如表 1-7 所示。对于 8 K 高清摄像机来说,分辨率为 4 320×7 680、帧频为 120 Hz、像素为 36 bit,则数据率为 143 Gbps。若采用太赫兹无线连接,则相比于传统有线电路连接,能够极大减少电路接口数量并提升电路板卡之间的连接灵活性。设备内组件无线连接的概念对于未来软件定义航天装备、硬件资源池化管理等具有重要意义,通过无线建链,能够更加灵活地管理调度资源,如图 1-30 所示。

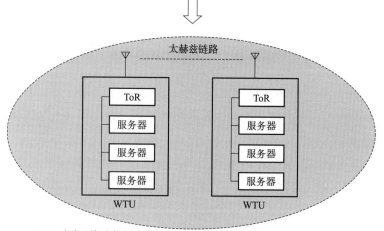

ToR：机架顶部交换机
WTU：无线终结单元

图 1-29 基于太赫兹链路的无线数据中心应用场景

表 1-7 摄像机数据率（IEEE 802.15 建议）

（单位：Gbps）

像素位数/bit	帧频/Hz	分辨率					
		720×1 280	1 080×1 920	1 440×2 560	2 160×3 840	2 880×5 120	4 320×7 680
24	30	0.664	1.494	2.654	5.971	10.610	23.887
24	60	1.327	2.985	5.304	11.934	21.206	47.774
24	120	2.654	5.971	10.610	23.872	42.420	95.548
36	30	0.995	2.238	3.977	8.948	15.900	35.830
36	60	1.990	4.477	7.955	17.898	31.804	71.660
36	120	3.980	8.955	15.913	35.804	63.623	143.320
48	30	1.327	2.985	5.304	11.934	21.206	47.774
48	60	2.654	5.971	10.610	23.872	42.420	95.548
48	120	5.308	11.943	21.222	47.749	84.887	191.096

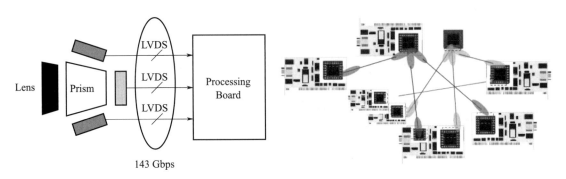

图 1-30　设备内通信场景（IEEE 802.15 建议）

1.4　太赫兹通信发展简史

1.4.1　技术发展情况

（1）历程概述

太赫兹位于微波与红外之间，是微波向高频的拓展、红外向长波的延伸。太赫兹频段的开发利用与微波和红外波段既有联系又有区别，既有继承又有创新。

太赫兹虽然是最后一段被集中开发利用的电磁频谱，但最早被发现是在 1878 年，如图 1-31 所示。1878 年，美国天文物理学家兰利（S. P. Langley）发明了能够检测出微小温差的测辐射热计（bolometer），并用测辐射热计发现了太阳光谱的远红外区域。

然而，在其后一百多年时间里，太赫兹波并未得到充分开发利用，主要原因可以从需求侧和供给侧两个方面解释。需求侧方面，从电磁频谱开发利用史可以看出，无线通信早期主要采用无线电/微波并随后拓展到激光通信，而成像和探测应用主要集中在可见光、红外和微波波段，基本满足当时应用需求，因此，对开发利用太赫兹频段提升通信速率或成像分辨率的迫切性不高。这导致太赫兹技术在相当长的一段时间内都没有得到足够重视。供给侧方面，器件材料和工艺水平约束了大功率太赫兹源和高灵敏度太赫兹探测器的发展，长期面临"微波技术途径频率上不去，红外技术途径频率下不来"的窘境，导致太赫兹无法满足远距离应用需求。

直到 20 世纪六七十年代，射电天文学的应用需求才进一步推动了太赫兹技术的发展。从 20 世纪 80 年代末起，大气遥感应用需求推进了星载和机载太赫兹探测技术发展。进入 21 世纪，随着微波、红外和可见光等技术日趋成熟，世界主要国家迫切需要开拓利用新电磁频谱以维护其制信息权优势，一方面期望通过太赫兹通信技术提升信息传输速率和时效性，另一方面期望通过太赫兹探测技术提升分辨率和防伪装/反隐身能力。在此历史背景下，太赫兹波及其相关技术成为各国争相发展的前沿技术之一。

（2）国内发展情况

2005 年，以"太赫兹科学技术的新发展"为主题的第 270 次香山科学会议标志着我国

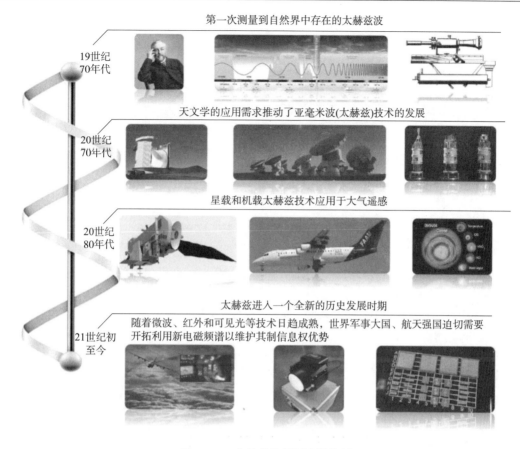

图 1-31　太赫兹发展历史脉络图

正式迈入太赫兹前沿技术研究时代。"十二五""十三五"期间，太赫兹技术得到了科技部、国家自然科学基金委员会等国家部委支持，设立了"毫米波与太赫兹无线通信技术开发""星间太赫兹组网通信关键技术研究"等研发项目，研发出太赫兹肖特基二极管、混频器、倍频器、固态放大器、行波管放大器等核心器件与部组件，也在太赫兹通信、雷达、成像等方面完成了原理样机研制与应用演示。"十四五"期间，太赫兹技术进入规模化发展阶段。

　　根据研究重点和研究主体特点，我国太赫兹技术发展大致可以分为四个阶段（图 1-32）：

　　第一阶段是"十一五"期间（2006—2010 年），以形成概念认知为主，研究主体为高校。

　　第二阶段是"十二五"期间（2011—2015 年），以关键技术攻关为主，研究主体为高校和中国科学院所属研究所，部分企业也启动了太赫兹研发工作。

　　第三阶段是"十三五"期间（2016—2020 年），以应用背景研究和技术自主可控发展为基本特征，研究主体除了高校和中科院所属研究所外，更多企业开始发展太赫兹技术。2016 年，我国《"十三五"国家科技创新规划》《"十三五"国家战略性新兴产业发展规

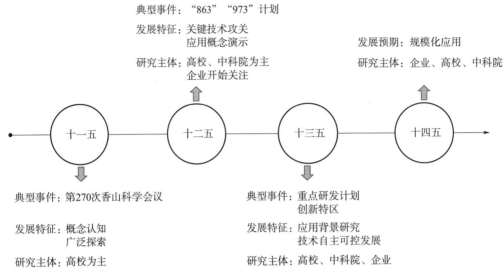

图 1-32　我国太赫兹发展历程

划》中都明确指出要发展太赫兹通信技术。2019 年，国家 6G 技术研发推进工作组和总体专家组成立，正式启动我国 6G 研发工作。2020 年，中国联通发布《太赫兹通信技术白皮书》，初步探讨了太赫兹通信的产业现状、技术特点、应用场景及关键技术挑战，并提出了太赫兹通信技术发展初步规划。

第四阶段是"十四五"期间（2021—2025 年），以规模化应用为特征，研究主体包括企业和科研院所。2021 年，《"十四五"信息通信行业发展规划》明确指出要出台太赫兹等专题频率规划以支持新型基础设施建设；《"十四五"国家信息化规划》明确指出加强新型网络基础架构和 6G 研究，加快地面无线与卫星通信融合、太赫兹通信等关键技术研发；《国家自然科学基金"十四五"发展规划》明确指出要前瞻布局太赫兹科学与技术等学科方向。

典型成果方面，中国工程物理研究院于 2012 年研制出 140 GHz 点对点通信系统，发射功率为 -1 dBm，采用 16QAM 调制，频谱效率为 2.75 bit/Hz。当采用非实时软件解调时，该系统在 1.5 km 距离条件下的传输速率为 10 Gbps@BER<1E-6；当采用实时硬件解调时，该系统在上述距离条件下的传输速率为 2 Gbps@BER<1.7E-7。2017 年，该单位开展了 21 km 距离条件下 140 GHz 无线通信系统试验，通过固态功率放大器和电真空放大器级联实现近 W 级功率输出，传输速率达到 5 Gbps@BER<1E-12。2021 年，该单位通过将发射功率提升至 2 W 完成 30 km 近海面点对点通信，传输速率为 500 Mbps@BER<1E-6。电子科技大学、浙江大学、中国科学院上海微系统与信息技术研究所等单位也开展了一系列技术攻关与产品研发工作。本书第 2 章将详细介绍典型的太赫兹通信系统实现方案。此外，由于太赫兹波束窄，对于空间通信应用来说必须开展波束捕获、瞄准和跟踪（Acquisition，Pointing and Tracking，APT）技术研究。本书作者团队开展了面向太赫兹通信的 APT 焦平面阵列系统和太赫兹通信接收机应用研究，于 2009

年研制出国内首个太赫兹肖特基二极管，于 2012 年研制出太赫兹肖特基二极管阵列探测器芯片，于 2014 年研制出全相参焦平面阵列探测器，于 2019 年完成 220 GHz 焦平面阵列探测系统研制，于 2021 年完成 3.4 THz 焦平面阵列探测系统研制。相关成果不仅可以应用于太赫兹空间通信与组网，而且在遥感与深空探测、空天感知与攻防等领域也具有重要价值。

(3) 国外典型案例

2004 年，美国将太赫兹技术列为"改变未来世界的十大技术之一"，并陆续部署了太赫兹焦平面成像技术（TIFT，2004 年）、亚毫米波焦平面阵列成像技术（SWIFT，2005 年）、高频集成真空电子学（HiFIVE，2007 年）、氮化物电子学（NEXT，2008 年）、太赫兹电子学（THz Electronics，2009 年）等一系列太赫兹研究计划。太赫兹（亚毫米波）焦平面成像技术不仅可以应用于目标探测与实时成像，而且在空间远距离通信的捕获、瞄准和跟踪方面也是不可或缺的技术手段。高频集成真空电子学、氮化物电子学、太赫兹电子学等计划重点瞄准高功率、高效率、高集成度的太赫兹源等关键芯片与部组件开发。

2010 年，德国研究与教育部资助的 MILLILINK（Millimeter-wave wireless links in optical communication networks）项目研制出 240 GHz QPSK 通信系统，能够在 850 m 距离条件下实现 64 Gbps 速率，如图 1-33 所示，项目研究周期是 2010 年到 2013 年。

图 1-33　MILLILINK 项目成果

(I KALLFASS, et al. 64 Gbit/s Transmission over 850 m Fixed Wireless Link at 240 GHz Carrier Frequency [J]. Journal of Infrared Millimeter and Terahertz Waves，2015，36：221-233.)

2013 年，美国 DARPA 启动了"100 Gbps 射频骨干网"（100 Gps RF Backbone Program），旨在开发一种具有光纤级数据传输能力的高速军用无线数据链，期望能够形成 200 km 距离百 Gbps 空空通信以及 100 km 距离百 Gbps 空地通信能力，如图 1-34 所示。该项目分为三个阶段，第一阶段主要开展 100 Gbps 无线链路可行性验证，第二阶段主要开展系统集成地面演示，第三阶段为飞行试验。相比于现有能力，100 Gbps 射频骨干网预期指标比现役 Link 16 数据链高出 4 个数量级。

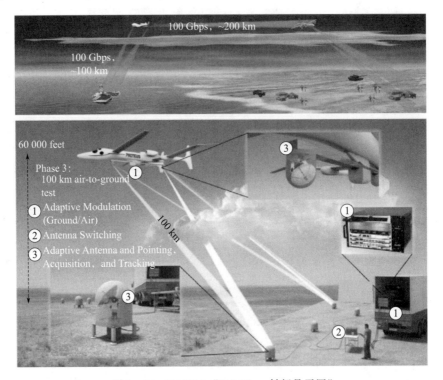

图 1 - 34　DARPA "100 Gbps 射频骨干网"

2013 年，德国研究基金会（German Research Foundation，DFG）启动了 Real 100G 项目，主要面向高速信息亭等应用场景开展 200 GHz 以上硅基射频集成前端研究，实现 100 Gbps 短距离无线通信，如图 1 - 35 所示，项目研究周期是 2013 年到 2020 年。

同年，德国联邦教育与研究部（German Federal Ministry of Education and Research，BMBF）启动了 TERAPAN（Terahertz communications for future personal area networks）项目，主要针对 1～10 m 100 Gbps 通信应用开展 300 GHz 收发系统研发，研制出 35 nm mHEMT 300 GHz 收发套片并完成四通道相控阵天线演示验证，如图 1 - 36 所示，项目研究周期是 2013 年到 2016 年。

2015 年，欧盟研究与创新框架计划"地平线 2020"（Horizon 2020）启动了 iBROW 项目（Innovative ultra - BROadband ubiquitous Wireless communications through terahertz transceivers），主要面向超宽带短距离无线通信应用开发基于谐振隧穿二极管（Resonant Tunnelling Diode，RTD）的 300 GHz 太赫兹收发机，分别完成了 20 m 距离条件下 1.5 Gbps 速率和 60 cm 距离条件下 16 Gbps 速率应用演示，如图 1 - 37 所示，项目研究周期是 2015 年到 2018 年。

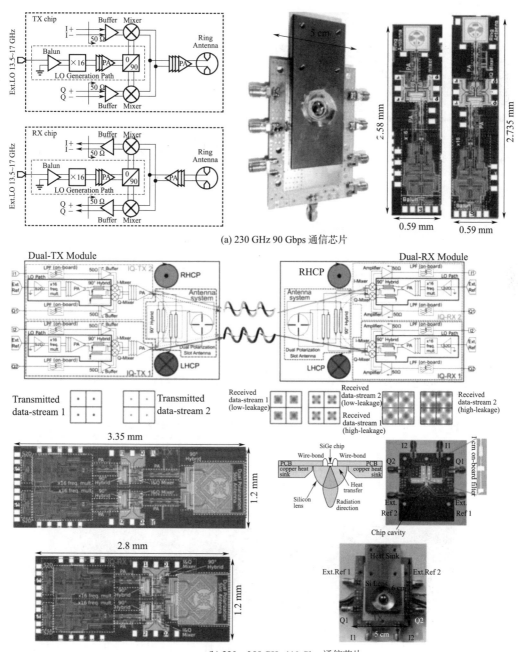

(a) 230 GHz 90 Gbps 通信芯片

(b) 220～255 GHz 110 Gbps 通信芯片

图 1 - 35　Real 100G. RF 项目成果：SiGe 0. 13 μm HBT 芯片

(①P RODRÍGUEZ - VÁZQUEZ，et al. Towards 100 Gbps：A Fully Electronic 90 Gbps One Meter Wireless Link at 230 GHz [C]. 2018 15th European Radar Conference（EuRAD）：369 - 372.

②P RODRÍGUEZ - VÁZQUEZ，et al. A QPSK 110 Gb/s Polarization - Diversity MIMO Wireless Link With a 220～255 GHz Tunable LO in a SiGe HBT Technology [J]. IEEE Transactions on Microwave Theory and Techniques，2020，68（9）：3834 - 3851.)

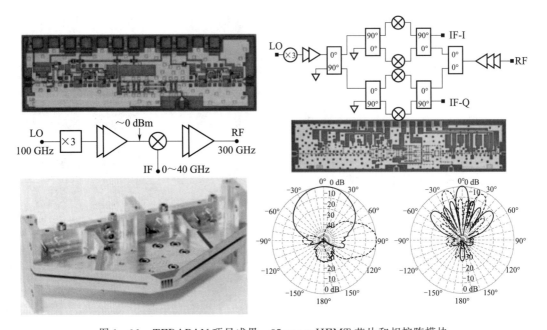

图 1 - 36　TERAPAN 项目成果：35 nm mHEMT 芯片和相控阵模块

（S REY，et al. Performance evaluation of a first phased array operating at 300 GHz with horn elements ［C］. 2017 11th European Conference on Antennas and Propagation（EUCAP）：1629 - 1633. ）

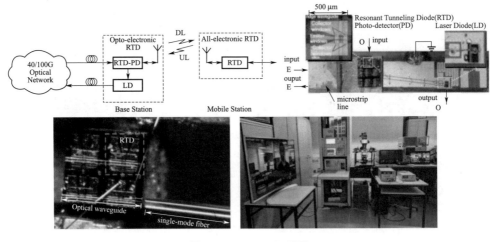

图 1 - 37　iBROW 项目

2017 年，欧盟"地平线 2020"计划启动了 TERRANOVA 项目，主要面向 B5G 网络"零延迟"传输开展光学途径太赫兹通信系统技术攻关。该项目研制出 300 GHz 通信系统，先后完成了室内 50 cm 距离条件下 100 Gbps 通信演示以及室外 500 m 距离条件下 102 Gbps 双极化 QPSK 通信演示，如图 1 - 38 所示，项目研究周期是 2017 年到 2020 年。

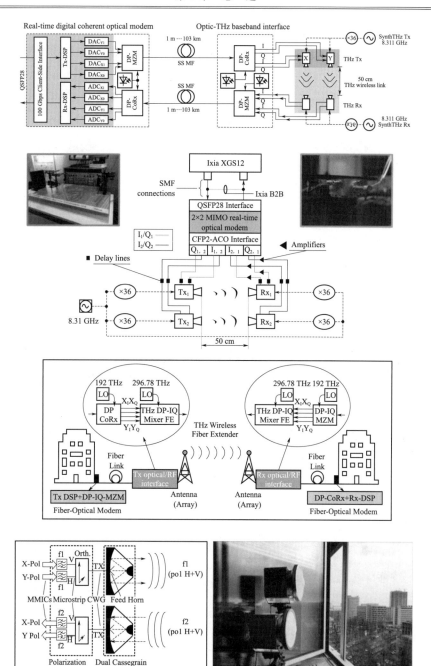

图 1 - 38　TERRANOVA 项目成果：300 GHz 光学途径通信系统

（①C CASTRO，et al. Ethernet Transmission over a 100 Gb/s Real - Time Terahertz Wireless Link ［C］. 2019 IEEE Globecom Workshops（GC Wkshps）：1 - 5. ②C CASTRO，et al. 100 Gb/s Real - Time Transmission over a THz Wireless Fiber Extender using a Digital - Coherent Optical Modem ［C］. 2020 Optical Fiber Communications Conference and Exhibition（OFC）：1 - 3. ③C CASTRO，et al. Experimental Demonstrations of High - Capacity THz - Wireless Transmission Systems for Beyond 5G ［J］. IEEE Communications Magazine，2020，58（11）：41 - 47. ）

　　同年，"地平线 2020"计划启动了 ULTRAWAVE（Ultra capacity wireless layer beyond 100 GHz based on millimeter wave traveling wave tubes）项目，主要面向点对多点高密度无线回传应用开发 140 GHz 通信系统，每个扇区覆盖半径为 600 m、张角为 30°，容量可以达到 300 Gbps/km²，如图 1-39 所示，项目研究周期是 2017 年到 2021 年。

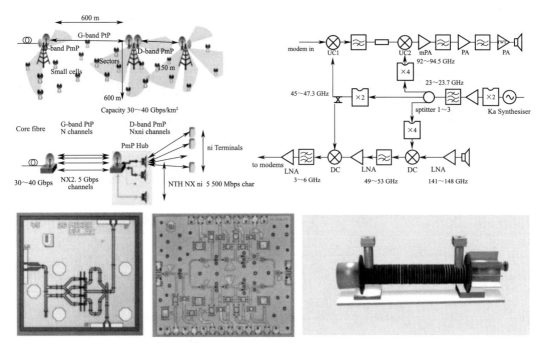

图 1-39　ULTRAWAVE 项目成果

（①C PAOLONI，et al. Technology for D-band/G-band ultra capacity layer ［C］. 2019
European Conference on Networks and Communications（EuCNC）：209-213.
②M HOSSAIN，et al. D-band Transmission Hub for Point to MultiPoint Wireless Distribution ［C］.
2020 50th European Microwave Conference（EuMC）：157-160. ）

　　2018 年，"地平线 2020"计划与日本国家信息通信技术研究所（National Institute of Information and Communications Technology，NICT）联合启动了 ThoR 项目，主要面向 B5G 应用开发 300 GHz 无线链路，能够在 160 m 距离条件下实现 2×20 Gbps 双向通信，如图 1-40 所示，项目研究周期是 2018 年到 2022 年。

　　2021 年，"地平线 2020"计划资助的 TERAPOD 项目结题，如图 1-41 所示。该项目面向数据中心无线传输应用需求，开展太赫兹频段超宽带无线接入网络技术研究与演示验证，初步测试表明单个太赫兹无线通道可以实现 20 Gbps 速率，通过信道聚合可以实现 100 Gbps 速率。

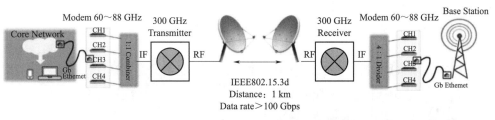

图 1 - 40　ThoR 项目成果：300 GHz 通信系统（https：//thorproject. eu/）

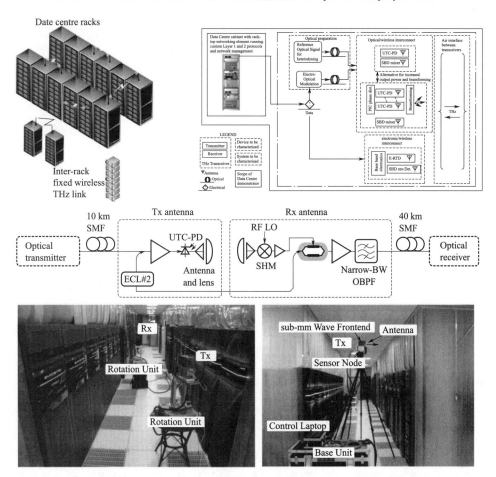

图 1 - 41　TERAPOD 项目成果（①https：//terapod - project. eu. ②S AHEARNE, et al. Integrating THz Wireless Communication Links in a Data Centre Network ［C］. 2019 IEEE 2nd 5G World Forum（5GWF）：393 - 398. ）

2022年，美国空军研究实验室（Air Force Research Laboratory，AFRL）宣布完成300 GHz太赫兹机间通信实验，如图1-42所示。

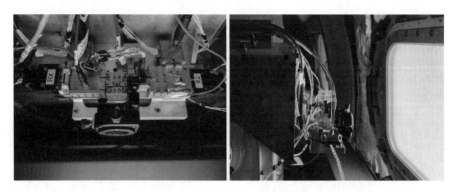

图1-42　美国AFRL 300 GHz机间通信太赫兹终端

1.4.2　标准发展情况

从2000年起，国际电信联盟（ITU）、电气与电子工程师协会（IEEE）、IMT-2030（6G）等组织机构陆续开展太赫兹标准研究，如图1-43所示。

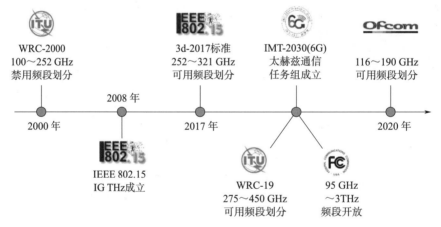

图1-43　太赫兹相关标准发展时间轴

（1）国际

①ITU

国际电信联盟（ITU）是主管信息通信技术事务的联合国机构，简称"国际电联"，主要负责分配和管理全球无线电频谱与卫星轨道资源、制定全球电信标准等事务。ITU的主要业务部门包括电信标准化部门（ITU-T）、无线电通信部门（ITU-R）和电信发展部门（ITU-D）。其中，ITU-R主要负责频谱管理、无线电波传播、卫星和地面等相关业务。ITU《组织法》规定，ITU有责任指配频谱和频率并负责分配和登记卫星轨道位置和其他参数，"以避免不同国家间的无线电电台出现有害干扰"。

2000 年，ITU 在土耳其伊斯坦布尔召开了世界无线电通信大会（WRC - 2000），会上采纳了 RR5.340 无线电规则提案，明确禁止使用 100～252 GHz 范围内的十个频段以保障卫星遥感和深空探测活动的正常开展，但未明确定义禁用频段之间的空闲频段用途，如图 1 - 44 所示。

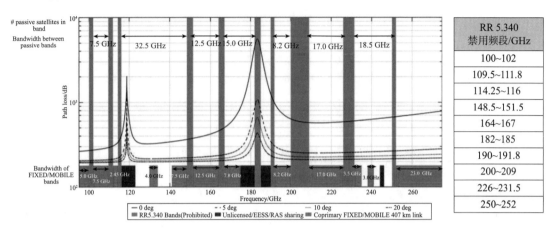

图 1 - 44　ITU RR 5.340 禁用频段（灰色区域）（https://mmwavecoalition.org/）

2019 年，ITU 在埃及沙姆沙伊赫召开世界无线电通信大会（WRC - 19），批准了 275～296 GHz、306～313 GHz、318～333 GHz 和 356～450 GHz 等四个频段可用于固定和移动通信业务，共计 137 GHz 带宽资源，这是 ITU 首次明确 275 GHz 以上频段作为可用频谱资源。

②IEEE

电气电子工程师学会（Institute of Electrical and Electronics Engineers，IEEE）是全球最大的专业技术组织，在电子、电信、太空、计算机、电力等领域已经制定了以 IEEE 802 标准为典型代表的千余个行业标准。IEEE 802 委员会成立于 1980 年 2 月，也称为局域网/城域网标准委员会（LAN /MAN Standards Committee，LMSC），主要负责制定局域网和城域网标准。1998 年，IEEE 802.15 工作组成立，主要负责无线个人局域网（Wireless Personal Area Networks，WPANs）标准制定。

2008 年，IEEE 802.15 太赫兹兴趣小组（Terahertz Interest Group，IG THz）成立，后续发展成为 IEEE 802.15 太赫兹常务委员会（Standing Committee THz，SC THz），主要开展太赫兹无线通信领域应用可行性研究。

2014 年，IEEE 802 成立了 IEEE P802.15.3d 任务组，负责修订 IEEE 802.15.3 标准。IEEE 802.15.3 标准也称为"IEEE 高数据速率无线多媒体网络标准"（IEEE Standard for High Data Rate Wireless Multi - Media Networks），定义了固定、便携式、移动类设备利用 2.4 GHz 和 60 GHz 频段开展 200 Mbps 以上高速无线连接时的物理层和数据链路层规范。

2017 年，IEEE 802.15.3 标准完成修订，形成 IEEE 802.15.3d — 2017 标准。该标准明确定义了 252～321 GHz 可以用于 100 Gbps 点对点连接，并定义了 2.16～69.12 GHz

八种通道带宽，建议了无线回传/前传（wireless backhauling/fronthauling）、数据中心无线连接（wireless links in data centers）、信息亭下载（kiosk downloading）、短距离设备内通信（short‐range intra‐device communication）等典型应用场景。

（2）中国

2018 年，工信部颁布了《中华人民共和国无线电频率划分规定》，划分了 102～109.5 GHz、111.8～114.25 GHz、122.25～123 GHz、130～134 GHz、141～148.5 GHz、151.5～164 GHz、167～174.8 GHz、191.8～200 GHz、209～226 GHz、231.5～235 GHz、238～241 GHz、252～275 GHz 等频段用于地面固定和移动业务，划分了123～130 GHz、158.5～164 GHz、167～174.5 GHz、209～226 GHz、232～240 GHz、252～275 GHz 等频段用于星地业务，划分了 116～123 GHz、130～134 GHz、167～182 GHz、185～190 GHz、191.8～200 GHz 等频段用于星间业务。

2019 年，工信部推动成立了 IMT‐2030（6G）推进组，旨在聚合我国产学研用力量、推动我国第六代移动通信技术研究和开展国际交流与合作；同年，IMT‐2030（6G）推进组成立了太赫兹通信任务组，积极推动太赫兹通信技术标准发展。2021 年，IMT‐2030（6G）发布了《太赫兹通信技术研究报告》。

（3）美国

美国联邦通信委员会（Federal Communications Commission，FCC）属于美国政府机构，主要负责规定所有非联邦政府机构的无线电频谱使用（包括无线电和电视广播）、美国国内州际通信（包括固定电话网、卫星通信和有线通信）和所有从美国发起或在美国终结的国际通信。

2019 年，FCC 宣布开放 95 GHz～3 THz 太赫兹频段作为 6G 实验频谱，发放为期 10 年、可销售网络服务的实验频谱许可，主要研究问题包括 95～275 GHz 频段政府与非政府共享使用问题、275 GHz～3 THz 电磁干扰问题以及包括 116～123 GHz、174.8～182 GHz、185～190 GHz、244～246 GHz 频段在内的非许可频谱问题。

（4）英国

英国信息通信管理局（Office of Communication，OfCOM）是英国信息通信领域的主管机构。2020 年，OfCOM 授权了 116～123 GHz、174.8～182 GHz 和 185～190 GHz 三个频段用于地面业务，上述三个频段与 2019 年 FCC 授权的前三个频段是一致的。

第2章 太赫兹通信系统技术

系统是支撑功能实现和应用落地的物质基础。本章将系统性论述太赫兹通信系统的一般性架构、关键指标体系、链路预算以及典型实现方案。

2.1 系统组成

2.1.1 通信系统的一般模型

通信系统的作用是将信息从信源发送到一个或多个目的地，基本过程可以用图2-1所示的通信系统一般性模型来概括。发送端，信源信息依次通过基带处理和射频处理变换成适应信道传输的信号形式；接收端，接收信号依次通过射频处理和基带处理变换成信宿能够直接识别并利用的信号。

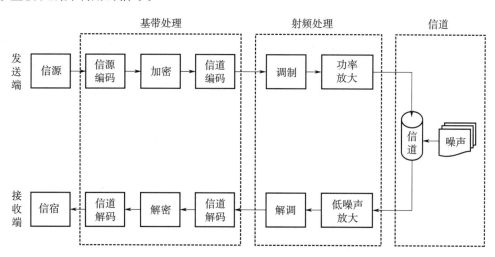

图2-1 通信系统的一般性模型

（1）发送端

发送端包括信源、基带处理和射频处理三个部分。

信源的主要功能是将各种信息或消息转换成原始电信号。根据信息类型时间域特点，信源可分为模拟信源和数字信源。模拟信源输出的是连续变化的模拟信号，典型形式是语音、图像等波形。数字信源输出的是时间和取值均离散的数字信号，典型形式是由计算机处理和传输的各种类型数据。从模拟信号到数字信号的转换通过采样量化过程实现。

基带处理的主要功能是将信源信号变换成易于高效传输、具备抗信道干扰和信息保密能力的编码形式，主要包括信源编码、加密和信道编码三个环节。首先，信源编码通过对原始信号数字化处理，将原始信号转换成可以在信道中传输的数字信号，信源编码器会对信号进行压缩编码，旨在最大限度减少需要传输的数据量。其次，加密环节对数字信号进行加密处理，旨在保护信息安全。加密算法将原始数据进行编码，防止非法授权者访问和窃听。最后，信道编码将加密后的数字信号再次编码，使信号能够抵抗各种干扰和噪声，保证信息传输可靠。

射频处理的主要功能是将信号变换至合适频段以适应信道特性，实现信道多路复用以充分利用带宽资源，并确保功率足够以满足传输距离要求。该过程主要包括调制和功率放大两个环节。调制功能是将低频基带信号变换成高频调制信号，适应信道传输特点。在太赫兹频段，对于幅度调制等相对简单或低阶调制，通常会使用混频器同时实现调制和上变频功能；而对于正交幅度调制等相对复杂或高阶调制，通常会先在低频完成调制再通过混频器实现上变频。功率放大旨在将调制信号功率提高到足够水平，保证信号经信道传输衰减后能有效被接收端接收。

（2）信道

信道是一种物理媒质，用于将发送端信号传送至接收端。信道主要分为无线和有线两种类型。无线信道通常是指自由空间，信号以空间电磁波形式传播；有线信道包括同轴线、波导、光纤等传输线，信号以导行电磁波形式传输。

信道自身特性或外部环境因素会对信号产生各种干扰和噪声。无线信道可能受大气条件、电磁干扰等影响；有线信道则可能受电磁噪声、信号衰减、信号泄漏等干扰。例如，雨天或雷暴天气会对无线信号传输产生不利影响，因为雨水会吸收和散射无线电波，导致信号衰减和干扰；各种电子设备、电力线缆产生的电磁信号和其他通信信号导致数据传输错误或通信中断。此外，信号衰减和泄漏也是常见的信道问题。信号衰减会影响信号传输距离和信噪比，降低通信可靠性和稳定性；信号泄漏会导致信息安全威胁。

为确保信号在信道中高质量传输并充分利用信道资源，通信系统通常会开展以下四个方面设计：1）信道编码和解码，通过在数据信号中加入额外信息，提高信号传输质量和可靠性；2）调制和解调，通过将信号转换至适当频率以适应信道传输特点；3）复用和分集，将多路信号合并为一路信号提高信道利用率，从多个信号中提取出有用信息以提高信号可靠性；4）干扰抑制，通过滤波等方法消除干扰和噪声影响。

（3）接收端

接收端的主要功能包括对接收信号进行放大、解调、解码，主要目的是准确恢复出原始信号。接收端包括信宿、基带处理和射频处理三个部分，是发送端的逆过程，此处不再赘述。对于多路复用信号，接收设备还需具备解复用功能以实现正确分路。

2.1.2　太赫兹通信系统架构

太赫兹通信系统的典型架构如图 2-2 所示，主要由天线分系统、收发链路分系统、编码与调制分系统、管理分系统四个分系统构成。

（1）天线分系统

天线分系统包括天线和指向跟踪模块两个部分。天线主要实现三个方面功能：1）收

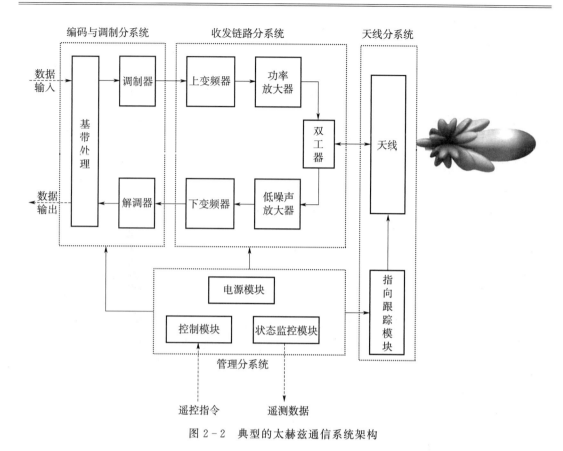

图 2-2　典型的太赫兹通信系统架构

集自由空间信号；2）实现导行电磁波与自由空间电磁波的转换；3）形成定向波束指向并按需调整天线波束指向，使通信双方波束共轴。本书第 3 章会详细介绍太赫兹天线的知识体系。

（2）收发链路分系统

收发链路分系统包括发射链路、接收链路和双工器三个部分。发射链路用于将中频信号上变频至太赫兹频段，利用功率放大器对信号进行放大，确保发射功率满足通信距离要求，主要由上变频器和功率放大器组成。接收链路用于将接收到的太赫兹信号进行放大并下变频至中频，主要由下变频器和低噪声放大器组成。双工器用于将发射信号和接收信号分开，使发射链路和接收链路共享同一套天线，减小系统的体积、重量和成本。本书第 4 章会详细介绍太赫兹收发链路的知识体系。

（3）编码与调制分系统

编码与调制分系统包括调制器、解调器和基带处理器三个部分。调制器通过改变载波信号振幅、频率或相位等参数，将基带信息"嵌入"载波信号中，使信号频率和波形适合信道传输。解调器通过检测载波信号特征参数提取出信息，将调制信号恢复成基带信号。基带处理器的功能主要包括信源编码和解码、信道编码和解码，以及信息加密和解密，此外，还负责数据分组和重组以及信号同步。基带处理策略与信道特征紧密相关，需要根据信道特征设计选用合适的信源编码、信道编码以及调制方法。本书第5章将详细介绍太赫兹波的传播特性；第6章将会详细介绍信源编码、信道编码以及调制解调的知识体系。

(4) 管理分系统

管理分系统包括电源模块、控制模块、状态监控模块等。电源模块负责为通信系统提供稳定、可靠的能源。控制模块负责对各模块进行任务调度与协同工作管理，检测错误并修复任务。状态监控模块负责实时监测和记录各模块状态，及时发现系统电力供应不足、硬件故障等异常情况，发送遥测数据。本书第8章将会详细介绍与管理分系统紧密相关的卫星平台以及遥测遥控知识体系。

2.2 关键指标体系

香农定理揭示了信道容量与信道带宽、信号功率和噪声功率之间的关系，是通信系统设计的根本依据，是调制、编码、均衡等技术途径选择的理论支撑。因此，以香农公式为中心，形成以时域（速率）、频域（带宽）、能量域（信噪比、载噪比）为三个顶点，由差错概率、传输质量、失真情况共同作为品质评估底座的太赫兹通信系统指标体系，如图2-3所示。

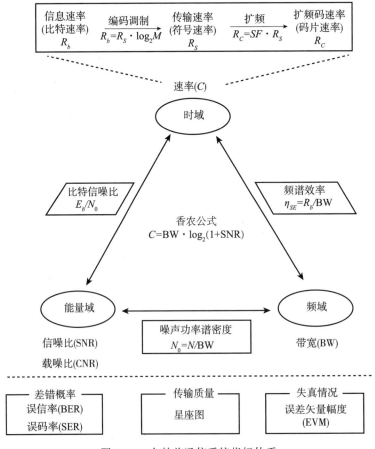

图 2-3　太赫兹通信系统指标体系

（1）信道容量

香农定理定义了在带宽（BW）和信噪比（SNR）确定条件下，误码率趋近于零的最大信息速率（C），即信道容量（Channel Capacity），表达形式是 $C = BW \cdot \log_2(1 + SNR)$。

（2）速率

常见的通信速率包括信息速率、传输速率和扩频速率三类概念。

信息速率 R_b，也称比特速率，是指单位时间内传输的比特数（位数），单位是比特/秒（bit/s 或 bps）。信息速率是衡量数据传输速度的核心指标，直接反映了单位时间内的数据传输效率。

传输速率 R_S，也称符号速率或码元传输速率，是指单位时间内传送的符号数，单位是波特（Baud）。传输速率反映了载波状态的变化速率，直接影响系统的传输效率。

传输速率 R_S 和信息速率 R_b 之间的关系是 $R_b = R_S \cdot \log_2 M$，M 是进制数。例如，1 s 传输 4 800 个码元，即传输速率为 4 800B（即 4 800 符号/秒）；若该码元为八进制，即每个码元含 $\log_2(8) = 3$ bit 数据，则信息速率为 4 800B×$\log_2$（8）=14.4 kbit/s。

码片速率 R_C，也称为扩频码速率，是指扩频调制后的数据速率，单位是 chip/s（cps）。扩频码速率 R_C 与传输速率 R_S 之间的关系为 $R_C = SF \cdot R_S$。其中，SF 是扩频因子，即每个符号被转化成的码片数目。

（3）频谱效率

频谱效率（Spectral Efficiency）是指单位带宽内的信息速率，即 $\eta_{SE} = R_b / BW$，单位是 bps/Hz。

（4）信噪比和载噪比

信噪比（SNR）是指传输信号平均功率 S 与加性噪声功率 N 之比，即 $SNR = S/N$。

载噪比（CNR）是指已调制信号平均功率 C 与加性噪声功率 N 之比，即 $CNR = C/N$。

比特信噪比是指单位比特信号能量 E_b 与噪声功率谱密度 N_0 之比，即 E_b/N_0。

信噪比（S/N）、比特信噪比（E_b/N_0）和频谱效率（R_b/BW）之间的关系是 $S/N = (E_b/N_0) \cdot (R_b/BW)$。

（5）误比特率和误符号率

误比特率（Bit Error Rate，BER），也称"比特误码率"或"误信率"，是指在一定时间内收到的错误比特数与总比特数之比，即 $P_{BER} = $ 错误比特数/总比特数。

误符号率（Symbol Error Rate，SER），是指在一定时间内收到的错误符号数与总符号数之比，即 $P_{SER} = $ 错误码元数 / 总码元数。

（6）星座图

星座图（Constellation Diagram）是描述数字调制性能的直观工具，是调制信号在 IQ 坐标空间中的所有符号点组合，横纵坐标分别代表了信号的 I 分量和 Q 分量，反映了信号分布与调制数字比特之间的映射关系，可用于分析幅度失衡、正交误差、相位/幅度噪声、调制误差比等问题，如图 2-4 所示。

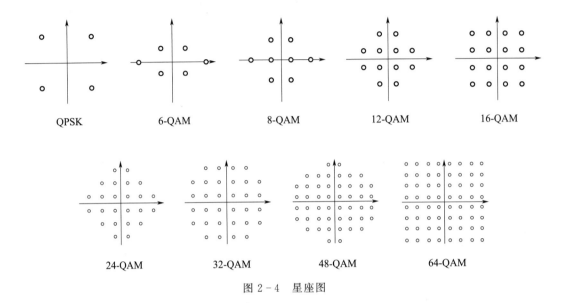

图 2-4　星座图

（7）误差矢量幅度

误差矢量幅度（Error Vector Magnitude，EVM）通过比较理想基准信号与实际发射信号得出两者误差矢量，对误差矢量幅度归一化可得 $EVM = \sqrt{P_{error}/P_{reference}} \times 100\%$，如图 2-5 所示。误差矢量幅度和信噪比（SNR）之间的关系是 $EVM = \dfrac{1}{\sqrt{SNR}}$。

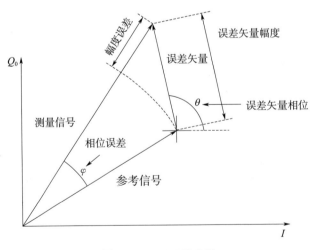

图 2-5　EVM 示意图

2.3　链路预算

2.3.1　通信方程

链路预算是通信系统总体设计中的关键一环。通过链路预算可以分析系统性能、分解分系统指标、明确星座布局以及地面站和卫星资源的最佳配置，得到各系统节点之间的最佳接口电平，并在技术成熟度、资源、成本等多因素约束下实现通信系统的最优设计。通信系统可简化为如图 2-6 所示组成。

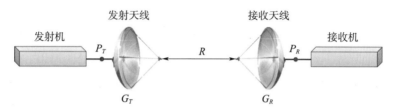

图 2-6　通信系统示意图

根据发射端参数和传输通道特性，可以得到接收端参数

$$P_R = \frac{P_T \cdot G_T \cdot G_R}{L_T \cdot L_{TP} \cdot L_{FS} \cdot L_P \cdot L_{Atm} \cdot L_{RP} \cdot L_R}$$

式中，P_T 是发射功率（发射链路输出功率）；G_T 是发射天线增益；G_R 是接收天线增益；L_T 是发射机到发射天线的传输损耗；L_{TP} 是发射天线波束指向误差；L_{FS} 是自由空间路径损耗；L_P 是发射天线和接收天线之间极化失配导致的误差；L_{Atm} 是大气损耗，对于临近空间或外太空通信来说，大气损耗可以忽略，即 $L_{Atm}=1$；L_{RP} 是接收天线波束指向误差；L_R 是接收天线到接收机发射天线的传输损耗。若用对数表示，则通信方程可表示为

$$P_R(\text{dBW}) = [P_T(\text{dBW}) + G_T(\text{dBi}) - L_T(\text{dB})] - $$

$$[L_{TP}(\text{dB}) + L_{FS}(\text{dB}) + L_P(\text{dB}) + L_{Atm}(\text{dB}) + L_{RP}(\text{dB}) + L_R(\text{dB})] + G_R(\text{dBi})$$

$$= \text{EIRP}(\text{dBW}) - L_{SUM}(\text{dB}) + G_R(\text{dBi})$$

2.3.2　发射端参数

(1) 天线增益与波束宽度

天线增益是指在相同输入功率条件下，天线在给定方向上的单位立体角辐射功率与全向天线单位立体角平均辐射功率的比值。天线增益 $G(\theta, \varphi)$ 是一个随空间角度变化的量，通常将 $G(\theta, \varphi)$ 最大值称为"天线增益 G"，并将对应方向称为"天线视轴方向"。

天线增益 G 可以通过天线物理面积 $A(\text{m}^2)$ 和工作波长 $\lambda(\text{m})$ 估算，有

$$G = 4\pi \cdot \eta_A \cdot A / \lambda^2$$

其中，η_A 是口面利用率（也称为"口径效率"），有效面积 A_e 与物理面积 A 之间的关系为 $A_e = \eta_A \cdot A$。反射面天线和透镜天线的口面利用率通常为 $45\% \sim 60\%$。例如，对于口面直径 $D_{ant} = 20$ cm 的 300 GHz 反射面天线来说，若口面利用率 η_A 可以达到 50%，则天线增

益 $G = 197\ 390 = 53\ \text{dBi}$。

天线 3 dB 波束宽度（简称"波束宽度"），也称为"天线半功率波束宽度"，是指天线增益下降 3 dB（辐射功率下降 1/2）时对应的波束范围，反映了天线能量汇聚能力和指向精度水平。天线半功率波束宽度 $\theta_{3\,\text{dB}}$ 可以由天线口面物理直径 D_{ant} 和工作波长 λ 估算，有

$$\theta_{3\,\text{dB}} = k \cdot \lambda / D_{\text{ant}}$$

其中，k 是波束扩展系数，有 $k = [4/(\pi \cdot \eta_A)]^{1/2}$。

波束宽度 $\theta_{3\,\text{dB}}$ 与天线增益 G 之间的关系为

$$\theta_{3\,\text{dB}} \approx \sqrt{4\pi/G}$$

可以看出，增加天线物理直径或减小工作波长（提高工作频率）都可以提高增益和指向精度。

例如，天线物理直径 $D_{\text{ant}} = 20\ \text{cm}$，工作频率 $f = 300\ \text{GHz}$，口面利用率 $\eta_A = 50\%$，则波束宽度 $\theta_{3\,\text{dB}} = 0.008\ \text{rad} = 0.458°$。

（2）有效全向辐射功率

有效全向辐射功率（Effective Isotropic Radiated Power，EIRP）定义为天线输入功率 P_{IN} 和天线增益 G 的乘积，即

$$\text{EIRP} = P_{\text{IN}} \cdot G$$

EIRP 反映了天线视轴方向上的辐射功率。由于发射链路和天线之间存在馈线损耗 L_T，因此发射链路输出功率 P_T 和天线输入功率 P_{IN} 之间的关系为 $P_{\text{IN}} = P_T/L_T$，有 $\text{EIRP} = P_T \cdot G/L_T$。

2.3.3　链路损耗

（1）自由空间路径损耗

由于电磁波在自由空间中传播具有发散性，因此发射信号功率密度会随距离增大而减小，该现象称为"自由空间路径损耗"。自由空间路径损耗 L_{FS} 由传播距离 R 和波长 λ 决定，有 $L_{FS} = (4\pi R/\lambda)^2$ 或 $L_{FS}(\text{dB}) = 10\log_{10}(4\pi R/\lambda)^2$。

若用距离 $R(\text{km})$ 和波长 $\lambda(\text{mm})$ 来表示，则 $L_{FS}(\text{dB}) = 21.98(\text{dB}) + 20\log_{10}R(\text{km}) - 20\log_{10}\lambda(\text{mm})$；若用距离 $R(\text{km})$ 和频率 $f(\text{GHz})$ 来表示，则 $L_{FS}(\text{dB}) = 92.4(\text{dB}) + 20\log_{10}R(\text{km}) + 20\log_{10}f(\text{GHz})$。

例如，相距 $R = 1\ 000\ \text{km}$ 的两颗卫星，若采用 $f = 220\ \text{GHz}$ 太赫兹通信，则自由空间路径损耗 $L_{FS}(\text{dB}) = 199.2\ \text{dB}$；若采用 $f = 60\ \text{GHz}$ 毫米波通信，则自由空间路径损耗 $L_{FS}(\text{dB}) = 188\ \text{dB}$。

（2）波束指向损耗

波束指向损耗是因收发天线波束最大增益方向未对准而导致的功率损失，可以表示为

$$L_P = \frac{P_R @\ 波束指向对准时}{P_R @\ 波束指向偏离时} = \frac{G(0,0)}{G(\theta_e, \varphi_e)}$$

对于反射面天线来说

$$L_P \approx \exp\left[2.77\left(\theta/\theta_{3\text{ dB}}\right)^2\right]$$

式中，θ 是天线跟踪精度；$\theta_{3\text{ dB}}$ 是天线 3 dB 波束宽度。

若接收天线波束宽度为 $\theta_{3\text{ dB}} = 0.457°$，天线跟踪精度 $\theta = 0.04°$，则 $L_{RP}(\text{dB}) \approx \exp\left[2.77 \times \left(0.04°/0.457°\right)^2\right] = 1.021 = 0.09\text{ dB}$。

（3）天线极化损耗

天线极化损耗是指发射天线与接收天线极化失配时导致的功率损失，与极化效率 η_P 互为倒数（详见第 3 章），有 $L_P = 1/\eta_P$，其中

$$\eta_P = \frac{1}{2}\left[1 + \frac{\pm 4\,\beta_T\,\beta_R + (1-\beta_T^2)(1-\beta_R^2)\cos(2\alpha)}{(1+\beta_T^2)(1+\beta_R^2)}\right]$$

式中，β_T 是发射天线轴比；β_R 是接收天线轴比，线极化对应轴比为 ∞，圆极化对应轴比为 1，椭圆极化对应轴比大于 1；α 是发射天线和接收天线极化长轴夹角；"＋"表示收发同向旋转，"－"表示收发反向旋转。

（4）馈线损耗

馈线损耗是指收发链路与天线之间的传输线插入损耗。本书第 5 章将详细介绍典型传输线的知识体系。

（5）大气损耗

星间通信或者卫星与临近空间飞行器通信均可忽略大气损耗，而星地通信则必须考虑大气损耗的影响。大气损耗主要是指电磁波与大气分子以及电离层物质发生相互作用导致的损耗。本书第 5 章将会对大气传播特性进行详细介绍。

2.3.4　接收端参数

（1）噪声性能

接收端热噪声功率为

$$N = kT_e B_N$$

其中，$k = 1.38 \times 10^{-23}$ J/K，为玻耳兹曼常数；T_e 为接收系统等效噪声温度，单位为 K；$N_0 = kT_e$，为噪声功率谱密度，单位为 J（等效为 W/Hz）；B_N 为等效噪声带宽，单位为 Hz。

例如，天线噪声温度 $T_{\text{ant}} = 60$ K，接收机噪声温度 $T_R = 800$ K，则单边噪声功率谱密度 $N_0 = kT_e = k(T_{\text{ant}} + T_R) = 1.19 \times 10^{-20}$ J，$B_N = 100$ MHz 带宽内的噪声功率为 $N = N_0 \cdot B_N = 1.19 \times 10^{-12}$ W $= 1.19$ pW。

（2）载噪比

载噪比（Carrier Noise Ratio，CNR）定义为接收机输入端载波功率与噪声功率的比值，表示为

$$\text{CNR} = \frac{C}{N} = \frac{C}{kT_e B_N} = \frac{C}{N_0 B_N}$$

用 dB 表示为

$$CNR(dB) = C(dBW) - N(dBW) = C/N_0(dBHz) - B_N(dBHz)$$

其中，$C/N_0 = C/(kT_e)$，是载波功率与噪声功率谱密度之比，称为"归一化载噪比"，记为 CNR_0，单位为 dBHz。

载波功率 C 即为接收端功率 P_R，因此

$$CNR(dB) = P_R(dBW) - N(dBW)$$

$$CNR_0(dBHz) = EIRP(dBW) - L_{SUM}(dB) + G_R(dBi) - k(dB/K) - T(dBK)$$

$$= EIRP(dBW) + G_R/T_e(dB/K) - L_{SUM}(dB) + 228.6\ dB$$

例如，相距 $R = 1\ 000$ km 的两颗卫星，若采用 $f = 220$ GHz 太赫兹通信，自由空间路径损耗 $L_{FS}(dB) = 199.2$ dB，其他损耗忽略不计，则总损耗 $L_{SUM}(dB) = 199.2$ dB；发射功率 $P_R = 10$ W $= 10$ dBW；收发均采用 $D_{ant} = 20$ cm 天线，口面利用率为 50%，则天线增益为 52 dBi；接收端噪声温度为 200 K，即 23 dBK，则 $CNR_0(dBHz) = 10 + 52 + 52 - 23 - 199.2 + 228.6 = 120$ dBHz。

（3）链路余量

实际工程应用中，信道环境存在一些不确定因素。为保证信号传输质量和系统可靠性，链路门限载噪比 CNR_{TH} 必须留有一定门限余量 M_{TH}，即

$$M_{TH} = CNR - CNR_{TH}$$

若余量太小，会造成通信系统工作不够稳定甚至出现中断；余量太大则会造成系统配置过高、成本增加。

2.4　典型系统方案

2.4.1　中国

（1）中国工程物理研究院

2012 年，中国工程物理研究院（简称中物院）研制的 140 GHz 16QAM 通信系统能够实现 1.5 km 无线通信，如图 2-7 所示，发射链路和接收链路均采用太赫兹肖特基二极管混频器，发射链路输出功率为 0.8 mW，接收链路噪声温度为 3 000 K，收发天线均采用 45 dBi 增益卡塞格伦天线。当采用非实时解调时，接收链路将太赫兹信号下混频至中频，进而被 50 GSa/s 高速 AD 采样、解调、解码，实现 BER 优于 1E-6 的 10 Gbps 通信。当采用实时解调时，接收链路将太赫兹信号下混频至 0.5 GHz，然后通过 2 Gbps 数字解调电路进行基带信号处理，实现 BER 优于 1.7E-7 的 2 Gbps 通信。

2014 年，中物院研制出 340 GHz 通信系统，如图 2-8 所示。系统中心频率为 339.95 GHz，带宽为 1.05 GHz，发射链路输出功率为 -17.5 dBm，接收链路噪声温度为 5 227 K，收发天线均采用 48.4 dBi 增益卡塞格伦天线。系统采用 16QAM 调制，能够在 50 m 距离条件下实现 3 Gbps 速率传输，BER 优于 1.8E-10。基于上述方案，通过将卡塞格伦天线替换成 25 dBi 增益喇叭天线完成 IEEE 802.11 WLAN 原型节点试验验证，在 1.15 m 距离条件下能够实现 6.536 Mbps 速率传输。

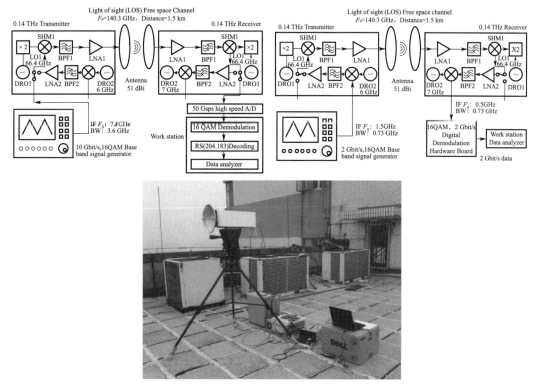

图 2-7　中物院 140 GHz 通信系统

（WANG CHENG，et al. 0.14THz high speed data communication over 1.5 kilometers［C］. 2012 37th
International Conference on Infrared，Millimeter，and Terahertz Waves：1-2.）

2017 年，中物院研制的 140 GHz 16QAM 通信系统能够在 3 km 可见度环境下实现
21 km 距离 5 Gbps 实时通信，BER 优于 1E-12。相比于前期工作，系统主要做了四个方
面改进，如图 2-9 所示：1）发射链路采用"行波管放大器＋固态功放"方案将发射功率
提高至 26.3 dBm；2）接收链路采用前级低噪声放大器将噪声温度降至 1 100 K；3）天线
增益提高至 49.5 dBi；4）基于 FPGA 开发了 5 Gbps 16QAM 调制解调器。

2021 年，中物院开展了 140 GHz 近海面通信试验，环境相对湿度为 60%，通信距离
达到 27 km，速率为 500 Mbps@BER<1E-6。系统发射链路仍然采用"行波管放大器＋
固态功放"方案，发射功率提高至 33 dBm，如图 2-10 所示。

（2）浙江大学

2016 年，浙江大学联合英国剑桥大学和丹麦理工大学研制出 400 GHz 通信系统，单
通道速率为 15 Gbps，通过四路波分复用实现 60 Gbps 容量，如图 2-11 所示。发射端采
用光学途径产生 400 GHz 调制信号，利用 100 kHz 线宽激光阵列产生四路激光信号，每
两路经过 IQ 调制器产生一组频率间隔为 25 GHz 的调制信号，并利用一路光纤延时线形
成四路波分复用信号，再经铒掺杂放大器放大、1 nm 光学滤波器滤波后输入到单行载流
子光电二极管探测器（UTC-PD），同时还有一路本振信号输入光电二极管，因此，光电

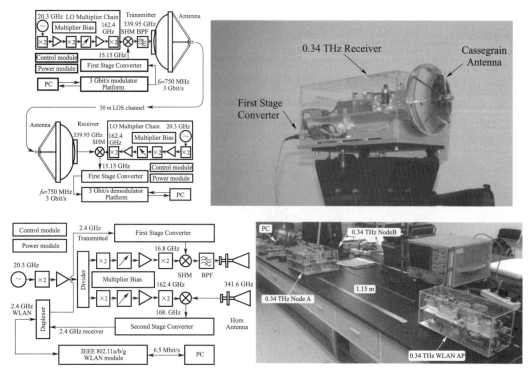

图 2 - 8　中物院 340 GHz 通信系统

（WANG CHENG，et al. 0. 34 THz Wireless Link Based on High - Order Modulation for Future Wireless Local Area Network Applications ［J］. IEEE Transactions on Terahertz Science and Technology，2014，4 (1)：75 - 85.）

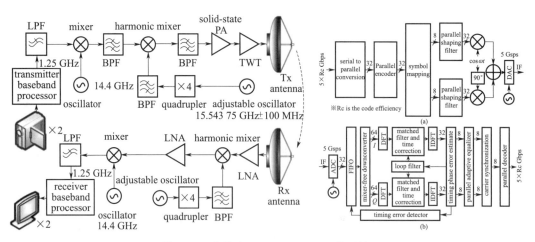

图 2 - 9　中物院 3km 140 GHz 通信系统

（WU QIUYU，et al. A 21 km 5 Gbps real time wireless communication system at 0. 14 THz ［J］. 2017 42nd International Conference on Infrared，Millimeter，and Terahertz Waves （IRMMW - THz）：1 - 2. ）

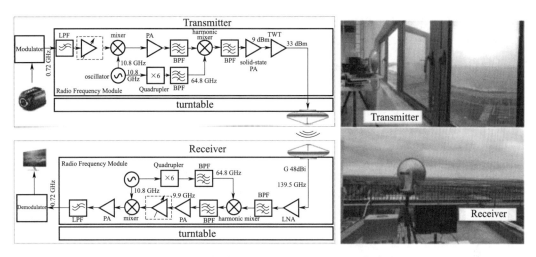

图 2 - 10　中物院近海面 27 km 140 GHz 通信系统

（LIU JUAN，et al. A 27 km over sea surface，500 Mbps，real time wireless communication system
at 0. 14 THz ［C］. 2021 46th International Conference on Infrared，Millimeter and Terahertz
Waves（IRMMW - THz），2021：1 - 2. ）

二极管可以输出中心频率为 400 GHz 的四路太赫兹信号。接收端采用 325～500 GHz 亚谐
波肖特基二极管混频器作为探测器，混频器变频损耗为 22 dB，输出中频信号经由 68 dB
增益放大器后输入给高速实时采样示波器进行采样、分析和解调。发射端和接收端之间采
用一组增益为 25 dBi、有效焦距为 54 mm 的透镜组实现信号准直传输。

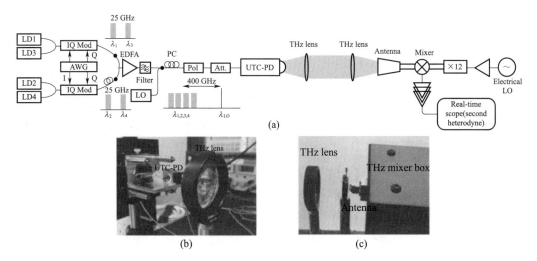

图 2 - 11　浙江大学 400 GHz 60 Gbps 容量通信系统

（YU XIANBIN，et al. 400 GHz Wireless Transmission of 60 Gbps Nyquist - QPSK Signals Using
UTC - PD and Heterodyne Mixer ［J］. IEEE Transactions on Terahertz Science and Technology，
2016，6（6）：765 - 770. ）

　　2018 年，浙江大学研制出 350 GHz 通信系统，能够实现 2 m 距离的 100 Gbps 通信，如图 2-12 所示。系统支持正交相移键控（QPSK）和正交幅度调制（16-QAM）。发射端采用光电转换途径，一路激光信号被 IQ 基带信号调制，另一路激光信号作为本振，两路信号通过单行载流子光电二极管探测器（UTC-PD）后产生太赫兹信号，经过喇叭天线辐射出去。接收端采用肖特基二极管混频器将太赫兹信号变换成中频信号，通过 80GSa/s 示波器实现模数转换，再用 DSP 对中频数字信号进行二次下变频、信道估计和均衡、相噪补偿以及数字解调。

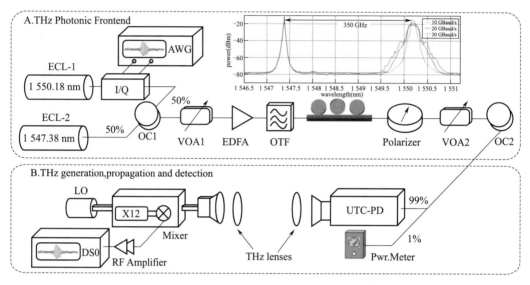

图 2-12　浙江大学 350 GHz 通信系统

（LIU KEXIN, et al. 100 Gbit/s THz Photonic Wireless Transmission in the 350 GHz Band with Extended Reach［J］. IEEE Photonics Technology Letters，2018，30（11）：1064-1067.）

　　同年，浙江大学研制出单通道速率高达 106 Gbps 的 400 GHz 通信系统，如图 2-13 所示。发射端采用光学途径，利用窄线宽外腔式激光器产生 1 550 nm 波长激光，经过两个级联相位调制器产生相干光频梳信号（Optical Frequency Comb，OFC），两个相位调制器均采用 25 GHz 信号作为本振，射频信号频率决定了光梳频率间隔。相位调制器之间加载了可调谐光学延迟线（Optical Delay Line，ODL）用于实现时间匹配、展宽光频，从而产生期望的太赫兹频率。光频梳信号经过铒掺杂放大器放大后输入给可编程波形整形器（Wave Shaper，WS），输出两个频率间隔为 425 GHz 的相干信号，其中一路作为本振，另一路输入到 IQ 光学调制器（In-phase and Quadrature optical Modulator，IQM）产生调制信号。IQ 光学调制器的同相和正交基带信号由双通道任意波形发生器（Arbitrary Waveform Generator，AWG）产生，可以生成 16QAM 调制的伪随机二进制序列（Pseudorandom Binary Sequence，PRBS）。两路信号经过单行载流子光电二极管（UTC-PD）后产生载波中心频率为 425 GHz 的调制信号。接收端，采用 300～500 GHz 亚谐波肖特基二极管混频器作为探测器，产生 13～19 GHz 中频信号并经由 160 GSa/s 采样速率、

63 GHz 模拟带宽的实时数字采样示波器完成模数转换和解调，再通过 DSP 处理。

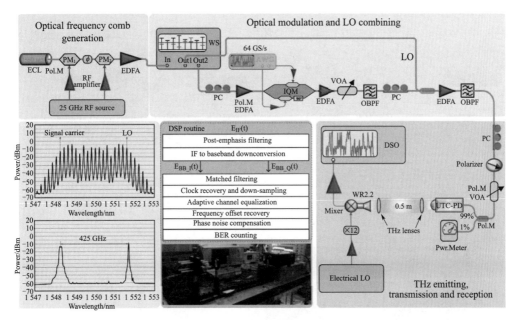

图 2 - 13　浙江大学 400 GHz 单通道 100 Gbps 无线通信系统

(JIA SHI, et al. 0.4 THz Photonic - Wireless Link with 106 Gb/s Single Channel Bitrate [J].

in Journal of Lightwave Technology, 2018, 36 (2)：610 - 616.)

2021 年，浙江大学采用多维复用技术研制出速率高达 1 059 Gbps 的 350 GHz 通信系统，能够与光纤网络有机结合，如图 2 - 14 所示。发射端采用光电途径，首先通过光频梳产生 1 549.88 nm、1 550 nm、1 550.13 nm 三个波长信号，通过可编程波长选择开关（Wavelength Selective Switch，WSS）实现波分复用，然后分别经过 IQ 调制器产生 16QAM 调制信号，再通过扇入模块（fan - in module）进入七芯光纤，实现空分复用。七路信号经过 1 km 传输后通过扇出模块（fan - out module）转换成七路信号，分别输入给单行载流子光电二极管探测器（UTC - PD），在 1 553.89 nm 波长本振驱动下实现下混频产生 365 GHz、350 GHz、335 GHz 三个频率信号。接收端采用太赫兹肖特基二极管混频器作为探测器，中频信号经由高速实时示波器完成模数转换和采样，最终输入到 DSP 中完成信号处理。系统单通道速率为 168 Gbps，七路信号总容量为 1 176 Gbps，综合考虑信道编码中的差错校正冗余部分，实际容量为 1 059 Gbps。

2023 年，浙江大学研制出 100 GHz 轨道角动量（Orbital Angular Momentum，OAM）通信系统（图 2 - 15），使用开关键控调制（On - Off Keying，OOK）完成 300 mm 距离条件下 10 Gbps 速率通信演示，BER 小于 3.8E - 3。发射端采用模式复用超表面将两路同频高斯波束转换为共轴传播但模式不同的轨道角动量波束。太赫兹信号的产生和接收均采用固态电子学途径，即发射端采用倍频器产生太赫兹载波再采用混频器实现调制，接收端采用混频器完成信号下变频。

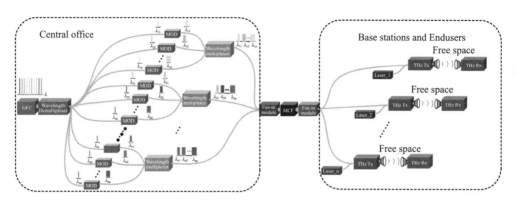

图 2-14 浙江大学 350GH 多维复用通信系统

（ZHANG HONGQI, et al. Tbit/s Multi-Dimensional Multiplexing THz-Over-Fiber
for 6G Wireless Communication [J]. Journal of Lightwave Technology, 2021, 39 (18): 5783-5790.）

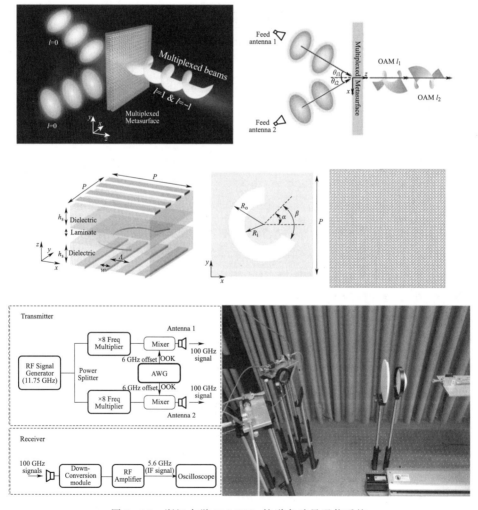

图 2-15 浙江大学 100 GHz 轨道角动量通信系统

（YANG HANG, et al. A THz-OAM Wireless Communication System Based on Transmissive Metasurface [J].
IEEE Transactions on Antennas and Propagation, 2023, 71 (5): 4194-4203.）

（3）电子科技大学

2016 年，电子科技大学采用固态电子学途径研制出 220 GHz 通信系统，如图 2 - 16 所示。系统中心频率为 218.8 GHz，带宽为 2.2 GHz，发射链路输出功率为 −14.2 dBm，接收链路采用单边带变频损耗为 9.2 dB 的太赫兹肖特基二极管混频器，收发天线均采用 52 dBi 增益卡塞格伦天线。系统采用 QPSK 调制，在室外晴空环境下能够实现 200 m 通信，传输速率为 3.52 Gbps。

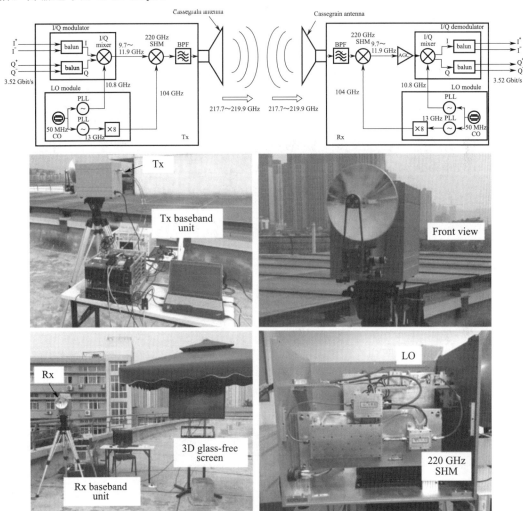

图 2 - 16　电子科技大学 220 GHz QPSK 通信系统

（CHEN ZHE，et al. 220 GHz outdoor wireless communication system based on a Schottky - diode transceiver [J]. IEICE Electronics Express，2016，13（9）：20160282.）

2020 年，电子科技大学研制出 220 GHz 双载波通信系统，采用 16QAM 调制，能够在 20 m 距离条件下实现 12.8 Gbps 速率传输，EVM 为 9.7%。系统单载波带宽 1.84 GHz，发射链路输出功率为 −20.2 dBm，收发采用 50 dBi 增益卡塞格伦天线，如图 2 - 17 所示。

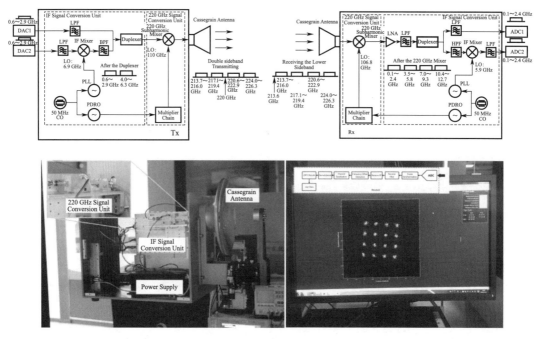

图 2 - 17　电子科技大学 220 GHz 双载波通信系统

（NIU ZHONGQIAN，et al. The research on 220 GHz multicarrier high – speed communication system ［J］. China Communications，2020，17（3）：131 – 139. ）

2.4.2　美国

（1）美国贝尔实验室

2011 年，贝尔实验室研制出 625 GHz 无线通信系统，速率为 2.5 Gbps，如图 2 - 18 所示。发射端通过平衡式混频产生调制信号，再经过 48 次倍频产生 625 GHz 信号；接收端采用太赫兹零偏置肖特基二极管检波器实现信号检测；发射和接收链路之间通过一组 32 mm 焦距透镜组实现信号聚束准直传输。

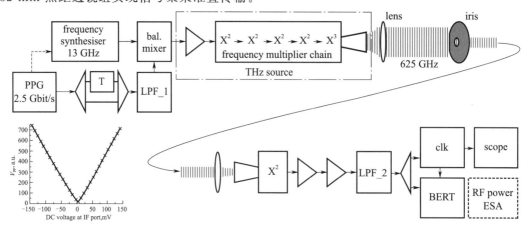

图 2 - 18　贝尔实验室 625 GHz 通信系统

（2）美国密歇根大学

2017 年，密歇根大学（University of Michigan）研制出 220 GHz 空间正交 ASK（Amplitude Shift Keying，幅移键控）发射芯片并开展了 10 cm 距离条件下的 24.4 Gbps 速率通信演示验证。发射单元采用"谐波振荡器＋高速调制开关＋线极化天线"架构，如图 2 - 19（a）所示。相比于电学倍频产生太赫兹信号方式，该架构的功率效率和集成度更高。两个线极化发射单元通过正交排布可以产生空间正交幅度键控信号（Spatial - Orthogonal Amplitude Shift Keying，SO - ASK），利用频率分集使通道容量提升一倍；通过采用多级 SO - ASK 调制进一步提高频谱效率和信道容量，通过阵列化和功率合成可以实现更高 EIRP，如图 2 - 19（b）所示。发射芯片样片采用 130 nm SiGe BiCMOS 工艺制备，通过集成高阻硅透镜消除芯片衬底中表面波以及提高片上天线增益。通信演示系统［图 2 - 19（c）］的接收端采用了 21 dBi 增益角锥喇叭天线和 3 000 V/W 响应率零偏置检波器。

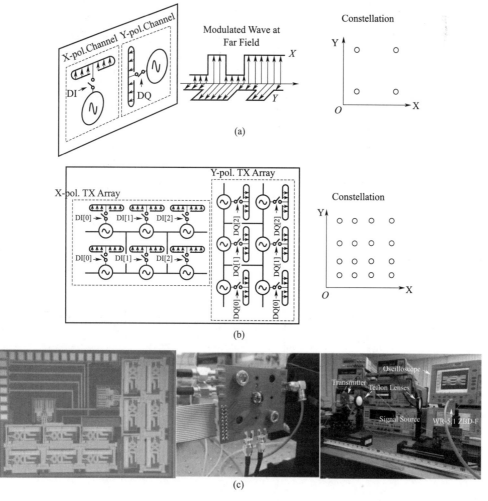

图 2 - 19　密歇根大学 220 GHz SO - ASK 发射芯片及通信演示系统

（JIANG CHEN, et al. A high - speed efficient 220 GHz spatial - orthogonal ASK transmitter in 130 nm SiGe BiCMOS [J]. IEEE J. Solid - State Circuits, 2017，52（9）：2321 - 2334.）

2022 年，密歇根大学基于 BiCMOS 工艺研制出 220 GHz 发射阵列芯片并开展了 OOK 通信演示实验，在 28 cm 距离条件下实现 20 Gbps 速率，能量效率为8.26 pJ/bit，如图 2-20所示。发射芯片基本单元采用"谐波振荡器＋高速调制开关＋线极化天线"架构。为了提高效率降低功耗，谐波振荡器和高速调制开关分别采用 MOS 晶体管和 BJT 晶体管实现；单元之间采用最近邻双向耦合技术（nearest neighbor bilateral coupling technique）实现功率合成。通信演示系统采用聚四氟乙烯（Teflon）透镜以增加通信距离，发射芯片采用55 nm BiCMOS 工艺制作并采用高阻硅透镜集成，接收端采用角锥天线和太赫兹零偏置肖特基二极管检波器实现信号检测。

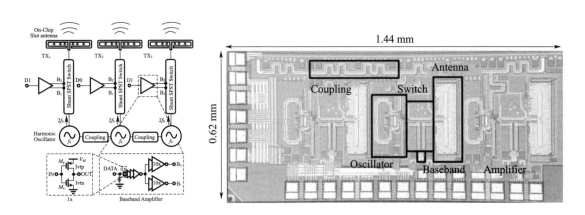

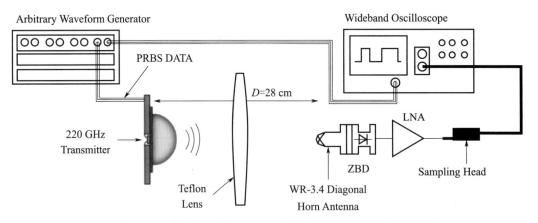

图 2-20　密歇根大学 220 GHz 发射阵列芯片及其通信演示系统

（BAHAREH HADIDIAN, et al. A 220 GHz Energy Efficient High Data Rate Wireless ASK Transmitter Array [J]. IEEE Journal of Solid State Circuits，2022，57（6）：1623-1634.）

（3）美国加州大学

2015 年，加州大学伯克利分校（University of California，Berkeley）研制出 65 nm CMOS 240 GHz 发射芯片，采用"本振＋调制器＋放大器＋倍频器＋天线"架构，如图 2-21 所示。基于该芯片搭建的通信演示系统能够实现最高 16 Gbps 速率，发射效率为 14 pJ/bit。

2019 年，加州大学欧文分校（University of California，Irvine）提出能够产生高阶 QAM 信号的新型发射芯片架构（图 2-22），通过合成两路幅度呈一定比例的 QPSK 调制产生 4^M QAM 调制信号。芯片采用 180 nm SiGe BiCMOS 工艺制备，输出调制信号功率为 1 dBm，功耗为 520 mW。通信演示系统能够在 20 cm 距离条件下实现 20 Gbps 速率通信，EVM 为 −15.8 dB。

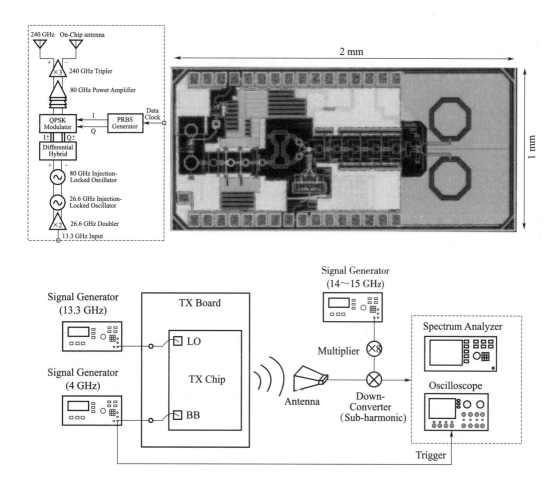

图 2-21 加州大学伯克利分校 240 GHz QPSK 发射芯片及通信演示系统

（S KANG，et al. A 240 GHz Fully Integrated Wideband QPSK Transmitter in 65 nm CMOS ［J］. IEEE Journal of Solid-State Circuits，2015，50（10）：2256-2267.）

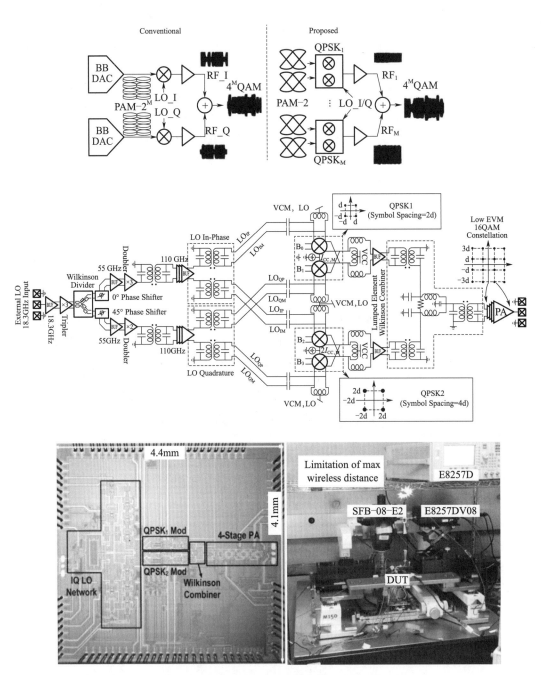

图 2 - 22　加州大学欧文分校 115 GHz 直接 QAM 调制发射芯片

（H WANG，H MOHAMMADNEZHAD，P HEYDARI. Analysis and design of high - order QAM

direct - modulation transmitter for high - speed point - to - point mm - wave

wireless links［J］. IEEE J. Solid - State Circuits，2019，54（11）：3161 - 3179.）

2.4.3　欧洲

（1）德国卡尔斯鲁厄理工学院

2011 年，卡尔斯鲁厄理工学院（Karlsruhe Institute of Technology，KIT）采用固态电子学途径研制出 220 GHz 通信系统，在 50 cm 距离条件下能够实现 25 Gbps 速率传输，如图 2-23 所示。发射端和接收端均采用 50 nm mHEMT 单片集成电路芯片，发射功率不低于−3.4 dBm，接收噪声系数优于 7.5 dB。

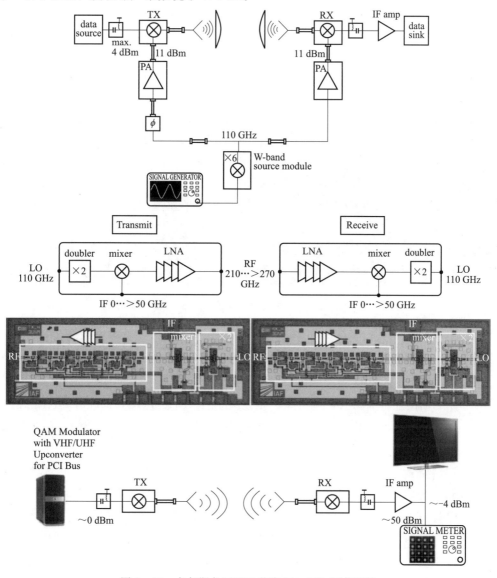

图 2-23　卡尔斯鲁厄理工学院 220 GHz 通信系统

（I KALLFASS，et al. All Active MMIC-Based Wireless Communication at 220 GHz [J]. IEEE Transactions on Terahertz Science and Technology，2011，1（2）：477-487.）

2013 年，德国卡尔斯鲁厄理工学院（KIT）采用光学发射和电学接收相结合途径研制出237.5 GHz 通信系统，如图 2-24 所示，通过波分复用在 20 m 距离条件下实现100 Gbps 速率。发射端采用光学途径，利用锁模激光器产生频率间隔为 12.5 GHz 的频率梳信号。其中，193.138 THz 作为本振信号，193.375 5 THz 和 193.375 5 THz±12.5 GHz 信号作为载波信号分别被基带信号调制。调制信号和本振经过单行载流子光电二极管探测器（UTC-PD）产生三路中心频率为 237.15 GHz 的调制信号。接收端采用电学途径，接收信号首先通过30 dB 低噪声放大器，然后经过 IQ 混频器完成信号解调。

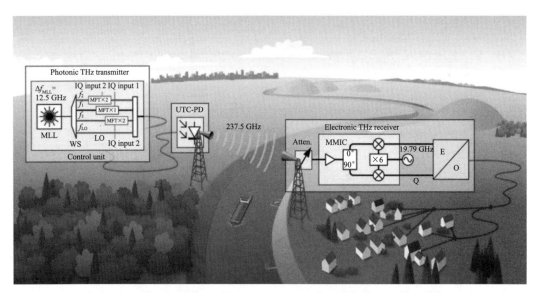

图 2-24 德国卡尔斯鲁厄理工学院 237.5 GHz 通信系统

(S KOENIG, et al. Wireless sub-THz communication system with high data rate [J].

Nature Photon, 2013, 7: 977-981.)

（2）德国斯图亚特大学

2015 年，斯图亚特大学（University of Stuttgart）研发出基于 35 nm mHEMT 工艺的 300 GHz 发射和接收芯片，采用 QPSK 调制完成 1 m 距离条件下的 64 Gbps 速率通信试验，如图 2-25 所示。

2020 年，斯图亚特大学研制的 300 GHz 通信系统在 15m 距离条件下能够实现100 Gbps 传输速率，传输带宽达到 45 GHz（图 2-26）。发射端采用光学途径，16QAM或 32QM 调制的 193.4 THz 信号与 193.1 THz 信号通过单行载流子光电二极管探测器（UTC-PD）差频产生载频为 300 GHz 的调制信号；接收端采用电学途径，利用混频器实现 300 GHz 下变频并通过高采样率实时示波器完成信号模数转换和解调。

（3）德国伍珀塔尔大学

2022 年，伍珀塔尔大学（University of Wuppertal）基于 130 nm SiGe BiCMOS 工艺研制出 215～240 GHz 发射和接收芯片，采用直接转换 IQ 架构并集成了双极化片上天线，完成 60 cm 距离条件下的 100 Gbps 速率传输演示，如图 2-27 所示。

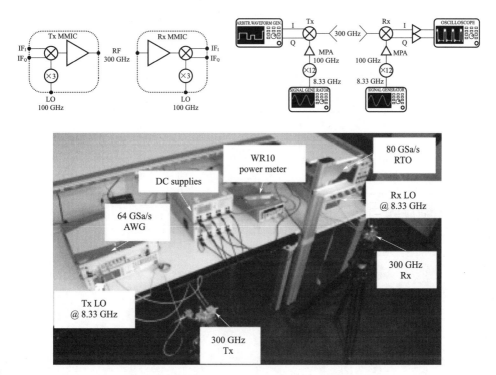

图 2 - 25　斯图亚特大学 300 GHz MMIC 通信系统

(I KALLFASS, et al. Towards MMIC - Based 300 GHz Indoor Wireless Communication Systems [J].
IEICE Transactions on Electronics, 2015, E98. C (12): 1081 - 1090.)

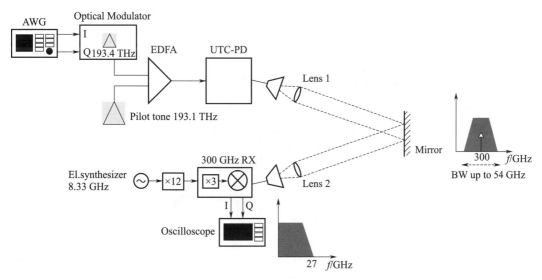

图 2 - 26　斯图亚特大学 300 GHz 通信系统

(I DAN, et al. A 300 GHz Wireless Link Employing a Photonic Transmitter and an Active
Electronic Receiver with a Transmission Bandwidth of 54 GHz [J]. IEEE Transactions on Terahertz Science
and Technology, 2020, 10 (3): 271 - 281.)

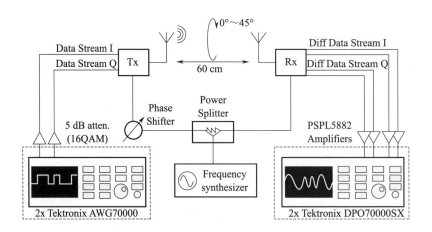

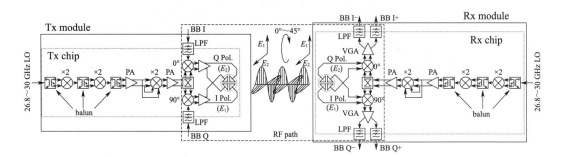

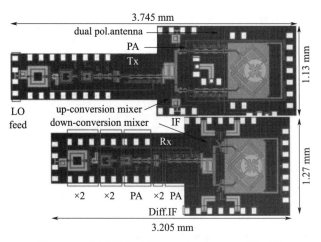

图 2 - 27　伍珀塔尔大学 215～240 GHz 通信系统

(J GRZYB，et al. A SiGe HBT 215～240 GHz DCA IQ Tx/Rx Chipset With Built - In Test of USB/LSB RF Asymmetry for 100＋ Gbit/s Data Rates [J]. IEEE Transactions on Microwave Theory and Techniques，2022，70 (3)：1696 - 1714.)

（4）英国伦敦大学学院

2014 年，伦敦大学学院（Universitv College London，UCL）研制的 200 GHz 通信系统采用三路 QPSK 复用实现 75 Gbps 通信速率，如图 2-28 所示。2015 年，团队采用上述途径研制出 200 GHz 多通道通信系统，如图 2-29 所示。2016 年，团队又研制出 200 GHz 五通道通信系统，速率高达 100 Gbps，各通道平均速率为 20 Gbps，频谱效率为 1.33 bps/Hz，如图 2-30 所示。

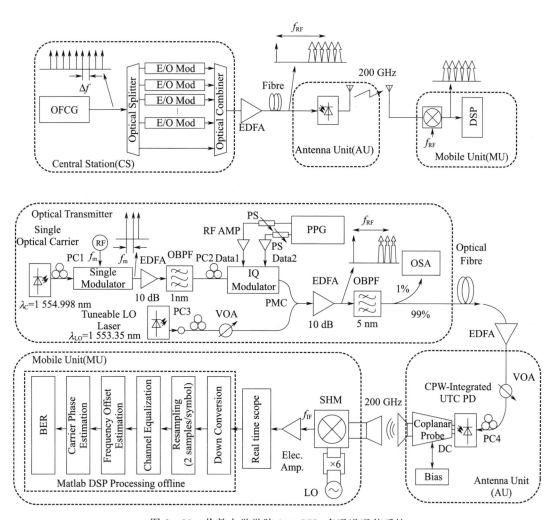

图 2-28　伦敦大学学院 200 GHz 多通道通信系统

（H SHAMS，et al. Photonic generation for multichannel THz wireless communication [J]. Opt Express，2014，22（19）：23465-23472.）

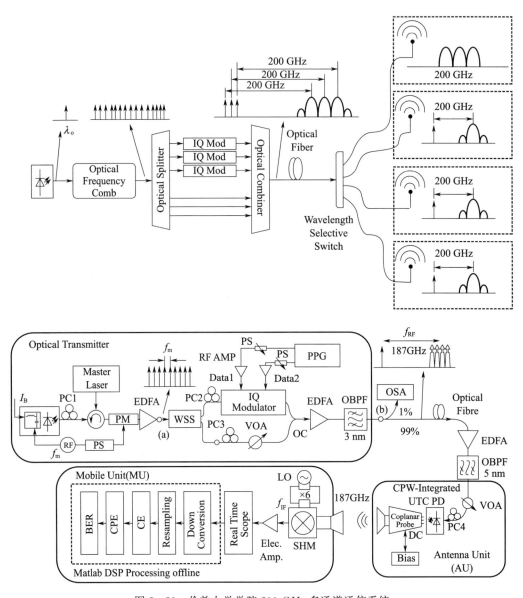

图 2 - 29　伦敦大学学院 200 GHz 多通道通信系统

(H SHAMS，et al. 100 Gb/s Multicarrier THz Wireless Transmission System with High

Frequency Stability Based on A Gain - Switched Laser Comb Source [J].

IEEE Photonics Journal，2015，7（3）：1 - 11.）

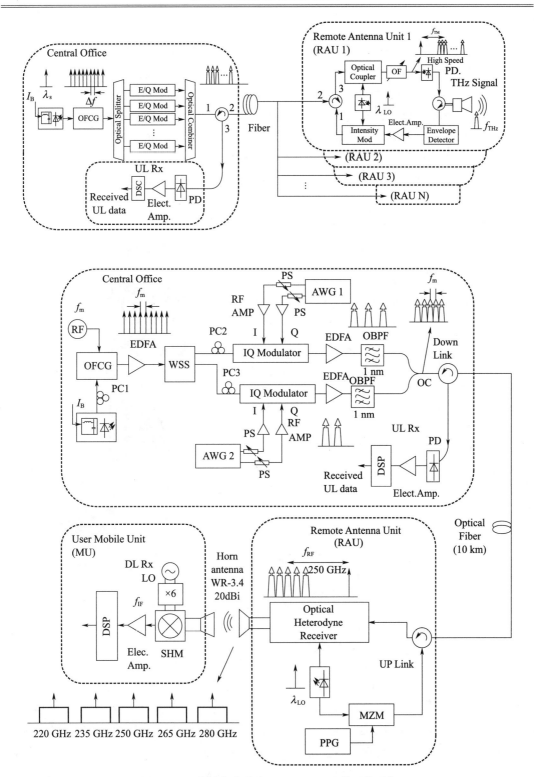

图 2 - 30　伦敦大学学院 200 GHz 五通道通信系统

（H SHAMS，et al. Sub - THz Wireless over Fiber for Frequency Band

220～280 GHz ［J］. Journal of Lightwave Technology，2016，34（20）：4786 - 4793.）

（5）法国里尔大学

2014 年，里尔大学（Universitéde Lille）研制的 400 GHz 通信系统能够在 2 m 距离条件下实现 46 Gbps 速率，BER＜1E－3，如图 2－31 所示。发射端采用光学途径，两个激光器产生的 194 THz 和 193.6 THz 信号经放大后通过单行载流子光电二极管探测器（UTC－PD）混频产生载频为 400 GHz 的调制信号，其中 193.6 THz 信号经过马赫-曾德尔调制器（Mach-Zehnder optical Modulator，MZM）时被基带数据调制。接收端采用电学途径，通过变频损耗为 8 dB 的亚谐波混频器将信号下变频至中频，再经实时串行数据分析仪模数变换和解调处理。发射端和接收端之间利用透镜实现聚束准直传输。

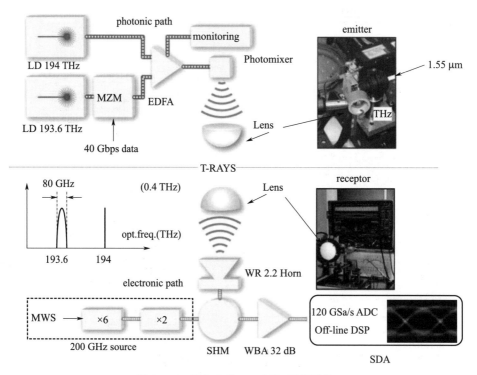

图 2－31　里尔大学 400 GHz 通信系统

（G DUCOURNAU, et al. Ultrawide-Bandwidth Single-Channel 0.4 THz Wireless Link Combining Broadband Quasi-Optic Photomixer and Coherent Detection [J]. IEEE Transactions on Terahertz Science and Technology，2014，4（3）：328-337.）

2019 年，里尔大学研制的 300 GHz 通信系统采用 16QAM 调制，能够在 50 cm 距离条件下实现 56 Gbps 速率，如图 2－32 所示。发射端采用光学途径，采用 SiGe 光电二极管产生载频为 280 GHz 的调制信号；接收端采用电学途径，采用亚谐波混频器将调制信号变换至中频，再经放大后由示波器实现模数转换和解调。

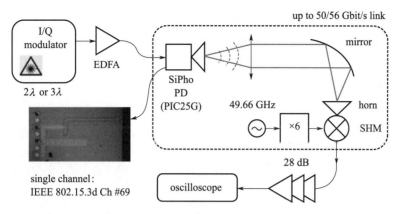

图 2 - 32　里尔大学 300 GHz 通信系统

（C BELEM - GONCALVES，et al. 300 GHz quadrature phase shift keying and QAM16 56 Gbps wireless data links using silicon photonics photodiodes［J］. Electronics Letters，2019，55：808 - 810.）

2.4.4　日韩

（1）日本电报电话公司

2003 年，NTT 公司研制出 120 GHz 通信系统，如图 2 - 33 所示，能够在 1 m 距离条件下实现 3 Gbps 速率，BER＜1E－10。发射端采用光学途径，将 30 GHz 电学信号输入到 1 550 nm 波长亚谐波锁模激光器（Mode - Lock Laser Diode，ML - LD）从而产生重复频率为 60 GHz 的光学脉冲序列，再经光学时钟倍频器（Optical Clock Multiplier，OCM）产生重复频率为 120 GHz 的激光信号。信号通过强度调制器（Intensity Modulator，IM）时被脉冲图形发生器（Pulse Pattern Generator，PPG）产生的基带信号调制，再经过铒掺杂光纤放大器（Erbium - Doped Fiber Amplifier，EDFA）放大后输入到单行载流子光电二极管（UTC - PD）产生载波频率为 120 GHz 的调制信号。接收端采用电学途径，利用喇叭天线和亚谐波混频器实现信号检测。

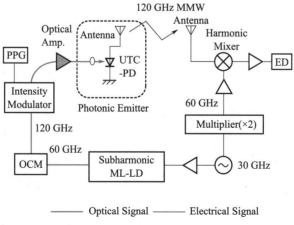

图 2 - 33　NTT 120 GHz 通信系统

（A HIRATA，et al. 120 GHz wireless link using photonic techniques for generation，modulation，and emission of millimeter - wave signals［J］. Journal of Lightwave Technology，2003，21（10）：2145 - 2153.）

2006 年，NTT 公司研制出 125 GHz 通信系统，如图 2 - 34 所示，能够在 200 m 距离条件下实现 10 Gbps 速率。发射端采用光学途径，通过低相噪光子学毫米波源和单行载流子光电二极管探测器（UTC - PD）产生 116.5～133.5 GHz 信号，通过 48.7 dBi 增益卡塞格伦天线辐射出去。接收端采用电学途径，利用卡塞格伦天线和 HEMT MMIC 实现太赫兹信号的接收、低噪声放大和解调。

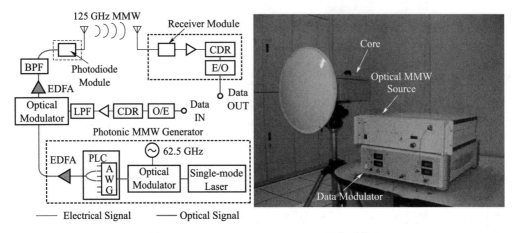

图 2 - 34　NTT 125 GHz 10 Gbps 通信系统

（A HIRATA, et al. 120 GHz - band millimeter - wave photonic wireless link for 10 Gbit/s data transmission [J]. IEEE Transactions on Microwave Theory and Techniques, 2006, 54（5）: 1937 - 1944.）

2009 年，NTT 公司采用全电学途径研制出 125 GHz 通信系统，在 800 m 距离条件下实现 10 Gbps 通信，如图 2 - 35 所示。发射端采用倍频方式产生 125 GHz 载波，经调制放大后输出 10 mW ASK 信号，通过卡塞格伦天线辐射出去。接收端，太赫兹信号先后经过卡塞格伦天线、低噪声放大器、解调器完成解调。信道编码采用 RS（255，239）实现前向纠错，编码增益接近 10 dB。

2010 年，NTT 公司研制出的 125 GHz 通信系统能够在 5.8 km 距离条件下实现 10 Gbps 速率，如图 2 - 36 所示。发射端采用倍频方式产生 125 GHz 载波信号，经过 ASK 调制后经过两级放大输出 40 mW 信号。

2013 年，NTT 公司研制出 120 GHz 频段 QPSK 通信系统，如图 2 - 37 所示。相比于前期研发的 ASK 通信系统，频谱效率从 0.65 bps/Hz 提高至 1.32 bps/Hz。系统中心频率为 128 GHz，带宽为 8.4 GHz，在 170 m 距离条件下能够实现 11.1 Gbps 速率，BER＜1E-10。发射端主要由编码电路和发射链路组成。基带处理电路首先采用 XFP 光模块将带有 FEC 的 10 Gbps 光信号变换成电信号，然后通过串行/解串器实现电信号的串并转换，FPGA 将并行电信号变换成 5 Gbps IQ 编码信号。发射链路将锁相环振荡器输出的 16 GHz 连续波通过倍频产生 128 GHz 载波信号，5 Gbps IQ 编码信号通过调制器实现对 128 GHz 信号的调制，功率放大器将已调信号放大至 13 dBm。接收端主要由解码电路和接收链路组成。低噪声放大器的噪声系数为 5.6 dB，增益为 18 dB，频率范围为 108～138 GHz。解调电路采用差分相干探测方式实现 IQ 信号解调。解调后的 I 路和 Q 路信号

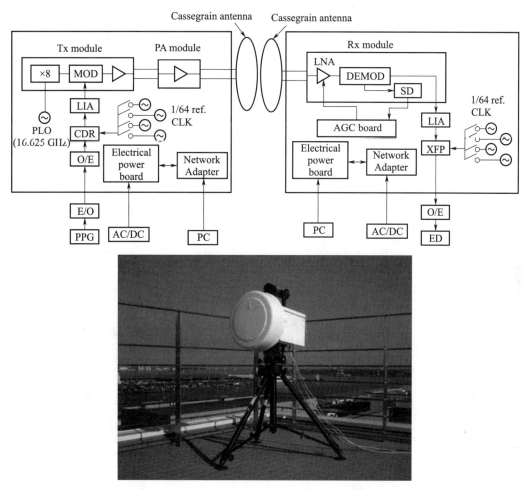

图 2 - 35　NTT 公司 125 GHz 全电学通信系统

（A HIRATA，et al. 10 Gbit/s Wireless Link Using InP HEMT MMICs for Generating 120 GHz - Band Millimeter - Wave Signal [J]. IEEE Transactions on Microwave Theory and Techniques，2009，57 (5)：1102 - 1109.）

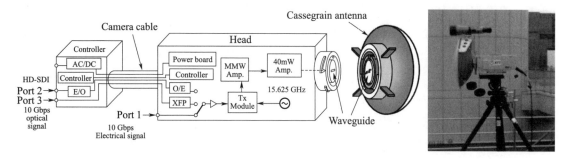

图 2 - 36　NTT 公司 125 GHz 通信系统（5.8 km，10 Gbps）

（A HIRATA. 5.8 km 10 Gbps data transmission over a 120 GHz band wireless link. 2010.）

分别经过 40 dB 放大后输入到 FPGA 解码电路中，然后利用串行/解串器将并行信号变换成串行信号。

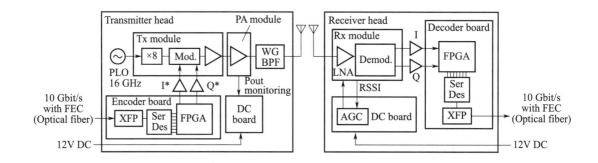

图 2 - 37　NTT 公司 120 GHz 频段 QPSK 通信系统

（H TAKAHASHI, et al. 120 GHz – Band Fully Integrated Wireless Link Using QSPK for Realtime 10 Gbit/s Transmission ［J］. IEEE Transactions on Microwave Theory and Techniques，2013，61（12）：4745 – 4753.）

　　2023 年，NTT 公司报道了速率高达 1.44 Tbps 的太赫兹通信系统，如图 2 - 38 所示。系统工作于 135～170 GHz，采用了集成天线的巴特勒矩阵（Butler Matrix）产生八路不同模式的轨道角动量（OAM）太赫兹波，通过 OAM 复用在 1 m 距离条件下实现 1.44 Tbps 速率，相当于同时传输 35 000 个 4K 高清视频（40 Mbps）或 140 部未压缩 4K 视频（10 Gbps）。

（2）日本广岛大学

　　2016 年，广岛大学（Hiroshima University）联合日本国家信息通信技术研究所（National Institute of Infromation and Communication Technology，NIICT）、松下公司（Pasasonic Corporation）采用 40 nm CMOS 工艺研制出六通道 300 GHz 发射芯片，如图 2 - 39 所示。芯片能够产生 32QAM 信号，单通道速率为 17.5 Gbps，六通道总速率为 105 Gbps。

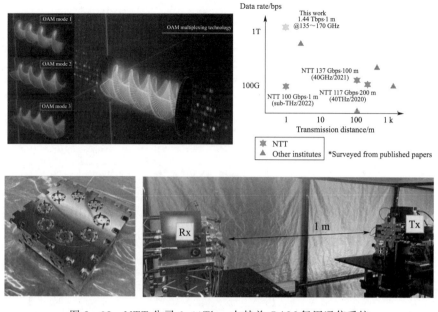

图 2 - 38　NTT 公司 1.44Tbps 太赫兹 OAM 复用通信系统

（https：//group. ntt. en/newsrelease/2023/03/30/230330a. html）

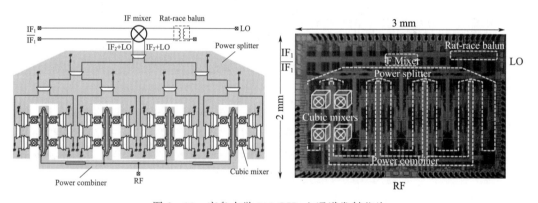

图 2 - 39　广岛大学 300 GHz 六通道发射芯片

（K KATAYAMA，et al. A 300 GHz CMOS Transmitter With 32 QAM 17. 5 Gb/s/ch Capability Over Six Channels [J]. IEEE Journal of Solid - State Circuits，2016，51 (12)：3037 - 3048.)

（3）日本大阪大学

2021 年，大阪大学（Osaka University）研制出 300 GHz 通信系统，如图 2 - 40 所示，单路速率为 24 Gbps，通过两路合成可以实现 48 Gbps 速率，能够在 2～3 cm 距离条件下实现 8K（7 680×4 320）高清电视（Ultra High Definition Television，UHD - TV）实时传输。发射端采用光学途径，两路激光通过单行载流子光电二极管探测器（UTC - PD）产生载频为 335 GHz 的调制信号；接收端采用工作于相参模式的谐振隧穿二极管

（Resonant Tunneling Diode，RTD）实现信号检测。

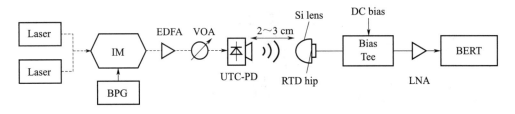

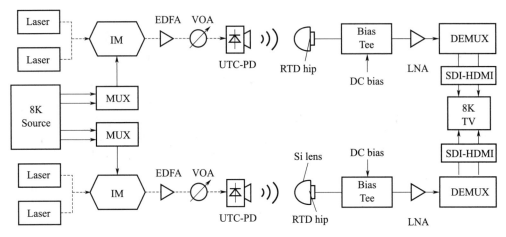

图 2 - 40　大阪大学 300 GHz 通信系统

（J WEBBER，et al. 48 Gbit/s 8K video - transmission using resonant tunnelling diodes in
300 GHz band [J]. Electronics Letters，2021：668 - 669.）

（4）韩国电子电信研究所

2021 年，韩国电子电信研究所（Electronics and Telecommunications Research
Institute，ETRI）研制的 300 GHz 通信系统（图 2 - 41）能够在 1.4 m 距离条件下实现
90 Gbps 通信速率，BER＜2E－2。系统采用脉冲幅度调制（PAM - N），发射链路采用光
电结合途径，通过两个商用 C 波段激光器产生太赫兹差拍信号，然后利用单行载流子光电
二极管探测器（UTC - PD）产生 47 μW 太赫兹信号并通过 26 dBi 增益喇叭天线辐射出
去。接收链路由肖特基二极管检波器和射频放大器组成，检波器的响应率为 1 900 V/W。
输出信号带宽为 36 GHz，通过 80 GSa/s 实时示波器接收，再通过 DSP 对示波器输出信号
进行判决反馈均衡，从而减小码间干扰。

（5）韩国科学技术高等研究所

2023 年，韩国科学技术高等研究所（Korea Advanced Institute of Science and
Technology，KAIST）联合三星公司面向 6G 高速无线物联网应用研制出基于 40 nm
CMOS 工艺的 120 GHz 收发芯片，并完成了 5 cm 近距离条件下的 20 Gbps 通信试验，如
图 2 - 42 所示。

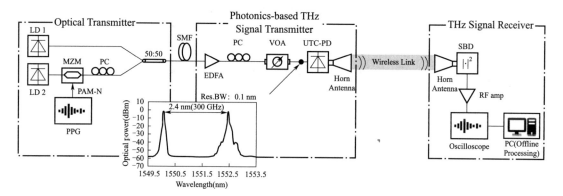

图 2 - 41　韩国电子电信研究所 300 GHz 通信系统

（S - R MOON，at al. Cost - Effective Photonics - Based THz Wireless

Transmission Using PAM - N Signals in the 0.3 THz Band ［J］. Journal of Lightwave Technology,

2021，39（2）：2021. ）

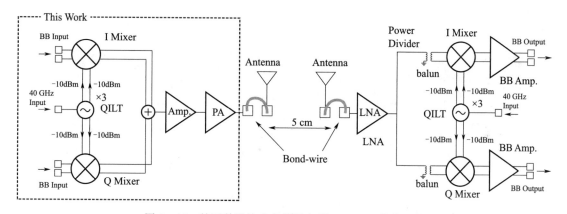

图 2 - 42　韩国科学技术高等研究所 120 GHz 收发芯片

（S H KIM，et al. Wideband 120 GHz CMOS I/Q Transmitter With Suppressed IMRR and LOFT

for Wireless Short - Range High - Speed 6G IoT Applications ［J］. IEEE Internet of

Things Journal，2023，10（13）：11739 - 11748. ）

第3章 太赫兹通信天线技术

天线是太赫兹通信系统中负责电磁波模式转换和波束指向形成的物理基础。本章重点介绍两个方面内容：一是天线基本原理和指标体系；二是喇叭天线、反射面天线、透镜天线和阵列天线四种太赫兹通信系统中最常用的天线。

3.1 天线基本概念

天线的主要作用可以归结为以下三个方面：1）汇聚自由空间电磁波；2）完成导行电磁波与自由空间电磁波的模式转换；3）产生特定指向波束。天线的主要形式包括鞭状天线、反射面天线、相控阵天线和透镜天线等，广泛应用于卫星通信、遥感、射电天文等领域，如图3-1所示。有时，激光通信终端的光学系统也被归为天线范畴，称为"光学发射天线"。

(a) 鞭状天线(东方红1号)　　(b) 喇叭天线　　(c) 反射面天线(海事卫星Inmarsat-5)

(d) 反射面天线(O3b卫星)　　(e) 反射面天线(鹊桥四号中继星)　　(f) 透镜天线

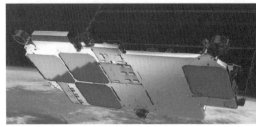
(g) 相控阵天线(星链卫星)

(h) 基于相控阵馈源的反射面天线(陆地探测四号01星)

图3-1 天线的主要形式

3.1.1　天线原理

（1）天线辐射原理

当电荷运动速度或运动方向发生改变时会产生变换的电场或磁场。根据麦克斯韦电磁场理论，变化的电场在其周围空间产生变化的磁场，而变化的磁场又会产生变化的电场，交变电场和交变磁场之间相互依赖、相互激发、交替产生，以一定速度由近及远在空间辐射出去，由此形成电磁波，如图 3-2 所示。能够产生电磁辐射的装置称为天线。

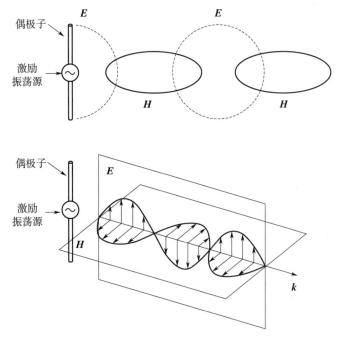

图 3-2　天线产生空间辐射的原理示意图

（2）天线辐射场分区

天线辐射场分为感应近场区、辐射近场区（菲涅尔区）、辐射远场区（夫琅禾费区）三个区域，如图 3-3 所示。

感应近场区是天线辐射场中紧邻天线口径的区域，电场和磁场之间相互振荡转换，不对外辐射能量，属于非辐射场或储能场。该区域的半径范围是 $R < 0.62\sqrt{D^3/\lambda}$ 。其中，λ 是波长；D 是天线最大尺寸。

辐射近场区是感应近场和远场之间的过渡区域，辐射场逐渐占主导地位且辐射场分布随距离变化明显。该区域的半径范围为 $0.62\sqrt{D^3/\lambda} \leqslant R < 2D^2/\lambda$ 。

辐射远场区是天线辐射场有效向远处传播的区域，该区域内的电磁波为均匀平面波且辐射场分布不随距离变化而变化。该区域的半径范围为 $R \geqslant 2D^2/\lambda$ 。

例如，对于一个直径为 300 mm 的 300 GHz 反射面天线来说，其远场范围为 $R > 180$ m。由此可见，电大尺寸太赫兹天线难以直接采用远场测量法获得方向图，需要构建紧缩场或近场测试环境，详见 3.1.2 节。

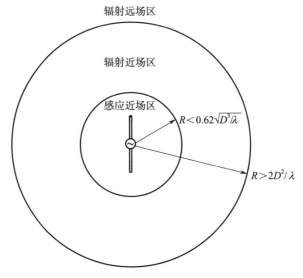

图 3-3　天线辐射场分区

(3) 口面场与方向图

对于喇叭天线、反射面天线、透镜天线等口面天线，方向图与口面附近的电场分布呈傅里叶变换关系，有

$$E(\theta,\varphi) = \int_{-B_w/2}^{B_w/2} \int_{-A_w/2}^{A_w/2} E(x,y)\, \mathrm{e}^{\mathrm{j}(k_x x + k_y y)}\, \mathrm{d}x\,\mathrm{d}y$$

式中，$E(x,y)$ 是天线口面上的电场分布，天线口面在 x 和 y 方向的尺寸分别为 A_w 和 B_w，k_x 和 k_y 分别是传播矢量 $\boldsymbol{k}$ 在 x 和 y 方向的分量，有 $k_x = k \cdot \sin\theta \cdot \cos\theta$ 和 $k_y = k \cdot \sin\theta \cdot \sin\theta$。例如，若口面场呈均匀分布，则天线方向图包络为 sinc 函数，半功率宽度为 $50.6/(l/\lambda)$，其中 l 为均匀分布口面场的长度范围，如图 3-4 所示。

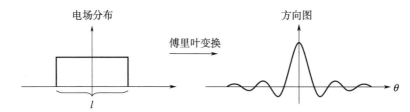

图 3-4　天线口面场与方向图的关系示意

利用天线口面场与方向图之间的傅里叶变换关系可以开展天线分析与综合设计。若已知天线口面场分布，即可推出天线方向图，这是近场法测试天线方向图的理论基础；反之，若期望获得某一形状的天线方向图，可先反推出天线口面场分布再开展天线几何结构设计，这是反射面或透镜几何形状设计、相控阵天线各通道幅相设计、超表面阵列单元设计的理论基础。

3.1.2　指标体系

太赫兹天线的关键指标包括频率特性、阻抗特性、空间特性、效率特性四个方面，如图 3-5 所示。频率特性类参数主要包括频率范围和带宽；阻抗特性类参数主要包括输入阻抗、反射系数、电压驻波比、回波损耗；空间特性类参数主要包括方向图、波束宽度、增益、极化与轴比；效率特性类参数主要包括辐射效率、口径效率和极化效率。一般来说，天线具有收发互易性，即天线用于发射和接收时的基本特性参数是相同的。

频率特性	阻抗特性	空间特性	效率特性
频率范围 带宽	输入阻抗 反射系数 电压驻波比 回波损耗	方向图 波束宽度 增益 极化 轴比	辐射效率 口径效率 极化效率

图 3-5　天线的指标体系

（1）频率特性

天线的频率特性参数包括频率范围和带宽。

①频率范围

频率范围通常用最大频率 f_{max}（频率范围上限）和最小频率 f_{min}（频率范围下限）来描述，并定义中心频率 f_0 为最小频率 f_{min} 和最大频率 f_{max} 的几何平均值，即 $f_0 = (f_{min} + f_{max})/2$。

②带宽

带宽可以用绝对带宽、相对带宽和倍频程带宽三种方式表示。绝对带宽定义为最大频率 f_{max} 和最小频率 f_{min} 之差，即 $BW = f_{max} - f_{min}$。相对带宽（Relative Bandwidth，RBW）定义为绝对带宽 BW 与中心频率 f_0 之比，即 $RBW = BW/f_0$。倍频程带宽定义为最大频率 f_{max} 和最小频率 f_{min} 之比，即 $N = f_{max}/f_{min}$。

在实际应用中，通常根据相对带宽将天线分为窄带天线、宽带天线和超宽带天线，典型相对带宽分别为 <1%、1%～25%、>25%。例如，对于中心频率为 300 GHz 的太赫兹天线来说，即使相对带宽仅有 1%，对应的绝对带宽也可以达到 3 GHz，远高于现有移动通信带宽。

（2）阻抗特性

天线的阻抗特性参数主要包括输入阻抗、反射系数、电压驻波比、回波损耗，如图 3-6 所示。后三个参数反映了天线与馈线（或收发链路）之间的阻抗匹配特性，是对阻抗匹配性能的不同角度描述，可以实现互换。

①输入阻抗

输入阻抗定义为天线输入端的电压和电流之比，通常是频率的函数，用复数表示为 $Z_{in}(\omega) = R_{in}(\omega) + j \cdot X_{in}(\omega)$。实部 R_{in} 由两个部分组成，即 $R_{in} = R_r + R_L$，R_r 和 R_L 分别为天线的辐射电阻和损耗电阻。

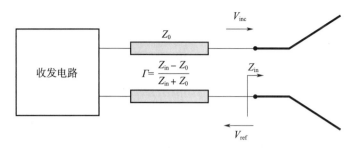

图 3-6　阻抗特性参数

②反射系数

反射系数定义为天线馈电端口处的反射波复振幅与入射波复振幅之比，即 $\Gamma = V_{ref}/V_{inc}$，表征了天线阻抗匹配程度。反射系数 Γ 与输入阻抗 Z_{in} 之间的关系为

$$\Gamma = (Z_{in} - Z_0)/(Z_{in} + Z_0)$$

其中，Z_0 为传输线特征阻抗。

③回波损耗

回波损耗定义为阻抗或极化失配引起的入射波功率与反射波功率之比，即 $RL = P_{inc}/P_{ref}$，同样表征了天线阻抗匹配程度。回波损耗 RL 与反射系数 Γ 之间的关系为 $RL = 1/|\Gamma|^2$，用 dB 表示为 $RL(dB) = -20 \log_{10} |\Gamma|$ 。

④驻波比

驻波比是电压驻波比（Voltage Standing Wave Ratio，VSWR）的简称，定义为天线馈电端口处的电压最大值与最小值之比，即 $VSWR = V_{max}/V_{min}$，是天线阻抗匹配程度的又一种表述。驻波比 VSWR 与反射系数 Γ 之间的关系为

$$VSWR = (1 + |\Gamma|)/(1 - |\Gamma|)$$

(3) 空间特性

天线的空间特性参数主要包括方向图、波束宽度、增益、极化与轴比。

①方向图

方向图是天线辐射场强随空间坐标变化的三维空间图形，如图 3-7 所示。方向图也可用极坐标或直角坐标表示。实际应用中，通常采用天线最大辐射方向上的两个相互垂直平面方向图（$\varphi = 0°$ 和 $\varphi = 90°$）来表征。对于线极化天线来说，可记为 E 面方向图（$\varphi = 0°$）和 H 面方向图（$\varphi = 90°$）。天线方向图通常有远场、紧缩场和近场三种测试方法。

1）远场测量法。该方法主要利用天线辐射远场区的电磁波是平面波的特性，通过测量球面各点的电场幅度即可得到天线方向图，如图 3-8 所示。远场测量法分为室内远场测量和室外远场测量，两种测量方法都要求空间足够大的场地以满足远场测试条件。室内远场测量要求室内四周铺设吸波材料以避免多径反射；室外远场测量要求场地开阔且电磁环境相对纯净。远场测量法适用于微带天线、喇叭天线等小口径太赫兹天线。

2）紧缩场测量法。该方法主要利用反射面将源天线产生的球面波在有限空间内变换成平面波以达到远场测试要求的平面波状态，如图 3-9 所示。相比于远场测量法，紧缩

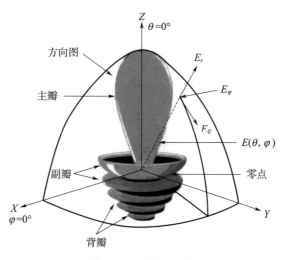

图 3 - 7 　天线方向图

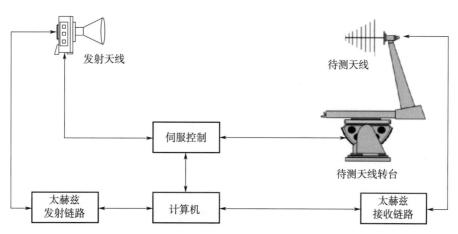

图 3 - 8 　远场测量法示意图

（IEEE Std 149 - 2021：IEEE Recommended Practice for Antenna Measurements。）

场测量所需的场地空间更小，适合大口径太赫兹天线方向图测试。例如，对于 $f=$ 300 GHz、口径尺寸 $D=1$ m 的反射面天线来说，远场条件为 $R>2D^2/\lambda=2$ km，无论是场地配置还是仪器设备部署的可行性都很低；若采用紧缩场测量法，则仅需要不到 10 m×10 m×10 m 的空间即可完成条件建设。

3）近场测量法。该方法的理论基础是天线口面电场分布与远场方向图呈傅里叶变换关系，采用标准电场探头对天线近场区某一平面上的电场幅度和相位进行采样测量，采样间隔需满足奈奎斯特采样定理，通过对测得的口面场进行傅里叶变换即可得到天线方向图，如图 3 - 10 所示。

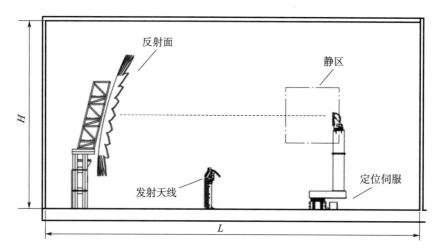

图 3 - 9　紧缩场测量法示意图

（IEEE Std 149 - 2021：IEEE Recommended Practice for Antenna Measurements.）

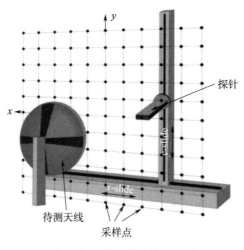

图 3 - 10　近场测量法示意图

（IEEE P1720/D2：IEEE Draft Recommended Practice for Near - Field Antenna Measurements，2012.）

②波束宽度

波束宽度通常定义为方向图半功率点之间的夹角，也称为半功率波束宽度（Half - Power Beam - Width，HPBW）或 3 dB 波束宽度，如图 3 - 11 所示。有时也会采用主瓣两侧的第一个零点间夹角作为波束宽度，称为第一零点波束宽度（BeamWidth Between First Nulls，FNBW）。若无特别申明，通常采用半功率波束宽度。

对于喇叭天线、反射面天线、透镜天线等口面天线来说，波束宽度 $\theta_{3\,dB}$ 主要由天线口径尺寸 D 和波长 λ 决定，即 $\theta_{3\,dB} = k \cdot \lambda / D$。其中，$k$ 是波束扩展因子。对于相同口径的同类天线，工作频率越高，波束就越窄，指向性越好。

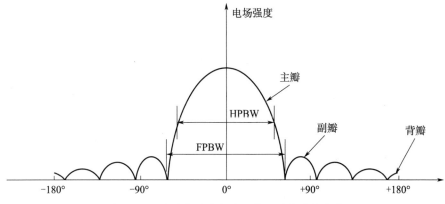

图 3 – 11　半功率波束宽度和第一零点波束宽度

波束扩展因子 k 与天线口径效率 η_{Aperture} 相关。对于圆形口径天线来说，有 $k = 2/\sqrt{\pi \cdot \eta_{\text{Aperture}}}$，如表 3 – 1 所示。例如，反射面天线的口径效率通常为 60% 左右，对应的波束扩展因子 $k = 1.46$，因此，对于 1 m 口径的 300 GHz 反射面天线来说，其波束宽度 $\theta = 0.084°$。天线口径效率的概念将在后面详细介绍。

表 3 – 1　圆形口径天线的波束扩展因子与口径效率对照表

k	1.78	1.60	1.46	1.35	1.26	1.19
η_{Aperture}	40%	50%	60%	70%	80%	90%

③增益与方向性

天线增益是指相同输入功率条件下，天线在某一规定方向上的辐射功率密度与参考天线（通常采用理想辐射点源，具有各向同性方向图）辐射功率密度之比。除了天线增益之外，通常还用方向性系数表征天线辐射能量的集中程度。方向性系数定义为相同辐射功率条件下，天线在给定方向的辐射强度与理想点源天线在同一方向的辐射强度之比。天线增益 $G(\theta, \varphi)$ 与方向性系数 $D(\theta, \varphi)$ 之间的关系是

$$G(\theta, \varphi) = \eta_{\text{rad}} \cdot D(\theta, \varphi)$$

其中，η_{rad} 为天线辐射效率。

实际工程中，天线增益通常是指 $G(\theta, \varphi)$ 的最大值，并用 dBi 作为单位。

最大方向性 D_0 与方向图波束立体角 Ω_A 之间的关系是

$$D_0 = 4\pi/\Omega_A \approx 4\pi/\theta_{3\text{ dB}}^2$$

上式可用于系统设计时的参数快速估算。例如，对于 1 m 口径的 300 GHz 反射面天线来说，若测得其波束宽度 $\theta = 0.084°$，则该天线的最大方向性约为 67.67 dB；通常来说，反射面天线的辐射效率 η_A 可达 90% 以上，因而天线增益约为 67.21 dBi。

④极化与轴比

天线极化就是所发射或接收电磁波的极化。电磁波极化是指在空间某位置上，沿波矢

方向（电磁场传播方向）看去，电场矢量在空间取向随时间变化所描绘的轨迹。极化可以分为线极化、圆极化和椭圆极化三种类型，如图 3-12 所示。

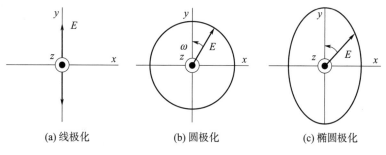

（a）线极化　　　　　（b）圆极化　　　　　（c）椭圆极化

图 3-12　天线极化

线极化的电场矢量在空间中沿直线运动。根据电场矢量方向与地面的空间相对关系，线极化分为水平极化和垂直极化。水平极化的电场矢量方向与地面平行，垂直极化的电场矢量方向与地面垂直。水平极化和垂直极化相互正交，通信系统的发射端和接收端只有在采用相同极化天线时，才能实现信号最佳接收。

圆极化的电场矢量在垂直于波矢的平面内做圆周运动。根据沿波矢方向的电场转动特点，圆极化又可以分为右旋圆极化和左旋圆极化。右旋圆极化的电场矢量顺着波矢方向看去做顺时针运动，左旋圆极化的电场矢量顺着波矢方向看去做逆时针运动。右旋圆极化和左旋圆极化相互正交，意味着若发射天线采用右旋圆极化而接收天线采用左旋圆极化，则接收端无法接收来波信号。

椭圆极化的电场矢量在垂直于波矢的平面内做椭圆周运动。椭圆极化分为右旋椭圆极化和左旋椭圆极化，判定依据与圆极化一致。

轴比是衡量极化特性的量化指标，定义为电场矢量末端投影的长轴与短轴之比。线极化、圆极化和椭圆极化的轴比分别为 $\beta_{\text{lin}} = \infty$、$\beta_{\text{cir}} = 1$ 和 $\beta_{\text{ell}} > 1$。实际工程中，通常认为 $\beta \leqslant 2$（即 3 dB）即为圆极化。

（4）效率特性

效率特性参数主要包括辐射效率、口径效率和极化效率。

①辐射效率

天线的辐射效率反映了天线欧姆损耗导致的辐射功率损失情况。辐射效率 η_{rad} 定义为天线实际辐射功率 P_{rad} 与输入功率 P_{in} 之比，即 $\eta_{\text{rad}} = P_{\text{rad}} / P_{\text{in}} = P_{\text{rad}} / (P_{\text{rad}} + P_L)$。其中，$P_L$ 是天线金属和介质损耗（合成"欧姆损耗"）所导致的功率损失。所谓"实际辐射功率"，是指各个方向辐射功率之和。辐射效率 η_{rad} 与天线增益 G 及方向性 D 之间的关系为 $G = \eta_{\text{rad}} \cdot D$。

②口径效率

口径效率反映了天线物理口径是否充分用于辐射的情况，也反映了电场分布不均匀性所导致的波束展宽情况，也称为"口面利用率"。口径效率 η_{Aperture} 定义为天线有效面积 A_e 与实际物理面积 A_p 之比，即 $\eta_{\text{Aperture}} = A_e / A_p$。

实际工程中，反射面天线和透镜天线的口径效率通常在 60％左右，若要进一步将口径效率提升到 80％甚至 90％以上，通常需要借助超材料等人工电磁结构调控口面场分布。

③极化效率

极化效率 η_p 或极化损耗 L_p 用于衡量极化失配程度，两者关系为 $L_p = 1/\eta_p$。极化效率 η_p 可以根据发射天线和接收天线的轴比以及极化夹角估算

$$\eta_p = \frac{1}{2}\left[1 + \frac{\pm 4\beta_T\beta_R + (1-\beta_T^2)(1-\beta_R^2)\cos(2\alpha)}{(1+\beta_T^2)(1+\beta_R^2)}\right]$$

式中，β_T 是发射天线轴比；β_R 是接收天线轴比，线极化对应轴比为∞，圆极化对应轴比为 1，椭圆极化对应轴比大于 1；α 是发射天线和接收天线极化长轴夹角；"＋"表示收发同向旋转，"－"表示收发反向旋转。极化损耗也可以用 dB 表示，有 $L_p(\text{dB}) = 10 \cdot \log_{10}L_p$。

若发射天线和接收天线均为右旋圆极化（即 $\beta_T = \beta_R = 1$），则极化效率 $\eta_p = 1$（损耗为 0 dB）；若发射天线为右旋圆极化、接收天线为左旋圆极化，则极化效率 $\eta_p = 0$（损耗无穷大）；若发射天线和接收天线均为线极化（即 $\beta_T = \beta_R = \infty$），且长轴夹角 $\alpha = 0°$，则极化效率 $\eta_p = 1$（损耗 0 dB）；若发射天线用圆极化，接收天线用线极化，则极化效率 $\eta_p = 1/2$（损耗为 3 dB）。

3.1.3　系统链路参数

系统链路参数主要包括 EIRP、G/T 值和波束指向损耗，如图 3-13 所示。

图 3-13　EIRP、G/T 和波束指向损耗示意图

（1）EIRP 和 G/T 值

EIRP 和 G/T 分别是考虑天线增益后，对发射链路和接收链路的性能表征，已在第 2 章介绍过，本章仅从天线视角重新审视上述两个概念。EIRP 定义为发射机输出功率 P_t 与发射天线增益 G_t 的乘积，即 EIRP $= P_t \cdot G_t$ 或 EIRP(dBW) $= P_t(\text{dBW}) \cdot G_t(\text{dBi})$。在发射机输出功率保持不变的情况下，发射天线增益越高，则系统发射功率越大，通信距离越远。G/T 值定义为接收天线增益 G_r 与接收机噪声温度 T_r 的比值。在接收机噪声温度一定的情况下，接收天线增益越高，则系统灵敏度越高，通信距离越远、信噪比越高。

（2）波束指向损耗

波束指向损耗是由发射天线波束与接收天线波束的最大增益方向未对准所导致的功率损失，是远距离通信中必须考虑并予以校正的系统参数。空间平台与地面站、航空器、航天器等合作对象通信时，距离通常达到数百 km 以上并且双方存在相对运动。若通信双方

波束未能对准，将会导致链路损耗增加、信噪比恶化，进而导致通信速率降低、误码率增加。为确保远距离通信双方在相对运动条件下仍然能够稳定建链，空间通信系统需要具备波束捕获、对准和跟踪（Acquisition, Pointing and Tracking, APT）能力。其中，"捕获"是指发射端的波束能够基本进入接收端的波束范围；"对准"是指发射端和接收端的波束最大增益方向一致（波束轴/视轴共线）；"跟踪"是指发射端波束最大增益方向能够动态跟随接收端波束最大增益方向移动，并且指向始终保持一致。一般来说，若波束宽度在 mrad 量级，则利用平台星历和自身姿态测量信息即可确定波束视轴；若波束宽度在 μrad 量级，则除了通过平台星历和自身姿态确定初始视轴方向外，还需要通过波束扫描实现精确瞄准与跟踪，通常借助焦平面阵列探测器提高建链效率。

3.2　太赫兹喇叭天线

3.2.1　基本原理

喇叭天线是一种以波导作为馈电端口，通过波导横截面渐变实现导行波向自由空间波转换的定向辐射器件，如图 3-14 所示。

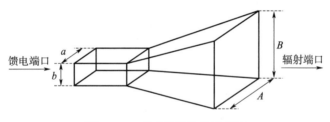

图 3-14　喇叭天线结构示意图

喇叭天线根据辐射端口扩展截面形状可以分为角锥喇叭天线（Pyramidal Horn）和圆锥喇叭天线（Cone Horn），如图 3-15 所示。角锥喇叭天线的截面形状为矩形，水平和垂直两个维度上都会扩展尺寸；圆锥喇叭天线的截面形状为圆形或椭圆形。作为角锥喇叭天线的一种特例，扇形喇叭天线仅在一个方向维度实现扩展，可以根据扩展面是否与电场方向平行进一步分为 H 面喇叭天线和 E 面喇叭天线。喇叭天线的工作原理源于波导传输线理论，特征阻抗由波导截面几何形状、尺寸以及电磁波模式共同决定，因此，在截面几何形状和模式确定条件下，调整波导截面尺寸可获得期望的特征阻抗。

喇叭天线是工程中应用最为广泛的天线形式之一，具有带宽宽、定向性好、增益高、结构简单、成本低等优点，既可以独立使用也可以作为反射面或透镜的馈源。随着工作频率提高至 THz 频段，喇叭天线的馈电波导尺寸仅为 mm 甚至亚 mm 量级，要求喇叭内壁表面精度优于十分之一波长，因此对加工精度提出更高要求，通常采用精密机械加工、硅基刻蚀镀金键合（借助 MEMS 工艺）、3D 打印和电铸成型等工艺实现。

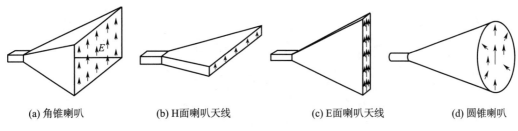

(a) 角锥喇叭　　　　　(b) H面喇叭天线　　　　　(c) E面喇叭天线　　　　　(d) 圆锥喇叭

图 3 - 15　喇叭天线类型

3.2.2　典型方案

（1）应用方案

太赫兹喇叭天线通常用于近距离通信演示系统或者作为远距离通信系统的馈源天线。
2011 年，美国贝尔实验室和新泽西理工大学联合研发的 625 GHz 2.5 Gbps 通信系统采用
了 2.4 mm 口径喇叭天线。收发喇叭天线之间添加了一组透镜以实现太赫兹波准直聚束传
播，如图 3 - 16 所示。2020 年，德国斯图加特大学（University of Stuttgart）研制的
300 GHz 通信系统采用了 WR3 标准喇叭天线，如图 3 - 17 所示。系统带宽为 54 GHz，在
15 m 距离条件下的数据速率为 80 Gbps，频谱效率为 2 bps/Hz。该系统同样采用透镜实
现太赫兹波的准直聚束传播，透镜直径为 100 mm、焦距为 200 mm。

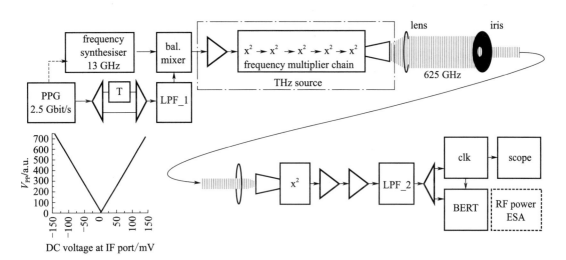

图 3 - 16　美国贝尔实验室 625 GHz 通信系统

（L MOELLER，et al. 2.5 Gbit/s duobinary signalling with narrow bandwidth 0.625 terahertz source [J].
Electronics Letters，2011，47（15）：856 - 858.）

　　由于结构相对简单且应用广泛，太赫兹喇叭天线已经形成较为成熟的产品谱系，如
表 3 - 2 和表 3 - 3 所示。

 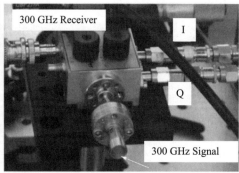

图 3-17　德国斯图加特大学 300 GHz 通信系统采用的收发喇叭天线

表 3-2　国外太赫兹喇叭天线典型产品（以美国 VDI 公司产品为例）

波导型号	频率范围/GHz	喇叭类型	喇叭长度/mm	口径尺寸/mm	3 dB 波束宽度/(°)	增益/dBi
WR-6	110~170	圆锥	26.0	10.8	13	21
WR-4	170~260	圆锥	16.5	7.1	13	21
WR-3	220~325	角锥	26.4	5.6	12	25
WR-1.5	500~750	角锥	11.8	2.4	12	25
WR-0.8	900~1 400	角锥	6.8	1.3	11	25
WR-0.51	1 400~2 200	角锥	4.6	0.84	11	25
WR-0.34	2 200~3 250	角锥	3.1	0.56	11	25

表 3-3　国内太赫兹喇叭天线典型产品

波导型号	频率范围/GHz	材料	涂覆	喇叭长度/mm	口径尺寸/mm	增益/dBi
WR6	113~173	铜	镀金	5.04	20	25
WR5	145~220	铜	镀金	5	16	25
WR4	172~261	铜	镀金	6	13	25
WR3	217~330	铜	镀金	6	11	25

（2）创新方案

目前应用于太赫兹通信系统或产品化的太赫兹喇叭天线主要采用精密机械加工工艺实现。除上述途径外，太赫兹喇叭天线还可以采用体硅微加工（MEMS）、低温共烧陶瓷（LTCC）等工艺加工。若作为馈源使用，通常要求喇叭天线的高斯率不小于 95%，这就要求喇叭天线内壁为螺纹状，即螺纹喇叭天线，从而有效减小边缘绕射、改善方向图对称性。

2013 年，北京理工大学设计出一款基于 MEMS 工艺的双层太赫兹波纹喇叭天线，如

图 3-18 所示。该天线首先采用 MEMS 干法刻蚀工艺在硅片上刻槽，然后采用溅射方法在刻蚀结构上表面蒸发一层金，最后利用金-金键合技术实现两个硅片间的键合。基于上述方法，团队设计了 400~500 GHz 喇叭天线，馈电端口采用 WR2.2 矩形波导，增益变化范围为 13.9~16.1 dBi，方向图对称性良好。2022 年，团队面向太赫兹外差式接收机设计需求，研制出 332~340 GHz 喇叭天线模块，由射频喇叭天线、本振喇叭天线和波导双工器组成，采用体硅微加工工艺叠加 9 层等厚度硅片键合而成，能够同时实现射频信号和本振信号空馈，如图 3-19 所示。该模块的典型增益为 18.5 dBi@340 GHz、交叉极化优于 −24 dB@340 GHz。

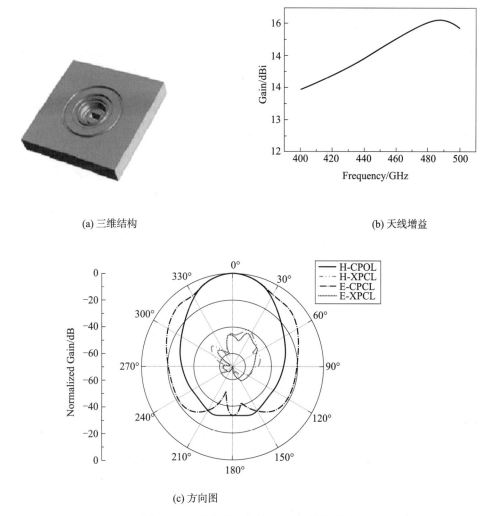

(a) 三维结构　　　　　　　　　　　　　　　　(b) 天线增益

(c) 方向图

图 3-18　北京理工大学 MEMS 波纹喇叭

（LIU Y, et al. Double - Layer 90°corrugated terahertz horn antenna based on ME
MS technology [C]. 2013 IEEE International Conference on Microwave Technology & Computational
Electromagnetics：331 - 333.）

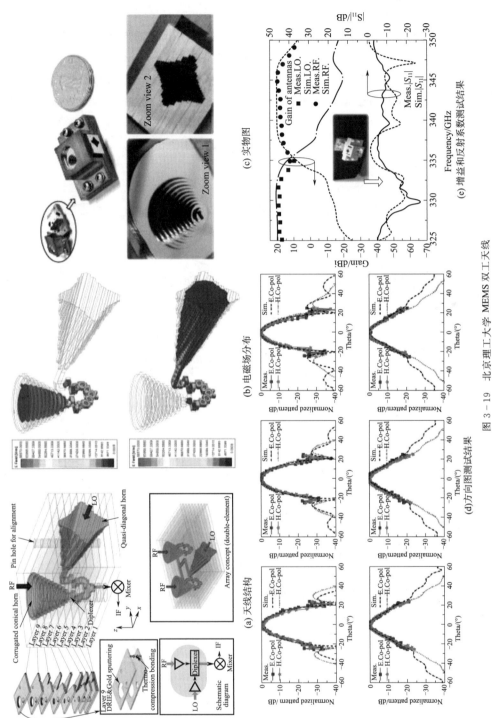

(a) 天线结构

(b) 电磁场分布

(c) 实物图

(d) 方向图测试结果

(e) 增益和反射系数测试结果

图 3 - 19　北京理工大学 MEMS 双工天线

(LU H, et al. Experimental Realization of Silicon Micromachined Terahertz Diplexer - Antenna Module for Heterodyne Receiver [J]. IEEE Transactions on Antennas and Propagation, 2022, 70 (8): 7130 - 7135.)

2014 年，日本 NTT 公司提出基于 LTCC 封装集成工艺的波纹喇叭天线方案，如图 3-20 所示。天线通过空腔腐蚀和金属化过孔形成馈电波导和喇叭结构，中心频率为 300 GHz，最大增益为 18 dBi@300 GHz，带宽为 100 GHz，尺寸为 $5 \times 5 \times 2.8$ mm³。 2018 年，上海交通大学提出的 LTCC 太赫兹波纹喇叭天线方案。与上述案例相似，通过在空腔周边布设垂直金属孔构建喇叭天线结构，如图 3-21 所示。天线中心频率为 120 GHz，带宽为 8 GHz，增益为 13.6 dBi。

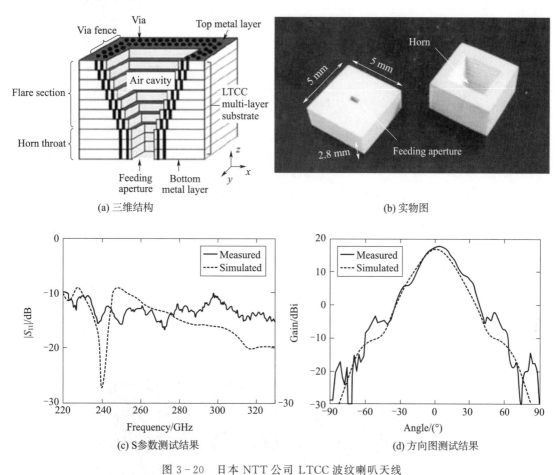

(a) 三维结构　　　　　　　　　　　　　(b) 实物图

(c) S参数测试结果　　　　　　　　　　(d) 方向图测试结果

图 3-20　日本 NTT 公司 LTCC 波纹喇叭天线

(TAJIMA T，et al. 300 GHz step-profiled corrugated horn antennas integrated in LTCC [J].

IEEE Transactions on Antennas and Propagation，2014，62（11）：5437-5444.)

2017 年，日本国家天文台（National Astronomical Observatory of Japan）和日本通信技术研究所（National Institute of Communication Technology）面向阿卡拉玛大型毫米波阵列（ALMA）馈源需求联合研制了 1.25～1.57 THz 太赫兹波纹喇叭天线，如图 3-22 所示。天线采用日本川岛制作所（Kawashima Manufacturing Co.，Ltd）的 μm 级精密机械加工工艺，采用定制刀具在铝块上铣出锥形空腔和内壁波纹。天线使用 WR-0.65 波导作为输入，高斯率大于 97%，交叉极化电平低于 −20 dB。

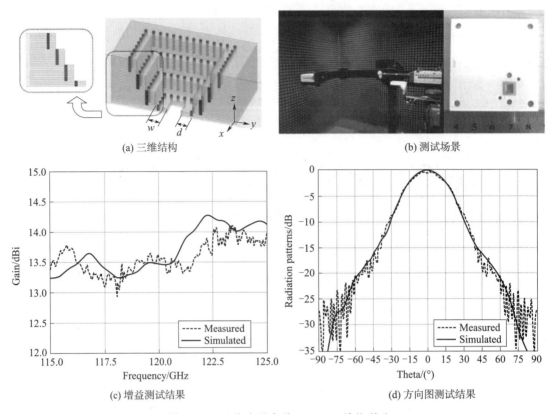

(a) 三维结构

(b) 测试场景

(c) 增益测试结果

(d) 方向图测试结果

图 3 - 21　上海交通大学 120 GHz 波纹喇叭

（QIAN J，TANG M，ZHANG Y，et al. A 120 GHz Step - Profiled Horn Antenna
in LTCC ［C］//2018 IEEE International Symposium on Antennas and Propagation & USNC/URSI
National Radio Science Meeting. IEEE，2018：1035 - 1036.）

图 3 - 22　日本国家天文台 1.25～1.57THz 太赫兹波纹喇叭天线

2021 年，澳大利亚阿德莱德大学（University of Adelaide）提出了一种硅基集成平面喇叭天线方案，如图 3 - 23 所示。天线采用全硅工艺，通过金属过孔形成腔体结构，通过在喇叭天线输出端口引入二维介质透镜改善了天线与自由空间的阻抗匹配，提高了增益。天线的工作频率范围为 220～330 GHz，增益大于 10.5 dBi，峰值增益为 15 dBi@320 GHz。

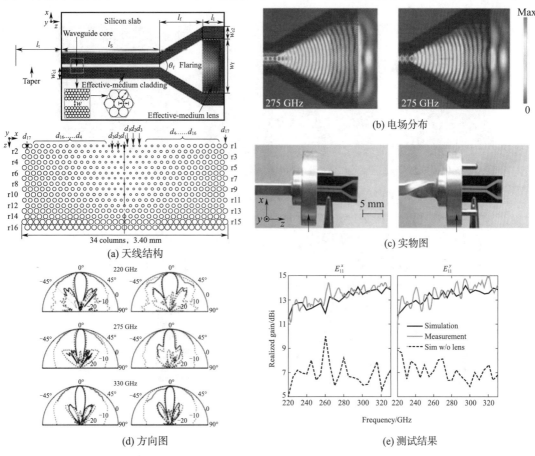

(a) 天线结构　(b) 电场分布　(c) 实物图　(d) 方向图　(e) 测试结果

图 3 - 23　澳大利亚阿德莱德大学 220～330 GHz 全硅平面喇叭天线

（LIANG J，GAO W，LEES H，et al. All - silicon terahertz planar horn antenna ［J］.
IEEE Antennas and Wireless Propagation Letters，2021，20（11）：2181 - 2185.）

3.3　太赫兹反射面天线

3.3.1　基本原理

反射面天线是一种利用金属面反射聚能实现高增益波束的口面天线，源于光学反射镜概念。1668 年发明的牛顿望远镜即是反射式望远镜；1672 年发明的卡塞格伦望远镜结构被借鉴到微波波段，成为当前广泛应用于卫星通信、深空探测等领域的卡塞格伦天线，如图 3 - 24 所示。

反射面天线主要由馈源天线（初级照射器）和反射面（次级辐射器）两个部分组成，

如图 3-25 所示。馈源天线用于实现馈线导行波和自由空间电磁波之间的模式变换，能够向反射面发送太赫兹波或接收来自反射面的太赫兹波。反射面利用自身几何构型特点调整电磁波幅度和相位分布，从而实现能量汇聚。反射面的形状可以是平板、角锥、抛物面等。

(a) APSTAR-7卫星，3.2 m口径

(b) Inmarsat-4F卫星，12 m口径

(c) 喀什组阵深空测控站，35 m口径

(d) 甚小口径天线终端(VSAT)，0.6 m口径

图 3-24　典型的反射面天线

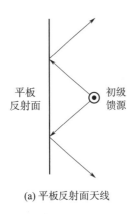

(a) 平板反射面天线　　　　　(b) 角锥反射面天线　　　　　(c) 抛物面天线

图 3-25　反射面天线组成

实际工程中，通常采用抛物面天线或卡塞格伦天线。卡塞格伦天线是抛物面天线的改进型，通过引入双曲面次级反射镜改善馈源阻塞效应，如图 3 - 26 所示。馈源位于双曲面次级反射镜的实焦点 F_1 上，抛物面焦点与旋转双曲面焦点重合于 F_2 点。

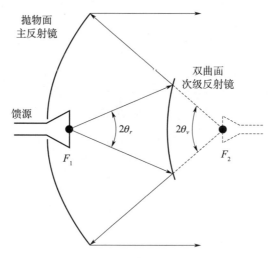

图 3 - 26　卡塞格伦天线结构示意图

3.3.2　典型方案

（1）应用方案

反射面天线是 km 级距离太赫兹通信系统最常用的天线形式，电尺寸（口径与波长之比）通常不小于 150，对应的天线增益不低于 51 dBi。

2010 年，日本 NTT 公司 120 GHz 通信系统采用的卡塞格伦天线如图 3 - 27 所示。发射端和接收端的天线增益分别为 52 dBi 和 49 dBi，采用 23 dBi 增益标准喇叭天线作为馈源，系统能够在 5.8 km 距离条件下实现 10 Gbps 传输速率。

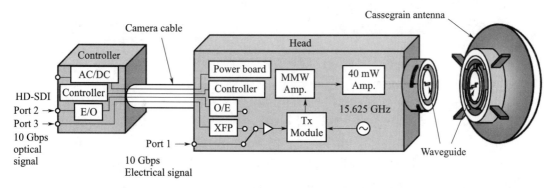

图 3 - 27　日本 NTT 120 GHz 通信系统

（A HIRATA, et al. 5.8 km 10 Gbps data transmission over a 120 GHz band wireless link ［J］. 2010 IEEE International Conference on Wireless Information Technology and Systems：1 - 4. ）

图 3 - 27　日本 NTT 120 GHz 通信系统（续）

2014 年，中物院研制的 340 GHz 通信系统采用了 48.4 dBi 增益卡塞格伦天线，如图 3 - 28 所示。系统采用 16QAM 调制，能够在 50 m 距离条件下实现 3 Gbps 速率传输，BER 为 1.784E－10。

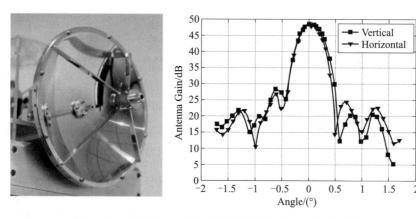

图 3 - 28　中物院 340 GHz 通信系统采用的卡塞格伦天线

（WANG CHENG，et al. 0.34 THz Wireless Link Based on High - Order Modulation for Future Wireless Local Area Network Applications [J]. IEEE Transactions on Terahertz Science and Technology，2014，4 (1)：75 - 85.）

2017 年，中物院 140 GHz 通信系统采用的 49.5 dBi 增益卡塞格伦天线如图 3 - 29 所示，能够在 21 km 距离条件下实现 5 Gbps 速率通信。

（2）创新方案

除了采用传统的铝或铜材质制作反射面外，碳化硅（SiC）、碳纤维增强塑料（Carbon Fiber - Reinforced Plastic，CFRP）等轻质材料也被应用于太赫兹反射面天线。此外，一些平面天线也尝试采用反射面天线架构提升增益。

图 3 - 29　中物院 140 GHz 通信系统

（WU QIUYU，et al. A 21 km 5 Gbps real time wireless communication system at 0. 14 THz ［C］.
2017 42nd International Conference on Infrared，Millimeter，and Terahertz Waves：1 - 2. ）

　　2017 年，中国科学院空间科学中心分别采用 SiC 和 CFRP 研制出 330 GHz 偏置卡塞格伦天线，如图 3 - 30 所示。SiC 材料具有刚度强、热形变系数低、重量轻等优点，通过表面溅射一层铝能够反射太赫兹波，表面精度为 0. 6 μm RMS。CFPR 材料密度更小、重量更轻，通过表面溅射一层金能够反射太赫兹波，表面精度为 13. 6 μm RMS。SiC 和 CFPR 天线的增益分别为 55. 3 dBi 和 57. 2 dBi，副瓣电平分别小于−32 dB 和−28 dB。

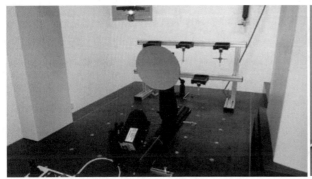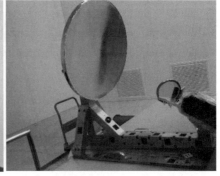

图 3 - 30　中国科学院空间科学中心 330 GHz 偏置卡塞格伦天线

（WANG HONGJIAN，et al. Terahertz High - Gain Offset Reflector Antennas Using SiC and CFRP
Material ［J］. IEEE Transactions on Antennas and Propagation，2017，65（9）：4443 - 4451. ）

　　2017 年，东南大学毫米波国家重点实验室研制出 325～500 GHz 平面反射器天线，如图 3 - 31 所示。天线由 E 面喇叭天线、准平面反射器、扼流槽和馈源喇叭四部分组成。其中，扼流槽用于抑制侧壁反射波从而减小对辐射性能的影响。天线的最大增益为 32 dBi@500 GHz，带宽内增益不低于 26. 5 dBi，反射系数低于−20 dB。

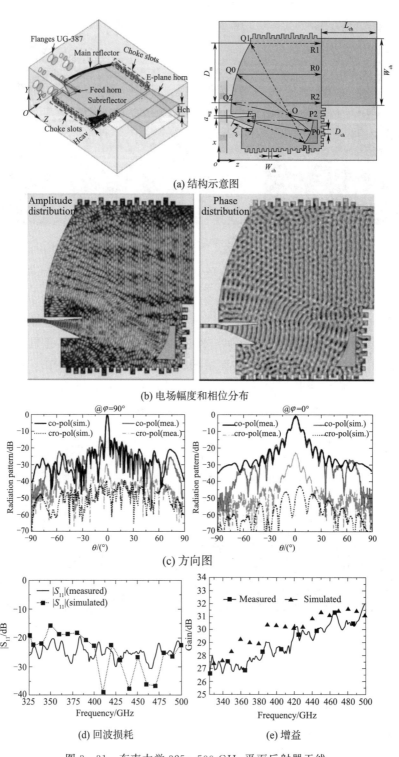

(a) 结构示意图

(b) 电场幅度和相位分布

(c) 方向图

(d) 回波损耗　　　　　　　　　(e) 增益

图 3 - 31　东南大学 325~500 GHz 平面反射器天线

(FAN K，HAO Z C，YUAN Q，et al. Development of a High Gain 325~500 GHz Antenna Using Quasi - Planar Reflectors [J]. IEEE Transactions onAntennas & Propagation，2017，65（7）：3384 - 3391.)

3.4　太赫兹透镜天线

3.4.1　基本原理

透镜天线是一种利用低损耗介质透镜实现聚能的高增益波束口面天线，源于光学透镜概念。透镜天线的设计本质是通过透镜表面几何形状设计和材料折射率选择，调节电磁波相速度从而在辐射口径上获得期望波前。太赫兹频段的透镜天线主要有凸透镜、球透镜、菲涅尔透镜和龙勃透镜四种形式。

凸透镜的典型特点是主镜边缘薄、中间厚并且至少一个表面制作成曲面，主要有平凸、双凸、凹凸三种形状，如图 3 - 32 所示。通常来说，太赫兹凸透镜主要有两类应用：一是用于低频段太赫兹（百 GHz）近距离通信系统的波束准直，二是用于高频段太赫兹（数 THz）通信系统的主镜头。低频段太赫兹凸透镜常采用聚四氟乙烯（Polytetrafluoroethylene，PTEE，俗称 Teflon，即"特氟龙"）、聚乙烯（Polyethylene，PE）、聚甲基戊烯（TPX）等人工合成高分子材料，相对介电常数通常在 2.25 附近（对应的折射率为 1.5）。高频段太赫兹凸透镜通常采用高阻硅材料，相对介电常数为 11.7（对应的折射率为 3.42）。

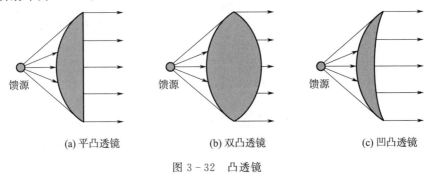

(a) 平凸透镜　　　　　　　(b) 双凸透镜　　　　　　　(c) 凹凸透镜

图 3 - 32　凸透镜

球透镜的典型特征是凸曲面为球形或椭球形，主要包括半球透镜、超半球透镜、椭球透镜和扩展半球透镜四种，如图 3 - 33 所示，常用于消除平面天线衬底表面波并提高增益。半球透镜不具有聚束特性，一般来说仅用于模拟半无限大介质空间。超半球透镜能够消除球差，椭球透镜能够使远焦点发出的射线以平行波束出射从而在远区场产生一个衍射受限的主瓣波束，两者都可以与高斯波束系统较好耦合，适合作为反射面等口面天线的馈源。扩展半球透镜由半球以及同直径圆柱组合而成，通过改变扩展半球的扩展长度可以模拟超半球或椭球透镜的波束性能。相比于超半球透镜和椭球透镜，超半球透镜更易于加工和集成，并且可通过扩展长度设计灵活调节方向图，因而应用更为广泛。太赫兹球透镜通常采用高阻硅或石英材料。

菲涅尔透镜，也称为"螺纹透镜"，是由法国物理学家菲涅尔（Augustin - Jean Fresnel）于 1882 年发明的一种特殊凸透镜，如图 3 - 34 （a）所示。菲涅尔透镜的凸曲面为一系列同心棱形槽，每一个环带都可以等效成一个独立折射面，能够将入射平行光线

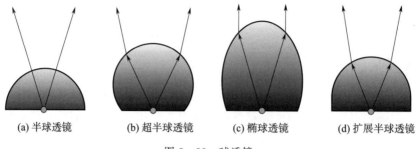

(a) 半球透镜　　　　　(b) 超半球透镜　　　　　(c) 椭球透镜　　　　　(d) 扩展半球透镜

图 3 - 33　球透镜

（或有一定倾斜角度）汇聚于某一共同焦点处。相比于传统凸透镜或球透镜，菲涅尔透镜具有焦距短、厚度薄、重量轻等特点。为简化太赫兹频段的加工难度，又提出如图 3 - 34 （b）所示的相位纠正型菲涅尔透镜方案，利用离散柱来模拟棱形槽。

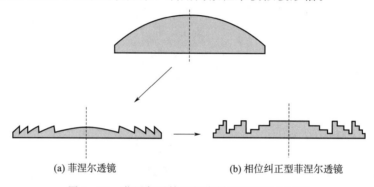

(a) 菲涅尔透镜　　　　　　　　　(b) 相位纠正型菲涅尔透镜

图 3 - 34　菲涅尔透镜和相位纠正型菲涅尔透镜

　　龙勃透镜（Luneburg lens）是由美国数学家龙勃（R. K. Luneburg）于 1944 年提出的一种球对称透镜，透镜材料的相对介电常数沿径向按照 $\varepsilon_r(r) = 2 - (r/R)^2$ 渐变，如图 3 - 35 所示。由于相对介电常数（或折射率）渐变，电磁波会在龙勃透镜中弯曲传播。因

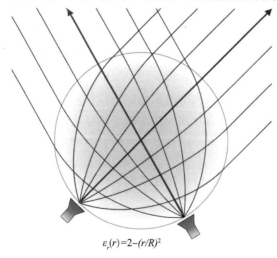

$$\varepsilon_r(r) = 2 - (r/R)^2$$

图 3 - 35　龙勃透镜

此，对于发射应用来说，电磁波从龙勃透镜表面任意一点发出，到口径面后将会变成等相位平面波；对于接收应用来说，平面波从任意方向入射都将聚焦到沿直径方向的另外一个端点上。利用龙勃透镜光路特点，可以在球面布设多个馈源形成立体多波束。随着材料和加工制造工艺成熟度的提升，龙勃透镜逐渐应用于卫星通信等领域。

3.4.2　典型方案

（1）应用方案

太赫兹透镜天线广泛应用于波束准直和接收机等方面。波束准直通常采用人工合成高分子材料凸透镜，主要用于太赫兹短距离通信应用或演示中，也会用于发射或接收链路中，详细案例见第 2 章。接收机通常采用高阻硅扩展半球透镜，主要与平面天线（含片上天线）结合使用，用于提升平面天线增益并减小背瓣。

2012 年，日本 NTT 公司 300 GHz 通信系统采用太赫兹肖特基二极管探测器解调 ASK 信号。探测器集成了介质透镜，使平面天线增益提升了 20 dB，如图 3 - 36 所示。

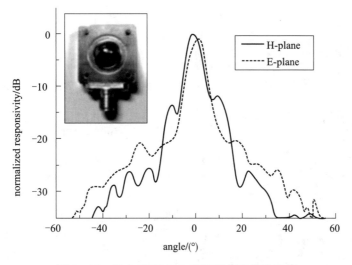

图 3 - 36　日本 NTT 300 GHz 通信系统接收端

2015 年，德国伍珀塔尔大学（University of Wuppertal）基于太赫兹 SiGe 探测器开展了太赫兹成像实验，如图 3 - 37 所示。探测器采用 4 mm 直径高阻硅透镜作为信号聚焦器件，典型增益为21.4 dBi@330 GHz 和 26.4 dBi@820 GHz。

2021 年，荷兰代尔夫特理工大学（Technisch Universiteit Delft）提出一种高阻硅和石英组合集成透镜天线方案，如图 3 - 38 所示。石英基底天线由 GaAs 芯片进行馈电，再经过高阻硅透镜实现电磁波辐射。天线在 220～320 GHz 频率范围内的口径效率大于74%，辐射效率大于 70%，副瓣电平低于 20 dB。

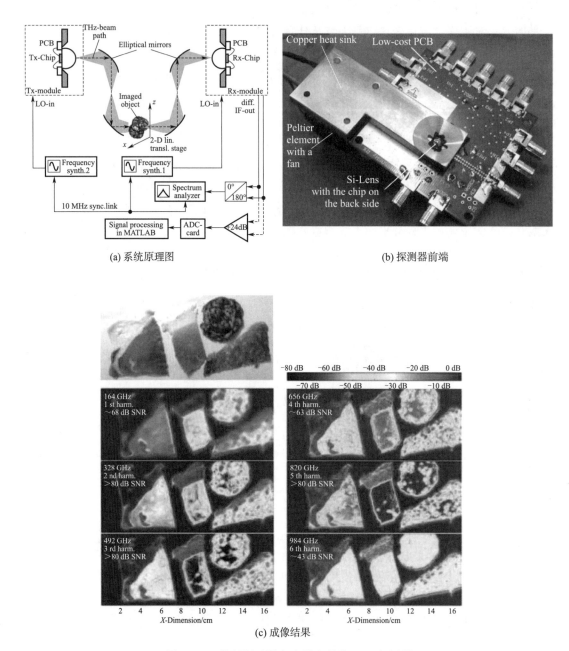

(a) 系统原理图　　　　　　　　　　　　　(b) 探测器前端

(c) 成像结果

图 3 - 37　德国伍珀塔尔大学太赫兹 SiGe 探测器

(STATNIKOV K，et al. 160 GHz to 1 THz Multi - Color Active Imaging with a Lens - Coupled
SiGe HBT Chip - Set [J]. IEEE Transactions on Microwave Theory & Techniques，
2015，63（2）：520 - 532.)

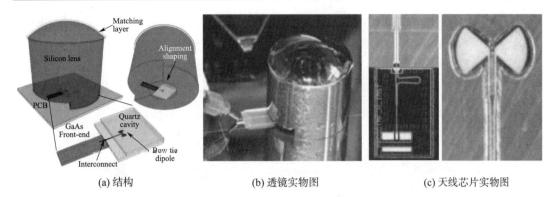

(a) 结构　　　　　　　(b) 透镜实物图　　　　　　(c) 天线芯片实物图

图 3 - 38　荷兰代尔夫特理工大学高阻硅和石英组合集成透镜天线

（CAMPO M A，et al. H - band quartz - silicon leaky - wave lens with air - bridge interconnect to GaAs front - end [J]. IEEE Transactions on Terahertz Science and Technology，2021，11（3）：297 - 309.）

（2）创新方案

本节将重点介绍多波束透镜天线、3D 打印介质透镜、菲涅尔透镜、低剖面龙勃透镜、无衍射透镜组、涡旋波透镜等创新方案。

2019 年，美国加州理工大学 JPL 实验室研制出 500 GHz 太赫兹扫描波束透镜天线，如图 3 - 39 所示。透镜天线采用漏波波导作为馈源，通过压电控制电机改变馈源与透镜的相对位置实现波束扫描。天线频率范围为 520～575 GHz，典型增益为 27 dBi@550 GHz，扫描视场角为 50°，扫描增益波动保持在 1 dB 以内。

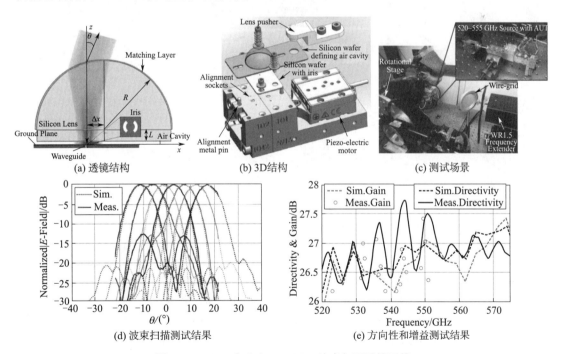

(a) 透镜结构　　　　　　　(b) 3D结构　　　　　　　(c) 测试场景

(d) 波束扫描测试结果　　　　　　　(e) 方向性和增益测试结果

图 3 - 39　JPL 实验室 500 GHz 波束扫描透镜天线

（ALONSO - DELPINO，et al. Beam Scanning of Silicon Lens Antennas Using Integrated Piezomotors at Submillimeter Wavelengths [J]. IEEE Transactions on Terahertz Science & Technology，2019，9（1）：47 - 54.）

2019 年，本书作者团队提出 3D 打印介质透镜方案，如图 3 - 40 所示。透镜采用尼龙材料，直径为 4 mm，利用该透镜实现了检波天线芯片的封装，探测器响应率为 1 100～2 190 V/W@210 GHz～230 GHz。

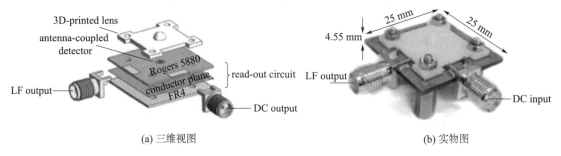

(a) 三维视图　　　　　　　　　　　　　　(b) 实物图

图 3 - 40　太赫兹 3D 打印介质透镜探测器

2019 年，香港城市大学提出 3D 打印菲涅尔透镜天线方案，如图 3 - 41 所示。透镜直径为 20 mm，采用奇数菲涅尔区离散介质柱形成透镜轮廓，3D 打印材料采用高温树脂（$\varepsilon_r = 2.66$，$\tan\delta = 0.03$）。天线在 265～320 GHz 频段内的轴比小于 3 dB，最大增益为 27.4 dBi@300 GHz。

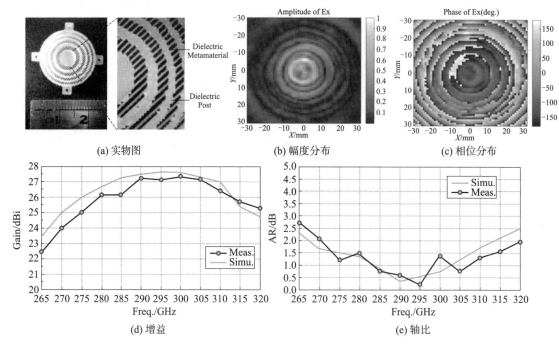

(a) 实物图　　　　　(b) 幅度分布　　　　　(c) 相位分布

(d) 增益　　　　　　　　　　　　　　(e) 轴比

图 3 - 41　香港城市大学 3D 打印菲涅尔透镜天线

（WU G B，ZENG Y S，CHAN K F，et al. 3 D Printed Circularly Polarized Modified Fresnel Lens Operating at Terahertz Frequencies ［J］. IEEE Transactions on Antennas and Propagation，2019，67（7）：4429 - 4437.）

2019 年，华中科技大学研究了具有贝塞尔波束特征的无衍射波束透镜组，如图 3 - 42 所示。贝塞尔波束是自由空间标量波动方程的特殊解，横截面光场分布为第一类贝塞尔函数形式。透镜组由 2 个 3D 打印轴棱锥（$\varepsilon_r = 2.68$）和 1 个透镜（$\varepsilon_r = 3.1$）组成，直径均为 50.8 mm。透镜组输出光束具有一维不变横向剖面，景深范围为 30～300 mm，半峰值辐射宽度为 2.57 mm。相比于单个 TPX 透镜，透镜组的景深增加了 5 倍。

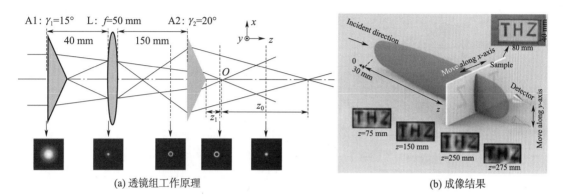

(a) 透镜组工作原理　　　　　　　　　　　　　　(b) 成像结果

图 3 - 42　华中科技大学无衍射波束透镜组

（ZHANG Z，ZHANG H，WANG K．Diffraction - Free THz Sheet and Its Application on THz Imaging System [J]．IEEE Transactions on Terahertz Science and Technology，2019，9（5）：471 - 475.）

2021 年，香港城市大学面向下一代超高速无线通信需求研制出可以产生轨道角动量（Orbit Angular Momentum，OAM）电磁波的太赫兹透镜，如图 3 - 43 所示。该透镜工作于 300 GHz，采用相对介电常数为 2.66 的高温树脂材料 3D 打印制作而成，能够产生高阶贝塞尔波束。

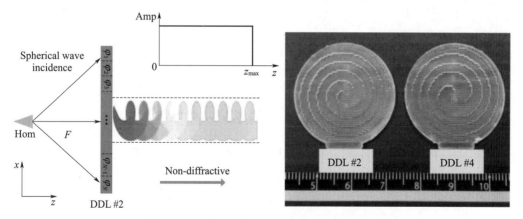

图 3 - 43　香港城市大学轨道角动量介质透镜

（WU G B，et al. 3 D Printed Terahertz Lens to Generate Higher Order Bessel Beams Carrying OAM [J]．IEEE Transactions on Antennas and Propagation，2021，69（6）：3399 - 3408.）

　　2023 年，北京理工大学面向高速宽带大容量通信应用需求，研制出 3D 打印全金属太赫兹多波束龙勃透镜，如图 3 - 44 所示。透镜采用投影显微立体光刻技术实现 3D 打印，通过波导馈电，频率范围为 110～170 GHz，相对带宽为 42.8%，增益为 20 dBi，在 ±45° 范围内的波束增益下降不超过 1.6 dB。

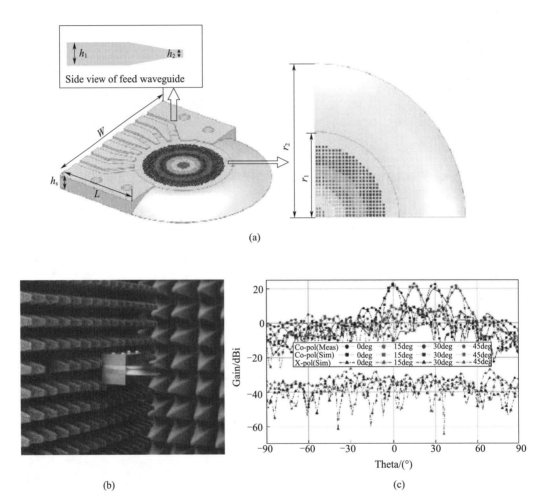

图 3 - 44　北京理工大学太赫兹多波束龙勃透镜

（YU WEIHUA, et al. 3D - Printed All - Metal Terahertz Multibeam Lens Antenna

Based on Photonic Crystal [J]. IEEE Access，2023，11：41609 - 41617.）

　　2017 年，南京大学采用大双折射率液晶材料研制出 1 THz 液晶可变螺旋板（也称为 q 波片），能够产生太赫兹涡旋波，如图 3 - 45 所示。

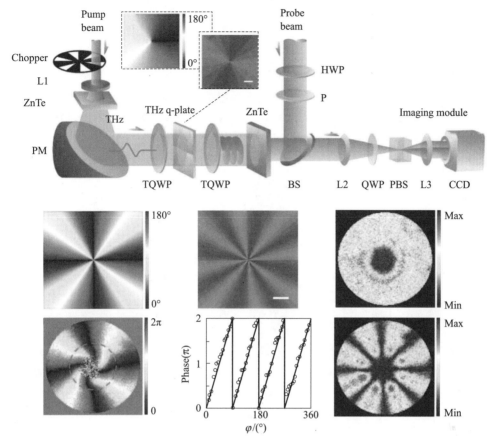

图 3 - 45　南京大学 1THz 液晶可变螺旋板和涡旋电磁波

（SHIJUN GE，et al. Terahertz vortex beam generator based on a photopatterned large birefringence liquid crystal [J]. Opt. Express，2017，25：12349 - 12356.）

3.5　太赫兹阵列天线

3.5.1　概述

　　阵列天线是若干个辐射单元按照一定空间规则排布而成的天线形式。相比于单一辐射单元，阵列天线的应用模式更为丰富，例如可以产生凝视多波束、实现波束快速扫描等。根据辐射单元间的幅相关联情况，阵列天线主要分为焦平面阵列、相控阵列、超材料阵列三类。上述三类阵列天线还可以相互组合、优势互补。无论哪一种阵列天线，本质上都是对电磁波幅相分布的调控与重构，从而在空间中形成特定指向和特定模式波束。

3.5.2 焦平面阵列天线

(1) 基本原理

焦平面阵列天线由馈源阵列和主镜组成，各馈源通道相互独立，利用主镜偏焦特性在空间同时形成多个不同指向的波束，可以在视场范围内实现凝视，也可以通过控制每个馈源通道通断实现波束切换。如图 3-46 所示。主镜既可以是反射面也可以是透镜，太赫兹低频段通常采用重量相对轻的反射面，太赫兹高频段通常采用加工成本相对低的透镜。

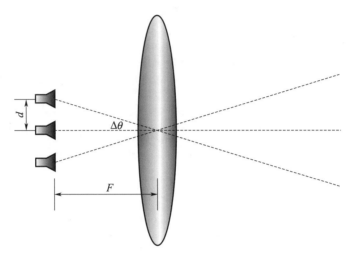

图 3-46 焦平面阵列天线示意图

焦平面阵列天线的波束宽度由主镜决定，可根据 $\theta = k \cdot \lambda/D$ 估算；其中，k 为波束扩展因子，λ 为波长，D 为主镜直径，详见 3.1.2 节。波束间夹角由馈源阵列间距 d 和主镜焦距 F 决定，可根据 $\Delta\theta = \arctan(d/F)$ 估算。太赫兹焦平面阵列天线的概念源于光学/红外焦平面成像，但不同于光学或红外波段，太赫兹频段的焦平面阵列天线主镜尺寸通常仅为数十或数百倍波长，衍射效应明显，因此存在边缘馈源波束展宽、增益下降现象。

(2) 典型方案

2014 年，本书作者团队首次探索了基于本振空馈方案的太赫兹外差式多通道接收机，采用 38 mm 直径高阻硅透镜实现 4 波束演示验证，如图 3-47 所示。2020 年，团队基于双曲凸透镜研制出 220 GHz 16 波束焦平面阵列天线，如图 3-48 所示。凸透镜采用相对介电常数为 2.2 的聚四氟乙烯材料，口径为 100 mm，焦距为 110 mm。焦平面阵列天线视场角为 ±26°，中心单元和边缘单元在 200 mm 距离处的光斑直径分别为 3.5 mm和 5 mm。

2020 年，中国科学院空天信息创新研究院研制出 200 GHz 多波束卡塞格伦天线，如图 3-49 所示。天线的口径尺寸为 150 mm，带宽为 10 GHz，波束宽度为 0.6°，副瓣电平小于 -12.5 dB，收发通道采用波束分离器实现空间隔离，天线方向图采用近场测试法获得。

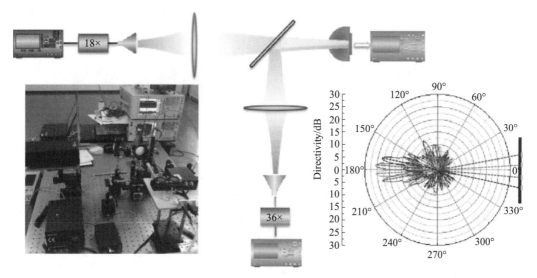

图 3 - 47　340 GHz 四通道外差式阵列

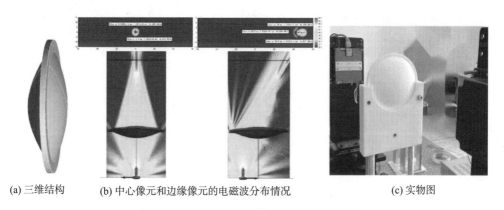

(a) 三维结构　　　　　(b) 中心像元和边缘像元的电磁波分布情况　　　　　(c) 实物图

图 3 - 48　220 GHz 双曲透镜 16 通道阵列

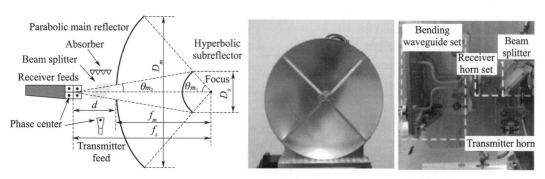

图 3 - 49　中国科学院空天信息创新研究院 200 GHz 多波束卡塞格伦天线

(LI HONGWEI, et al. Design of a Multiple‐Beam Cassegrain Antenna with Quasi‐Optical
Isolator at 200 GHz for Target Tracking [J]. IEEE Antennas and Wireless Propagation Letters，
2020，19（10）：1779 - 1783.)

2022 年，北京理工大学基于 3D 打印技术研制出 355 GHz 多波束龙勃透镜，波束覆盖范围为 ±60°，单波束天线增益为 16 dBi，增益扫描损耗为 1.2 dB，如图 3-50 所示。

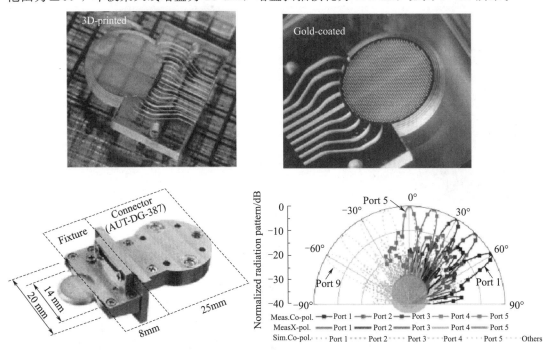

图 3-50　北京理工大学 3D 打印多波束龙勃透镜

（B NIE，et al. A 3D-Printed Subterahertz Metallic Surface-Wave Luneburg Lens Multibeam Antenna［J］. IEEE Transactions on Terahertz Science and Technology，2023，13（3）：297-301.）

同年，法国电子与数字技术研究所（Institut d'Électronique et des Technologies du numéRique，IETR）采用光学源研制出 75～87 GHz（E 波段）焦平面阵列天线，单通道天线增益为 27 dBi，通道间波束指向间隔为 5.4°，系统在 60.5 cm 距离条件下的单通道速率为 5 Gbps，如图 3-51 所示。

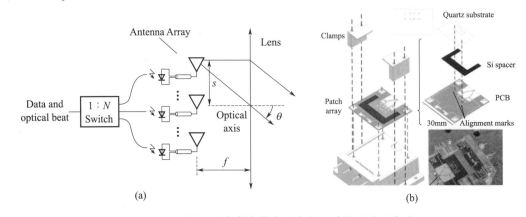

图 3-51　法国电子与数字技术研究所 E 波段焦平面阵列

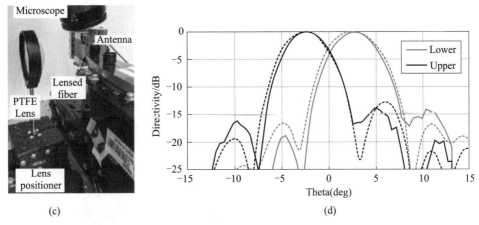

图 3 - 51　法国电子与数字技术研究所 E 波段焦平面阵列（续）

(Á J PASCUAL，et al. Photonic - Enabled Beam Switching mm - Wave Antenna Array ［J］.

Lightwave Technology，2022，40（3），pp. 632 - 639.)

3.5.3　相控阵天线

（1）基本原理

　　相控阵天线通过控制各辐射单元之间的波程差 $\Delta\varphi$ 实现波束指向 θ 的调控，如图 3 - 52 所示。波程差 $\Delta\varphi$ 和波束指向 θ 之间的关系为 $\Delta\varphi = k \cdot d \cdot \sin\theta$ 。根据方向图相乘原理，相控阵天线的方向图 $F(\theta，\varphi)$ 是辐射单元方向图 $f(\theta，\varphi)$ 与阵列因子 $f_a(\theta，\varphi)$ 的乘积，即 $F(\theta，\varphi) = f(\theta，\varphi) \cdot f_a(\theta，\varphi)$ 。

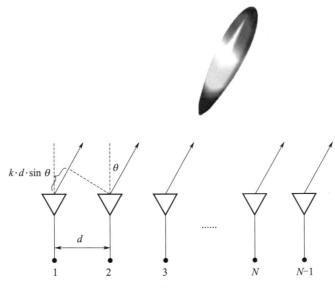

图 3 - 52　相控阵天线基本原理

相控阵天线可分为无源相控阵和有源相控阵，如图 3-53 所示。无源相控阵中，所有辐射单元共用一条收发链路（包含转换、移相、放大等有源模块），利用无源网络（既可以是路馈网络也可以是空馈网络，概念详见第 5 章）将发射功率分配至各辐射单元，每个辐射单元均接入一个移相器用于实现相位控制。有源相控阵中，每个辐射单元均配有一条收发链路（包含转换、移相、放大等有源模块），根据波束成形（Beamforming）发生在模拟域还是数字域，有源相控阵可进一步分为模拟相控阵和数字相控阵。模拟相控阵通过移相器对模拟信号相位进行调控实现波束赋形。数字相控阵通过将模拟信号变换成数字信号，在数字域中对数字信号进行幅相调控实现波束赋形。相比于模拟相控阵，数字相控阵的波束成形更为灵活。

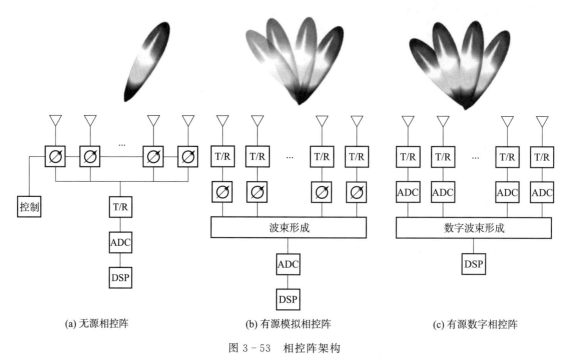

(a) 无源相控阵　　　　　　　(b) 有源模拟相控阵　　　　　　　(c) 有源数字相控阵

图 3-53　相控阵架构

（2）典型方案

2016 年，美国加州大学圣地亚哥分校（UCSD）研制出 370～410 GHz CMOS 相控阵天线，芯片采用 45 nm SDI CMOS 工艺。相控阵在 375～405 GHz 频率范围内的 EIRP 大于 5 dBm，在 380～400 GHz 频率范围内的 EIRP 为 7～8.5 dBm，波束扫描角度可达 ±35°，如图 3-54 所示。

2019 年，比利时鲁汶大学（KU Leuven）研制出基于注入锁定振荡器（ILO）链的 530 GHz 次谐波 1×4 相控阵，采用 40 nm CMOS 技术，如图 3-55 所示，相控阵辐射功率为 −12 dBm@531.5 GHz，能够实现 60°波束扫描。

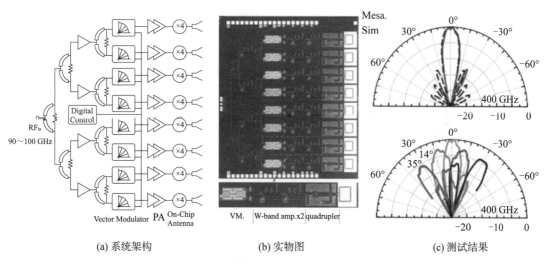

(a) 系统架构　　　　　　　(b) 实物图　　　　　　　(c) 测试结果

图 3 - 54　美国加州大学圣地亚哥分校 370～410 GHz 相控阵天线

（YANG Y，GURBUZ O D，REBEIZ G M. An eight - element 370～410 GHz phased - array transmitter in 45 nm CMOS SOI with peak EIRP of 8～8.5 dBm［J］. IEEE Transactions on Microwave Theory and Techniques，2016，64（12）：4241 - 4249. ）

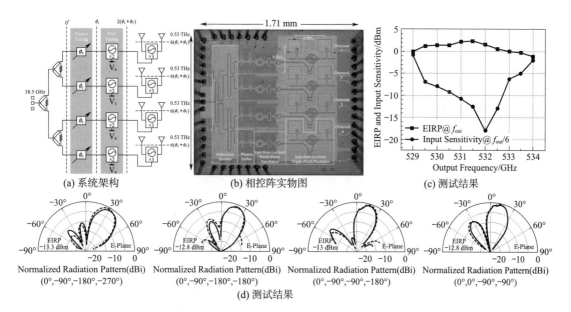

(a) 系统架构　　　　　　(b) 相控阵实物图　　　　　　(c) 测试结果

(d) 测试结果

图 3 - 55　比利时鲁汶大学 530 GHz 1×4 相控阵

（GUO K，ZHANG Y，REYNAERT P. A 0.53 THz subharmonic injection - locked phased array with 63 μW radiated power in 40 nm CMOS［J］. IEEE Journal of Solid - State Circuits，2018，54（2）：380 - 391. ）

2019 年，加州大学戴维斯分校（UCD）基于 0.13 μm BiCMOS 工艺研制出 340 GHz 2×2 相控阵天线，工作频率范围为 318～370 GHz，能够实现 128°/53°二维波束扫描，最大辐射功率为－6.8 dBm，如图 3-56 所示。

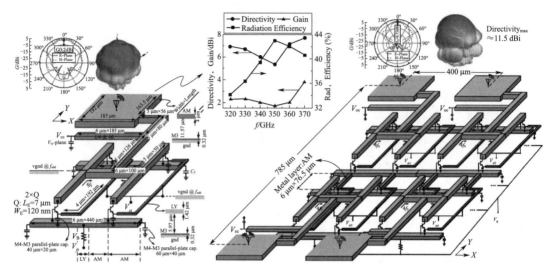

图 3-56　加州大学戴维斯分校 340 GHz 2×2 相控阵天线

(H JALILI, O MOMENI. A 0.34 THz Wideband Wide-Angle 2-D Steering Phased Array in 0.13μm SiGe BiCMOS [J]. IEEE Journal of Solid-State Circuits, 2019，54（9）：2449-2461.)

2020 年，日本九州大学（Kyushu University）采用单行载流子光电二极管（UTC-PD）实现 300 GHz 4×4 相控阵天线芯片，能实现 50°波束扫描，如图 3-57 所示。

3.5.4　超表面阵列天线

（1）基本原理

反射阵天线（Reflect Array）、透射阵天线（Transmit Array）、可编程超材料（programmable metamaterial）等概念的共同特征是对亚波长尺寸金属单元进行周期性排布，宏观上表现出一定的相位调节特性、介电常数或磁导率特性，实现入射电磁波幅相分布重构，使天线产生特定指向和模式波束。不失一般性，本书将上述阵列辐射结构统称为"超材料阵列天线"。根据波束与馈源的相对空间关系，超材料阵列天线可以分为透射式和反射式两种实现途径，如图 3-58 所示。

超材料阵列天线与相控阵天线既有联系又有区别。与相控阵天线类似的是，超材料阵列天线的各辐射单元均能对入射电磁波的相位进行调控，在各辐射单元口面场矢量和作用下合成空间波束。不同之处包括两个方面：一是相控阵天线通过调控各通道相位实现波束控制，而超表面阵列通过辐射单元的几何形状设计或加载电可控有源器件实现；二是相控阵天线各辐射单元本身是一个可以独立工作的天线，尺寸需要满足基本辐射要求（例如偶极子天线长度需要满足 λ/2 条件）并且各辐射单元几何特征基本相同，而超表面阵列各辐

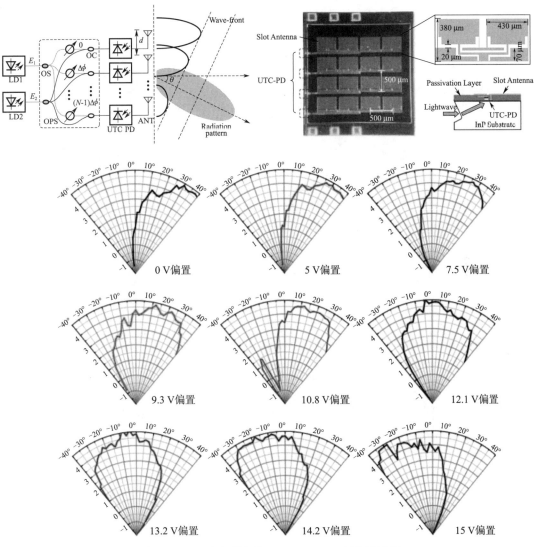

图 3 - 57　日本九州大学 300 GHz 4×4 相控阵天线

（M CHE, et al. Optoelectronic THz - Wave Beam Steering by Arrayed Photomixers with
Integrated Antennas [J]. IEEE Photonics Technology Letters，2020，32（16）：979 - 982.）

射单元为亚波长尺寸，各辐射单元几何形状相似但尺寸可以不同。

　　可重构和可编程超表面阵列天线是指能够通过电控灵活赋形波束的一类超表面阵列天线，设计核心是辐射单元相位可以被独立电调控。电调控辐射单元主要采用两类实现方式：一是加载变容二极管等有源器件，二是采用液晶材料。变容二极管等有源器件是较早应用的电调手段，当偏置电压发生变化时，变容二极管的结电容会发生改变，引起辐射单元等效电容变化，从而实现辐射单元相频特性调控。液晶材料兼具液体流动性和晶体有序性，指向矢量分布和光学性质强烈依赖于表面作用和环境温度，对外部电场变化非常敏感。当外部条件发生变化时，液晶材料参数会发生变化，引起电场再分布，从而实现波束

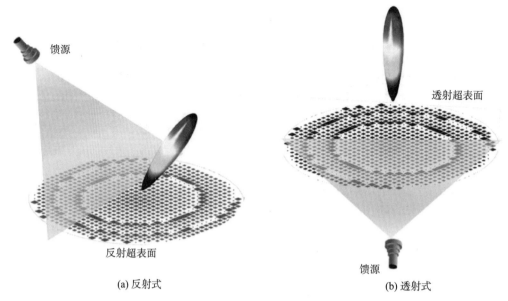

图 3-58　超表面阵列天线

控制。太赫兹频段常用的液晶材料如表 3-4 所示。

表 3-4　典型的太赫兹频段双折射液晶材料

（王磊,等.太赫兹液晶材料与器件研究进展[J].物理学报,2019,68(8):084205.）

液晶种类	频率范围/THz	n_e	n_o	$\Delta n(1\ \mathrm{THz})$
LCMS107	0.5～1.6	1.80～1.85	1.50～1.62	0.2～0.3
BL037	0.3～2.5	1.76～1.78	1.56～1.62	≈0.2
MDA-00-3461	0.3～1.4	1.74	1.54	0.20
RDP97304	0.2～2.0	1.77～1.79	1.55～1.61	0.22
NJU-LDn-4	0.4～1.6	1.80～1.82	1.50～1.51	≈0.31
GT3-23001	0.4～4.0	1.76±0.01	1.54±0.01	≈0.22
LC1852	0.5～2.5	1.85～1.89	1.55～1.57	0.32
LC1825	0.2～2.5	1.91～1.95	1.54～1.57	0.38
MLC-2142	0.1～1.6	1.85～1.88	1.61～1.64	0.24
2020+nps3	0.3～3.0	1.90～1.92	1.55～1.60	0.36

（2）典型方案

2015 年，西班牙马德里理工大学（Universidad Politécnica de Madrid，UPM）基于液晶电控扫描研制出 100 GHz 反射阵列天线，如图 3-59 所示。阵列单元是由三个尺寸不同的偶极子平行排布而成，通过改变液晶层两侧偏置电压可以改变阵列单元相位，在 -5°～ -60°范围内实现波束扫描。

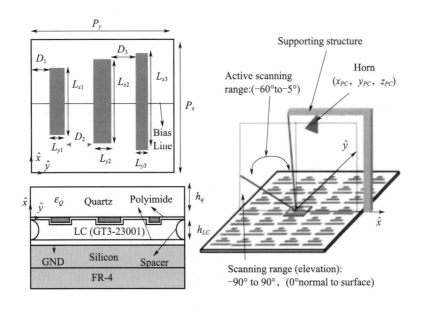

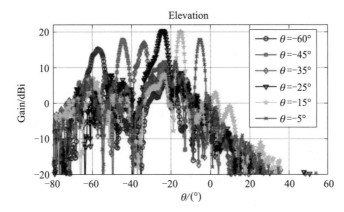

图 3 - 59　西班牙马德里理工大学 100 GHz 液晶反射阵列天线

(G PEREZ - PALOMINO, et al. Design and Demonstration of an Electronically Scanned
Reflectarray Antenna at 100 GHz Using Multiresonant Cells Based on Liquid Crystals [J]. IEEE
Transactions on Antennas and Propagation, 2015, 63 (8): 3722 - 3727.)

　　2018 年,东南大学研制出 124~158 GHz LTCC 透射阵列天线,如图 3 - 60 所示,最大增益为 33.45 dBi@150 GHz,口径效率为 44.03%。

　　2013 年,清华大学提出太赫兹反射阵天线方案,具有轮廓低、馈电系统简单和损耗低等优点。图 3 - 61 (a) 为 3D 打印背面镀金的介质反射面天线,3D 打印材料的相对介电常数为 2.76、损耗角正切为 0.039。天线直径为 30 mm,工作频率为 100 GHz,25°入射角条件下的反射方向增益为 22 dBi。图 3 - 61 (b) 为具有偏转反射功能的贴片反射阵天线,利用尺寸渐变贴片实现幅相调控,衬底材料采用聚二甲基硅氧烷 (Polydimethylsiloxane, PDMS),相对介电常数为 2.35,在 600 GHz 和 930 GHz 处分别实现最强镜面反射和偏转反射。

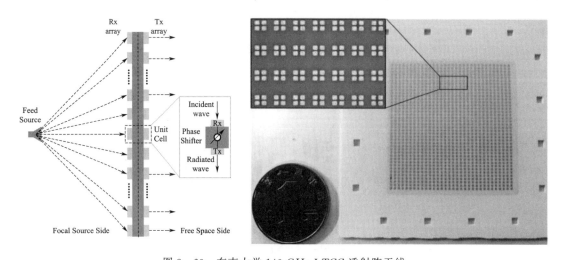

图 3 - 60　东南大学 140 GHz LTCC 透射阵天线

（Z W MIAO，et al. 140 GHz High - Gain LTCC - Integrated Transmit -
Array Antenna Using a Wideband SIW Aperture - Coupling Phase Delay Structure ［J］. IEEE
Transactions on Antennas and Propagation，2017，66（1）：182 - 190.）

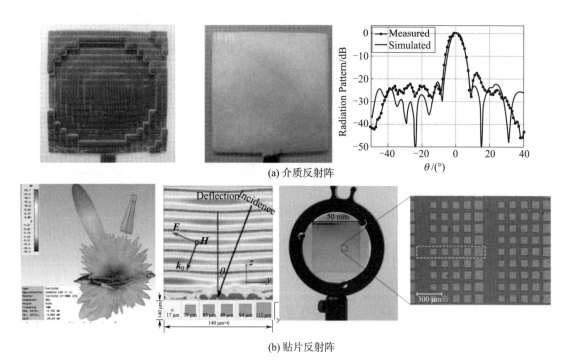

(a) 介质反射阵

(b) 贴片反射阵

图 3 - 61　清华大学 100 GHz 反射阵天线

　　2019 年，东南大学毫米波国家重点实验室面向高密度无线通信基站应用需求开展了
357～421 GHz 折叠反射阵天线研究，如图 3 - 62 所示。天线由周期结构单层反射阵、线
栅偏振器和喇叭馈源天线组成，整体结构采用 3D 打印实现集成。天线在 400 GHz 处的增
益为 33.66 dBi，口径效率为 33.65%，3 dB 增益带宽为 16%。

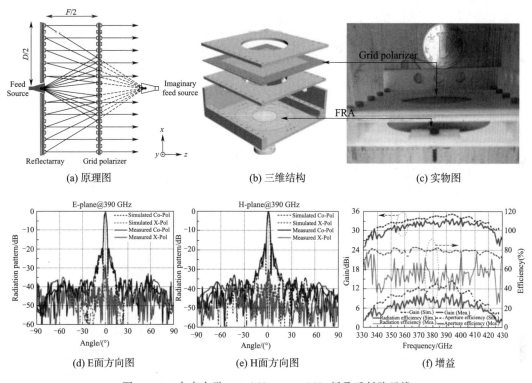

图 3 - 62　东南大学 357 GHz～421 GHz 折叠反射阵天线

　　2016 年，葡萄牙里斯本大学（Universidade de Lisboa）研制出 700 GHz/1 THz/
1.5 THz 三波段极化不敏感反射阵天线，如图 3 - 63 所示。天线采用高阻硅作为衬底，通
过三个具有不同相位补偿和偏转能力的几何结构，将三个频段任意极化和入射角的平面波
反射到三个不同方向，在 700 GHz、1 THz 和 1.5 THz 处的反射效率分别为 40%、33%
和 60%。

　　2021 年，东南大学采用液晶材料研制出 426 GHz 可编程透射超表面，在外加偏置电
场作用下，液晶分子取向（长轴方向）逐渐由平行于金属结构方向转变为垂直方向，导致
介电常数变化，从而实现波束扫描，如图 3 - 64 所示。2022 年，东南大学研制出 675 GHz
可编程液晶反射超表面，如图 3 - 65 所示。

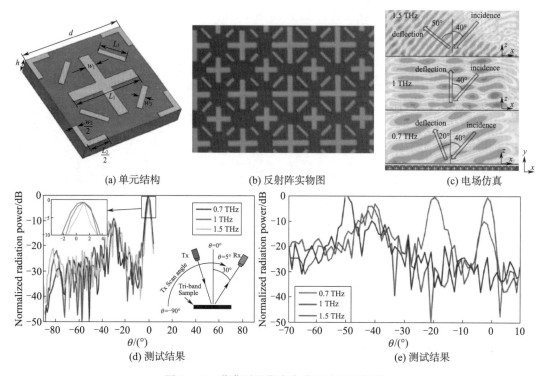

(a) 单元结构　　　(b) 反射阵实物图　　　(c) 电场仿真

(d) 测试结果　　　　　　(e) 测试结果

图 3 - 63　葡萄牙里斯本大学三波段反射阵

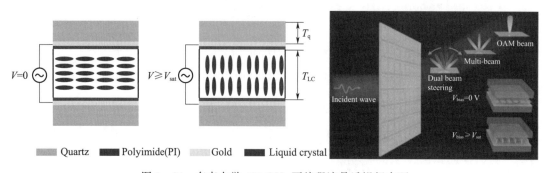

图 3 - 64　东南大学 426 GHz 可编程液晶透视超表面

（C X LIU，et al. Programmable Manipulations of Terahertz Beams by Transmissive Digital Coding Metasurfaces Based on Liquid Crystals ［J］. Adv. Optical Mater，2021，9，2100932.）

2022 年，南京大学联合湖北大学、紫金山实验室等单位研制出 425 GHz 智能超表面，超表面采用二氧化钒相变材料，每个单元均可实现独立电控寻址，能够实时动态调节太赫兹波束，如图 3 - 66 所示。

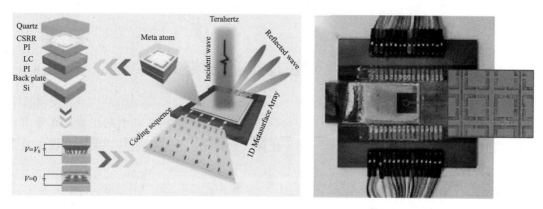

图 3 - 65　东南大学 675 GHz 可编程液晶反射超表面

(X FU，et al. Flexible Terahertz Beam Manipulations Based on Liquid - Crystal - Integrated Programmable Metasurfaces [J]. ACS Applied Materials & Interfaces，2022，14（19）：22287 - 22294.)

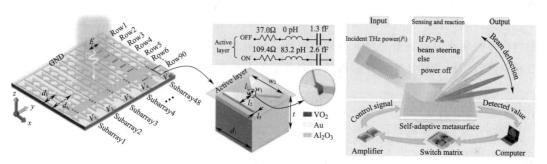

图 3 - 66　南京大学 425 GHz 太赫兹智能超表面

(BENWEN CHEN，et al. Electrically addressable integrated intelligent terahertz metasurface. Sci. Adv. 2022（8）：eadd1296.)

第 4 章 太赫兹通信收发链路技术

太赫兹信号产生与探测能力决定了太赫兹通信系统的工作距离和链路质量。本章将重点介绍通信收发链路架构、太赫兹信号产生组件、太赫兹信号检测组件、太赫兹信号放大组件四个方面内容。

4.1 通信收发链路架构

通信收发链路是决定系统性能的关键因素。接收链路主要负责将接收到的太赫兹信号放大、滤波、变频和解调，将信号还原成基带信号，性能直接影响通信系统的灵敏度、抗干扰能力和可靠性。发射链路负责将基带信号调制、变频、放大和滤波，将太赫兹信号发射出去，性能直接影响通信系统的覆盖范围、传输速率和误码率。在通信系统设计时，需要根据实际应用场景要求选择合适的链路架构并对收发组件开展优化设计。

4.1.1 接收机架构

通信接收链路通常采用超外差、零中频、数字中频、全数字（直接射频采样）四种典型接收机架构。

（1）超外差接收机架构

超外差接收机利用混频器将接收到的射频信号与本振信号进行混频，将射频信号转换为更低频率的中频信号，再进一步放大、解调和数字化处理，如图 4-1 所示。超外差接收机的特点是本振频率和接收信号频率之差不为零，混频器将输出一个远低于射频信号频率的中频信号，再进一步解调处理。该架构具有较高灵敏度和频率选择性，应用最为广泛。

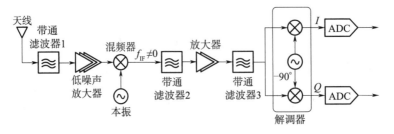

图 4-1 超外差接收机架构

（2）零中频接收机架构

零中频接收机将接收到的射频信号直接转换成零中频信号，再对零中频信号进行放大和数字处理，如图 4-2 所示。零中频接收机的特点是本振频率和接收信号载波频率之差为零，混频器输出零中频信号。该架构组成简单但容易受到直流偏移和电源噪声影响。

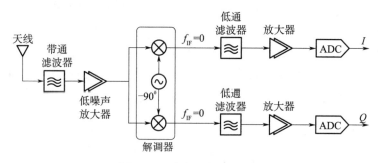

图 4-2　零中频接收机架构

（3）数字中频接收机架构

数字中频接收机是在超外差接收机基础上先将中频信号数字化再解调的接收机结构，如图 4-3 所示。该架构可通过数字方式避免模拟 I、Q 两路不平衡问题，但对 ADC（Analog-to-Digital Converter，模数转换器）的采样率、带宽、动态范围等性能要求较高。

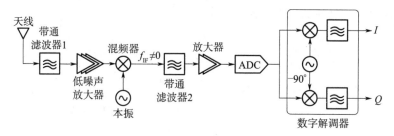

图 4-3　数字中频接收机架构

（4）直接射频采样接收机架构

直接射频采样接收机将接收信号经滤波、放大后直接送入 ADC 数字化，然后利用数字解调器实现解调，如图 4-4 所示。直接射频采样接收机的特点是无需射频频段混频器和本振源，因此，每个通道的器件数量更少，链路更为简单。但是，由于是在接收信号频率处直接采样，因此，该架构对 ADC 采样率和带宽提出极高要求，当前太赫兹频段仍待进一步技术攻关。

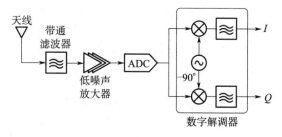

图 4-4　直接射频采样接收机架构

4.1.2　发射机架构

通信发射链路通常采用超外差、直接上变频、光电混频三种典型发射机架构。

（1）超外差发射机架构

超外差发射机将基带信号与中频本振混频，再经过二次混频转换为射频信号，如图4-5所示，是超外差接收机的逆过程。超外差发射机的优点是发射信号和本振信号的频率间隔大，不易发生泄漏，调制质量高。

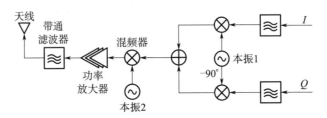

图4-5　超外差发射机架构

（2）直接上变频发射机架构

直接上变频发射机将基带信号直接调制到射频频率，然后进行放大和滤波，如图4-6所示。该架构简单，但易出现本振泄露。

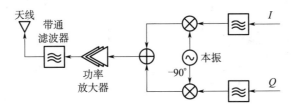

图4-6　直接上变频发射机架构

（3）光电混频发射机架构

光电混频发射机利用光电混频二极管非线性实现两路光信号的下混频，如图4-7所示。该架构的优点是能够充分发挥光学大带宽和光学器件相对成熟的优势，但受限于光电混频二极管的动态范围和变频效率，输出功率相对电学途径较小。

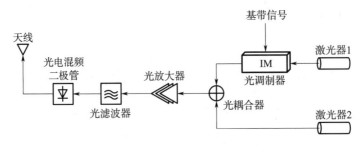

图4-7　光电混频发射机架构

4.2　太赫兹信号产生组件

太赫兹信号产生组件包括电学和光学两种技术途径。电学途径的典型代表是倍频器，光学途径的典型代表是光混频器。

4.2.1　太赫兹电学倍频器

（1）基本原理

太赫兹电学倍频器是实现输入信号频率倍增的二端口器件，输出频率 f_{OUT} 和输入频率 f_{IN} 的关系为 $f_{OUT}=N \cdot f_{IN}$，N 为整数且 $N>1$。倍频器的工作原理是利用二极管等器件的非线性特性（图 4-8），使输入信号发生时域畸变，从而产生一系列谐波分量，通过滤波器提取出所需的谐波分量，如图 4-9 所示。

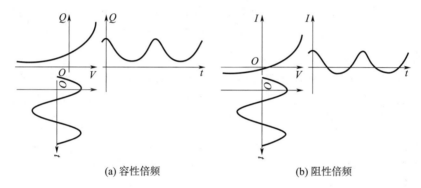

(a) 容性倍频　　　　　　　　　　(b) 阻性倍频

图 4-8　非线性器件倍频过程示意图

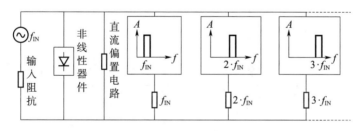

图 4-9　倍频器产生系列谐波分量

太赫兹倍频器主要由输入滤波匹配网络、非线性器件、输出滤波匹配网络、直流偏置电路四个部分组成，如图 4-10 所示。滤波匹配网络的作用是频率选择、阻抗匹配和模式转换（例如波导 TE 模到微带线准 TEM 模的模式转换）。其中，输入滤波匹配网络使输入基波信号 f_{IN} 通过，阻止谐波分量信号 $n \cdot f_{IN}(n \neq 1)$ 返回到输入端；输出滤波匹配网络使所需的谐波分量信号 $N \cdot f_{IN}$ 通过，阻止基波和其他闲频分量 $n \cdot f_{IN}(n \neq N)$ 输出。直流偏置电路用于给非线性器件提供偏置电压，使非线性器件工作于最佳静态工作点，提高倍频效率和稳定性。

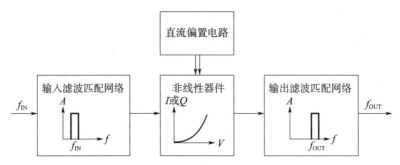

图 4 - 10　太赫兹倍频器原理框图

理论上，任何非线性器件都可以实现倍频，但是在太赫兹频段通常采用阻性肖特基二极管和变容管。阻性肖特基二极管具有非线性电阻特性，即 I - V 特性具有非线性，具有带宽宽、稳定性高等优点，但倍频效率低，满足 Page - Pantell 关系 $P_N/P_1 \leqslant 1/N^2$（P_1 是基波功率，P_N 是第 N 次谐波功率）；变容管具有非线性电容特性，即 Q - V 特性具有非线性，优点是倍频效率高，满足 Manley - Rowe 关系 $P_N/P_1 \leqslant 1$，理论上倍频效率可以达到 100%，但带宽窄。

二极管的变频效率和功率容量对倍频效率和输出功率起到决定性作用。早期倍频器采用单二极管倍频拓扑结构，但由于会产生所有谐波分量，因此效率低、功率容量小且匹配电路复杂。目前通常采用多二极管拓扑以减少谐波分量并提高功率容量。从谐波分量特点来说，倍频器可以分为偶次谐波和奇次谐波两种拓扑，如图 4 - 11 所示。偶次谐波拓扑只产生偶次谐波分量，能够抑制奇次谐波分量；奇次谐波拓扑只产生奇次谐波分量，能够抑制偶次谐波分量。

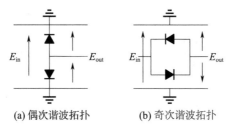

(a) 偶次谐波拓扑　　　　(b) 奇次谐波拓扑

图 4 - 11　太赫兹倍频器典型拓扑

（2）主要指标

太赫兹电学倍频器的指标主要包括中心频率和带宽、倍频次数、倍频效率和驱动功率。

①中心频率和带宽

中心频率 f_0 定义为 $f_0 = (f_{min} + f_{max})/2$，带宽 B 定义为 $B = f_{max} - f_{min}$。其中，f_{min} 和 f_{max} 分别为输出最小工作频率和输出最大工作频率。

②倍频次数

倍频次数是输出信号频率与输入基波信号频率之比，即 $N = f_{OUT}/f_{IN}$。倍频次数由二极管拓扑和匹配网络决定。

③倍频效率

倍频效率是输出信号功率与输入基波信号功率之比，即 $\eta = P_{OUT}/P_{IN}$。倍频效率主要由二极管非线性特性和匹配网络决定。

④驱动功率

驱动功率是倍频器正常工作时所需要的最小输入基波信号功率，主要由二极管进入非线性区的开启电压决定。

（3）典型方案

早在 1975 年，美国 AIL 系统公司就研制出 300 GHz 变容管三倍频器，当驱动功率为 150 mW 时，输出功率为 2.1 mW，倍频效率为 1.5%。1990 年，美国马萨诸塞大学阿姆赫斯特分校（University of Massachustts，Amherst）Neal Erickson 提出一种平衡式二倍频器结构，在 330 GHz 频率处的输出功率为 4 mW，后被广泛应用于太赫兹倍频器设计中。

美国喷气推进实验室（JPL）在太赫兹倍频器研制方面处于领先地位。2001 年，实验室研制出 400 GHz 二倍频器，输入驱动功率为 50 mW，输出频率范围为 368～424 GHz，输出功率为 5～8 mW，倍频效率为 10%～20%。2004 年，实验室研制出 1 500 GHz 倍频链，如图 4-12 所示，由 190 GHz、375 GHz、750 GHz 和 1 500 GHz 二倍频器依次级联而成，各级倍频效率依次为 30%、20%、9% 和 4%，末级输出频率范围为 1 408～1 584 GHz，室温条件和低温制冷条件（120 K）下的输出功率最大值分别为 15 μW@1 500 GHz 和 40 μW@1 490 GHz。2018 年，实验室提出了能够将输出功率提高至少一个数量级的倍频链方案，采用 W 波段 GaN 功放模块产生输入基波驱动信号，通过片上功率合成提升倍频链的驱动功率，采用变容管作为倍频器非线性器件，如图 4-13 所示。180 GHz 二倍频器的输出功率为 500 mW，效率为 30%；220 GHz 倍频器的输出功率为 110 mW，效率为 21%；330 GHz 倍频器的输出功率为 35 mW，效率为 14%；530 GHz 倍频器的输出功率为 30 mW，效率为 9%；1 THz 倍频器的输出功率为 2 mW，效率为 5%；1.6 THz 倍频器的输出功率为 0.7 mW，效率为 3.5%。

法国巴黎天文台于 2008 年联合美国喷气推进实验室研制出 300 GHz 三倍频器，如图 4-14 所示，输入驱动功率为 50～250 mW，输出频率范围为 265～330 GHz，在 318 GHz 处获得最大功率 26 mW，倍频效率为 11%。2010 年，团队研制出 875 GHz 倍频链，输出频率范围为 840～900 GHz，最大输出功率在室温和制冷环境下（120 K）分别为 1.4 mW@875 GHz 和 2 mW@882 GHz。2012 年，团队研制出 2.7 THz 倍频器，输入基波信号频率范围为 815～915 GHz，输入功率范围为 0.2～0.95 mW，输出频率范围为 2.48～2.75 THz，输出功率＞1 μW，最高功率为 18 μW@2.58 THz。

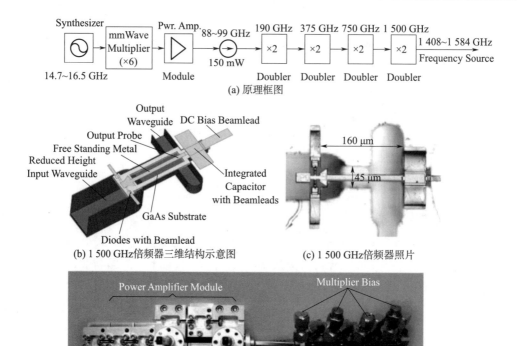

(a) 原理框图

(b) 1 500 GHz倍频器三维结构示意图

(c) 1 500 GHz倍频器照片

(d) 倍频链照片

图 4 - 12 美国 JPL 实验室 1 500 GHz 倍频链

(G CHATTOPADHYAY，et al. An - solid - state broad - band frequency multiplier chain at 1 500 GHz [J]. IEEE Transactions on Microwave Theory and Techniques，2004，52（5）：1538 - 1547.)

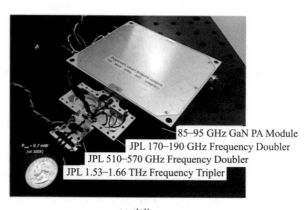

(a) 实物

图 4 - 13 美国 JPL 实验室 1.6 THz 倍频链

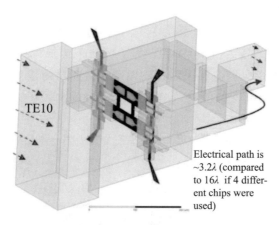

TE10

Electrical path is ~3.2λ (compared to 16λ if 4 different chips were used)

(b) 片上功率合成结构

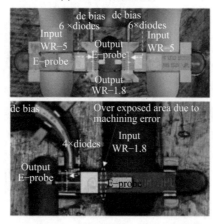

(c) 550 GHz 三倍频器和 1.6 THz 三倍频器

图 4 - 13　美国 JPL 实验室 1.6 THz 倍频链（续）

（J V SILES，et al. A New Generation of Room - Temperature Frequency - Multiplied Sources With up to 10× Higher Output Power in the 160 GHz～1.6 THz Range ［J］. IEEE Transactions on Terahertz Science and Technology，2018，8（6）：596 - 604.）

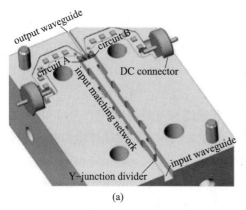

(a)

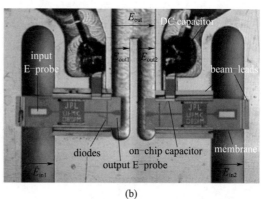

(b)

图 4 - 14　法国巴黎天文台 300 GHz 三倍频器

　　瑞典查尔姆斯理工大学（Chalmers University of Technology）于 2015 年研制出 474 GHz 五倍频器，如图 4 - 15 所示，采用 InP 异质结势垒变容管（Heterostructure Barrier Varactor，HBV）作为倍频非线性器件。相比于传统肖特基变容管，HBV 具有对称非线性特性，只产生奇次谐波且无需直流偏置。倍频器的输入驱动功率为 400 mW@ 94.75 GHz，最大输出功率为 2.8 mW@474 GHz，倍频效率为 0.75%。

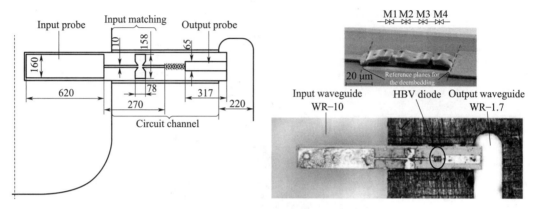

图 4 - 15　瑞典查尔姆斯理工大学 474 GHz 五倍频器

（A MALKO, et al. A 474 GHz HBV frequency quintupler integrated on a 20 μm thick silicon substrate [J]. IEEE Transactions on Terahertz Science and Technology，2015，5（1）：85 - 91.）

　　德国 ACST 公司于 2018 年研制出 300 GHz 二倍频器，通过将变容二极管衬底替换成金刚石衬底提升了功率容量，输出频率范围为 270～320 GHz，输出功率为 35 mW，效率为 25%～30%，如图 4 - 16 所示。2022 年，公司研制出 900 GHz 三倍频器，输出频率范围为 800～900 GHz，最大功率为 4 mW@870 GHz，效率为 5%。

　　英国 Teratech 公司于 2021 年研制出 180 GHz 二倍频器，输入驱动功率为 150～250 mW，输出频率范围为 178～194 GHz，倍频效率为 35%～40%，最高输出功率为 100 mW@186 GHz，如图 4 - 17 所示。

　　电子科技大学于 2007 年研制出 120 GHz 三倍频器，采用商用 UMS 阻性肖特基二极管，输出频率范围为 114～123 GHz，输出功率为 0.1～1.64 mW。2015 年，学校联合中国科学院微电子所研制出 330～500 GHz 三倍频器，如图 4 - 18 所示，采用 InP 肖特基二极管，驱动功率为 31 mW，最大输出功率为 0.32 mW@384 GHz。2020 年，学校采用 GaAs 变容管研制出 260～300 GHz 三倍频器，输入驱动功率为 120 mW，输出功率为 3.1～4.9 mW。

　　中国电科 13 所于 2020 年采用 SiC 衬底 GaN 肖特基二极管研制出 177～183 GHz 二倍频器，如图 4 - 19 所示，当采用 2 W 功率、100 μs 脉宽、10% 工作比脉冲激励时，输出功率为 200～244 mW，效率为 9.5%～11.8%。

　　中物院于 2021 年研制出 204～232 GHz 三倍频器，如图 4 - 20 所示，当输入功率为 300～560 mW 时，倍频效率达到 10%～22.1%，最大输出功率为 84.5 mW。

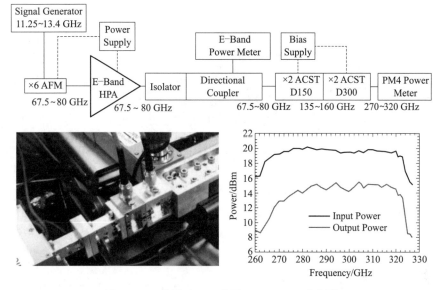

图 4 - 16　德国 ACST 公司 300 GHz 二倍频器

(D MORO - MELGAR，O COJOCARI，I OPREA. High Power High Efficiency 270~320 GHz Source Based on Discrete Schottky Diodes [C]. 2018 15th European Radar Conference (EuRAD)：337 - 340.)

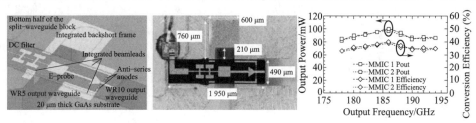

图 4 - 17　英国 Teratech 公司 180 GHz 二倍频器

(C VIEGAS，J POWELL，H R LIU，et al. On - chip integrated backshort for relaxation of machining accuracy requirements in frequency multipliers [J]. IEEE Microwave and Wireless Components Letters，2021，31 (2)：188 - 191.)

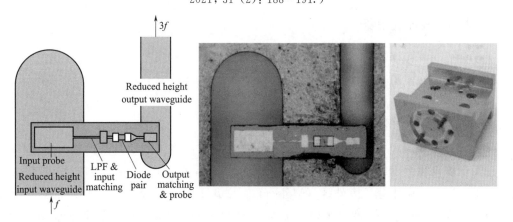

图 4 - 18　电子科技大学 300~500 GHz 三倍频器

(REN T H，ZHANG Y，YAN B，et al. A 330~500 GHz zero - biased broadband tripler based on terahertz monolithic integrated circuits [J]. Chinese physics letters，2015，32 (2)：31 - 34.)

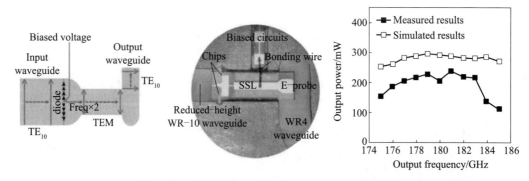

图 4-19 中国电科 13 所 177～183 GHz 二倍频器

(LIANG L X, et al. A 177～183 GHz High-Power GaN-Based Frequency Doubler with

Over 200 mW Output Power [J]. IEEE Electron Device Letters, 41 (5): 669-672.)

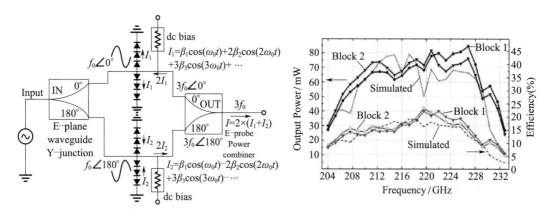

图 4-20 中物院 204～232 GHz 三倍频器

(TIAN Y, HUANG K, HE Y, et al. A Novel Balanced Frequency Tripler with Improved Power Capacity for

Submillimeter-Wave Application [J]. IEEE Microwave and Wireless Components Letters,

2021, 31 (8): 925-928.)

4.2.2 太赫兹光学混频器

太赫兹光学混频器利用光电导效应或光伏效应将两个不同频率 (f_1, f_2) 的光信号进行差频从而产生频率为 $f_0 = |f_1 - f_2|$ 的太赫兹信号。典型的太赫兹光学混频器包括光电导天线和光电二极管混频器。

(1) 光电导天线

光电导天线 (图 4-21) 利用材料自身的光电导效应将光频信号转换成太赫兹信号，通常采用低温砷化镓 (Low Temperature Gallium Arsenide, LT-GaAs) 材料作为衬底。所谓"低温"是指采用分子束外延 (Molecular Beam Epitaxy, MBE) 生长 GaAs 外延层的环境温度在 300 K 左右，低于常规生长环境温度 (500～1 200 K)。低温分子束外延生长的材料具有更高结晶度，不仅有利于提高载流子迁移率，而且有利于引入缺陷、提供载流子俘获陷阱或复合中心，从而缩短载流子寿命。当光子能量高于 GaAs 禁带宽度的短脉冲激光照射半导体材料时，材料中的光生载流子在偏置电压作用下加速运动，产生时变太赫兹电场并通过天线辐射出去。根据 LT‑GaAs 禁带宽度，入射激光要求工作于800 nm波长。然而，1 550 nm 波长激光器的技术产品成熟度更高、应用更为广泛并且该波长激光在标准光纤中传输损耗更低，因此，为了能使用 1 550 nm 波长激光器激励光电导天线，后续发展出了 LT‑InGaAs 材料和 InAlAs/InGaAs 异质结材料。

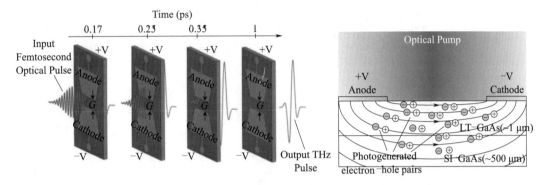

图 4‑21　光电导天线原理图

(N M BURFORD, et al. Review of terahertz photoconductive antenna technology [J].

Opt. Eng，56 (1)，010901 (2017).)

(2) 光电二极管混频器

光电二极管混频器的核心器件是 PIN 光电二极管 (Positive‑Intrinsic‑Negative PhotoDiode，PIN‑PD) 或单行载流子光电二极管 (Uni‑Traveling‑Carrier PhotoDiode，UTC‑PD)。相比于光电导天线，光电二极管具有暗电流小、噪声低、响应速率快、受温度影响小等优点。

PIN‑PD 开发利用最早，由 p 型掺杂层、本征层、n 型掺杂层组成，如图 4‑22 (a)所示。PIN‑PD 工作于反向偏置状态，本征层会被完全耗尽从而形成耗尽层。入射光被PIN‑PD 本征有源区吸收，产生光生电子‑空穴对，故本征层也称作吸收层。光生电子和空穴在内建电场作用下分别向 N 极和 P 极流动，在外部形成电流回路。光生载流子从耗尽层漂移到电极的时间（渡越时间）决定了光电二极管的响应速度。因为空穴有效质量大约是电子的十几倍，故空穴迁移率比电子低得多，导致空穴在相同电场作用下的漂移速度会比电子漂移速度缓慢，成为限制 PIN‑PD 探测性能提升的主要原因。

为提高光电二极管响应带宽，日本 NTT 公司于 1997 年提出单行载流子光电二极管 (UTC‑PD) 结构，如图 4‑22 (b) 所示。UTC‑PD 结构主要包含 p 型电子阻隔层、p型吸收层和 i 型收集层。与 PIN‑PD 不同，UTC‑PD 吸收层设置在靠近阳极一端的 p 型重掺杂区域，空穴不需要渡越本征 i 区，而是以介电弛豫形式被阳极快速吸收，空穴弛豫时间仅为百飞秒量级，可忽略不计，器件响应速度只取决电子渡越时间，这是称为"单行载流子"的原因。相比于 PIN‑PD，UTC‑PD 响应速度更快、带宽更宽。当两路光信号进入 UTC‑PD 时，就会发生混频，拍频（差频）即为太赫兹信号，如图 4‑23 所示。

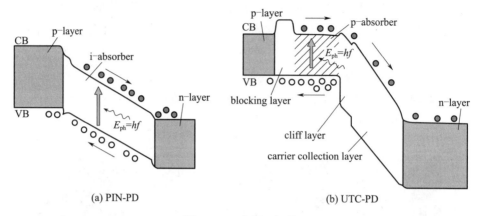

图 4 - 22　光电二极管

(S NELLEN，et al. Experimental Comparison of UTC - and PIN - Photodiodes for Continuous - Wave Terahertz Generation [J]. Infrared Milli Terahz Waves，2020 (41)：343 - 354.)

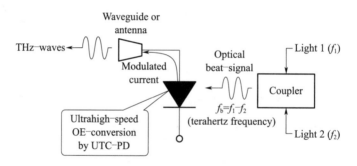

图 4 - 23　光电二极管光混频器

(A WAKATSUKI，et al. Development of terahertz - wave photomixer module using a uni - traveling - carrier photodiode [J]. NTT Technical Review，2012，10 (2)：1 - 7.)

(3) 典型方案

2012 年，日本 NTT 公司采用两路 UTC - PD 功率合成方案研制出 300 GHz 光电二极管混频模块 (图 4 - 24)，采用波导方式集成，峰值饱和输出功率为 1.2 mW，3 dB 带宽和 10 dB 带宽分别为 70 GHz 和 150 GHz，对应的相对带宽分别为 23% 和 50%。

2014 年，日本 NTT 公司改进了 UTC - PD 材料结构，在 p 型掺杂层作为吸收层基础上，进一步利用部分耗尽层作为吸收层，提高了光电二极管截止频率，如图 4 - 25 (a) 所示，通过集成片上天线并加载透镜，研制出 300 GHz～2.5 THz 光电二极管混频模块，如图 4 - 25 (b) ～ (d) 所示，对应的输出功率为 20～0.03 μW。

2023 年，日本九州大学 (Kyushu University) 提出天线耦合 UTC - PD 阵列方案，相比于单个 UTC - PD 混频单元，阵列输出功率提升 7 dB，如图 4 - 26 所示。

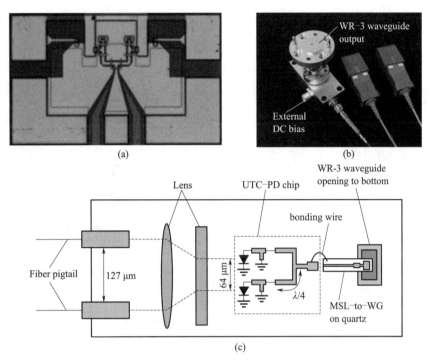

图 4 - 24　日本 NTT 公司 300 GHz 1mW UTC - PD 混频源

（H J SONG，et al. Uni - Travelling - Carrier Photodiode Module Generating 300 GHz Power Greater Than 1 mW [J]. IEEE Microwave and Wireless Components Letters，2012，22（7）：363 - 365.）

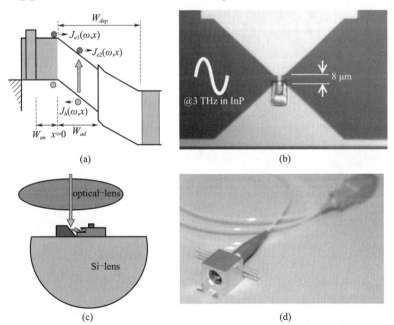

图 4 - 25　日本 NTT 公司 300～2.5 THz UTC - PD 混频模块

（T ISHIBASHI，et al. Unitraveling - Carrier Photodiodes for Terahertz Applications [J]. IEEE Journal of Selected Topics in Quantum Electronics，2014，20（6）：79 - 88.）

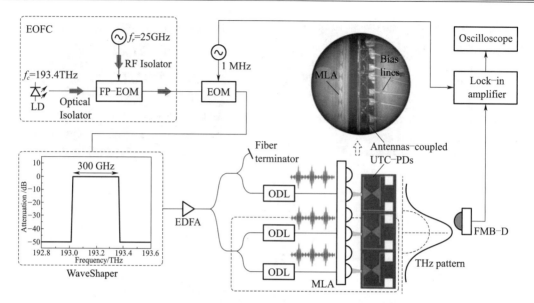

图 4-26　日本九州大学 300 GHz UTD-PD 混频阵列模块

（M CHE，et al. Generating and Enhancing THz Pulses via an Antenna-Coupled Unitraveling-Carrier Photodiode Array [J]. IEEE Transactions on Terahertz Science and Technology，2023，13（3）：280-285.）

目前，日本 NTT 公司已经基本实现了 UTC-PD 混频源产品化，典型产品如表 4-1 所示。

表 4-1　日本 NTT 公司 UTC-PD 混频源产品

类型	型号	频率/GHz			输出功率/dBm		
		最小值	典型值	最大值	最小值	最大值	测试频率
波导集成	IOD-PMW-13001	75	90	110	-8.0	-5.0	@90 GHz
	IOD-PMF-13001	90	115	140	-8.0	-5.0	@140 GHz
	IOD-PMD-14001	110	140	170	-9.0	-6.0	@140 GHz
	IOD-PMJ-13001	280	330	380	-18.0	-11.0	@330 GHz
天线透镜集成	IOD-PMAN-13001	300	—	3000	-34.0	-28.0	@1THz

4.3　太赫兹信号检测组件

太赫兹信号检测主要包括直接检波和混频两种途径，最常见的实现方案是太赫兹肖特基二极管探测器。

4.3.1　直接检波式太赫兹探测器

（1）工作原理

直接检波式太赫兹探测器（简称太赫兹检波器）利用非线性器件检测太赫兹信号的幅

度包络，常用于非相干解调，主要由天线、非线性器件、低通滤波器或 T 型偏置器
（Bias - T）和中频处理电路等组成，如图 4 - 27 所示。天线用于耦合自由空间中的太赫兹
波并将其变换成太赫兹电流信号，典型形式包括平面天线（有时会结合透镜或反射背腔提
升方向性）、喇叭天线等。需要说明的是，天线并非探测器的标配模块，若含天线模块则
称空馈探测器，若不含天线模块则称路馈探测器。非线性器件用于将太赫兹电流信号变频
成中频或基带信号，典型器件包括肖特基二极管、异质结反向隧穿二极管、高电子迁移率
晶体管、约瑟夫森结等。低通滤波器或 T 型偏置器用于提取中频或基带信号并阻止太赫兹
信号输出。其中，T 型偏置器用于需要加载直流偏置的情况，直流偏置能够使非线性器件
工作于最佳静态工作点从而提升探测器性能。中频处理电路用于实现中频或基带信号的放
大、模数变换等，并与后续信号处理设备实现互联。

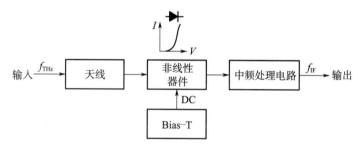

图 4 - 27　直接检波式太赫兹探测器原理框图

以太赫兹肖特基二极管探测器为例，介绍检波原理和基本过程。肖特基二极管的非线
性特性表现为电流 I 与电压 V 之间的指数关系，有

$$I = I_s (e^{qV/nkT} - 1)$$

其中，q 为电子电量；n 为理想因子；k 为玻耳兹曼常数；T 为工作温度；I_s 为反向饱和
电流。

根据麦克劳林公式，上式可展开为

$$I = a_0 + a_1 V + a_2 V^2 + a_3 V^3 + \cdots$$

式中，a_0 表示直流电流。当输入 AM 调制信号时，即

$$V = U_a (1 + m\cos\omega_m t)\cos\omega_0 t$$

可得肖特基二极管电流 I 为

$$I = a_0 + \frac{1}{2}\left(1 + \frac{m^2}{2}\right) a_2 U_a^2 + a_2 m U_a^2 \left(\cos\omega_m t + \frac{m}{4}\cos 2\omega_m t\right) +$$
$$a_1 U_a \left[\cos\omega_0 t + \frac{m}{2}\cos(\omega_0 - \omega_m)t\right] + \cdots$$

式中，ω_m 为调制频率；m 为调制系数；ω_0 为太赫兹载波频率；U_a 为调制信号幅度。

上式表明，太赫兹肖特基二极管检波器的输出电流中包含直流分量、低频分量及高频
分量，通过隔直电路和低通滤波器可得输出信号为

$$I_\omega = a_2 m U_a^2 \cos\omega_m t$$

即输出信号频率等于输入信号调制频率。由于输出信号电压幅度与输入调制信号幅度的平

方（对应为功率）成正比关系，因此，上述检波过程称为"平方律检波"。

（2）主要指标

太赫兹检波器的主要指标包括电压响应率（R_v）或电流响应率（R_i）、噪声等效功率（NEP）、最小可检测功率（P_{min}）、切线灵敏度（T_{ss}）、中心频率（f_0）、带宽（BW）等。此外，对于天线与探测器件直接集成的空馈式检波器（也称准光式检波器，例如检波天线Detectenna），指标还包括波束宽度、副瓣电平、极化等。

①工作带宽和中心频率

工作带宽是指响应率不低于某个参考值时对应的工作频率范围。若频率可变化范围的最小值和最大值分别记为 f_{min} 和 f_{max}，则工作带宽 $BW = f_{max} - f_{min}$，中心频率为 $f_0 = (f_{min} + f_{max})/2$。

②响应率

响应率定义为太赫兹检波器在单位输入信号功率条件下的输出电压或电流值，即输出电压 V_{out}（或电流 I_{out}）与输入功率 P_{in} 的比值。响应率反映了检波器对输入信号的敏感程度，故响应率有时也称为"灵敏度"。

当太赫兹检波器的输出负载为高阻抗（典型值为 1 MΩ）时，通常使用电压响应率 R_v（单位为 V/W）

$$R_v = \frac{V_{out}}{P_{in}}$$

当太赫兹检波器的输出负载为低阻抗（典型值为 50 Ω）时，通常使用电流响应率 R_i（单位为 A/W）

$$R_i = \frac{I_{out}}{P_{in}}$$

式中，输入功率 P_{in} 是指太赫兹检波器实际接收到的太赫兹信号功率。

路馈式检波器和空馈式检波器的响应率指标测试方法分别如图 4-28 和图 4-29 所示。

路馈式检波器的响应率测试步骤如下。第一步，采用太赫兹功率计得到太赫兹调制源的输出功率 P_{THz}，即为太赫兹检波器的输入功率 $P_{in} = P_{THz}$。第二步，将太赫兹调制源与太赫兹检波器连接，采用示波器、频谱仪或锁相放大器等仪器（根据实际需求选择其中之一）测得太赫兹检波器的输出电压 V_{out} 或电流 I_{out}。第三步，根据 $R_v = V_{out}/P_{in}$ 或 $R_i = I_{out}/P_{in}$ 得到响应率 R_v 或 R_i。

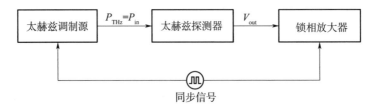

图 4-28　路馈式检波器电压响应率测试框图

空馈式检波器的测试方案需要前置方向图测试步骤，因为无法直接采用太赫兹功率计测得空馈式检波器的输入功率 P_{in}，具体步骤如下。第一步，测试太赫兹检波器方向图，分别得到 E 面和 H 面的 3dB 波束宽度 $\theta_{3\,dB-E}$ 和 $\theta_{3\,dB-H}$，根据 $G=k \cdot 4\pi/(\theta_{3\,dB-E} \cdot \theta_{3\,dB-H})$ 可得方向图增益 G，其中 k 为效率因子 $(0 \leqslant k \leqslant 1)$。第二步，采用测试与计算相结合的方法得到输入功率 P_{in}（即检波器的接收功率 P_r）。首先用太赫兹功率计测试调制源功率 P_t，再利用 Friss 公式 $P_r=P_t G_t G_r \lambda^2/(4\pi d)^2$ 推算太赫兹探测器的接收功率 P_r。其中，G_t 为发射天线增益，G_r 为接收天线增益，λ 为工作波长，d 为发射天线端面与接收天线端面的距离，d 应该满足远场条件 $d \geqslant 2D^2/\lambda$，D 为发射或接收天线的最大口面直径。第三步，采用信号测量仪器（例如示波器、频谱仪、锁相放大器等，按需要任选其一）连接太赫兹检波器输出端，测得输出电压 V_{out} 或电流 I_{out}。第四步，根据电压响应率或电流响应率公式可得响应率 R_v 或 R_i。

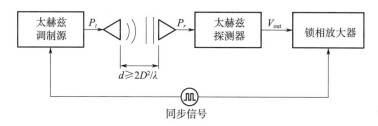

图 4 - 29　空馈式检波器电压响应率测试框图

③最小可检测功率

最小可检测功率是指检波器输出电压信噪比为 1 时对应的输入功率，反映了探测器的系统级灵敏度（即考虑了带宽因素），定义为

$$P_{min}=\frac{v_n \sqrt{\Delta f}}{R_v}$$

式中，Δf 为检波器工作带宽。

有时也用切线灵敏度（Tangential Signal Sensitivity，TSS）来表征探测器的系统级灵敏度，也称正切灵敏度，定义是有信号输入时的噪声波动谷值与无信号输入时的噪声波动峰值相等时，对应的输入信号峰值功率，如图 4 - 30 所示。切线灵敏度 T_{ss} 通常约为最小可检测功率 P_{min} 的 $2\sqrt{2}$ 倍，有

$$T_{ss}=\frac{2\sqrt{2}\,v_n \sqrt{\Delta f}}{R_v}=2\sqrt{2}\,P_{min}$$

④噪声等效功率

噪声等效功率（Noise Equivalent Power，NEP）是指单位带宽条件下，输出信噪比等于 1 时对应的输入功率，即太赫兹检波器的输出信号均方根电压值与单位带宽噪声均方根电压值相等时对应的太赫兹输入功率，反映了单位检测带宽条件下探测器能够检测出的最小功率值（$W/\sqrt{Hz}$），有

$$\text{NEP}=\frac{V_n}{R_v}$$

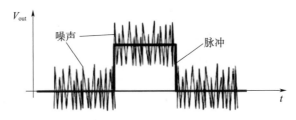

图 4 - 30　切线灵敏度示意图

或

$$\text{NEP} = \frac{I_n}{R_i}$$

式中，V_n 和 I_n 分别为输出端噪声电压密度和噪声电流密度；R_v 和 I_v 分别为电压响应率和电流响应率。

最小可检测功率 $P_{\min}$ 与噪声等效功率 NEP 可以相互换算，有

$$P_{\min} = \text{NEP} \cdot \sqrt{\Delta f}$$

例如，当检波器噪声等效功率为 $\text{NEP} = 1\text{pW}/\sqrt{\text{Hz}}$ 、带宽为 $\Delta f = 10\ \text{kHz}$ 时，最小可检测功率为 $100\ \text{pW}$。

噪声等效功率常借助噪声电压和响应率进行推算，具体步骤如下（以肖特基二极管探测器为例）。第一步，计算肖特基二极管的电阻，使用探针台测量肖特基二极管的 $I-V$ 特性，根据 $I-V$ 数据拟合得到肖特基二极管的级联电阻 R_S 和非线性结电阻 R_j。第二步，计算肖特基二极管噪声电压密度，根据普朗克黑体辐射定律以及瑞利-琼斯（Rayleigh - Jeans）近似，肖特基二极管噪声电压密度近似为 $V_n = \sqrt{4kTBR_j}$。其中，$k = 1.38 \times 10^{-23}\ \text{J/K}$，是玻耳兹曼常数；$T = 273 + t(℃)$，是工作环境热力学温度（K）；$B$ 为单位带宽（即1 Hz）。第三步，计算噪声等效功率，根据响应率和 $\text{NEP} = V_n/R_v$，得到检波器噪声等效功率。

⑤动态范围

动态范围（Dynamic Range，DR）是指探测器工作在平方律检波区时，对应的输入功率最小值和最大值（图 4 - 31）。通常来说，最小值等于切线灵敏度 T_{ss}，最大值等于输入 1 dB 压缩点 $P_{1\,\text{dB}}$。

⑥集成天线的探测器方向性

空馈式太赫兹探测器因集成了天线而具有方向性和极化选择性，因此，需要用方向图、3 dB 波束宽度、副瓣、极化等指标进行衡量，相关指标定义与第 3 章介绍过的天线指标定义一致，此处不再赘述。

4.3.2　混频式太赫兹探测器

(1) 工作原理

混频式太赫兹探测器（简称太赫兹混频器）是在本振信号驱动条件下，利用非线性器

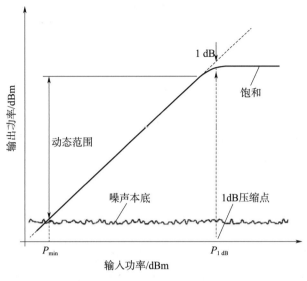

图 4 - 31　动态范围示意图

件将输入太赫兹信号（通常称为"射频信号"）下变频至中频信号，常用于下变频或相干解调。射频信号 f_{RF}、本振信号 f_{LO} 和中频信号 f_{IF} 的关系为 $f_{RF} = nf_{LO} \pm f_{IF}$。其中，$n$ 为谐波次数，$n=1$ 时称为基波混频，$n>1$ 时称为谐波混频（当 n 为奇数时，为奇次谐波混频；当 n 为偶数时，为偶次谐波混频）。

　　图 4 - 32 是混频式太赫兹探测器的典型架构，太赫兹混频器由天线、射频馈电网络、非线性器件、本振馈电网络、T 型偏置器（Bias - T）、中频滤波器和中频处理电路构成，如图 4 - 32 所示。天线用于耦合空间中的太赫兹波并将其变换成太赫兹电流；非线性器件使太赫兹信号和本振信号混频产生各次谐波的差频和合频；射频馈电网络和本振馈电网络用于实现射频端口和本振端口的阻抗匹配与相互隔离；中频滤波器用于提取中频信号并抑制本振和射频信号；T 型偏置器通常用于加载直流偏置，使非线性器件工作于最佳静态工作点以降低变频损耗；中频处理电路用于进一步实现中频或基带信号的放大、模数变换等处理。与太赫兹检波器类似，太赫兹混频器也分为空馈式混频器（集成了天线）和路馈式混频器（不含天线）。

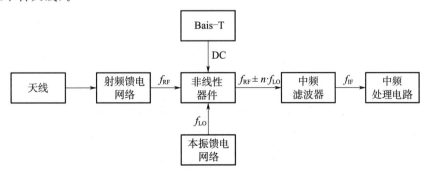

图 4 - 32　混频式太赫兹探测器原理框图

以太赫兹肖特基二极管基波混频器为例介绍混频基本过程。记太赫兹输入信号（射频信号）为 $V_1 = V_R \cos(\omega_R t + \varphi_R)$，本振信号为 $V_2 = V_L \cos(\omega_L t + \varphi_L)$，其中，$\omega_R$ 和 ω_L 分别为射频信号和本振信号频率。两种信号加载到肖特基二极管两端，经过肖特基二极管 I - V 非线性特性可实现混频，输出信号为

$$i(v) = a_0 + a_1 [V_R \sin(\omega_R t) + V_L \sin(\omega_L t)] + a_2 [V_R \sin(\omega_R t) + V_L \sin(\omega_L t)]^2 +$$
$$a_3 [V_R \sin(\omega_R t) + V_L \sin(\omega_L t)]^3 + \cdots + a_n [V_R \sin(\omega_R t) + V_L \sin(\omega_L t)]^n$$

可见，混频后可产生一系列混频分量 $\omega_{M,N} = M\omega_L \pm N\omega_R$。其中，$M$ 为本振信号谐波次数，N 为射频信号谐波次数。基波混频分量 $\omega_R \pm \omega_L$ 来自平方项，可通过中频滤波器提取。

（2）主要指标

太赫兹混频器的主要指标包括变频损耗（CL）、噪声系数（NF）、噪声温度（T）、最小可检测功率（$P_{\min}$）、三阶互调、动态范围（DR）、中心频率（f_0）、带宽（BW）。此外，空馈式混频器（也称准光混频器）的指标还包括方向图、波束宽度、副瓣电平、极化等。此处仅介绍变频损耗、噪声系数、噪声温度、最小可检测功率、动态范围、三阶交调端口隔离度的基本定义。其他指标与前面介绍过的检波器类似，不再赘述。

①变频损耗

变频损耗（Conversion Loss）是太赫兹输入信号功率 P_{RF} 与中频输出信号功率 P_{IF} 之比，即

$$CL = \frac{P_{RF}}{P_{IF}}$$

变频损耗反映了混频器在单位输入功率条件下的输出中频功率。影响变频损耗的因素包括混频器的输入端和输出端阻抗失配、非线性器件内部寄生量损耗（包括电阻性损耗和电抗性损耗）等。需要说明的是，有时也会用变频增益衡量混频器的变频性能，与变频损耗互为倒数，即输出中频功率 P_{IF} 与输入太赫兹功率 P_{RF} 之比。

工程上常用 dB 值表示变频损耗，即

$$L(dB) = P_{RF}(dB) - P_{IF}(dB)$$

路馈式混频器和空馈式混频器的变频损耗测试方法分别如图 4-33 和图 4-34 所示。

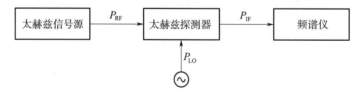

图 4-33 路馈式混频器变频损耗测试框图

路馈式混频器的测试步骤如下。第一步，采用太赫兹功率计测试太赫兹信号源输出功率 P_{THz}，即为混频器射频端输入功率 $P_{RF} = P_{THz}$（这里忽略了波导等传输线损耗）。第二步，将太赫兹信号源、太赫兹本振源与太赫兹混频器连接，采用频谱仪测试混频器的中频输出功率 P_{IF}。第三步，根据 $CL(dB) = P_{RF}(dBm) - P_{IF}(dBm)$ 可以得到变频损耗。另外，

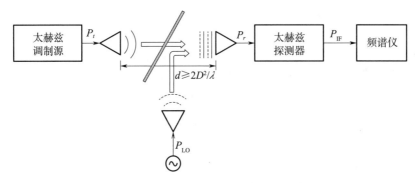

图 4 - 34　空馈式混频器变频损耗测试框图

保持射频信号功率 P_{RF} 不变，通过改变太赫兹本振源功率 P_{LO} 得到变频损耗随本振驱动功率的变化曲线，由此可以确定混频器的最佳本振驱动状态；保持本振功率 P_{LO} 不变，通过改变太赫兹信号源功率 P_{THz} 得到变频损耗随射频功率的变化曲线，由此可以确定混频器的动态范围。

空馈式混频器的变频损耗测试需前置天线测试步骤，因为无法采用太赫兹功率计直接测得空馈式混频器的输入功率 P_{in}，具体步骤如下。第一步，利用矢量网络分析仪采用自由空间法测量空间合路器的插入损耗 L_s。第二步，测试太赫兹探测器的方向图，分别得到 E 面和 H 面的 3 dB 波束宽度 $\theta_{3\ dB-E}$ 和 $\theta_{3\ dB-H}$，根据 $G = k \cdot 4\pi/(\theta_{dB-E} \cdot \varphi_{dB-H})$ 可以得到太赫兹探测器增益 G，其中 k 为效率因子（$0 \leqslant k \leqslant 1$）。第三步，采用测试与计算相结合的方法得到输入功率 P_{in}（即探测器接收功率 P_r）。先用太赫兹功率计测试射频信号源功率 P_t，再利用 Friss 公式 $P_r = P_t G_t G_r \lambda^2 / [(4\pi d)^2 L_s]$ 推算太赫兹探测器的接收功率 P_r。其中，G_t 为发射天线增益，G_r 为接收天线增益，λ 为工作波长，d 为太赫兹调制源发射天线端面与太赫兹探测器接收天线端面的距离。需要注意的是，d 应该满足远场条件 $d \geqslant 2D^2/\lambda$，其中 D 为发射或接收天线的最大口面直径。第三步，使用频谱仪可以测得中频输出功率 P_{IF}，根据 $CL(dB) = P_r(dBm) - P_{IF}(dBm)$ 可以得到变频损耗。

②噪声系数

噪声系数定义为输入功率信噪比 S_{in}/N_{in} 与输出功率信噪比 S_{out}/N_{out} 之比，即

$$NF = \frac{S_{in}/N_{in}}{S_{out}/N_{out}}$$

式中，S_{in} 和 N_{in} 分别是输入信号功率和输入噪声功率；S_{out} 和 N_{out} 分别是输出信号功率和输出噪声功率。噪声系数反映了探测器内部噪声对输入信噪比的恶化程度。工程上，噪声系数 NF 通常用 dB 表示，即 $NF_{dB}(dB) = 10 \cdot \log_{10}(NF)$。

由于混频器包括单边带混频和双边带混频两种工作模式，因此，噪声系数也分为单边带噪声系数 F_{SSB} 和双边带噪声系数 F_{DSB}，两者关系为 $F_{SSB} = 2F_{DSB}$。

③噪声温度

噪声温度定义为任一电阻在与探测器相同的带宽内输出相同噪声功率时所具有的绝对温度。噪声温度是探测器内部噪声等效到输入端时的噪声量，反映了探测器内部噪声情

况，与噪声系数的关系为

$$T_e = (\text{NF} - 1)T_0$$

式中，T_0 为探测器工作环境温度，对于室温探测器来说通常取 $T_0 = 293$ K。

　　微波频段混频器常采用噪声系数分析仪自动测试，太赫兹频段尚无可用的噪声系数分析仪，因此，常采用冷热负载法（也称为"Y 因子法"）测量噪声温度再变换成噪声系数，具体步骤如下。第一步，分别将热负载（温度为 T_h）和冷负载（温度为 T_c）作为混频器的射频输入源，利用功率计分别测得混频器的输出功率 N_h 和 N_c。第二步，计算 Y 因子，有 $Y = \dfrac{N_h}{N_c} = \dfrac{T_h + T_e}{T_c + T_e}$。第三步，根据 $T_e = \dfrac{T_h - Y \cdot T_c}{Y - 1}$ 得到噪声温度。通常来说，太赫兹频段常采用液氮为冷负载（$T_c = 77$ K），室温吸波材料为热负载（$T_h = 293$ K），测试框图如图 4-35 所示。

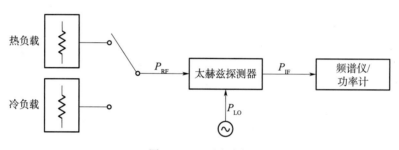

图 4-35　Y 因子法

　　④最小可检测功率

　　最小可检测功率是指混频器达到系统解调门限时对应的输入功率。该指标反映了系统级灵敏度，与系统带宽 B 相关，有

$$P_{\min} = k \cdot T \cdot B \cdot \text{NF} \cdot \text{SNR}_0$$

若以 dB 为单位，可变换为

$$P_{\min}(\text{dBm}) \approx -174 \text{ dBm} + \text{NF(dB)} + 10\log_{10} B(\text{dBHz}) + \text{SNR}_0(\text{dB})$$

式中，$k = 1.38 \times 10^{-23}$ J/K，为玻耳兹曼常数；T 为环境温度（室温环境 $T = 293$ K）；B 为探测器工作带宽，单位为 Hz；NF 为探测器噪声系数；SNR_0 为系统解调门限所需的输出信噪比。例如，若解调门限 SNR_0 为 3 dB、系统带宽 $B = 20$ MHz、探测器噪声系数 NF = 5 dB，则最小可检测功率 $P_{\min} = -93$ dBm。

　　⑤动态范围

　　动态范围定义为探测器线性区工作时（即变频损耗基本保持不变）的射频输入信号功率范围，下限通常是混频器的最小可检测功率，上限通常是输入 1 dB 压缩点。输入 1 dB 压缩点定义为混频器实际变频损耗比理想值增加 1 dB 时的射频输入信号功率。

　　⑥三阶交调

　　若混频器输入两个射频信号 f_1 和 f_2，会产生多种频率组合 $mf_1 \pm nf_2$，当 $m + n = 3$ 时对应的频率分量称为三阶交调分量。由于 $2f_1 - f_2$ 或 $2f_2 - f_1$ 分量与本振混频后所产生的信号会位于中频带宽内从而存在干扰风险，因此三阶交调是最受关注的失真项，是衡量混频器线性度或失真程度的重要指标。

三阶交调的功率输出特性如图 4-36 所示，通常使用"三阶交调点（IP3）"和"三阶交调失真度（IMD3）"两个参数衡量。三阶交调点 IP3 可用输入功率 IIP3 和输出功率 OIP3 表征，分别是三阶交调分量与中频信号功率相等时对应的输入和输出信号功率。IMD3 定义为三阶交调分量与有用中频信号分量的功率比值。

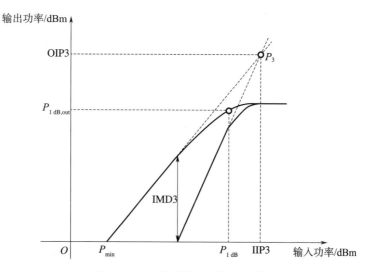

图 4-36　三阶交调功率输出特性

$$IIP3(dBm) = P_{in} - \frac{IMD3}{2}$$

$$OIP3(dBm) = IIP3(dBm) - CL(dB)$$

$$IMD3(dB) = P_{out@(2\omega_1 - \omega_2)}(dBm) - P_{out@\omega_1}(dBm)$$

⑦端口隔离度

端口隔离度定义为其中一个端口信号泄漏到其他端口的功率之比。例如，若本振端口输入信号功率为 $P_{in(LO)}$，射频端口测量本振功率为 $P_{out(RF)}$，则端口隔离度为

$$P_{ISO(L-R)} = \frac{P_{in(LO)}}{P_{out(RF)}}$$

也可用 dB 表示为

$$P_{ISO(L-R)}(dB) = P_{in(LO)}(dBm) - P_{out(RF)}(dBm)$$

4.3.3　太赫兹肖特基二极管探测器

太赫兹肖特基二极管（Schottky Barrier Diode，SBD）是应用最早也是应用最广泛的非线性半导体器件，核心结构是金属与半导体接触形成的肖特基结（势垒）。相比于其他探测器件，太赫兹肖特基二极管主要包括三个方面优点：1）工作环境适应性强，既可以工作于室温条件，也可以工作于低温环境（可进一步降低噪声）；2）截止频率高、适用频段宽，尤其是采用Ⅲ-Ⅴ族化合物半导体外延材料时能够在太赫兹频段获得更高灵敏度，

最高工作频率可达 2.5 THz 以上；3）工作模式灵活，既能够工作于直接检波模式也能够工作于混频模式。

（1）基本原理

检波和混频过程的基本原理已在前两节分别介绍过，本节主要介绍肖特基二极管的物理机理。肖特基二极管 I-V 特性的非线性（电流随外加电压呈指数增长）是检波或混频的先决条件。肖特基二极管的非线性主要是由金属与轻掺杂半导体接触所形成的肖特基势垒产生的。金属功函数 W_m 和半导体功函数 W_s 决定了势垒内建电势差 $\Psi_{bi} = (W_m - W_s)/qT$，其中，$q$ 为电子电量，T 为温度。当肖特基结两端施加正向偏压时，内建电势差变小，耗尽层变窄，电子能够穿越势垒区；当肖特基结两端施加反向偏压时，内建电势差增加，耗尽层变宽，电子不能越过势垒区。不同偏压条件下的肖特基势垒能带图如图 4-37 所示。半导体材料缺陷、工艺偏差等因素会导致金半接触界面存在缺陷，用理想因子 n 来衡量缺陷程度，n 的取值范围通常为 1～2，$n=1$ 时为理想状态，n 越接近于 1 则 I-V 曲线越陡峭，变频效率越高。

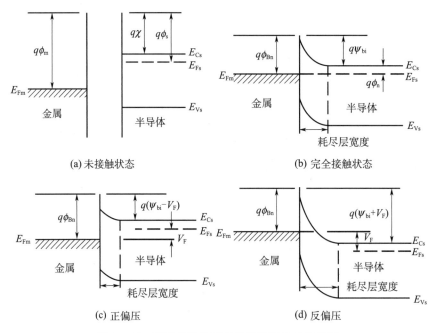

(a) 未接触状态　　　　　　　　　　　　(b) 完全接触状态

(c) 正偏压　　　　　　　　　　　　(d) 反偏压

图 4-37　不同偏压条件下的肖特基势垒能带图

早期的肖特基二极管采用垂直点接触式结构，如图 4-38 所示。金属与轻掺杂 n-GaAs 层接触形成具有非线性特性的肖特基结，等效为一对并联的非线性电阻 $R_j(V)$ 和非线性电容 $C_j(V)$，其中 $C_j(V)$ 属于寄生效应。金属与重掺杂 n^+-GaAs 层接触合金后形成欧姆接触，n^+-GaAs 层的体电阻和欧姆接触电阻共同等效为级联电阻 R_s。

随着工作频率提高至太赫兹频段，点接触式肖特基二极管的寄生效应也随频率增大，并且可靠性差、一致性差，不易与平面电路集成，因此逐渐被表面沟道式肖特基二极管所替代，如图 4-39 所示。表面沟道式肖特基二极管的材料结构自下而上依次为 GaAs 衬

 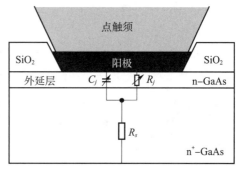

(a) 典型结构显微镜照片   (b) 等效电路

图 4 - 38 垂直点接触式肖特基二极管

底、n^+- GaAs 层、n - GaAs 层、钝化层和金属层。肖特基接触（即肖特基结）通过空气桥连接到平面焊盘上，阳极焊盘和阴极焊盘之间通过腐蚀（或刻蚀）外延层形成表面沟道实现隔离。与垂直点接触式肖特基二极管相比，表面沟道肖特基二极管能够与外部电路实现低损耗、低寄生、高可靠性互联，并且二极管平面焊盘可以设计成各类天线图案从而兼具自由空间信号耦合和变频（直接检波或混频）特性。集成了片上天线的肖特二极管称为检波天线（Detectenna）。

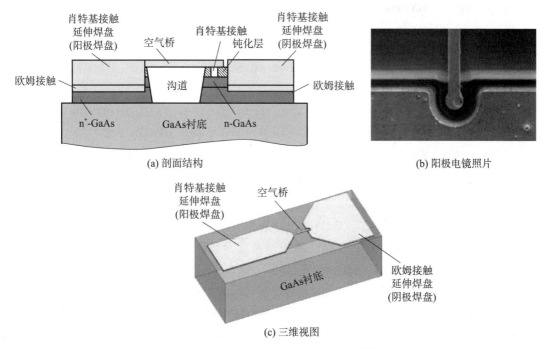

(a) 剖面结构   (b) 阳极电镜照片

(c) 三维视图

图 4 - 39 表面沟道式肖特基二极管结构

美国弗吉尼亚大学（University of Virginia）是最早开展平面太赫兹肖特基二极管研究的单位。1987 年，弗吉尼亚大学半导体器件实验室 Thomas W. Crowe 等人开发出首款平面肖特基二极管，如图 4 - 40（a）所示；随后，团队成立了 VDI（Virginia Diodes）公司，开发出一系列商用太赫兹肖特基二极管，如图 4 - 40（b）～（d）所示，成为行业知名的太赫兹肖特基二极管及其衍生产品（包括检波器、混频器等）研发公司。

　　(a) 早期原型　　　　(b) 单阳极二极管　　　　(c) 反向平行二极管　　　　(d) T型二极管

图 4 - 40　弗吉尼亚大学/VDI 公司太赫兹肖特基二极管

（https：//www.vadiodes.com/）

本书作者团队于 2009 年研制出平面太赫兹肖特基二极管，于 2010 年国际微波与毫米波会议（ICMMT）上展示了应用情况，是国内最早公开报道的国产化太赫兹肖特基二极管，后通过外延材料、几何构性、工艺参数优化设计先后于 2012 年和 2014 年进一步研制出截止频率为 2.6 THz 和 4 THz 的肖特基二极管，如图 4 - 41 所示。

图 4 - 41　系列化太赫兹肖特基二极管

下面将分别介绍基于肖特基二极管的太赫兹探测器典型方案。

（2）空馈式太赫兹探测器典型方案

空馈（准光）式太赫兹探测器的主要研究机构包括美国密歇根大学、韩国太赫兹光子学创新研究中心、美国诺特丹大学、德国宇航中心以及本书作者团队。

1993 年，美国密歇根大学（University of Michigan）在 NASA 空间太赫兹技术中心支持下开展了平面天线与准光透镜耦合理论方法研究，联合弗吉尼亚大学研发出 86～106 GHz 太赫兹混频器，双边带变频损耗和噪声温度分别为（5.5±0.5）dB 和（770±50）K。1994 年，团队研制出 250 GHz 太赫兹混频器，如图 4 - 42（a）所示，采用扩展半球硅透镜提高方向性，双边带变频损耗和噪声温度分别为（7.8±0.3）dB 和（1 600±100）K@258 GHz。2000 年，团队研制出 140～170 GHz 亚谐波（二次谐波）混频器，如图 4 - 42（b）所示。混频器采用的太赫兹肖特基二极管由弗吉尼亚大学研制，截止频率可达 1.8 THz；天线采用平面双缝折叠天线，通过集成高阻硅透镜提高增益；本振信号通过微带线馈入。混频器在 77 GHz 8～10 mW 本振信号驱动下，可实现双边带变频损耗为（12±0.5）dB@144～152 GHz。

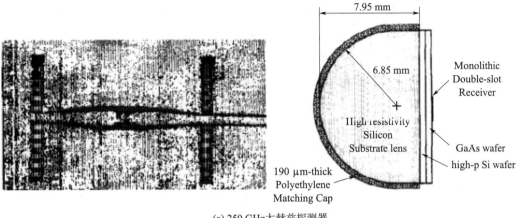

(a) 250 GHz太赫兹探测器

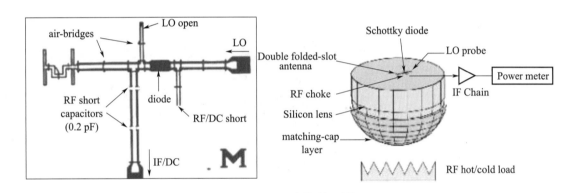

(b) 140～170 GHz太赫兹探测器

图 4 - 42　美国密歇根大学准光式太赫兹探测器

　　2013 年，韩国太赫兹光子学创新研究中心研制出 250 GHz 一维太赫兹检波阵列芯片，片上天线采用螺旋天线，单元间距为 0.5 mm，如图 4 - 43（a）所示。在上述阵列芯片基础上研制出 1×20 探测器模块如图 4 - 43（b）所示，平均电压响应率为98.5 V/W，NEP 为 106.6 pW/Hz$^{1/2}$。2014 年，团队基于上述技术途径研制出200 GHz 1×240 一维太赫兹检波阵列模块，如图 4 - 43（c）所示。阵列由 6 组 1×40 子阵列芯片构成，总长度为 12 cm，单元间距为 0.5 mm，采用倒装键合工艺实现芯片与电路的集成。

　　2010 年，美国诺特丹大学（University of Notre Name）研制出 150～440 GHz 宽带太赫兹检波器，如图 4 - 44（a）所示。检波器设计了互补四臂螺旋天线并通过高阻硅透镜提高增益，使用零偏置太赫兹肖特基二极管实现检波，在 150～440 GHz 频率范围内的响应率为 300～1 000 V/W，NEP 为 5～20 pW/Hz$^{1/2}$。2015 年，团队研制出200 GHz 太赫兹检波器，如图 4 - 44（b）所示，采用折叠偶极子天线，易与肖特基二极管实现宽带阻抗共轭匹配。

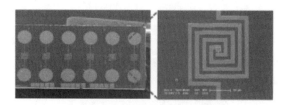

(a) 芯片

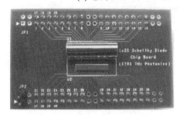

(b) 1×20线阵太赫兹探测器

(c) 1×240线阵太赫兹探测器

图 4-43　韩国太赫兹光子学创新研究中心太赫兹检波阵列

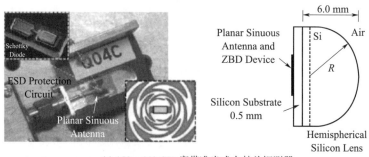

(a) 150~440 GHz宽带准光式太赫兹探测器

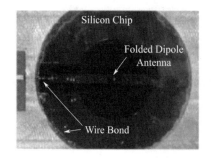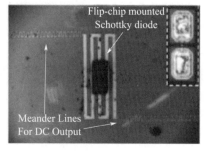

(b) 200 GHz准光式太赫兹探测器

图 4-44　美国诺特丹大学准光式太赫兹探测器

此外，德国宇航中心（Deutsches Zentrum für Luft – und Raumfahrt，DLR）、德国ACST 公司、美国 VDI 公司、美国海军研究实验室（United State Naval Research Laboratory）、美国康奈尔大学（Cornell University）等对准光式太赫兹肖特基二极管检波器也开展了相应研究，如图 4-45 所示。

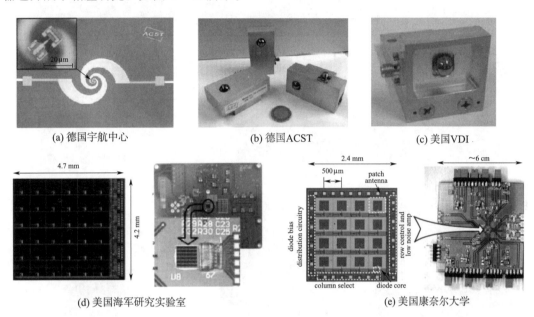

(a) 德国宇航中心　　　　　(b) 德国ACST　　　　　(c) 美国VDI

(d) 美国海军研究实验室　　　　　(e) 美国康奈尔大学

图 4-45　准光式太赫兹肖特基二极管探测器

2009 年起，本书作者团队在自研肖特基二极管基础上开展了系列化太赫兹检波天线芯片和准光探测器（阵列）模块研制工作，如图 4-46 所示。2014 年研制的 340 GHz 1×4 检波芯片通过高阻硅介质透镜集成形成准光混频模块，利用波束分离器实现空间本振馈电，各单元典型变频损耗为 18 dB。2015 年，团队研制出 220 GHz 太赫兹准光检波器，采用对数周期天线实现宽频响应，利用耦合腔体有效抑制介质模，电压响应率为 1 347 V/W，NEP 为 2.1 pW/$Hz^{1/2}$。2018 年，团队设计出检波/混频双模太赫兹准光探测器，335～350 GHz 频率范围内的电压响应率为 1 360～1 650 V/W，等效噪声功率为 1.65～2 pW/$Hz^{1/2}$，双边带变频损耗为 10.6～12.5 dB。2019 年，团队研制的 220 GHz 太赫兹准光探测器利用 3D 打印技术和垂直封装技术实现轻质化高集成度设计，电压响应率为 1 500 V/W。同年，团队研制出 220 GHz 太赫兹焦平面阵列芯片，阵列规模为 6×6，单元间距为 1 mm，芯片尺寸为 7 mm×7 mm，电压响应率为 1 650 V/W，NEP 为 3.6 pW/$Hz^{1/2}$。2020 年，团队研制出 220 GHz 1×16 太赫兹检波阵列模块。2021 年，团队研制出 220 GHz 1×16 太赫兹焦平面阵列成像样机和 16×16 太赫兹焦平面阵列成像样机。

(3) 路馈式太赫兹探测器典型方案

路馈式太赫兹探测器的主要研究单位包括美国贝尔实验室、美国 VDI 公司、美国 JPL 实验室、瑞典查尔姆斯理工大学、电子科技大学、中物院等。

1978 年，美国贝尔实验室研制出 66～110 GHz 亚谐波（二次谐波）混频器，如图 4-

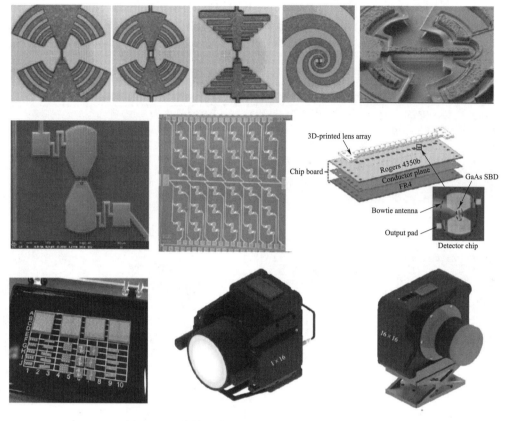

图 4-46　太赫兹检波天线芯片、探测模块和样机

47 所示。混频器由石英基片电路、GaAs 反向并联肖特基二极管对和调谐电路组成，采用 Y 因子法测得单边带噪声温度为 400 K@98 GHz。

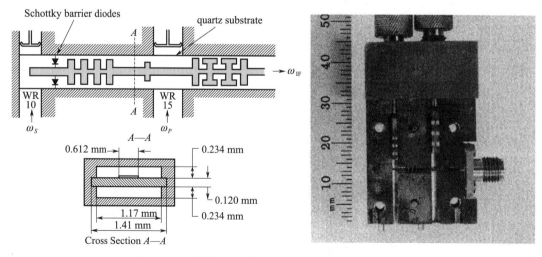

图 4-47　美国贝尔实验室 66～110 GHz 亚谐波混频器

（CARLSON E R，SCHNEIDER M V，MCMASTER T F. Subharmonically pumped millimeter-wave mixers [J]. IEEE Transactions on microwave Theory and Techniques，1978，26（10）：706-715.）

2010 年，美国 JPL 实验室研制出 835～900 GHz 基波平衡混频器，如图 4 - 48 所示，主要由 GaAs MMIC、喇叭天线、偏置电路和中频引线组成，GaAs MMIC 薄膜上集成了级联肖特基二极管对、滤波器和片上电容，常温条件下的双边带噪声温度和变频损耗分别为 2 660 K 和 9.25 dB@850 GHz，冷却至 120 K 低温时的噪声温度和变频损耗分别降低至1 910 K 和 8.84 dB。

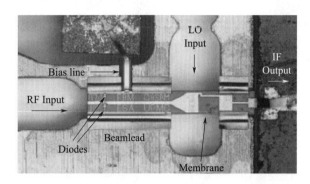
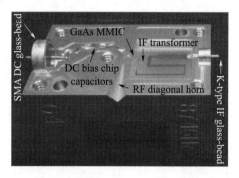

图 4 - 48　美国 JPL 实验室 835～900 GHz 基波平衡混频器

（THOMAS B，MAESTRINI A，GILL J，et al. A broadband 835～900 GHz fundamental balanced mixer based on monolithic GaAs membrane Schottky diodes［J］. IEEE Transactions on Microwave Theory and Techniques，2010，58（7）：1917 - 1924.）

2007 年，美国 VDI 公司发布了太赫兹肖特基二极管检波器产品，如图 4 - 49 所示，典型响应率为 4 000 V/W @100 GHz 和 400 V/W@900 GHz，典型 NEP 为 1.5 pW/Hz$^{1/2}$@150 GHz 和 20 pW/Hz$^{1/2}$@800 GHz。2016 年，公司研制出 1.8～3.2 THz 谐波混频器，如图 4 - 50 所示。混频器在中频频率为 500 MHz、本振为三次谐波条件下的单边带变频损耗为 27～35 dB@2 THz，在中频频率为 1 GHz、本振为四次谐波条件下的单边带变频损耗为 31～34 dB@2.69 THz。

(a) 检波器

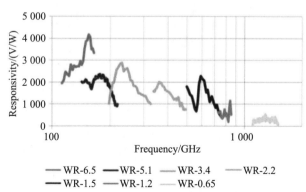

(b) 响应率

图 4 - 49　美国 VDI 公司波导式太赫兹检波器产品

（https：//www.vadiodes.com/）

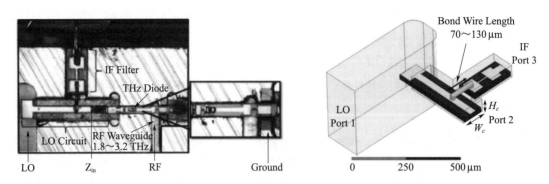

图 4-50　美国 VDI 公司 1.8～3.2 THz 谐波混频器

（BULCHA B T，HESLER J L，DRAKINSKIY V，et al. Design and characterization of 1.8～3.2 THz

Schottky-based harmonic mixers [J]. IEEE Transactions on Terahertz Science and Technology，

2016，6（5）：737-746.）

　　2014 年，电子科技大学研制出 220 GHz 检波器，采用了 InP 基太赫兹肖特基二极管，电压响应率大于 1 200 V/W。2015 年，学校研制出 270 GHz 检波器，电压响应率和 NEP 分别为 1 400 V/W 和 18 pW/Hz$^{1/2}$@260～280 GHz。2020 年，学校研制出 200～240 GHz 谐波混频器，如图 4-51 所示，单边带变频损耗为（7.36±0.76）dB@200～240 GHz。

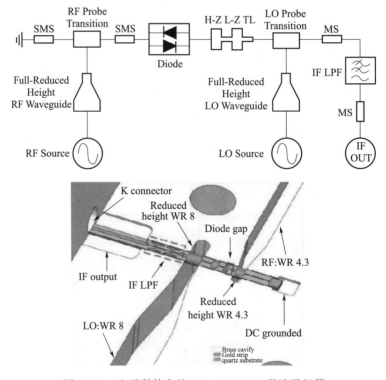

图 4-51　电子科技大学 200～240 GHz 谐波混频器

（CUI J，ZHANG Y，XU Y，et al. A 200～240 GHz sub-harmonic mixer based on

half-subdivision and half-global design method [J]. IEEE Access，2020，8：33461-33470.）

　　2017 年，中物院研制出 670 GHz 亚谐波混频器，采用反向并联肖特基二极管对实现奇次谐波分量的抑制，双边带变频损耗为 13.1～16 dB@655～715 GHz。2022 年，该单位研制出 220 GHz 正交混频器，如图 4-52 所示，主要由 3 dB 90°射频耦合器、两路亚谐波混频器和本振功分器组成，变频损耗小于 30 dB。

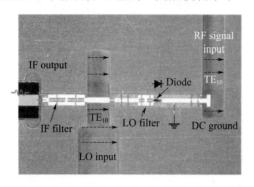
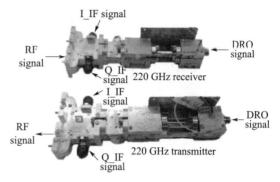

图 4-52　中物院 670 GHz 正交混频器

（HE Y，LIU G，LIU J，et al. A 220 GHz Orthogonal Modulator Based on Subharmonic
Mixers Using Anti-Paralleled Schottky Diodes [J]. Chinese Journal of Electronics，
2022，31（3）：562-568.）

　　2021 年，瑞典查尔姆斯理工大学（Chalmers University of Technology）研制出 3.5 THz 六次谐波混频器，如图 4-53 所示。混频器将肖特基二极管制备在 2 μm 厚度的超薄 GaAs 衬底上，肖特基二极管阳极扩展为射频 E 面探针用于耦合射频信号，变频损耗为 59 dB。

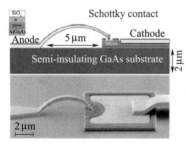
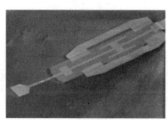

图 4-53　瑞典查尔姆斯理工大学 3.5 THz 六次谐波混频器

（JAYASANKAR D，DRAKINSKIY V，ROTHBART N，et al. A 3.5 THz，×6-harmonic，single-ended
Schottky diode mixer for frequency stabilization of quantum-cascade lasers [J]. IEEE Transactions
on Terahertz Science and Technology，2021，11（6）：684-694.）

4.3.4　其他典型太赫兹探测器

　　除了肖特基二极管外，异质结反向隧穿二极管（HBD）探测器、高电子迁移率晶体管（HEMT）也可用于太赫兹信号检测，本节简单介绍上述两类探测器的基本原理和典型方案。

4.3.4.1 太赫兹异质结反向隧穿二极管探测器

反向隧穿二极管在反向偏置条件下呈现出较强的非线性隧穿电流，可以用于高灵敏度信号检测或高效率变频。传统反向隧穿二极管通常采用 GaSb、Si、Ge、InP 等同质材料体系，截止频率难以突破 100 GHz。20 世纪 90 年代，美国休斯研究实验室（Hughes Research Laboratories）发明了基于 InAs/AlSb/AlGaSb 晶格匹配材料的反向隧穿二极管，截止频率可以超过 100 GHz。由于采用了异质材料体系，因此上述二极管被称为"异质结反向隧穿二极管"（Heterostructure Backward Tunnel diode，HBD）。

(1) 基本原理

太赫兹异质结反向隧穿二极管通常采用 InAs/AlSb/AlGaSb 材料体系，如图 4 - 54 (a) 所示，从上到下依次为阴极、外延层和阳极。阴极欧姆接触主要由金属（典型材料为 Ti、Au）和 n^+ InAs 层（典型厚度为 100 nm）形成；外延层主要由 n^- InAs 层、AlSb 层、p^+ GaSb 层构成。为实现能带精细调节，增加了 p 型 δ 掺杂层和 Al_xGa_{1-x}Sb 层（Al 典型组分为 $x=0.12$，厚度为 15 nm）；阳极主要由 n^+ InAs 缓冲层（典型厚度为400 nm）、p^+ GaSb（典型厚度为 30 nm）和金属构成。

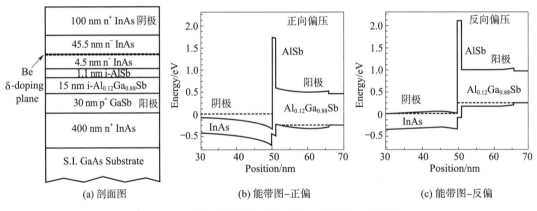

图 4 - 54　太赫兹异质结反向隧穿二极管结构示意图

(L LIU, et al. Advanced Terahertz Sensing and Imaging Systems Based on Integrated Ⅲ-Ⅴ Interband Tunneling Devices [J]. Proceedings of the IEEE, 2017, 105 (6): 1020 - 1034.)

HBD 在阴极和阳极间形成断裂能带，因此反偏状态下会形成较强的非线性隧穿电流，如图 4 - 54 (c) 所示。正向偏置条件下，InAs 导带边缘高于 Al_xGa_{1-x}Sb 价带，从而阻止电子从阴极隧穿到阳极，正向电流被阻断；反向偏置条件下，Al_xGa_{1-x}Sb 价带边缘处于 InAs 导带上方，电子可以从阳极隧穿到阴极，因此，反向电流随着反向偏置电压的增加而迅速增大，反向电流密度大于正向电流密度。

通过调整掺杂组分可以使正向电流密度最小化，使非线性 I - V 曲线更陡峭、曲率系数更大。HBD 的典型 I - V 特性和曲率系数如图 4 - 55 所示。其中，曲率系数定义为 $g=$

$\dfrac{\partial^2 I}{\partial^2 V} \cdot \dfrac{\mathrm{d}V}{\mathrm{d}I}$，反映了 $I-V$ 曲线的非线性程度，曲线越陡峭、曲率系数越大，则探测器灵敏度越高、等效噪声功率越低。

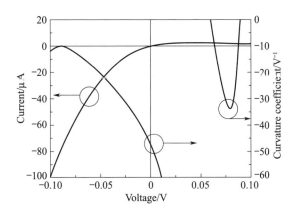

图 4-55　HBD 的 $I-V$ 特性和曲率系数

（L LIU，et al. Advanced Terahertz Sensing and Imaging Systems Based on Integrated Ⅲ-Ⅴ Interband Tunneling Devices [J]. Proceedings of the IEEE，2017，105（6）：1020-1034.）

图 4-56 给出了太赫兹异质结反向隧穿二极管探测器的典型结构，由天线、HBD 和通滤波器组成。天线采用偶极子天线，其中一端与低通滤波器连接输出检出信号，另一端接地形成回路；二极管位于天线射频馈电端口处，阳极和阴极通过刻蚀沟道实现隔离。

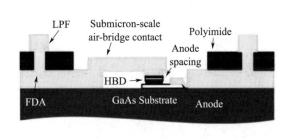

(a) 结构图

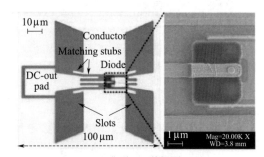

(b) 典型SEM俯视图

图 4-56　HBD 探测器

（L LIU，et al. Advanced Terahertz Sensing and Imaging Systems Based on Integrated Ⅲ-Ⅴ Interband Tunneling Devices [J]. Proceedings of the IEEE，2017，105（6）：1020-1034.）

与肖特基二极管（SBD）相比，太赫兹异质结反向隧穿二极管（HBD）的特点主要包括以下三个方面：

1）结构机理方面，HBD 通过在 PN 结间增加一层纳米量级厚度的异质材料形成间隙能带断裂的隧道势垒层，而 SBD 通过金属和半导体直接接触形成热电子势垒层。

2）$I-V$ 特性方面，HBD 的非线性是由于电子隧穿引起的，因此 HBD 的 $I-V$ 特性不受热电子发射系数 q/kT 影响（$q/kT = 38.5$ V^{-1}。其中，$q = 1.6 \times 10^{-19}$ C 为电子电量；

$k = 1.37 \times 10^{-23}$ J/K 为玻耳兹曼常数；T 为环境温度），零偏时曲率系数为 $40 \sim 60$ V^{-1}，灵敏度更高（理论上 NEP<0.2 pW/Hz$^{1/2}$），而 SBD 的非线性是由于热电子发射（穿越势垒）引起的，因此 I-V 特性受到热电子发射系数 q/kT 限制，曲率系数最大为 38.5 V^{-1}。

3）最佳响应偏置条件方面，HBD 可以在零偏置时实现最大曲率系数，因此 HBD 探测器无须外加偏置即可获得最佳响应率；而 SBD 通常需要工作在 0.7 V 左右偏置条件下才能获得最佳响应率。

（2）典型方案

太赫兹异质结反向隧穿二极管探测器的主要研究单位包括美国休斯研究实验室、俄亥俄州立大学、诺特丹大学等。

2013 年，美国俄亥俄州立大学（The Ohio State University）研制出 600 GHz $\sim$ 1.2 THz 准光式 HBD 检波器，如图 4 - 57（a）所示，零偏状态下的响应率和 NEP 分别为 600 V/W 和 163 pW/Hz$^{1/2}$@700 GHz。基于上述检波器研制出的 80×60 阵列太赫兹焦平面阵列相机如图 4 - 57（b）和（c）所示。2014 年，团队基于上述途径进一步研制出多频点太赫兹阵列探测器，如图 4 - 57（d）所示，能同时工作于 220 GHz、320 GHz、420 GHz 和 520 GHz 四个频段，典型响应率和 NEP 分别为 1 000 $\sim$ 2 000 V/W 和 50 pW/Hz$^{1/2}$@220 GHz。

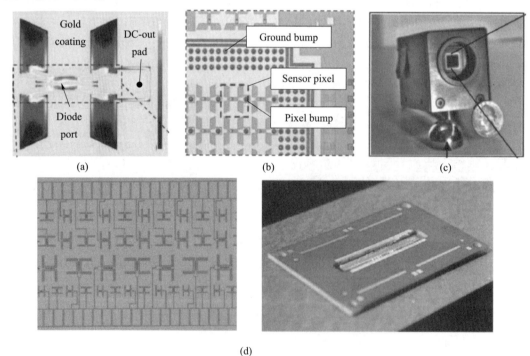

图 4 - 57　美国俄亥俄州立大学太赫兹 HBD 探测器

（①TRICHOPOULOS G C，MOSBACKER H L，BURDETTE D，et al. A broadband focal plane array camera for real - time THz imaging applications [J]. IEEE Transactions on Antennas and Propagation，2013，61（4）：1733 - 1740. ②SUN J，FENG W，DING Q，et al. Smaller antenna - gate gap for higher sensitivity of GaN/AlGaN HEMT terahertz detectors [J]. Applied Physics Letters，2020，116（16）：161109.）

2018 年，美国诺特丹大学基于 Sb - HBD 研制出 170 GHz 准光式探测器，如图 4 - 58 所示。Sb - HBD 的结面积为 0.5 μm^2，嵌入在高阻抗平面折叠偶极子天线射频馈电端口处，天线通过高阻硅透镜提升增益。探测器的响应率和 NEP 分别为 2 400 V/W 和 2.14 pW/Hz$^{1/2}$。

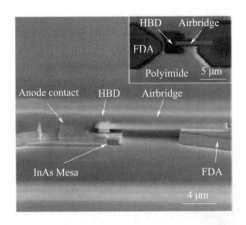

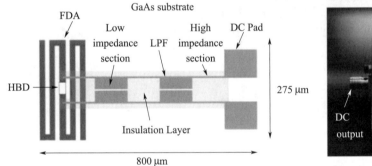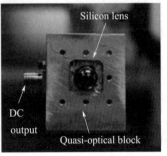

图 4 - 58　美国诺特丹大学太赫兹 Sb - HBD 探测器

(RAHMAN S M M. Advanced Terahertz Detectors and Focal - plane Arrays Based on Sb - heterostructure Backward Diodes [D]. University of Notre Dame，2018.)

4.3.4.2　太赫兹高电子迁移率晶体管探测器

太赫兹高电子迁移率晶体管探测器利用二维电子气（Two - Dimensional Electron Gas，2DEG）的等离子体非线性实现信号检测。高电子迁移率晶体管（High - Electron Mobility Transistor，HEMT）中，两种不同带隙的半导体材料接触时会形成三角形窄势阱，使电子被限制在窄势阱中运动，形成二维电子气。太赫兹频段，通常采用 AlGaN/GaN 材料体系实现 HEMT。相比于传统 AlGaAs/GaAs 体系，AlGaN/GaN 体系的 2DEG 载流子密度更高（浓度可达 10^{13} cm^{-2} 量级）、击穿电压更高、抗辐照特性更好。

（1）基本原理

太赫兹 HEMT 的典型物理结构如图 4 - 59（a）所示，外延材料从下到上依次为蓝宝石或 SiC 衬底层（典型厚度为 500 μm）、GaN 缓冲层（典型厚度为 0.5～1 μm）、异质结层、GaN 帽层（典型厚度为 2 nm）。其中，异质结层从下到上依次为 GaN 沟道层（典型厚度为 0.3 μm）和 Al$_x$Ga$_{1-x}$N 层（Al 典型组分为 $x=0.25$，厚度为20 nm），两者接触时会产生三角形窄势阱，形成 2DEG。源极和漏极的主要金属组分为 Ti/Al/Ni/Au（典型厚度为 30/90/20/100 nm），与 GaN 沟道层形成欧姆接触；栅极的主要金属组分为 Ni/Au（典型厚度为 25/200 nm），与 GaN 帽层形成肖特基接触。

　　AlGaN/GaN 异质结形成的能带图如图 4-59（b）所示。电子受到势阱约束仅能在源极和漏极之间运动，形成 2DEG。当太赫兹波加载在源极和漏极之间时，2DEG 中的电子会被电磁波调制，漂移速度和浓度发生周期性改变，宏观上输出与入射太赫兹波功率成正比例关系的电流，实现太赫兹信号检测。二维电子气状态发生周期性改变的现象称为等离子体振荡效应，产生等离子体振荡效应的条件是源极和漏极电压非对称并且加载了栅极偏置电压。由于等离子体振荡周期不受晶体管截止频率限制，因此 HEMT 用于信号检测时的工作频率可以远高于晶体管截止频率。

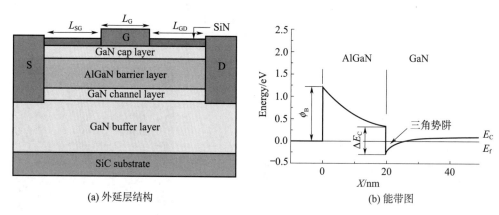

(a) 外延层结构　　　　　　　　　(b) 能带图

图 4-59　HEMT 典型结构和能带图

（Y CAI，et al. Monolithically Integrated Enhancement/Depletion-Mode AlGaN/GaN HEMT Inverters and Ring Oscillators Using CF4 Plasma Treatment [J]. IEEE Transactions on Electron Devices，2006，53（9）：2223-2230.）

　　太赫兹 HEMT 探测器的典型结构如图 4-60 所示，由非对称偶极子天线、HEMT、偏置电路和低频输出电路组成。非对称偶极子天线由栅、源、漏三个天线极组成，各天线极的典型长度为 $\lambda/4$，其中 λ 是太赫兹信号波长。源天线极接地，漏天线极连接低频输出电路，两个天线极共同促进了 HEMT 源漏极间非对称沟道的形成；栅天线极用于加载偏置电压 U_g。当太赫兹波入射时，源天线极和漏天线极感应出垂直于 2DEG 平面的纵向电场；栅天线极和漏天线极感应出平行于 2DEG 平面的横向电场，两个电场在沟道内分别调控 2DEG 漂移速度和浓度，可在沟道内产生定向电流。太赫兹 HEMT 探测器可以工作于直接检波和混频两种模式。

　　直接检波模式时，太赫兹波经过非对称偶极子天线耦合后，可以调制势阱中的 2DEG 浓度和漂移速度，从而在漏极和源极之间产生幅度正比于太赫兹信号功率的直流 ΔU，有

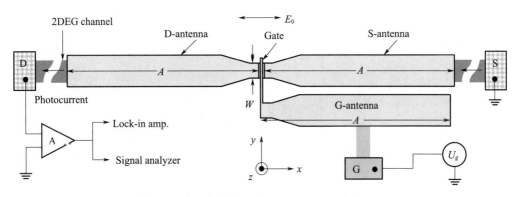

图 4 - 60　准光式太赫兹 HEMT 探测器典型结构

(J SUN，et al. Smaller antenna - gate gap for higher sensitivity of GaN/AlGaN HEMT

terahertz detectors ［J］. Appl. Phys. Lett. 20 April 2020，116（16）：161109.)

$$\Delta U = \frac{(V_a)^2}{U_g} \left(\frac{s\tau}{L}\right)^2 \frac{1}{4\,(\omega - n\omega_0)^2\tau^2 + 1}$$

式中，s 为等离子体速度；τ 为电子动量弛豫时间；L 为场效应管沟道长度；U_g 为栅极直流电压，典型范围为 $-1 \sim -4$ V；ω_0 为等离子体振荡频率。

混频模式时，本振信号和射频信号同时被非对称偶极子天线耦合后，共同对势阱中的 2DEG 浓度和漂移速度进行调制，实现本振和射频信号的混频，输出混频信号 ΔU

$$\Delta U = \frac{V_a V_{L0}}{U_g} \left(\frac{s\tau}{L}\right)^2 \frac{1}{4\,(\omega - n\omega_0)^2\tau^2 + 1}$$

式中，V_{L0} 是本振信号幅度；V_a 是射频信号幅度。

（2）典型方案

太赫兹高电子迁移率晶体管探测器的主要研究单位包括俄罗斯圣彼得堡大学、美国弗吉尼亚大学、德国法兰克福大学和中国科学院苏州纳米所等。

2015 年，德国法兰克福大学（Goethe University Frankfurt）研制出基于 AlGaN/GaN HEMT 的 400 GHz～1.18 THz 探测器，如图 4 - 61（a）所示，由非对称蝶形天线和 HEMT 组成，最优响应率和 NEP 分别为 48 V/W 和 57 pW/Hz$^{1/2}$@900 GHz。2019 年，团队研制出 490～650 GHz HEMT 探测器，如图 4 - 61（b）所示，最优响应率和 NEP 分别为 102 mA/W 和 21 pW/Hz$^{1/2}$@520 GHz。

2017 年，中国科学院苏州纳米所研制出 340 GHz、650 GHz 和 900 GHz 太赫兹 HEMT 探测器，如图 4 - 62 所示，常温和液氮制冷（77K）环境下的 NEP 分别为 30 pW/Hz$^{1/2}$ 和 1 pW/Hz$^{1/2}$@700～925 GHz。2018 年，团队研制出 32×32 太赫兹面阵芯片和 1×64 太赫兹线阵芯片，如图 4 - 62（b）和（c）所示。2023 年，该团队研制出 200 GHz～4 THz 1×18 线阵探测器，如图 4 - 62（d）所示，在常温和液氮制冷（77K）环境下的 NEP 分别为 188 pW/Hz$^{1/2}$ 和 19 pW/Hz$^{1/2}$@0.2～1 THz。

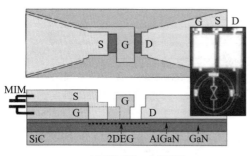
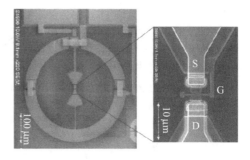

(a) 400 GHz～1.18 THz (b) 490～650 GHz

图 4 - 61　德国法兰克福大学太赫兹 HEMT 探测器

（①D ČIBIRAITÉ，et al. Enhanced performance of AlGaN/GaN HEMT - Based THz detectors at room temperature and at low temperature ［C］//2017 42nd international conference on infrared，millimeter，and terahertz waves（IRMMW - THz）. IEEE，2017：1 - 2. ②BAUER M，RÄMER A，CHEVTCHENKO S A，et al. A high - sensitivity AlGaN/GaN HEMT terahertz detector with integrated broadband bow - tie antenna ［J］. IEEE Transactions on Terahertz Science and Technology，2019，9（4）：430 - 444.）

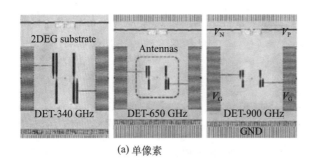

(a) 单像素 (b) 32×32

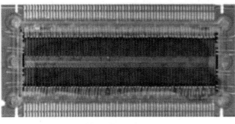
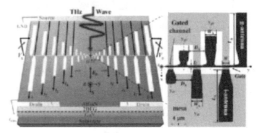

(c) 1×64 (d) 宽带太赫兹HEMT探测器

图 4 - 62　中国科学院苏州纳米所 AlGaN/GaN 基太赫兹 HEMT 探测器

（①QIN H，LI X，SUN J，et al. Detection of incoherent terahertz light using antenna - coupled high - electron - mobility field - effect transistors ［J］. Applied Physics Letters，2017，110（17）：171109. ②ZHU Y，DING Q，XIANG L，et al. 0. 2～4. 0 THz broadband terahertz detector based on antenna - coupled AlGaN/GaN HEMTs arrayed in a bow - tie pattern ［J］. Optics Express，2023，31（6）：10720 - 10731.）

2021 年，西安交通大学研制出 315 GHz 太赫兹双沟道 HEMT 探测器，如图 4 - 63 所示。双沟通道 HEMT 可以形成上下两个 2DEG 通道，下层 2DEG 隧穿效应可增强上层 2DEG 非线性，可以进一步提升探测灵敏度。探测器的最优响应率和 NEP 分别为 10 kV/W（加载中频放大器）和 15.5 pW/Hz$^{1/2}$@315 GHz。

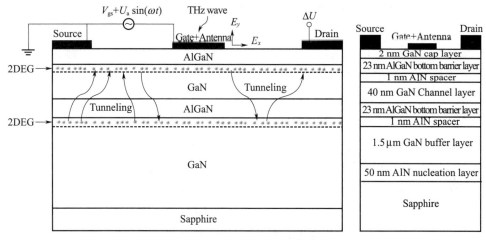

(a) 外延层结构

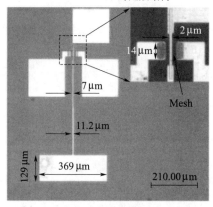

(b)片上天线

图 4 - 63　西安交通大学 AlGaN/GaN 基太赫兹双沟通 HEMT 探测器
（MENG Q，LIN Q，HAN F，et al. A teraherz detector based on double - channel GaN/AlGaN high electronic mobility transistor［J］. Materials，2021，14（20）：6193.）

4.4　太赫兹信号放大组件

太赫兹信号放大主要包括真空电子学和固态电子学两种途径。本节重点介绍行波管放大器和晶体管放大器两种应用最广泛的技术途径。

4.4.1　太赫兹行波管放大器

（1）基本原理

行波管（Traveling Wave Tube，TWT）是由英国科学家考夫纳（Rudoff Kompfner）于 1943 年发明的。行波管利用慢波结构降低电磁波相速度，实现与同方向线性电子注的同步，从而进行能量交换。所谓"行波"，是指电磁波沿着慢波结构行进而非驻留在其中。所谓"同步"，是指当电子运动速度与电磁波相速度相等或接近时，电磁波能够调控电子速度，实现电子速度调制。所谓"能量交换"，是指当电子被电磁场加速时能够从电磁波中吸取能量，当电子被电磁场减速时能够向电磁波释放能量。

行波管的原理框图如图 4-64 所示，主要由电子枪、慢波结构、衰减器、磁聚焦系统、输入输出结构、收集极六个部分组成，可以归结为电子光学和高频两个分系统。电子光学分系统包括电子枪、磁聚焦系统和收集极三个部分。其中，电子枪用于产生电子束，磁聚焦系统用于保持电子束不发散地穿过慢波结构，收集极用于回收完成能量交换的电子。高频分系统包括输入输出结构、慢波结构和衰减器三个部分。慢波结构是一种周期性结构，能够降低高频电磁波的相速度，使电磁波与电子同步行进，实现能量交换，如图 4-64（b）所示。微波频段的慢波结构通常采用螺旋线形式，随着工作频率提高至太赫兹波段，慢波结构通常采用折叠波导结构。衰减器用于避免内部振荡，确保行波管稳定工作在放大状态。

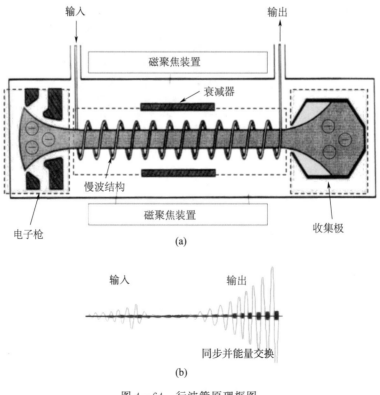

(a)

(b)

图 4-64　行波管原理框图

（2）主要指标

行波管的主要指标包括中心频率和带宽、工作比、输出功率、增益和效率。

①中心频率和带宽

中心频率 f_0 定义为 $f_0=(f_{min}+f_{max})/2$；带宽 B 定义为 $B=f_{max}-f_{min}$。其中，f_{min} 和 f_{max} 分别为最小和最大工作频率。行波管的中心频率和带宽主要由慢波结构决定。

②工作比

工作比 D 定义为 $D=\tau/T$，其中 τ 和 T 分别为脉宽和脉冲重复周期。行波管工作比主要受到电子枪性能和散热措施等因素影响。

③输出功率

输出功率包括平均功率 P_{avg} 和峰值功率 P_{peak}，两者关系为 $P_{avg}=D\cdot P_{peak}$。通常，采用功率计测试所得到的功率为平均功率 P_{avg}，需要根据工作比 D 得到峰值功率 P_{peak}。

④增益

增益 G 定义为 $G=P_{out}/P_{in}$，也可以表示为 $G(dB)=P_{out}(dBW)-P_{in}(dBW)$。其中，$P_{out}$ 和 P_{in} 分别为输出功率和输入功率。行波管的增益主要由电子枪产生电子注电流、慢波结构耦合阻抗和长度等因素决定。

⑤效率

效率是指行波管输出峰值功率与直流功率之比，即 $\eta=P_{peak}/P_{dc}$，其中，P_{dc} 为直流功耗。

⑥1 dB 压缩点

1 dB 压缩点是输入信号功率逐渐增加时，放大器增益下降 1 dB 所对应的输入功率。

（3）典型方案

太赫兹行波管的主要研究单位包括美国诺思罗普·格鲁曼公司（Northrop Grumman，简称 NG 公司）、美国 L3 公司（L3Harris Technologies，简称 L3 公司）、美国海军实验室（Navy Research Laboratory，NRL）以及北京真空电子技术研究所、中国科学院空天信息创新研究院和中国工程物理研究院。

①美国 NG 公司 TWT 系列

美国 NG 公司在 DARPA 的太赫兹焦平面成像阵列（Terahertz Imaging Focal Plane Array Technology，TIFT）、高频集成真空电子计划（High Frequency Integrated Vacuum Electronics，HiFIVE）、太赫兹电子学（Terahertz Electronics，TerahertzE）等项目资助下，研制出 200 GHz～1 THz 系列化行波管放大器。

200 GHz 频段行波管放大器方面，NG 公司于 2012 年研制的 220 GHz 行波管放大器采用五路功率合成方案，如图 4-65（a）所示，输入功率为 26 mW 时对应的输出功率为 186 W，增益为 38.5dB，平均每路输出功率为 37.2 W，工作比可以达到 50%～100%。图 4-65（b）所示的慢波结构采用硅基深反应离子刻蚀（Deep Reactive Ion Etching，DRIE）和高导电无氧铜（Oxygen Free High Conductivity Copper，OFHC Copper）电镀工艺加工而成。2013 年，NG 公司研制出的 220 GHz 行波管放大器同样采用五路功率合成，输入功率为 69 mW 时，输出功率为 91 W，增益为 31.2 dB，效率为 4.6%，如图 4 - 66 所示。相比于图 4 - 65 所示方案，本方案增益虽然有所下降但带宽提升至 3.5 GHz。2016 年，NG 公司采用 LIGA 工艺（Lithographie，Galvanoformung & Abformung，LIGA，德文，一种电铸工艺）加工慢波结构，研制出 233 GHz 行波管放大器，如图 4 - 67 所示。相比于前期采用的硅基干法刻蚀和电镀工艺，LIGA 工艺能够实现全金属微观结构制作，确保行波管放大器散热性更好，能够有效提升峰值功率和工作比。该放大器在 232.6～234.6 GHz 频率范围内（2 GHz 带宽）的输出功率不小于 79 W，效率为 3.3%，工作比高达 50%，直径和长度分别为 86 mm 和 165 mm。

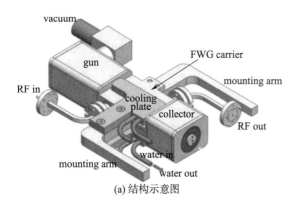

(a) 结构示意图

(b) 折叠波导慢波结构

图 4 - 65　美国 NG 公司 220 GHz 行波管放大器

（J C TUCEK，M A BASTEN，D A GALLAGHER，et al. 220 GHz power amplifier development at Northrop Grumman. IVEC 2012，2012：553 - 554.）

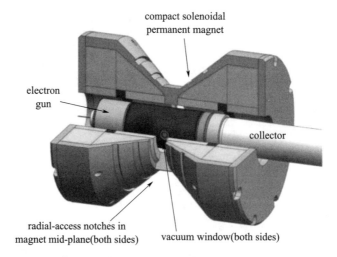

图 4 - 66　美国 NG 公司 220 GHz 行波管放大器（3.5 GHz 带宽）

（M A BASTEN，J C TUCEK，D A GALLAGHER，et al. G - band power module development at Northrop Grumman [C]. 2013 IEEE 14th International Vacuum Electronics Conference (IVEC)，2013.）

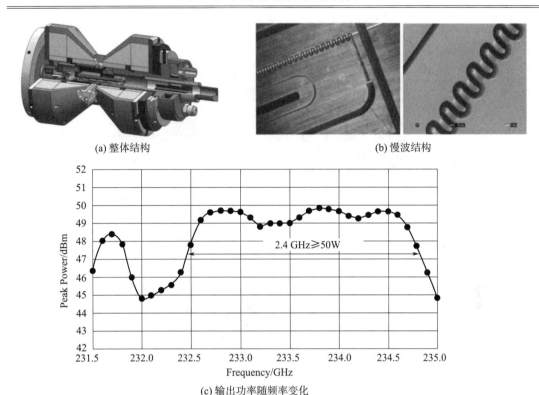

(a) 整体结构　　　　　　　　　　　　　(b) 慢波结构

(c) 输出功率随频率变化

图 4 - 67　美国 NG 公司 233 GHz 行波管放大器

（M A BASTEN，J C TUCEK，D A GALLAGHER，et al. 233 GHz high Power amplifier
development at Northrop Grumman [C]. 2016 IEEE International Vacuum Electronics Conference
（IVEC），2016：1 - 2.）

600 GHz 频段行波管放大器方面，美国 NG 公司于 2012 年研制出 656 GHz 行波管放
大器，如图 4 - 68 所示。行波管慢波结构仍然采用硅基干法刻蚀和电镀工艺实现，最大输
出功率接近 100 mW@656 GHz，最大增益为 21.5 dB@656 GHz，带宽为15 GHz，效率
为 0.44%。

800 GHz 行波管放大器方面，NG 公司于 2014 年研制出 850 GHz 行波管放大器，如
图 4 - 69 所示，最大输出功率接近 50 mW，带宽为 11 GHz，可以通过调低阴极电压提升
中心频率。

1 THz 行波管放大器方面，美国 NG 公司于 2016 年研制出 1.03 THz 行波管放大器，
如图 4 - 70 所示，增益为 20 dB，输出功率为 29 mW，带宽为 5 GHz，工作比为 0.3%，
效率为 0.1%。

②其他 TWT

美国海军实验室（NRL）于 2014 年研制出 214 GHz 行波管放大器，如图 4 - 71 所示，
采用 UV - LIGA 工艺加工慢波结构，输出功率为 60 W，带宽为 15 GHz，效率为 4.2%。

美国 L3 公司于 2018 年研制出 233 GHz 行波管放大器，如图 4 - 72 所示，工作频段为
231.5～235 GHz，最大功率为 32 W，效率为 1.6%。

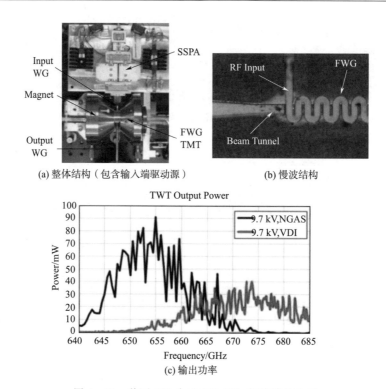

(a) 整体结构（包含输入端驱动源）　　　(b) 慢波结构

(c) 输出功率

图 4 - 68　美国 NG 公司 656 GHz 行波管放大器

（J C TUCEK，et al. A 100 mW，0.670 THz power module. IVEC 2012，2012：31 - 32.）

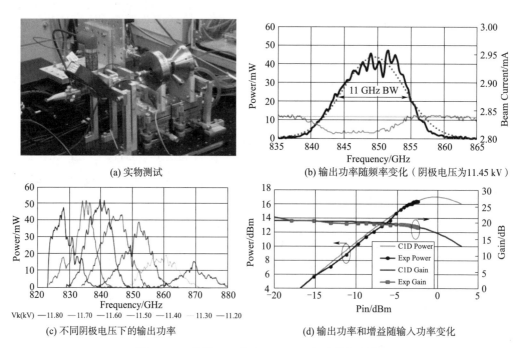

(a) 实物测试　　　(b) 输出功率随频率变化（阴极电压为11.45 kV）

(c) 不同阴极电压下的输出功率　　　(d) 输出功率和增益随输入功率变化

图 4 - 69　美国 NG 公司 850 GHz 行波管放大器

（J C TUCEK，M A BASTEN，D A GALLAGHER，et al. 0.850 THz vacuum electronic power amplifier［J］. IEEE International Vacuum Electronics Conference，2014：153 - 154.）

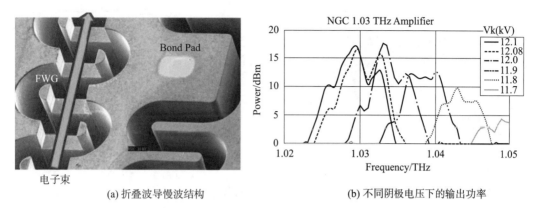

(a) 折叠波导慢波结构　　　　　　　　(b) 不同阴极电压下的输出功率

图 4 - 70　美国 NG 公司 1.03 THz 行波管放大器

(J C TUCEK，M A BASTEN，D A GALLAGHER，et al. Operation of a compact 1.03 THz power amplifier [J]. 2016 IEEE International Vacuum Electronics Conference (IVEC)，2016：1 - 2.)

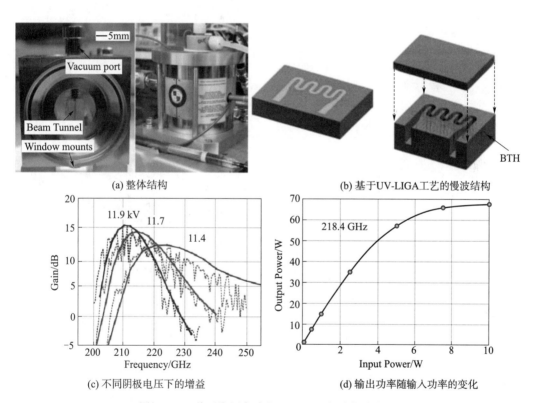

(a) 整体结构　　　　　　　　　　　(b) 基于UV-LIGA工艺的慢波结构

(c) 不同阴极电压下的增益　　　　　　(d) 输出功率随输入功率的变化

图 4 - 71　美国海军实验室 214 GHz 行波管放大器

(C D JOYE，et al. Demonstration of a High Power，Wideband 220 GHz Traveling Wave Amplifier Fabricated by UV - LIGA [J]. IEEE Transactions on Electron Devices，2011，61 (6)：1672 - 1678.)

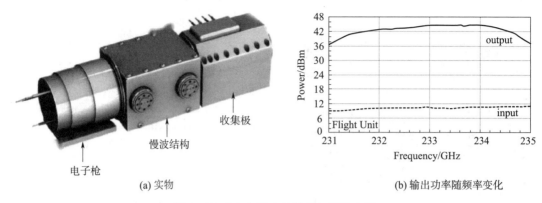

(a) 实物 　　　　　　　　　　　　　　　　(b) 输出功率随频率变化

图 4 - 72　L3 公司 G 波段行波管放大器

（C M ARMSTRONG，et al. A Compact Extremely High Frequency MPM Power Amplifier ［J］. IEEE Transactions on Electron Devices，2018，65（6）：2183 - 2188.）

　　中国科学院空天创新研究院于 2021 年采用两级级联行波管方案研制出 G 波段行波管放大器，工作频段为 210～216 GHz，最大功率为 60 W，工作比为 20%，如图 4 - 73 所示。

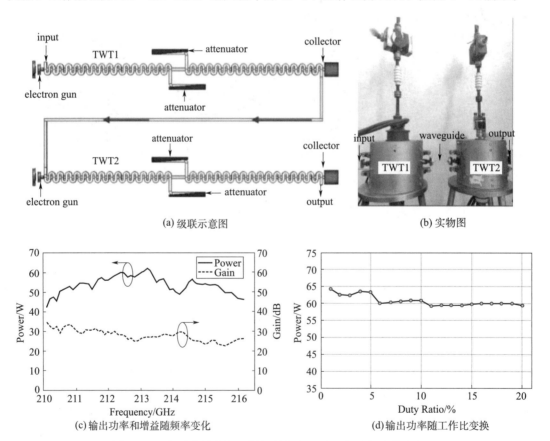

(a) 级联示意图 　　　　　　　　　　　　　(b) 实物图

(c) 输出功率和增益随频率变化 　　　　　　(d) 输出功率随工作比变换

图 4 - 73　中国科学院空天创新研究院 G 波段级联行波管放大器

（W LIU，et al. Demonstration of a High - Power and Wide - Bandwidth G - Band Traveling Wave Tube with Cascade Amplification ［J］. IEEE Electron Device Letters，2021，42（4）：593 - 596.）

　　北京真空电子技术研究所于 2021 年研制出 G 波段行波管放大器，采用精密机械铣削工艺加工慢波结构，215.4～219 GHz 频率范围内的输出功率不低于 50 W，最大输出功率为 56.7 W@217.1 GHz，增益为 39 dB，效率为 4%，如图 4-74 所示。

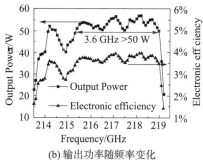

(a) 实物　　　　　　　　　　　　(b) 输出功率随频率变化

图 4-74　北京真空电子技术研究所 G 波段行波管放大器

(X BIAN, et al. Demonstration of a Pulsed G-Band 50 W Traveling Wave Tube [J].

IEEE Electron Device Letters，2021，42（2）：248-251.)

　　中物院于 2019 年研制出 340 GHz 行波管放大器，最大输出功率为 3.17 W，增益为 26 dB，如图 4-75 所示。

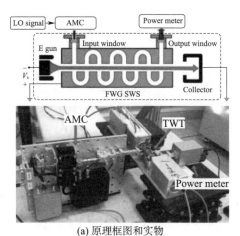

(a) 原理框图和实物　　　　　　　　　(b) 输出功率

图 4-75　中物院 340 GHz 行波管放大器

(P HU，et al. Demonstration of a Watt-Level Traveling Wave Tube Amplifier Operating

Above 0.3 THz [J]. IEEE Electron Device Letters，2019，40（6）：973-976.)

4.4.2　太赫兹固态放大器

(1) 基本原理

　　固态放大器（也称晶体管放大器）是具有增益的有源同频二端口半导体芯片，主要由输入匹配电路、晶体管、输出匹配电路以及直流偏置电路构成，如图 4-76 所示。实际应用中，通常会采用多级级联、片上功率合成等途径提高增益。晶体管是放大器中的核心有源器件，太赫兹频段常用的晶体管包括 InP HEMT、InP HBT、GaN HBT、SiGe HBT 等。HEMT（High Electron Mobility Transistor，高电子迁移率晶体管）属于电压控制晶体管，三个端口分别为栅极、源极、漏极；HBT（Heterojunction Bipolar Transistor，异质结双极型晶体管）属于电流控制晶体管，三个端口分别为基极、集电极和发射极。

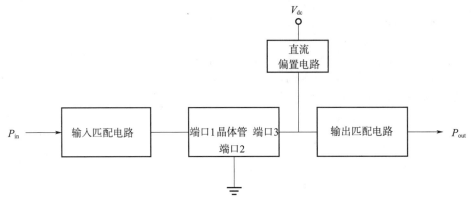

图 4 - 76　放大器的原理框图

（2）主要指标

晶体管放大器的主要指标包括中心频率和带宽、输出功率、增益、功率附加效率等。其中，中心频率和带宽、增益等指标与行波管放大器一致，不再赘述。这里只介绍功率附加效率指标。

功率附加效率 η_{add} 定义为 $\eta_{add} = (P_{out} - P_{in})/P_{dc}$。其中，$P_{in}$ 和 P_{out} 分别是放大器的输入和输出功率，P_{dc} 是直流功耗。该指标既反映了直流功率转换成射频功率的能力，也反映了晶体管的功率放大能力。

（3）典型方案

①InP HEMT 放大器

1999 年，美国休斯研究实验室（HRL）联合 JPL 采用 InP HEMT 工艺研制出 140 GHz 放大器，采用共漏极拓扑，如图 4 - 77 所示，单级放大器增益为 10 dB，三级放大器在 140～142 GHz 频率范围内的增益不小于 10 dB。

2010 年，美国 NG 公司采用 50 nm InP HEMT 工艺研制出 480 GHz 放大器，如图 4 - 78 所示，465～482.5 GHz 频率范围内的增益不小于 10 dB，峰值功率为 11.7 dBm。

2015 年，美国 NG 公司采用 25 nm InP HEMT 工艺研制出 1 THz 放大器，采用共源极拓扑，增益为 3.5dB，如图 4 - 79 所示。

2020 年，日本 NTT 公司采用 60 nm InP HEMT 工艺研制出 475 GHz 放大器，如图 4 - 80 所示，采用共源极拓扑，增益为 20 dB。

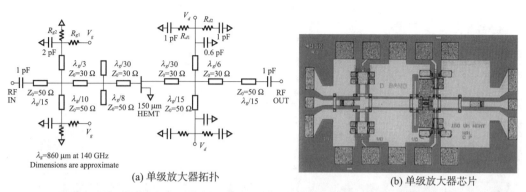

(a) 单级放大器拓扑　　　　　　　　　　(b) 单级放大器芯片

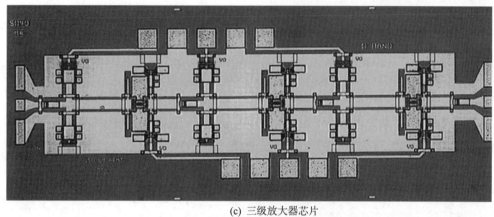

(c) 三级放大器芯片

图 4 - 77　美国 HRL 实验室 140 GHz 放大器

（C W POBANZ，et al. A high - gain monolithic D - band InP HEMT amplifier ［J］. IEEE
Journal of Solid - State Circuits，1999，34（9）：1219 - 1224.）

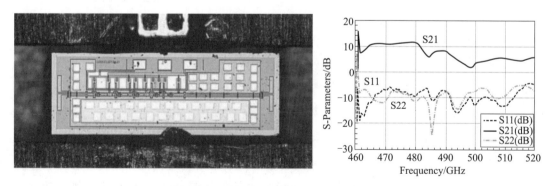

图 4 - 78　美国 NG 公司 480 GHz 放大器

（W R Deal，et al. Demonstration of a 0. 48 THz Amplifier Module Using InP HEMT Transistors ［J］.
IEEE Microwave and Wireless Components Letters，2010，20（5）：289 - 291. ）

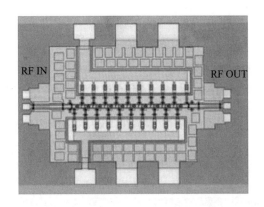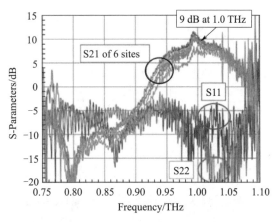

图 4 - 79　美国 NG 公司 1THz 放大器

（XIAOBING MEI，WAYNE YOSHIDA，MIKE LANGE，et al. First Demonstration of
Amplification at 1 THz Using 25 nm InP High Electron Mobility Transistor Process ［J］.
IEEE Electron Device Letters，2015，36（4）：327 - 329.）

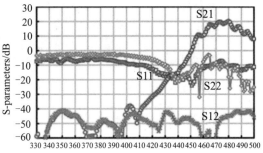

图 4 - 80　日本 NTT 公司 475 GHz 放大器

（H HAMADA，T TSUTSUMI，H MATSUZAKI，et al. 475 GHz 20 dB Gain
InP - HEMT Power Amplifier Using Neutralized Common - Source Architecture ［J］. 2020
IEEE/MTT - S International Microwave Symposium（IMS），2020：1121 - 1124.）

②InP HBT 放大器

2003 年，美国加州大学圣芭芭拉分校（University of California at Santa Barbara，
UCBB）基于 InP HBT 工艺研制出 G 波段放大器，采用共发射极拓扑结构，芯片尺寸为
1.66 mm×0.59 mm，如图 4 - 81 所示。单级放大器在 140～190 GHz 频率范围内的增益
不小于 3 dB，最大增益为 6.3 dB@175 GHz；三级放大器在 140～200 GHz 频率范围内的
增益不小于 7 dB，最大增益为 11.7 dB@154 GHz。

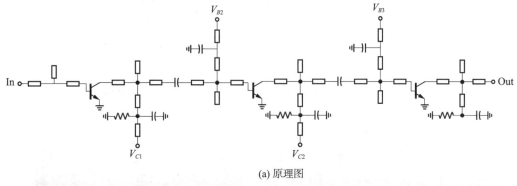

(a) 原理图

(b) 芯片

图 4 - 81　美国 UCBB G 波段 InP HBT 放大器

（H HAMADA，T TSUTSUMI，H MATSUZAKI，et al. 475 GHz 20 dB Gain InP - HEMT
Power Amplifier Using Neutralized Common - Source Architecture [J]. 2020 IEEE/MTT - S
International Microwave Symposium (IMS)，2020：1121 - 1124.）

2005 年，美国加州大学圣芭芭拉分校（UCBB）采用 InP DHBT 工艺研制出 176 GHz
单级放大器和双级放大器，均采用共基极拓扑结构，如图 4 - 82 所示。单级放大器的工作
频率范围为 172～176 GHz，饱和输出功率为 8. 77 dBm，增益不小于 5 dB，最大功率附加
效率为 6％；双级放大器的工作频率范围为 140～170 GHz，增益不小于 5 dB，最大增益
为 13 dB，最大功率附加效率为 3％，饱和输出功率为 10. 3 dBm。

2008 年，美国 NG 公司联合 JPL 采用 InP HBT 工艺研制出 255 GHz 单级放大器，是
当时公开报道的最高频率 InP HBT 放大器，采用共发射极拓扑，如图 4 - 83 所示，最大
增益为 3.5 dB。

2019 年，美国特利丹科学公司（Teledyne Scientific Company，TSC）采用 250 nm
InP HBT 工艺研制出 140 GHz 放大器。放大器采用五级共发射极拓扑，每一级放大器均
由两路放大器通过威尔金森功率合成器实现功率合成，如图 4 - 84 所示，工作频率范围为
115～150 GHz，增益为 29.5 dB，饱和输出功率为 21 dBm，功率附加效率不小于 6.7％，
尺寸为 1. 78 mm×0. 42 mm。

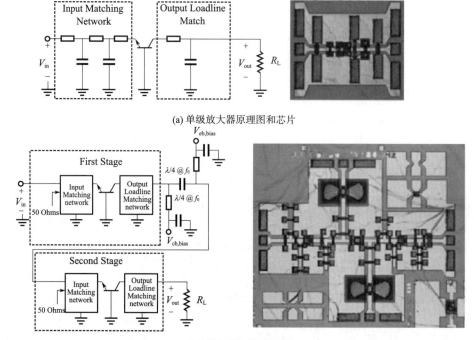

(a) 单级放大器原理图和芯片

(b) 双级放大器原理图和芯片

图 4 – 82　美国 UCBB 176 GHz 放大器

（V K PAIDI, Z GRIFFITH, W YUN, et al. G – band（140～220 GHz）and W – band（75～110 GHz）InP DHBT medium power amplifiers［J］. IEEE Trans. Microwave Theory Tech. , 2005，53（2）：598 – 605.）

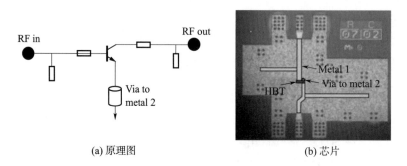

(a) 原理图　　　　　　　　　　　(b) 芯片

图 4 – 83　美国 NG 公司 255 GHz InP HBT 放大器

（V RADISIC，et al. Demonstration of 184 and 255 GHz Amplifiers Using InP HBT Technology ［J］. IEEE Microwave and Wireless Components Letters，2008，18（4）：281 – 283.）

③GaN HEMT 放大器

2018 年，美国 QuinStar 公司采用 HRL 实验室的 140 nm GaN HEMT 工艺研制出 110 GHz GaN 功率放大器，如图 4 – 85 所示。放大器采用五级级联共源拓扑结构，末端采用八路片上功率合成，102～118 GHz 频率范围的输出功率为 28～29 dBm，功率附加效率为 8%，增益为 19.7～20.9 dB，芯片尺寸为 3.3 mm×1.94 mm。基于上述芯片实现的功率合成模块可在 102～116 GHz 频段内实现不小于 2 W 的输出功率，功率附加效率为 6%，最大输出功率为 2.75 W@114 GHz，对应的功率附加效率为 7.4%@114 GHz。

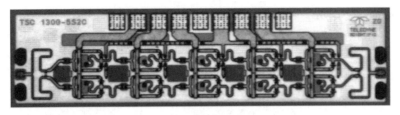

(a) 芯片

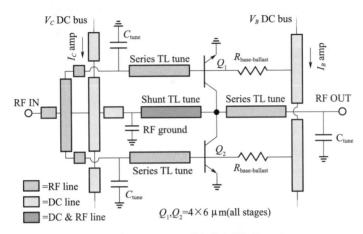

(b) 单级放大器拓扑

图 4 - 84　美国 TSC 公司 140 GHz InP HBT 放大器

（Z GRIFFITH，M URTEAGA，P ROWELL. A compact 140 GHz 150 mW high - gain power amplifier MMIC in 250 nm InP HBT [J]. IEEE Microw. Wireless Compon. Lett.，2019，29（4）：282 - 284.）

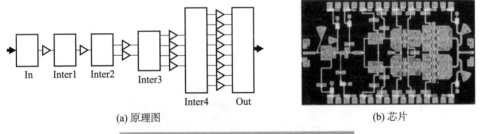

(a) 原理图　　　　　　　　　　　　　　　(b) 芯片

(c) 四路功率合成源

图 4 - 85　美国 QuinStar 公司 110 GHz 功率放大器

（E CAMARGO，J SCHELLENBERG，L BUI，et al. F - band GaN power amplifiers，IEEE MTT - S Int. Microw. Symp. Dig.，Philadelphia，PA，USA，Jun. 2018，pp. 753 - 756.）

2019 年，德国夫琅禾费应用固体物理研究所（Fraunhofer Institute for Applied Solid State Physics，IAF）采用 100 nm GaN HEMT 工艺研制出 180 GHz 放大器芯片，如图 4-86 所示。放大器采用五级共源级联拓扑，150～189 GHz 频率范围内的增益为 10～13 dB，最大输出功率为 15.8 dBm，最大功率附加效率为 2.4%。

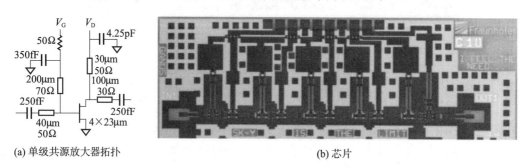

(a) 单级共源放大器拓扑　　　　　　　　　　　　　(b) 芯片

图 4-86　德国 IAF 180 GHz GaN HEMT 放大器芯片

（MACIEJ ĆWIKLIŃSKI, PETER BRÜCKNER, STEFANO LEONE，et al. D-Band and G-Band High-Performance GaN Power Amplifier MMICs [J]. IEEE Transactions on Microwave Theory and Techniques，2019，67（12）：5080-5089.）

2022 年，美国加州大学圣芭芭拉分校（UCBB）采用 40 nm GaN HEMT 工艺研制出 135 GHz 放大器芯片，如图 4-87 所示，放大器工作频率范围为 130～140 GHz，最大饱和输出功率为 18.5 dBm，最大功率附加效率为 6.5%@133 GHz。

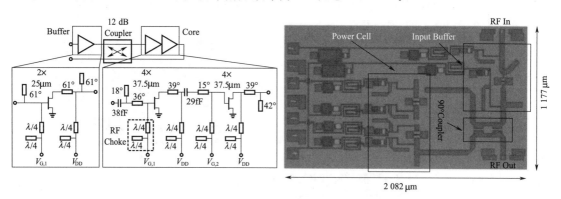

图 4-87　美国 UCBB 135 GHz 放大器

（EVERETT O'MALLEY, JAMES F BUCKWALTER. Coupled Embedding Networks for 7 dB Gain-per-Stage at 130～140 GHz in a 20 dBm Gallium Nitride Power Amplifier [J]. IEEE Journal of Microwaves，2022，2（4）：669-677.）

④SiGe HBT

2014 年，美国加州大学圣地亚哥分校（University of California at San Diego，UCSD）基于 90 nm SiGe HBT 工艺研制出 120 GHz 放大器，采用四级共发射极拓扑，如图 4-88（a）所示，114～130 GHz 频率范围内的饱和输出功率为 12.5～13.8 dBm；通过八路片上功率合成，如图 4-88（b）和（c）所示，可在 114～126 GHz 频率范围内实现

20～20.8 dBm饱和输出功率，功率附加效率为 6.3％～7.6％，是当时输出功率最高的硅基 D 波段放大器。

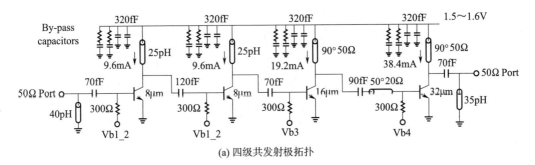

(a) 四级共发射极拓扑

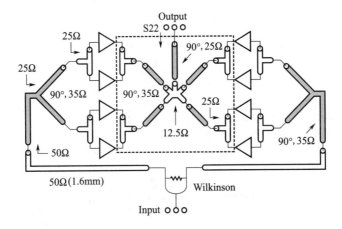

(b) 八路片上功率合成

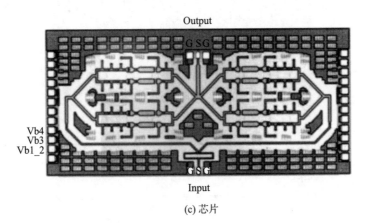

(c) 芯片

图 4 - 88　美国 UCSD 120 GHz 放大器

(HC LIN，G M REBEIZ. A 110～134 GHz SiGe Amplifier with Peak Output Power of 100～120 mW [J]. IEEE Transactions on Microwave Theory and Techniques，2014，62 (12)：2990 - 3000.)

2022 年，德国卡尔斯鲁厄理工学院（Karlsruher Institut für Technologie，KIT）基于 130 nm SiGe 工艺研制出 130 GHz 放大器，芯片尺寸为 1.43 mm×1.3 mm，如图 4-89 所示。放大器芯片采用四路片上功率合成方案，125～133 GHz 频率范围内的饱和输出功率不小于 19.6 dBm，最大功率附加效率不小于 8%。

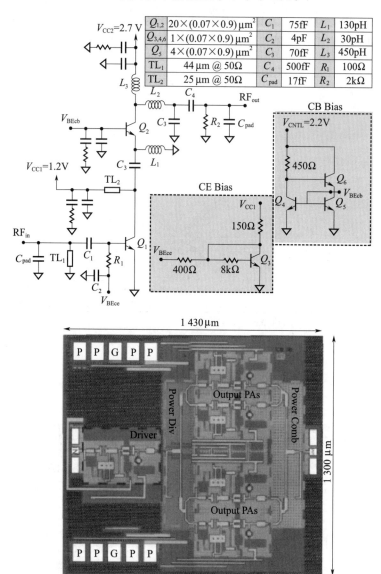

图 4-89　德国卡尔斯鲁厄理工学院 130 GHz 放大器

（K AKSOYAK，M MÖCK，M KAYNAK，et al. A D-Band Power Amplifier With Four-Way Combining in 0.13 μm SiGe ［J］. IEEE Microwave and Wireless Components Letters，2022，32（11）：1343-1346.）

第 5 章　太赫兹波传播与传输调控

太赫兹通信应用场景设计离不开对太赫兹波传播特性的准确认识；太赫兹通信系统设计离不开对太赫兹波的有效传输调控。本章重点介绍太赫兹传播特性、太赫兹传输线技术以及太赫兹波调控技术三个方面内容。

5.1　太赫兹传播特性

太赫兹波在传播过程中会与物质发生相互作用，导致信号衰减或调制，进而引发能量损耗、折射、极化旋转、相位畸变等现象。在近地表通信或星地通信应用中，需要掌握太赫兹波在低层大气以及电离层中的传播特性，支撑通信链路计算；在高超声速飞行器高可靠通信应用中，需要掌握太赫兹波在等离子体鞘套中的传播特性，明确最佳频率；在太赫兹波束调控应用中，必须要掌握太赫兹波在固体中的传播特性，支撑低损耗介质材料选择和准光学器件设计。因此，本节将重点分析太赫兹波在低层大气、电离子体、固体中的传播特性，并简要介绍信道测量方法。

5.1.1　低层大气传播特性

大气是地球表面周围空气的总和，主要由对流层、平流层、中间层、热层和外层共五层组成，如图 5-1 所示。低层大气包含干洁空气、水汽以及固态和液态微粒。干洁空气和水汽合称为"大气分子"，属于气态物质，直径在纳米量级，对太赫兹波主要起到吸收衰减作用。烟粒、尘埃、冰晶等固态微粒以及水滴、云滴等液态颗粒分别属于颗粒状的固态和液态物质，直径在亚毫米量级，对太赫兹波主要起到散射衰减作用。因此，对于近地面通信和星地通信应用来说，必须了解太赫兹波在低空大气中的传播特征和信道特性。随着海拔升高，大气中的水分子和氧气分子含量减少，因此，太赫兹波在高层大气和外太空中的衰减和调制可以基本忽略。

（1）大气分子的吸收衰减

大气分子对太赫兹波的吸收作用可分别从微观和宏观两个层面阐释。微观层面重点关注分子与电磁波之间的相互作用机制；宏观层面重点关注太赫兹波的大气衰减现象。

微观层面，大气分子吸收电磁波的原因是大气分子存在运动能级。大气分子包括电子能级、振动能级和转动能级三种运动能级。电子能级同电子相对于原子核的运动相关，能级差在 $1 \sim 20$ eV，对应紫外和可见光波段；振动能级同原子核在平衡位置附近的振动相关，能级差在 25 meV ~ 1 eV 之间，对应红外波段；转动能级同分子本身绕其中心的转动相关，能级差在 $5 \sim 25$ meV 之间，对应太赫兹波段。因此，太赫兹波段主要考虑分子转

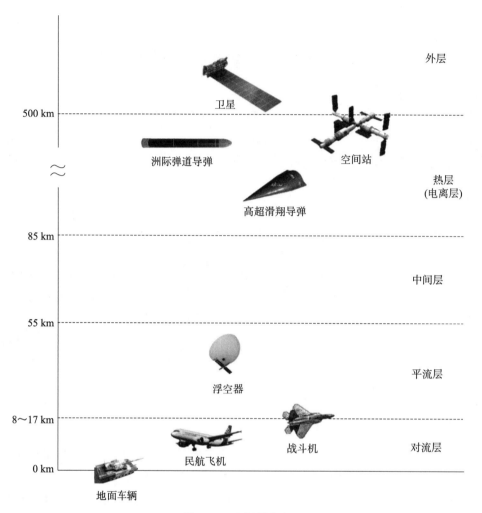

图 5 - 1 大气层分布

动能级引起的电磁波吸收作用。对于太赫兹波来说，水分子（H_2O）和氧（O_2）分子是引起吸收衰减的主要物质成分。水分子（H_2O）是极性分子，拥有电偶极矩且偶极矩与分子质心不重合，如图 5 - 2（a）所示；氧（O_2）分子是非极性分子，因核外电子自旋量子数不为零而拥有磁偶极矩。

宏观层面，大气分子对太赫兹波的吸收作用表现为频域吸收（衰减）曲线，如图 5 - 2（b）所示。吸收曲线是线吸收和连续吸收共同作用的结果。大气分子吸收将直接导致吸收峰值（衰减极大值），称为"线吸收"。吸收峰之间的频段范围内，衰减相对小且变化相对平缓，称为"连续吸收"；在连续吸收区域存在一个衰减极小值，称为"窗口"。

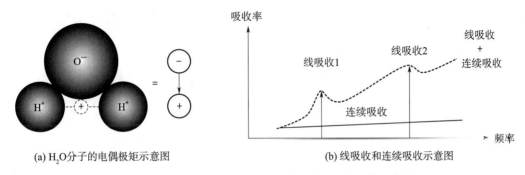

(a) H₂O分子的电偶极矩示意图　　　　　　　　(b) 线吸收和连续吸收示意图

图 5-2　H₂O 分子的电偶极矩及线吸收和连续吸收示意图

（2）固态/液态微粒的散射衰减

微粒对电磁波的散射主要取决于波长与物质直径的相对尺寸，包括瑞利散射和米氏散射两种主要机制，如图 5-3 所示。当微粒直径相比于波长小得多时，发生瑞利散射，散射强度 I 与波长 λ 的四次方成反比，即 $I \sim \lambda^{-4}$；当微粒直径与波长相近时，发生米氏散射，散射强度与波长的平方成反比，即 $I \sim \lambda^{-2}$，并且散射具有双向性，前向散射强于后向散射。

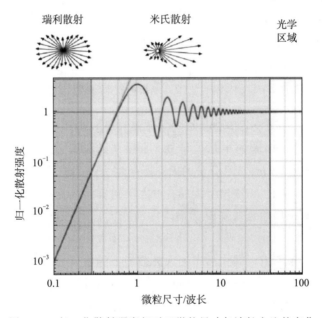

图 5-3　归一化散射强度相对于微粒尺寸与波长之比的变化

固态微粒和液态微粒是引起太赫兹波散射衰减的主要物质。固态微粒主要包括沙尘粒子、烟颗粒等，主要出现在沙尘天气、硝烟环境（例如战场、火场）等低能见度场景。液态微粒主要是指水滴，在雨、雾、云等潮湿环境场景中起到主导作用。

固态微粒方面，以沙尘粒子为典型分析对象。沙尘粒子的尺寸通常在 0.01～0.1 mm 之间，与太赫兹高频段（3 THz 以上）和红外的波长相当。因此，在太赫兹低频段（数百

GHz），沙尘粒子对太赫兹波的散射以瑞利散射为主；在太赫兹高频段（数 THz），沙尘粒子对太赫兹波的散射以米氏散射为主。图 5-4 给出了沙尘暴、扬沙和浮尘三种环境下，不同能见度条件的太赫兹波传播衰减，可以看出：

1）太赫兹波在沙尘暴、扬沙和浮尘三种环境下的传播衰减随着频率升高而增大；在相同频率处，能见度越小（沙尘颗粒浓度越大）则衰减越大，并且衰减随频率增加变快（导数变大）。

2）400 GHz 以下太赫兹波在 0.1 km、0.5 km、1 km 能见度条件下的传播衰减均可以忽略不计，因此具有实现 km 级太赫兹通信的可行性。

3）当能见度为 0.1 km 时，1 THz 太赫兹波在沙尘暴、扬沙和浮尘三种环境下的衰减分别为 28 dB/km、15 dB/km、7 dB/km。由于发射功率成倍增加对通信距离提升的作用有限，上述环境不适合采用 1 THz 以上太赫兹通信。

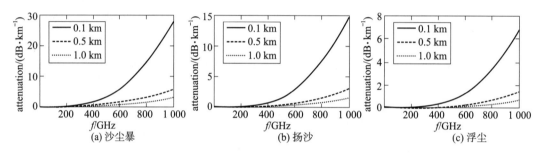

图 5-4　太赫兹波在沙尘暴、扬沙和浮尘三种环境中的传播衰减特性

（周忆鑫，等 . 沙尘环境下太赫兹波衰减特性 [J]. 太赫兹科学与电子信息学报，2021，19（1）：18-23.）

液态微粒方面，以水滴及其固态凝结物（冰晶粒子）为典型分析对象。水滴根据直径分为雨滴和云滴；其中，雨滴的半径大于 0.1 mm（标准值为 1 mm），云滴的半径小于 0.1 mm（标准值为 0.01 mm）。水分子的固态凝结物为冰晶粒子。液态微粒对太赫兹波的散射以米氏散射为主。图 5-5 给出了太赫兹波在平流雾中的传播衰减特性，可以看出：

1）太赫兹波在雾中传播衰减随着频率增加而变大；相同频率下，能见度越低（水滴浓度越高）则衰减越大。

2）在相同能见度条件下，同一频率的太赫兹波在雾中传播衰减程度比沙尘环境高出 5 倍以上，因此，需要使用更高功率的太赫兹源才能实现相同距离通信。

3）在 30 m 能见度雾环境中，100 GHz 频率处的太赫兹波衰减达到 10 dB/km；同等能见度条件下，300 GHz 频率处的太赫兹波衰减达到 50 dB/km。因此，综合考虑提高发射功率带来的距离和成本增加效益，不宜在低能见度环境下采用太赫兹通信。

（3）低层大气综合衰减

图 5-6 是 ITU-R P.676-13 建议书给出的 1 000 GHz 以下频率大气衰减率曲线。可以看出，1 000 GHz 以下太赫兹波在干燥环境中的大气衰减率通常在 0.1 dB/km 以下，吸收峰的最大衰减率仅为 6 dB/km。这为太赫兹星地通信选址提供了依据。

图 5-7 给出了太赫兹波在不同大气环境中的传播衰减特性，可以得出以下结论：

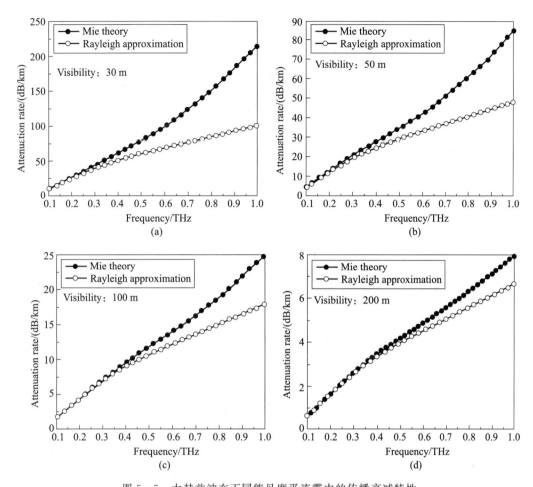

图 5-5　太赫兹波在不同能见度平流雾中的传播衰减特性

（LI HAIYING，et al. The analysis of advection fog attenuation algorithms in Terahertz wave band.

2014 URSI GASS，Beijing，China，2014，99：1-4.）

1）太赫兹波段的大气吸收率高于微波和红外波段。100～800 GHz 范围内，太赫兹波的大气吸收率基本上随着频率升高而增加；800 GHz～10 THz 范围内，大气吸收率普遍大于100 dB/km。

2）因氧气分子（O_2）和水分子（H_2O）吸收导致 118 GHz、183 GHz 和320 GHz 频点处出现明显吸收峰。大气窗口主要集中在140 GHz、220 GHz、340 GHz、410 GHz 及670 GHz 等太赫兹较低频段，上述大气窗口处的太赫兹波衰减程度仍高于微波和红外波段。

3）在百米能见度雾环境中，太赫兹波衰减随频率升高而单调递增，并且不存在明显吸收峰和窗口。雨环境中，太赫兹波衰减基本保持在同一量级。其中，细雨条件下的衰减低于 1 dB/km，暴雨条件下的衰减达到 10 dB/km。因此，太赫兹通信在细雨条件环境中具有可行性。

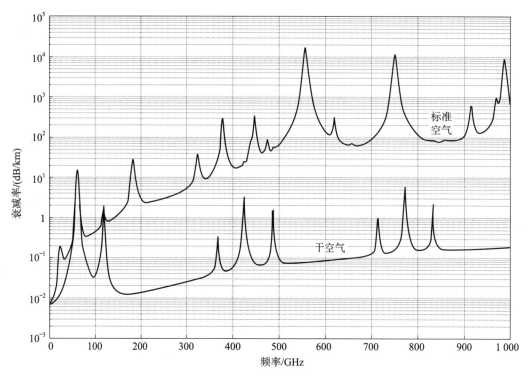

图 5-6　ITU-R P. 676-13 建议书 1 000 GHz 以下大气衰减率
（标准空气：1 013.25hPa、温度 15 ℃、水蒸气密度为 7.5 g/m³）

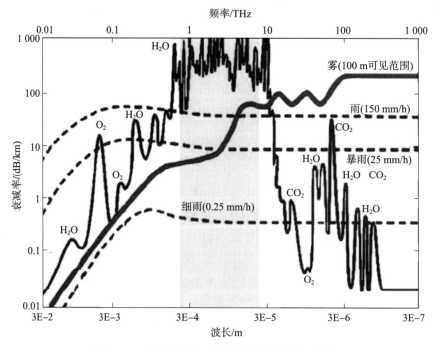

图 5-7　太赫兹波在不同环境中的传播衰减特性

5.1.2　等离子体传播特性

等离子体是四种基本物质状态之一，性质与固态、液态和气态存在显著差异。气体在高温或强电磁场作用下会转变为等离子体状态。原子会比其他态下拥有更多或更少的电子，形成带有负电荷或正电荷的离子，即阴离子或阳离子。由于含有大量自由电子和自由离子，等离子体具有优良的导电性能，会与电磁波发生明显的相互作用。

太赫兹通信应用场景通常会遇到两类等离子体：1）星地通信过程中，电磁波穿越大气电离层；2）高超声速飞行器在飞行过程中会产生一层等离子体鞘套，与外部通信时，电磁波需要穿过等离子体鞘套。

（1）电离层中的传播特性

电离层中的氧分子（O_2）和部分氮分子（N_2）在太阳紫外线和宇宙射线作用下分解，处于高度电离状态，因此，电离层含有大量自由电子和离子。电离层的高度范围在 60 km 以上，电子密度范围从 $10^3 \sim 10^6$ cm^{-3} 不等，并且电子密度随时间和空间变化分布，因此，电离层可以等效为一种非均匀各向异性介质，即电子密度分布不同的多层带状区域。当电磁波在电离层中传播时，会发生群延时、折射、吸收和色散等现象。在电离层和地磁场的共同作用下，电磁波还会发生极化旋转，称为"法拉第旋转"。

根据 $0.1 \sim 10$ GHz 频率范围内法拉第旋转、群时延、折射、吸收等效应的经验量化值，可以看出当电磁波频率高于 10 GHz 时，上述效应已经几乎可以忽略，如表 5-1 所示。法拉第旋转、群时延、折射、吸收等效应与频率平方成反比，色散与频率立方成反比，由此可以估算出 100 GHz 频率处的法拉第旋转为 $0.01°$、群时延为 0.025 ns、折射为 $0.003\,6''$、吸收为 10^{-6} dB。可以看出，电离层对太赫兹波的衰减和调制效应几乎可以忽略不计，因此，太赫兹波能够低损耗低失真地穿越电离层传播。

表 5-1　电离层最大效应估计（仰角 30°，单程传播）

（K DAVIES，E K SMITH. lonospheric effects on satellite land mobile systems[J].IEEE Antennas Propag. Mag.，2002，44:24-31.）

效应	频率关系	0.1 GHz	0.5 GHz	1 GHz	3 GHz	10 GHz	100 GHz
法拉第旋转	f^{-2}	30 r	1.2 r	108°	12°	1.1°	0.01°
群时延	f^{-2}	25 μs	1 μs	0.25 μs	0.028 μs	0.0025 μs	0.025ns
折射	f^{-2}	<1°	<2.4′	<0.6′	<4″	<0.36″	<0.003 6″
吸收（中纬）	f^{-2}	<1 dB	<0.04 dB	<0.01 dB	<0.001 dB	<0.000 1 dB	<10^{-6}dB

（2）等离子体鞘套中的传播特性

高速飞行器（包括高超声速滑翔导弹、再入飞行器/返回舱等）在飞行过程中会与周围大气产生剧烈摩擦，导致飞行器周围温度迅速升高。当速度达到马赫数 10 以上时，在高温、黏性流和激波共同作用下，飞行器表面附近的空气分子会因剧烈热运动而被电离（温度可达数千℃），激发出含有等离子体的高温激波层，形成包裹飞行器表面的"等离子体鞘套"，本质上是层状等离子体，如图 5-8 所示。

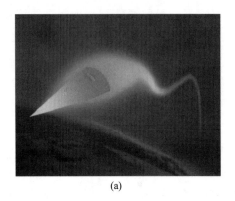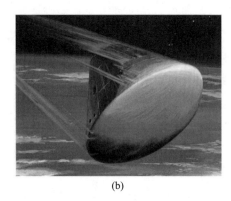

(a)　　　　　　　　　　　　　　　　(b)

图 5-8　高速飞行器等离子体鞘套示意图

等离子体鞘套可以等效为一种时变各向异性有耗介质，相对介电常数可表示为 $\varepsilon_r = \varepsilon'_r - j\varepsilon''_r$。实部 $\varepsilon'_r = 1 - \omega_p^2/(\omega^2 + \nu^2)$ 决定了电磁波传播速度，虚部 $\varepsilon''_r = (\nu/\omega) \cdot [\omega_p^2/(\omega^2 + \nu^2)]$ 决定了损耗衰减；其中，ω 为电磁波（角）频率，ω_p 为等离子体（角）频率，ν 为电子与中性气体的碰撞频率。等离子体频率 ω_p 与等离子体电子密度 n_e 相关，有 $\omega_p \approx \sqrt{(n_e \cdot e^2)/(\varepsilon_0 \cdot m_e)}$，其中 $m_e = 9.1 \times 10^{-31}$ kg 为电子质量。

时变是指等离子体电子密度随着飞行器速度和高度变化而不断改变，如图 5-9 所示，因此表现为等效介电常数随时间变化现象，导致电磁波被等离子体鞘套调制，呈现出幅度和相位随时间变化。

各向异性是指等离子体电子密度因方向改变而发生变化。电子密度变化将导致电磁波在等离子体鞘套中传播时会出现随空间变化的折射现象。等离子体折射率为 $n = \sqrt{\varepsilon_r} = \sqrt{1 - \omega_p^2/\omega^2}$。当 $\omega > \omega_p$ 时，等离子体折射率 $n < 1$，此时电磁波从空气斜入射到等离子体（即从光密介质入射到光疏介质）的折射角大于入射角，电磁波传播方向发射弯曲，导致回波减弱。当 $\omega \gg \omega_p$ 时，等离子体折射率 $n \approx 1$，折射效应可以忽略。

有耗是指等离子体带电粒子在运动过程中与其他粒子随机碰撞而受到阻碍，导致带电粒子在外电场作用下定向运动受阻，表现出电阻特性。电磁波在等离子体中的衰减系数（单位距离内的衰减）为 $A(\text{dB/cm}) = 1.8 \times 10^{-9}\alpha \cdot f$。式中，$\alpha$ 为等离子体衰减常数，有 $\alpha = [\sqrt{(1-s)^2 + q^2s^2}/2 - (1-s)/2]^{1/2}$；$p = f_p/f$ 为等离子体频率相对于电磁波频率的归一化值；$q = \nu/(2\pi \cdot f)$ 为等离子体碰撞频率的归一化值；$s = p^2/(1+q^2)$。

离子体鞘套的电子密度通常在 $(10^9 \sim 10^{13})/\text{cm}^3$ 量级，对应等离子体频率为

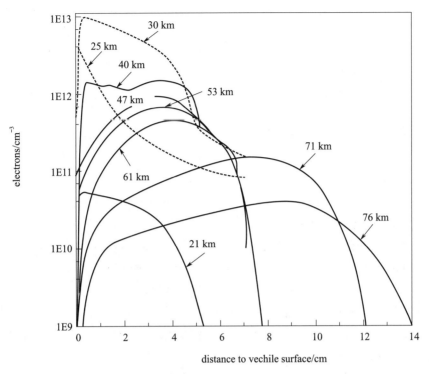

图 5 - 9　RAM - C 飞行试验下的等离子体鞘套密度分布

（李小平．高速飞行器等离子体鞘套电磁波传播理论与通信技术［M］．北京：科学出版社，2018．）

280 MHz~28 GHz，远低于太赫兹的频率范围。因此，等离子体鞘套对太赫兹波的吸收和折射效应可以基本忽略，可将太赫兹通信技术应用于高超声速飞行器可靠稳定通信场景。

5.1.3　固体中的传播特性

太赫兹频段的常用固体材料主要包括晶体材料和聚合物材料。表 5 - 2 总结了典型固体材料在太赫兹频段的衰减因子。

表 5 - 2　典型材料的衰减因子

材料	（cm^{-1}）@ 0.5 THz	（cm^{-1}）@ 1 THz
玻璃（Glass）	7	~8
石英（Quartz）	1.9	3.5
聚苯乙烯（Polystyrene foam）	<0.02	<0.04
砖（Brick）	4.5	8

续表

材料	(cm^{-1}) @ 0.5 THz	(cm^{-1}) @ 1 THz
混凝土(Concrete)	4.7	9
陶瓷(Pottery)	6.3	—
瓷砖(Tile)	4.5	7
石头(Stone)	2.5～5.8	4.6～8.5
木头(Wood)	2.6～6.2	＞3.5

典型的晶体材料包括高阻硅（Si）、二氧化硅（SiO_2）、蓝宝石（Al_2O_3）等。上述材料在 3 THz 以下频段表现出较低损耗，因此常用于平面传输线介质材料或透镜材料。高阻硅和蓝宝石的介电常数相对较高，基于上述材料的透镜可能会因阻抗失配严重而引发较大反射，因此，通常会在透镜表面镀上一层匹配薄膜以降低反射损耗。

典型的聚合物材料包括聚四氟乙烯（PTFE，也称特氟龙 Teflon）、聚甲基丙烯酸甲酯（PMMA）、聚乙烯（PE）、聚丙烯（PP）和环烯烃共聚物（COC）等。上述材料在 5THz 以下频段损耗较低，也常用于透镜材料。

表 5-3 还总结了太赫兹频段常用的 3D 打印材料参数。图 5-10 给出了典型 3D 打印材料在 200 GHz～1.5 THz 范围内的折射率和吸收系数测试值。

表 5-3　典型 3D 打印材料参数

材料	打印温度/℃	样品厚度/mm	折射率@500 GHz	吸收系数/cm^{-1} @500 GHz
ABS	250	1	1.57	5
PLA	220	1	1.89	11
Nylon	255	1	1.72	9
Bendlay	250	5	1.532	1.8
Polystyrene	240	5	1.561	0.5
HDPE	230	5	1.532	0
PP	230	5	1.495	0

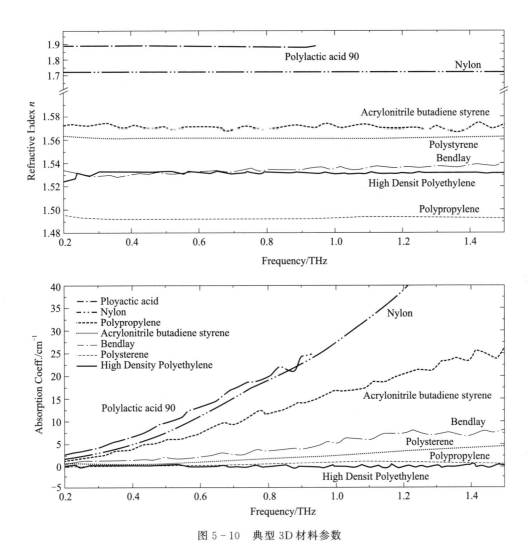

图 5 - 10　典型 3D 材料参数

（BUSCH S F，WEIDENBACH M，FEY M，et al. Optical Properties of 3D Printable Plastics in the THz Regime and their Application for 3D Printed THz Optics [J]. Infrared Milli Terahz Waves，2014，35：993 - 997.）

5.1.4　信道测量方法

信道测量是验证太赫兹波传播特性的基础途径，是开展信道建模和信道编码设计的前置环节。通过信道测量，可以获得信道的统计特性、时域和频域响应特性，全面了解太赫兹波在特定环境中的传播特性，为通信系统设计和优化提供基础数据。

常用的信道测量方法主要包括频域信道测量法、时域信道测量法以及直接脉冲法，如表 5 - 4 所示。

表 5－4　信道测量方法

测量系统种类	频域信道测量法	时域信道测量法	直接脉冲法
测量带宽	大（≥10 GHz）	小（＜10 GHz）	超大（＜10 THz）
测量速度	慢	快	很快
复杂度	低	高	中等

　　频域信道测量法采用矢量网络分析仪（Vector Network Analyzer，VNA）测定网络两个端口间的信号关系，如图 5－11 所示。对于任意双端口系统，输出端口与输入端口信号之比定义为 S21 参数。若待测系统是一套信道模拟装置，则输出端口与输入端口间信号比值的频率特性即为信道传输函数（Channel Transfer Function，CTF），通过对信道传输函数进行傅里叶逆变换即可得到信道冲激响应（Channel Impulse Response，CIR）。

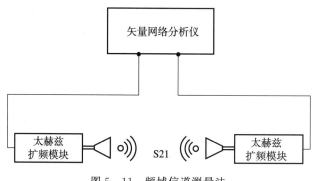

图 5－11　频域信道测量法

　　时域信道测量方法通过发射伪噪声（Pseudo Noise，PN）信号并经信道、接收端后生成信道冲激响应，由此得到信道时域特性，通常采用如图 5－12 所示的测试原理框图。

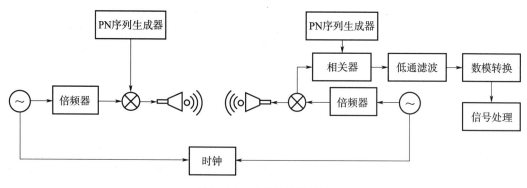

图 5－12　时域信道测量法

　　直接脉冲法通常采用时域光谱仪产生窄脉冲，接收机对接收信号进行高速采样后，可以得到信道时域冲激响应，采样点幅度即为信道冲激响应幅度，对应时延为发射端与接收端的采样时间差。太赫兹时域光谱仪通常由飞秒激光器、分束器、太赫兹发射器、延迟线和太赫兹探测器构成，如图 5－13 所示。飞秒激光器的输出脉冲被分束器分成两束，其中一束（称为泵浦光）传输到太赫兹发射器并用于产生太赫兹辐射，另一束（称为探测光）通过延迟线到达太赫兹探测器，通过扫描延迟线长度可以确定时延。

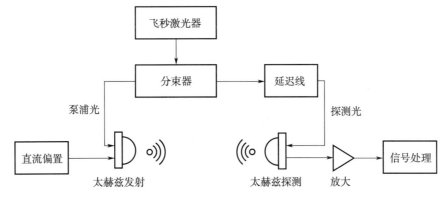

图 5－13　直接脉冲法

对于典型应用环境的信道特性对比研究，可以采用如图 5－14 的试验床。太赫兹发射链路和红外发射链路通过波束分离器使太赫兹和红外波束在空间上叠加并在相同模拟腔体环境中传播，然后经波束分离器实现波束空间分离并分别由太赫兹接收链路和红外接收链路测量功率和误码率。

5.2　太赫兹传输线技术

太赫兹传输线是一种引导太赫兹波沿特定路径低损耗传输的功能器件，主要包括路馈和空馈两种形式。波导、同轴线、微带线等均属于路馈传输线，透镜（组）是典型的空馈传输线。路馈传输线和空馈传输线都可以用亥姆霍兹方程描述，只不过空馈传输线的电磁波模式是亥姆霍兹方程的近轴解。

5.2.1　路馈传输线

路馈传输线能够将电磁波约束在导体和介质内传输。根据剖面高度不同，路馈传输线分为立体传输线和平面传输线，如图 5－15 所示。立体传输线的剖面高度与波长相当，典型代表包括波导、同轴线、介质波导（光学领域称为光纤）；平面传输线的剖面厚度通常仅为波长的十分之一甚至更小，典型代表包括微带线、悬置微带线、带状线、共面波导等。表 5－5 总结对比了常见传输线的特点，立体传输线的功率容量较大但不易与平面电路集成，平面传输线的集成度较高但功率容量较小。

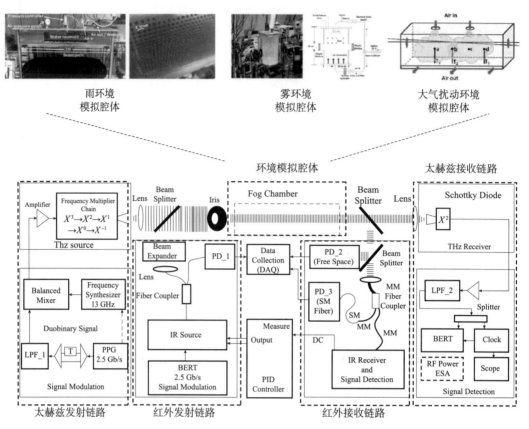

图 5 - 14　典型环境信道测量

（K SU，et al. Experimental comparison of performance degradation from terahertz and infrared
wireless links in fog ［J］. J. Opt. Soc. Am. A 2012，29：179 - 184.）

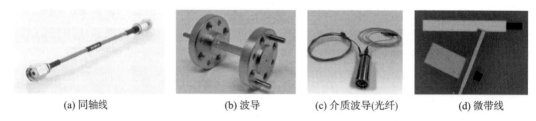

(a) 同轴线　　　　　(b) 波导　　　　　(c) 介质波导(光纤)　　　　　(d) 微带线

图 5 - 15　路馈传输线

表 5 - 5　常见传输线的特点比较

特点	同轴线	波导	带线	微带线
模式（主模）	TEM	TE10	TEM	准 TEM
模式（其他）	TM,TE	TM,TE	TM,TE	混合 TM,TE
色散	无	一般	无	小
带宽	大	小	大	大

续表

特点	同轴线	波导	带线	微带线
损耗	一般	小	大	大
功率容量	一般	高	低	低
物理尺寸	大	大	一般	小
加工复杂度	一般	一般	简单	简单
集成复杂度	难	难	一般	简单

5.2.1.1　立体传输线

（1）基本原理

波导能将电磁波束缚在空心金属内传输，属于单导体结构，即主体结构是一体化金属导体，内部是真空或填充介质。根据截面形状，波导分为矩形波导和圆波导，如图 5 - 16 所示。相比于圆波导，矩形波导在太赫兹频段更易加工、主模更易利用，因此应用最为广泛。本节以矩形波导为例，介绍波导的基本原理、主要指标和典型方案。

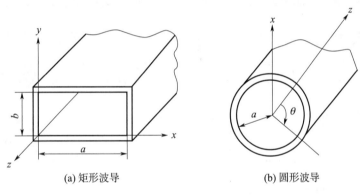

(a) 矩形波导　　　　　　　　　(b) 圆形波导

图 5 - 16　波导

波导是单导体结构，因此仅支持 TE 模或 TM 模电磁波传输，不支持 TEM 模电磁波传输。所谓"模"，是指电磁场的分布情况。TE 模（"横-电场"）是指电场只在横向上有分量，但磁场在横向和纵向上都有分量，故也称"H 模"；TM 模（"横-磁场"）是指磁场只在横向上有分量，但电场在横向和纵向上都有分量，故也称"E 模"。根据电磁场沿波导截面长边和短边的半波变化个数，可用下标 m 和 n 描述一个具体模式，即 TE_{mn} 和 TM_{mn}，其中 m 是沿截面长边的电磁场幅度半波变化个数，n 是沿截面短边的电磁场幅度半波变化个数。TE 模式的最低阶模（又称为基模或主模）为 TE_{10}，TM 模式的最低阶模为 TM_{11}，两种模式的场分布如图 5 - 17 所示。

波导尺寸和激励方式是决定波导内电磁场分布模式的主要因素，当确定波导尺寸后，可以通过探针、金属圆环或者缝隙等微结构激励波导内的电磁场，形成期望的传输模式，典型模式如图 5 - 18 所示。

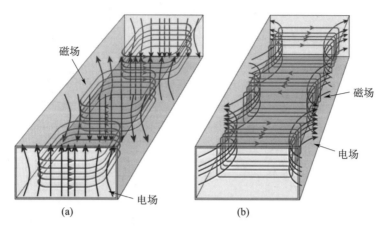

图 5-17　TE$_{10}$模和 TM$_{11}$模

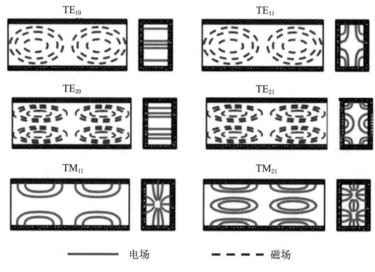

图 5-18　TE$_{mn}$和 TM$_{mn}$模

矩形波导具有高通滤波特性，即只有频率高于截止频率的电磁波才能在波导中有效传输。波导尺寸和填充介质确定后，每个模式都对应一个截止频率。TE$_{10}$模是矩形波导的主模，截止频率最低，其他模式的截止频率都比 TE$_{10}$模高。只能传输 TE$_{10}$模式的频率区间称为单模传输频区。实际工程应用中，矩形波导基本上都工作于单模传输频区。

（2）主要指标

①形状和尺寸

矩形波导尺寸由截面的宽度 a 和高度 b 确定，圆形波导尺寸由截面直径确定。实际应用中，通常将宽高比 $a:b=2:1$ 的矩形波导称为标准波导，把宽高比 $a:b>2:1$ 的矩形波导称为减高波导。我国国家标准和美国电子工业协会（Electronic Industries Association，EIA）都对标准波导尺寸进行了定义，如表 5-6 所示。

表 5-6　标准波导尺寸

标准型号		主模频率范围/GHz		内截面尺寸/mm		TE$_{10}$ 截止频率 f_c/GHz
中国-国家标准	EIA-国际标准	起始频率 1.25f_c	终止频率 1.9f_c	基本宽度 a	基本高度 b	
BJ1200	WR-8	92.2	140	2.032	1.016	73.770
BJ1400	WR-7	113	173	1.651	0.825 5	90.793
BJ1800	WR-5	145	220	1.295 4	0.647 7	115.717
BJ2200	WR-4	172	261	1.092 2	0.546 1	137.246
BJ2600	WR-3	217	330	0.863 6	0.431 8	173.576

②截止频率

矩形波导具有高通选频特性，每一个模式都对应着一个截止频率，确定传输模式（m，n）和波导尺寸（a，b）后，就可以确定对应的截止频率 f_c，电磁波频率必须高于截止频率才可以在波导中传输。截止频率对应截止波长 λ_c。截止频率和截止波长的计算公式为

$$f_c = \frac{1}{2\sqrt{\mu\varepsilon}}\sqrt{\left(\frac{m}{a}\right)^2 + \left(\frac{n}{b}\right)^2}$$

$$\lambda_c = \frac{2}{\sqrt{\left(\frac{m}{a}\right)^2 + \left(\frac{n}{b}\right)^2}}$$

式中，μ 和 ε 分别是波导填充介质材料的磁导率和介电常数。对于 TE$_{10}$ 主模，截止频率为 $f_c = 1/(2a\sqrt{\mu\varepsilon})$。

③相位常数

相位常数 β 定义为单位长度的相位变化，有

$$\beta = \sqrt{k^2 - k_c^2}$$

其中，k_c 是截止波数，有

$$k_c = \sqrt{(m\pi/a)^2 + (n\pi/b)^2}$$

④波导波长

波导波长 λ_g 定义为沿波导的相邻两个等相位面之间的距离，有

$$\lambda_g = 2\pi/\beta = \lambda/\sqrt{1 - (\lambda/\lambda_c)^2}$$

⑤相速度

相速度 v_p 是指电磁波在波导中传输时恒定相位点的推进速度，有

$$v_p = \omega/\beta$$

（3）典型方案

太赫兹波导的结构相对简单，主要难点在于加工制造途径。本节重点介绍数控机械精密加工、硅基 MEMS 工艺和 3D 打印三种加工实现案例。

①数控机械精密加工工艺

数控机械精密加工技术采用计算机数控（Computer Numerical Control，CNC）实现

精度控制，采用铣削方法可以从一块金属材料上切割出特定形状的结构，目前支持1.5 THz 以上波导加工，如图5-19所示。2014年，美国麻省理工学院基于数控机械精密加工工艺研制出280 GHz 定向耦合器，波导插入损耗为0.2 dB/cm，如图5-20所示。本书第3章还曾介绍过基于数控机械精密加工的喇叭天线方案，此处不再赘述。

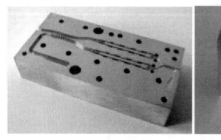

(a) 260～340 GHz 三倍频器

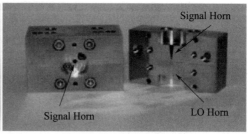

(b) 1.5 THz HEB 混频器

图 5-19　美国 JPL 实验室太赫兹波导

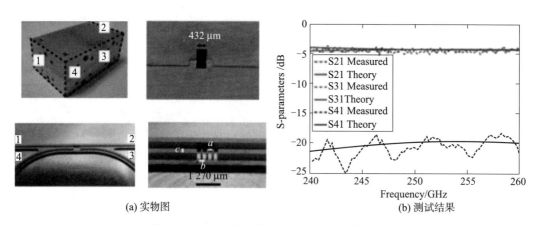

(a) 实物图　　　　　　　　　　　　　　(b) 测试结果

图 5-20　麻省理工学院 280 GHz 定向耦合器

（LEWIS S M，NANNI E A，TEMKIN R J. Direct machining of low-loss THz waveguide components with an RF choke [J]. IEEE Microwave and Wireless Components Letters，2014，24（12）：842-844.）

②硅基 MEMS 工艺

2013年，北京理工大学采用硅基 MEMS 工艺研制出太赫兹 90°弯曲电磁晶体（EMXT）波导，365～578 GHz 频率范围内的传输率高于90%，如图5-21所示。2017年，团队采用硅基 MEMS 工艺研制出 340 GHz 90°弯波导，如图5-22所示，325～350 GHz 频率范围内的平均插损约为2.7 dB。

2016年，法国利摩日大学（Université de Limoges）基于硅基 MEMS 工艺研制出微同轴线，如图5-23所示，采用聚合物层连续沉积和金属电镀工艺在熔融硅衬底上制作出横截面为 88 μm×42 μm 的传输线，127 GHz 频段附近的传输损耗系数为0.33 dB/mm，回波损耗优于-15 dB。

2017年，加拿大滑铁卢大学（University of Waterloo）采用硅基 MEMS 技术在玻璃

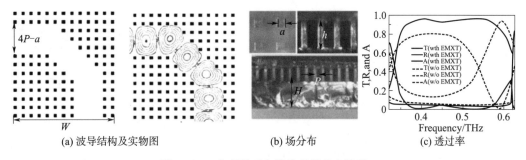

(a) 波导结构及实物图　　　　　　(b) 场分布　　　　　　(c) 透过率

图 5 - 21　北京理工大学硅基微机电波导

（SI L M, LIU Y, LU H D, et al. Experimental Realization of High Transmittance THz 90°- Bend Waveguide Using EMXT Structure [J]. IEEE Photonics Technology Letters, 2013, 25（5）: 519 - 522.）

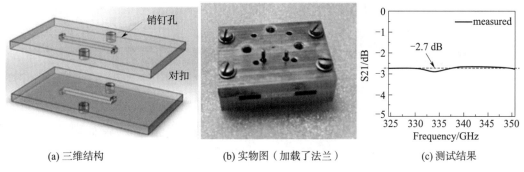

(a) 三维结构　　　　　　(b) 实物图（加载了法兰）　　　　　　(c) 测试结果

图 5 - 22　北京理工大学硅基 MEMS 波导

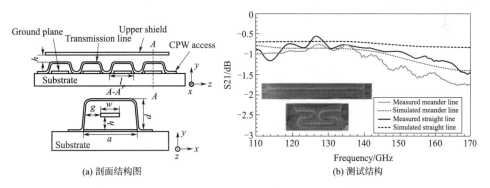

(a) 剖面结构图　　　　　　(b) 测试结构

图 5 - 23　法国利摩日大学硅基 MEMS 微同轴线

（DAVID F, CHATRAS M, DALMAY C, et al. Surface - micromachined rectangular micro - coaxial lines for sub - millimeter - wave applications [J]. IEEE Microwave and Wireless Components Letters, 2016, 26（10）: 756 - 758.）

衬底上加工出太赫兹介质波导，如图 5 - 24 所示，500～700 GHz 频率范围内的传输损耗系数为 0.2 dB/mm。2018 年，团队基于类似途径研制出介质弯波导，如图 5 - 25 所示，0.9～1.08 THz 频率范围内的损耗系数为 0.026 dB/cm。

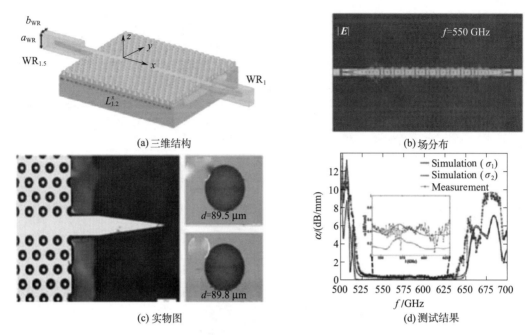

(a) 三维结构　　　　　　　　　　　(b) 场分布

(c) 实物图　　　　　　　　　　　　(d) 测试结果

图 5 - 24　加拿大滑铁卢大学太赫兹介质波导

(AMARLOO H, SAFAVI - NAEINI S. Terahertz line defect waveguide based on silicon - on - glass technology [J]. IEEE Transactions on Terahertz Science and Technology, 2017, 7 (4): 433 - 439.)

③3D 打印工艺

利用 3D 打印技术加工金属波导包括两种途径：一是打印 3D 非金属结构并在表面金属化；二是直接打印 3D 金属结构。图 5 - 26 为第一种途径案例。2017 年，伦敦帝国理工学院（Imperial College London）采用 3D 打印技术研制出 500~750 GHz 和 750 GHz~1.1 THz 金属波导，单位波导波长损耗分别为0.28 dB 和 0.67 dB，如图 5 - 27 所示，属于第二种途径。

对于介质波导来说，采用 3D 打印技术可以更为灵活地实现介质波导结构。2016 年，德国菲利普-马尔堡大学（Philipps - Universität Marburg University）采用 3D 打印技术制作出 120 GHz 介质波导传输线，如图 5 - 28 所示，传输损耗系数为 6.3 dB/m。

5.2.1.2　平面传输线

(1) 基本原理

微带线自上而下由顶层金属导带、介质层和金属地板组成。微带线金属导带上方为空气，下方为介质，属于非对称结构，不能传输纯 TEM 模式，仅能传输 TE 和 TM 混合模式，称为准 TEM 模，与纯 TEM 模电磁场分布相似度很高，如图 5 - 29 所示。微带线的重要几何参数包括顶层金属导带宽度 W 和厚度 t，以及介质层厚度 h。重要材料参数包括相对介电常数 ε_r 和介质损耗角正切 $\tan\delta$。太赫兹频段常用的金属材料包括铜和金，常用的介质材料包括石英（二氧化硅，SiO_2）、高阻硅（Si）、砷化镓（GaAs）、聚四氟乙烯（PTFE）等，如表 5 - 7 所示。

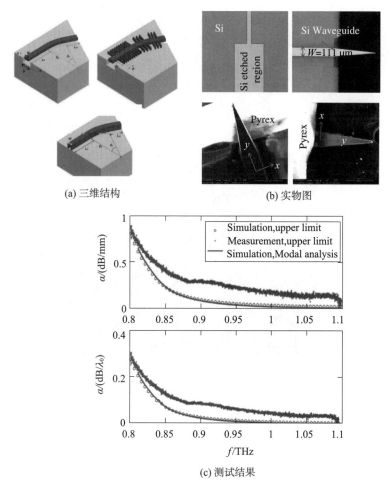

(a) 三维结构　　　　　　　　(b) 实物图

(c) 测试结果

图 5 - 25　加拿大滑铁卢大学太赫兹介质弯波导

(RANJKESH N，AMARLOO H，GIGOYAN S，et al. 1.1 THz U‐silicon‐on‐glass（U‐SOG）waveguide：A low‐loss platform for THz high‐density integrated circuits [J]. IEEE Transactions on Terahertz Science and Technology，2018，8（6）：702‐709.)

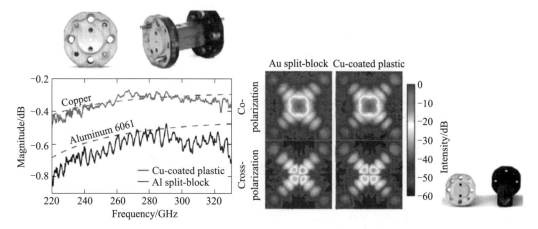

图 5 - 26　基于 3D 打印技术的太赫兹波导和天线

图 5-27 伦敦帝国理工学院 3D 打印太赫兹金属波导

（W J OTTER，et al. 3D printed 1.1 THz waveguides [J]. Electron. Lett.，2017，53：471-473.）

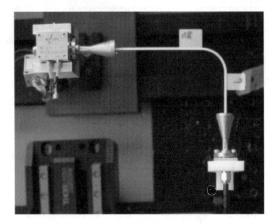

图 5-28 德国菲利普-马尔堡大学 120 GHz 介质波导传输线

（M WEIDENBACH，et al. 3D printed dielectric rectangular waveguides，splitters and couplers for 120 GHz [J]. Optics Express，2016，24：28968-28976.）

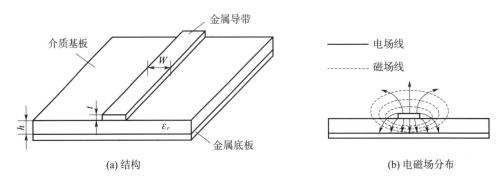

图 5-29 微带线

表 5-7 集成电路常用介质基板材料特性@220 GHz

材料	损耗角正切 $\tan\delta \times 10^{-4}$	相对介电常数 ε_r	电导率 $\sigma/(S/m)$	应用
99.5%氧化铝陶瓷	2	10	0.30	微带线
蓝宝石	1	10	0.40	微带线，集总参数元件
玻璃	20	5	0.01	微带线，集总参数元件
熔石英	1	4	0.01	微带线，集总参数元件

续表

材料	损耗角正切 $\tan\delta \times 10^{-4}$	相对介电常数 ε_r	电导率 $\sigma/(\text{S/m})$	应用
聚四氟乙烯	15	2.5	—	微带线
砷化镓	—	12.4	—	微带线，芯片
硅	—	11.8	—	微带线，芯片
磷化铟	—	10.8	0.7	微带线，芯片

（2）主要指标

①特性阻抗

无耗 TEM 模传输线的特性阻抗为

$$Z_c = \sqrt{L/C} = 1/(v_p C)$$

其中，L，C 分别为 TEM 模传输线单位长度的分布电感和分布电容。实际工程应用一般假设顶层金属导带厚度 t 近似于零，可采用以下经验公式计算特性阻抗：

情况 1——窄导带情况，即 $W/h < 1$，特性阻抗 Z_c 可近似为

$$Z_c = (60/\sqrt{\varepsilon_{re}}) \cdot \ln(8h/W + W/4h)$$

其中，$\varepsilon_{re} = (\varepsilon_r + 1)/2 + (\varepsilon_r - 1)/2 \cdot [(1 + 12h/W)^{-1/2} + 0.041(1 - W/h)^2]$。

情况 2——宽导带情况，即 $W/h > 1$，特性阻抗 Z_c 可近似为

$$Z_c = 120\pi/\{\sqrt{\varepsilon_{re}}[1.393 + W/h + 0.667\ln(W/h + 1.444)]\}$$

其中，$\varepsilon_{re} = (\varepsilon_r + 1)/2 + (\varepsilon_r - 1)/2 \cdot (1 + 12h/W)^{-1/2}$。

②相速度

微带线上的电磁波相速度为

$$v_p = c/\sqrt{\varepsilon_{re}}$$

其中，ε_{re} 为介质相对介电常数实部。

③衰减常数

衰减常数定义为单位长度内的传输能量衰减，可表示为

$$\alpha = \alpha_c + \alpha_d + \alpha_\tau$$

式中，α_c，α_d 和 α_τ 分别表征导体衰减、介质衰减和辐射衰减。

a. 导体衰减常数

微带线顶层导带和底层金属地板的面电流分布不均匀，无法得出导体表面附近切向磁场分量的精确解，通常采用"增量电感法"近似推导出导体衰减常数，即

$$\alpha_c = \begin{cases} 1.38A\dfrac{R_s}{hZ_c}\dfrac{32 - (W_e/h)^2}{32 + (W_e/h)^2}, & \dfrac{W}{h} \leqslant 1 \\[3mm] 6.1 \times 10^{-5}A\dfrac{R_s Z_c \varepsilon_{re}}{h}\left[\dfrac{W_e}{h} + \dfrac{0.667(W_e/h)}{1.444 + (W_e/h)}\right], & \dfrac{W}{h} > 1 \end{cases} \quad (\text{dB/m})$$

其中

$$A = 1 + \frac{h}{W_e}\left[1 + \frac{1}{\pi}\ln\left(\frac{2B}{t}\right)\right]$$

$$B = \begin{cases} 2\pi W, & \dfrac{W}{h} \leqslant \dfrac{1}{2\pi} \\[3mm] h, & \dfrac{W}{h} > \dfrac{1}{2\pi} \end{cases}$$

式中，R_s 为导体的表面电阻；W_e 为 $t \neq 0$ 时的导带等效宽度。

b. 介质衰减

微带线介质衰减可表示为

$$\alpha_d = \frac{k_0\,\varepsilon_r(\varepsilon_{re}-1)\tan\delta}{2\sqrt{\varepsilon_{re}}(\varepsilon_r-1)}(\mathrm{Np/m}) = 27.288\,\frac{\varepsilon_r}{\sqrt{\varepsilon_{re}}}\frac{\varepsilon_{re}-1}{\varepsilon_r-1}\frac{\tan\delta}{\lambda_0}(\mathrm{dB/m})$$

c. 辐射衰减

微带线是一种半开放传输线结构，会向周围空间辐射部分电磁波。太赫兹频段，微带线的辐射衰减是一个不可忽略的因素，可采用全波电磁仿真技术，参考天线建模方法计算出辐射衰减值。

④色散特性及尺寸选择

微带线的准 TEM 模具有色散性，特别是太赫兹频段的相速 v_p、等效介电常数 ε_{re} 和特性阻抗 Z_c 等参数与微波频段偏差较大，必须考虑色散效应。当 $2 \leqslant \varepsilon_r \leqslant 16,\ 0.06 \leqslant W/h \leqslant 16$ 时，$Z_c(f)$ 可用以下公式计算

$$Z_c(f) = Z_c\,\frac{\varepsilon_{re}(f)-1}{\varepsilon_{re}-1}\sqrt{\frac{\varepsilon_{re}}{\varepsilon_{re}(f)}}$$

其中

$$\varepsilon_{re}(f) = \left(\frac{\sqrt{\varepsilon_r}-\sqrt{\varepsilon_{re}}}{1+4\,F^{-1.5}}+\sqrt{\varepsilon_{re}}\right)^2$$

而

$$F = \frac{4h\,\sqrt{\varepsilon_r-1}}{\lambda_0}\left\{0.5+\left[1+2\log_{10}\left(1+\frac{W}{h}\right)\right]^2\right\}$$

工程应用中，为避免明显的色散效应，微带线工作频率应低于

$$f = \frac{0.95}{\sqrt[4]{\varepsilon_r-1}}\sqrt{\frac{Z_c}{h}}$$

式中，h 的单位为 mm。

（3）典型方案

微波频段，微带线通常采用印制电路板（Printed Circuit Board，PCB）工艺实现。太赫兹频段，由于精度要求更高，微带线通常采用半导体溅射、硅基 MEMS 等工艺加工。

2016 年，香港城市大学毫米波国家重点实验室采用 SOI（Silicon‐On‐Insulator）工艺加工出太赫兹硅基微带线，如图 5‐30 所示，750～925 GHz 频段范围内的单位波长损耗为 0.008 2～0.042 dB。

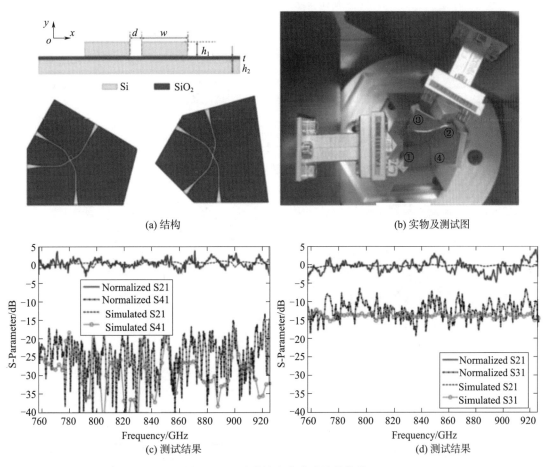

(a) 结构　　　　　　　　　　　　　　　　　(b) 实物及测试图

(c) 测试结果　　　　　　　　　　　　　　　(d) 测试结果

图 5-30　香港城市大学硅基微带线

(ZHU H T, XUE Q, HUI J N, et al. Design, fabrication, and measurement of the low-loss SOI-based dielectric microstrip line and its components [J]. IEEE Transactions on Terahertz Science and Technology, 2016, 6 (5): 696-705.)

　　2016 年，加拿大蒙特利尔理工学校（Montreal Polytechnic）提出一种太赫兹模式选择传输线（Mode-Selective Transmission Line，MSTL）结构，如图 5-31 所示，从近直流到 500 GHz 频率范围内的衰减均小于 0.35 dB/mm 且色散很小。

　　2016 年，美国加州大学戴维斯分校（UCD）在太赫兹通信电路中采用了石英衬底微带线实现芯片集成，如图 5-32 所示，165 GHz 频段附近的损耗常数为 0.06 dB/mm，带宽为 65 GHz。

　　2020 年，加拿大维多利亚大学（University of Victoria）提出一种功分器结构，采用共面带线（Coplanar Stripline，CPS），如图 5-33 所示，通过在 1 μm 厚氮化硅（Si₃N₄）薄膜上溅射 215 nm 厚 Au/Ti 合金加工而成，650 GHz 附近的插入损耗为 0.1 dB，端口隔离度为 30 dB，功率不平衡度小于 1 dB。

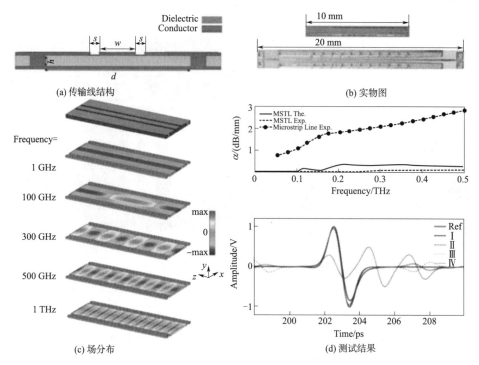

图 5-31 加拿大蒙特利尔理工学校太赫兹模式选择传输线

（FESHARAKI F，DJERAFI T，CHAKER M，et al. Low-loss and low-dispersion transmission
line over DC-to-THz spectrum ［J］. IEEE Transactions on Terahertz Science and
Technology，2016，6（4）：611-618.）

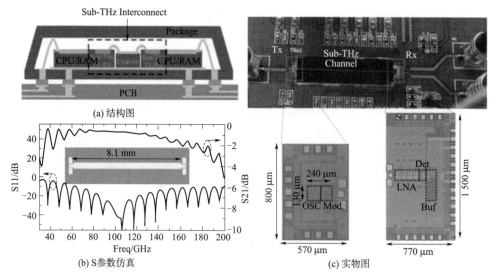

图 5-32 美国加州大学戴维斯分校太赫兹通信芯片微带线

（YU B，YE Y，LIU X L，et al. Microstrip line based sub-THz interconnect for high energy-efficiency
chip-to-chip communications ［C］//2016 IEEE International Symposium on Radio-Frequency
Integration Technology （RFIT）. IEEE，2016：1-3.）

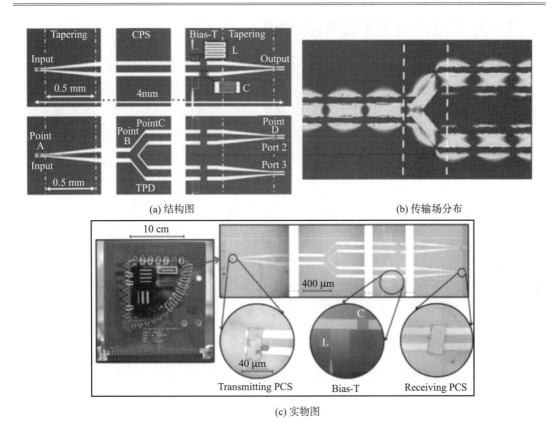

(a) 结构图　　　　　　　　　　　　　　　　　　　(b) 传输场分布

(c) 实物图

图 5-33　加拿大维多利亚大学太赫兹共面带线功分器

（GOMAA W，SMITH R L，ESMAEILSABZALI H，et al. Terahertz power divider using symmetric CPS transmission line on a thin membrane［J］. IEEE Access，2020，8：214425-214433.）

2021 年，德国斯图加特大学（Universität Stuttgart）和弗琅霍夫应用固体物理研究所（IAF）联合提出基于 35 nm InGaAs mHEMT 工艺的高频慢波薄膜微带线（Thin-Film MicroStrip Line，TFMSL），如图 5-34 所示，相比传统工艺在 110 GHz 和 220 GHz 频率附近的损耗分别降低 54 % 和 47 %。

5.2.1.3　模式变换器

立体传输线和平面传输线中的电磁场模式不同，必须采用模式变换器才能实现不同传输线之间的集成应用。

（1）基本原理

模式变换器用于实现电磁波的模式转换，例如，波导-微带过渡结构能够将波导的 TE_{10} 模式转换为微带线的准 TEM 模式，也称模式适配器。常见的过渡结构包括微带-脊波导过渡结构、微带-鳍线-波导过渡结构以及探针型波导-微带过渡结构等。

模式变换器的设计和实现主要考虑两个因素：1）过渡耦合需要发生在最大场强附近区域，以确保电磁场能量高效耦合，最大限度减少能量损失；2）两种模式的电场矢量方向应尽可能保持一致，减小模式转换过程中的不连续性和突变，减小反射损耗。

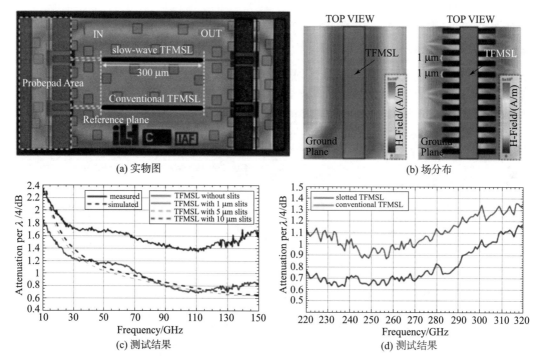

(a) 实物图　　　　　　　　　　　　　　(b) 场分布

(c) 测试结果　　　　　　　　　　　　　　(d) 测试结果

图 5 - 34　德国斯图加特大学和弗琅霍夫应用固体物理研究所 InGaAs 材料高频慢波薄膜微带线
（GATZASTRAS A，MASSLER H，LEUTHER A，et al. Implementation of Slow - Wave Thin - Film
Microstrip Transmission Lines in a 35nm InGaAs Technology ［C］//2021 16th European
Microwave Integrated Circuits Conference（EuMIC）. IEEE，2022：121 - 124.）

（2）典型方案

2011 年，美国亚利桑那大学（University of Arizona）设计了一种金属波导到微带过渡脊耦合结构，采用了聚合物喷射工艺加工，如图 5 - 35 所示。过渡结构在 100 GHz 处的插入损耗为 4 dB，在 220 GHz 时插入损耗为 15 dB。

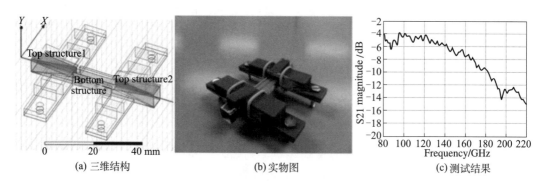

(a) 三维结构　　　　　　　　　(b) 实物图　　　　　　　　(c) 测试结果

图 5 - 35　美国亚利桑那大学波导-微带过渡结构
（LIANG M，NG W R，TUO M，et al. Terahertz all - dielectric EMXT waveguide to planar microstrip
transition structure ［C］//2011 International Conference on Infrared，Millimeter，and Terahertz Waves.
IEEE，2011：1 - 2.）

2017 年，日本 NTT 公司提出一种 LTCC 平面微带-波导过渡结构方案，由共面波导馈电槽结构和开路微带谐振器组成，采用空气过孔形成垂直波导，如图 5-36 所示，300 GHz 处的插入损耗为 4 dB，带宽为 36 GHz。

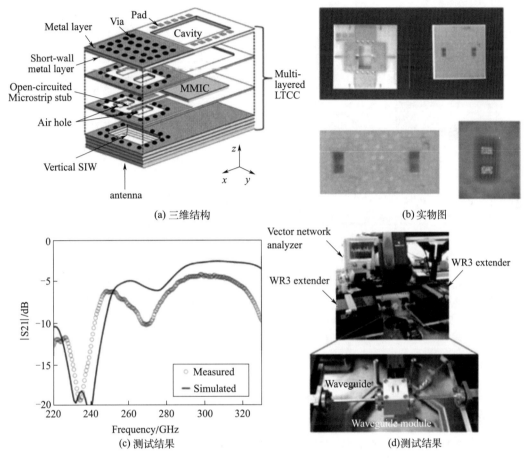

(a) 三维结构　　　　　　　　　　　　　　(b) 实物图

(c) 测试结果　　　　　　　　　　　　　　(d) 测试结果

图 5-36　日本 NTT 公司 LTCC 微带-波导转换结构

(TAJIMA T，SONG H J，YAITA M. Design and analysis of LTCC - integrated planar microstrip - to - waveguide transition at 300 GHz [J]. IEEE Transactions on Microwave Theory and Techniques，2015，64（1）：106-114.)

2018 年，美国加州大学戴维斯分校（UCD）与浙江大学联合提出一种基于高阻硅介质波导（DWG）的太赫兹芯片与波导互连结构，用于太赫兹芯片之间的正交模式信号传输，如图 5-37 所示。过渡结构在 140～210 GHz 频率范围内的插入损耗为 6.5 dB，平均衰减常数为 0.04 dB/mm。

2022 年，瑞典查尔姆斯理工大学（Chalmers University of Technology）设计了一款基于 Marchand 巴伦的宽带过渡器件，采用高阻硅介质衬底，槽线和微带线的金属材料为超导铌（Nb），如图 5-38 所示，210～375 GHz 频带内的插入损耗仅为 0.3 dB。

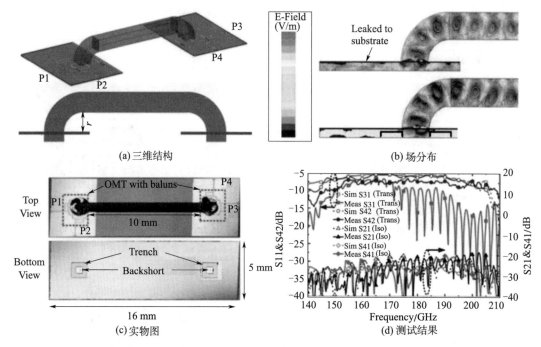

　　　　　　(a) 三维结构　　　　　　　　　　　　　　　　(b) 场分布

　　　　　　(c) 实物图　　　　　　　　　　　　　　　　　(d) 测试结果

图 5-37　美国加州大学戴维斯分校高阻硅介质波导-波导转换结构

（YU B，YE Y，DING X，et al. Ortho-mode sub-THz interconnect channel for planar chip-to-chip communications [J]. IEEE Transactions on Microwave Theory and Techniques，2017，66（4）：1864-1873.）

5.2.2　空馈传输线

　　空馈传输线利用透镜、反射镜等准光学器件将自由空间中的电磁波约束在一定范围内实现较长距离低损耗传输，技术源于几何光学领域。相比于路馈传输线，空馈传输线主要具有以下三个特点：1）空馈传输线在更高频率处（＞1 THz）展现出低损耗优势；2）空馈传输线的工作带宽几乎不受限制，而波导等路馈传输线的工作带宽通常受限于截止频率；3）空馈传输线加工实现难度更小、功率容量更大。

（1）基本原理

　　太赫兹空馈传输线采用的准光学器件截面尺寸通常在数个或数十波长以上，电磁波以高斯波束为主要形式，既具有射线（几何）光学特点，也表现出了波束的衍射效应，如图 5-39 所示。

　　图 5-40 给出了高斯波束的主要参数，包括束腰半径、光束有效截面半径、远场发散角等参数。束腰半径 $\omega_0 = \sqrt{\lambda L/(2\pi)}$，其中，$L$ 是共焦腔腔长（即两个透镜间的距离）；光束有效截面半径 $\omega(z) = \omega_0\sqrt{1+[\lambda z/(\pi\omega_0^2)]^2}$；远场半发散角 $\theta = \lambda/(\pi\omega_0) = \sqrt{2\lambda/(\pi L)}$；波阵面曲率半径 $R(z) = |z|\{1+[\pi\omega_0^2/(\lambda z)]^2\}$；瑞利距离 $z_R = \pi\omega_0^2/\lambda$；瑞利距离处截面半径 $\omega_s = \sqrt{2}\omega_0$；共焦参数（焦深）$L = 2z_R$。

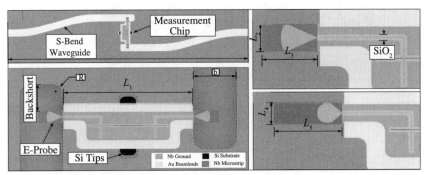

(a) 仿真结构

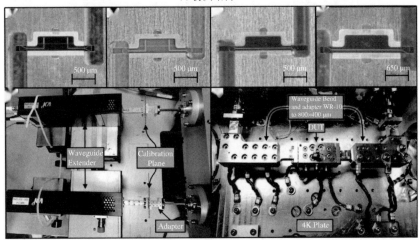

(b) 实物图

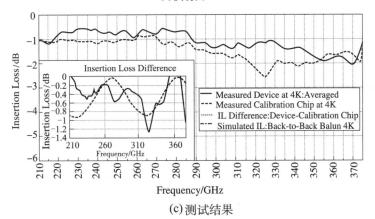

(c) 测试结果

图 5 - 38　瑞典查尔姆斯理工大学宽带过渡结构

(LÓPEZ C D，MEBARKI M A，DESMARIS V，et al. Wideband Slotline - to - Microstrip Transition for 210~375 GHz Based on Marchand Baluns [J]. IEEE Transactions on Terahertz Science and Technology，2022，12（3）：307 - 316.）

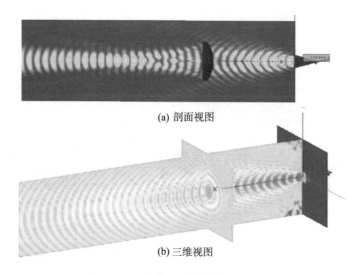

(a) 剖面视图

(b) 三维视图

图 5 - 39　太赫兹空馈传输线示意图

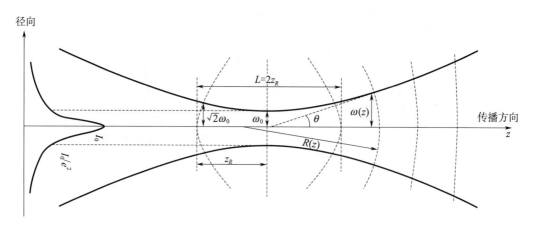

图 5 - 40　高斯波束主要参数示意图

（2） 典型方案

空馈传输线在太赫兹通信系统中应用广泛，典型案例可参见第 2 章和第 3 章相关内容，不再赘述。本节主要介绍一些典型工程方案。

欧洲下一代极轨气象卫星 MetOp - SG 搭载了 3 套微波辐射计，分别为微波探测仪（MWS）、微波成像仪（MWI）和冰云成像仪（ICI），分别工作于 18～183 GHz、23. 8～229 GHz、183～664 GHz 频段，均采用空馈传输线给反射面天线馈电，如图 5 - 41 所示。

2009 年，欧洲空间局（ESA）发射的赫歇尔/普朗克卫星（Herschel/Planck）上搭载了射电望远镜，采用双偏置反射面天线，工作频段为 30～857 GHz。反射面天线通过喇叭天线阵列馈电，高频馈源天线位于焦平面中心，低频馈源位于高频馈源旁边。主反射器口径为 1. 5 m，主副反射器均采用表面金属化的碳纤维结构，如图 5 - 42 所示。

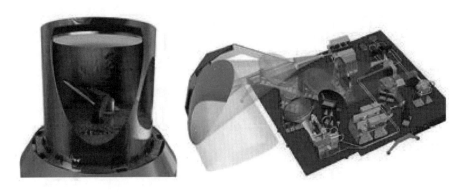

图 5 - 41　MetOp - SG 卫星的准光学馈电光路

图 5 - 42　Planck 卫星天线及馈源阵列

我国太赫兹冰云探测仪的设计频点为 183 GHz、243 GHz、325 GHz、448 GHz 和 664 GHz，其中 243 GHz 和 664 GHz 频点采用双极化（V 和 H）探测，其余频点采用 H 极化探测，共 7 个馈源。频率分配采用如图 5 - 43 所示准光馈电网络实现。

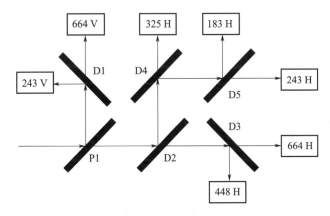

图 5 - 43　太赫兹冰云探测仪准光馈电网络

5.3　太赫兹波调控技术

波束调控是指对电磁波的传播方向和空间分布进行调节与控制。太赫兹通信系统中，波束分离（简称分束）和频率选择是两种最常用的波束调控技术，可以实现更高效和更可靠的信号传输与信道复用。

5.3.1　分束器

（1）基本原理

分束器能够将一束电磁波分离成多束电磁波并改变各路电磁波的传输方向，根据应用场景可分为功分、双工、耦合、极化分离等四种类型，如图 5-44 所示。功分型分束器能够实现波束能量的空间分割；双工型分束器能够实现收发波束的空间隔离；耦合型分束器能够将多路波束合并传输；极化分离型分束器能够实现极化信号的空间分离。

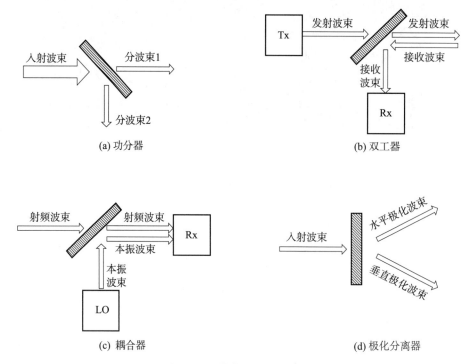

图 5-44　分束器的四种功能

分束器主要有两种实现方式：1）介质片或薄膜，选用厚度较薄并且对太赫兹波半透射半反射的材料，例如硅片和 Mylar 聚酯薄膜等，通过调节介质片或薄膜法向与入射波的夹角实现波束分离，通常能够实现十倍频程以上带宽；2）人工电磁周期结构，通过电磁周期结构改变入射太赫兹波的空间分布，利用重构场分布实现再辐射从而调整波束，还可以在周期结构单元上加载变容二极管等有源器件实现性能电控，设计灵活性更高。

（2）主要指标

衡量分束器的主要参数包括中心频率和带宽、插入损耗以及分束比。

①中心频率和带宽

中心频率和带宽的定义与前面介绍过的器件相同，此处不再赘述。

②插入损耗

插入损耗是指入射波束能量通过分束器传递至某一特定输出参考面时的功率损耗，通常采用分贝（dB）为单位。插入损耗主要由三个因素引起：1）分束引起的能量损失；2）分束器自身材料损耗；3）分束器等效阻抗与空间自由波阻抗失配导致的反射损耗。

分束器属于空间馈电型器件，实际测试通常利用喇叭天线来接收空间波束再通过功率计等实现功率测量。图 5-45 给出了分束器输入和输出端口定义示意图。第 n 路波束的插入损耗 $L(dB) = 10 \times \log_{10}(P_{IN}/P_{OUTn})$。其中，$P_{IN}$ 为输入功率，P_{OUTn} 为第 n 路输出功率。

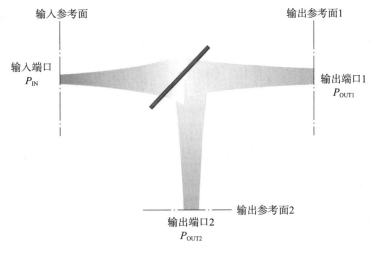

图 5-45　分束器输入输出端口定义示意图

③分束比

分束比是指第 n 个输出端口功率与各端口输出功率之和的百分比，反映了分束器将输入功率分配至某个输出端口的效率，有 $S_n = P_{OUTn}/\sum P_{OUTi} \times 100\%$。

（3）典型方案

①功率分配应用

TYDEX 公司已经形成太赫兹功率分束器产品化，采用高阻硅材料，100～1 000 μm 波长范围内的透射率与反射率分别为 54% 和 46%，如图 5-46 所示。

2022 年，中国计量科学研究院提出一种超表面太赫兹功率分束器方案，如图 5-47 所示。金属超表面由单层圆形孔单元组成，可以通过调整编码单元排列方式实现传输角调节，工作频率为 1.3 THz，分裂角为 11.09°。

②收发隔离应用

2011 年，美国 JPL 实验室研制出 675 GHz 调频连续波雷达，采用 232 μm 厚高阻硅片

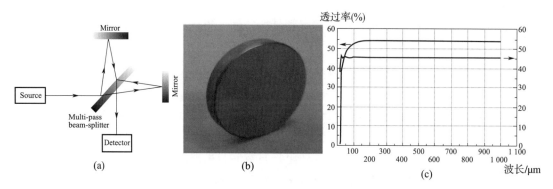

图 5-46　俄罗斯 TYDEX 公司太赫兹分束器产品

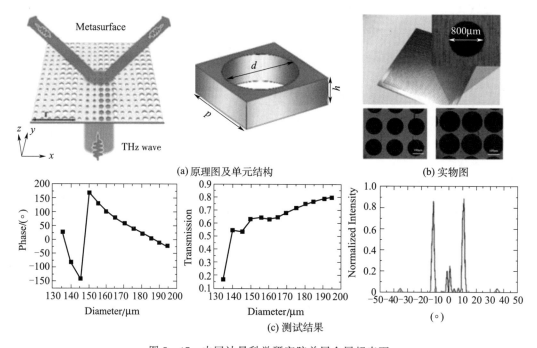

图 5-47　中国计量科学研究院单层金属超表面

(ZHANG C，LI C，FANG B，et al. Transmission terahertz power beam splitter based on a single-layer metal metasurface [J]. Applied Optics，2022，61（14）：4153-4159.)

分束器实现收发波束隔离，分束器与收发链路轴线夹角均为 45°，理想条件插入损耗为 3 dB，收发链路前级总损耗为 6 dB，该方案简单、成本低，但在系统前级引入损耗，导致系统信噪比降低。

为了解决上述方案不足，团队于 2012 年研制了光栅（可视为一种人工电磁周期结构）极化双工器，如图 5-48 所示，采用具有线极化特性的金属栅网替代高阻硅片实现水平极化信号透射和垂直极化信号反射，解决了传统高阻硅片双工器方案存在收发链路总损耗高的问题,使系统信噪比提升 4～5 dB。

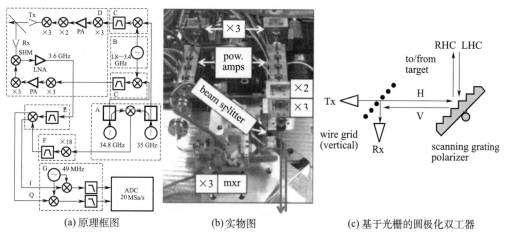

(a)原理框图 (b)实物图 (c)基于光栅的圆极化双工器

图 5-48 美国 JPL 实验室 675 GHz 调频连续波雷达

③本振馈电应用

2012 年,本书作者团队研制出 330 GHz 太赫兹准光混频器,325～330 GHz 频率范围内的变频损耗小于 20 dB,最小值为 15 dB。混频器采用 500 μm 厚高阻硅片作为分束器实现 325 GHz 本振信号空间馈入,如图 5-49 所示,分束器插入损耗为 3.5 dB。

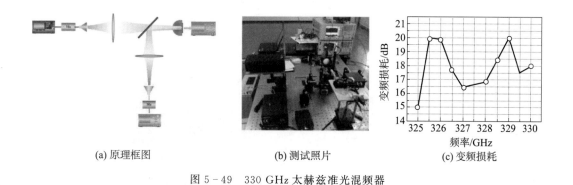

(a)原理框图 (b)测试照片 (c)变频损耗

图 5-49 330 GHz 太赫兹准光混频器

2018 年,本书作者团队基于上述方案设计了直接检波/外差混频双模探测方案,利用四个聚四氟乙烯平凸光学透镜(OL)和一个高阻硅分束器(BS)实现太赫兹信号分配,如图 5-50 所示。

④极化分离应用

2004 年,美国 NASA 发射的地球观测系统卫星(EOS)搭载了微波临边探测器(Microwave Limb Sounder,MLS)载荷,由 118 GHz、190 GHz、240 GHz、640 GHz 辐射计组成,各频段辐射计采用极化分离光栅(文献中称为"二向色板",Dichroic Mirrors)实现信号分频,如图 5-51 所示。

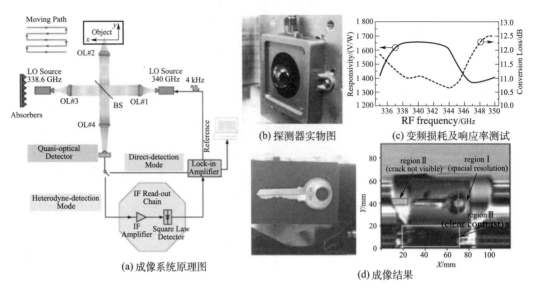

图 5 - 50　　330 GHz 太赫兹准光探测系统

(LI M，MOU J，GUO D，et al. Design and imaging demonstrations of a terahertz quasi - optical Schottky diode detector [J]. Journal of Infrared and Millimeter Waves，2018，37（6）：717 - 722.)

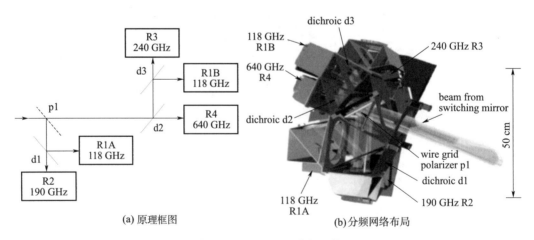

图 5 - 51　EOS 卫星分频网络

(GOV J N . Design and field - of - view calibration of 114～660 GHz optics of the Earth Observing System Microwave Limb Sounder [J]. IEEE Transactions on Geoscience and Remote Sensing，2006，44（5）：1166 - 1181.)

　　2018 年，澳大利亚阿德莱德大学（University of Adelaide）提出一种宽带圆极化波束分离方案，如图 5－52 所示，利用不同极化谐振单元组成子阵构成双折射超材料，能够分离左旋圆极化和右旋圆极化。极化分束器可以工作于 580 GHz～1 THz，相对带宽为53%，典型效率为 61%@780 GHz。

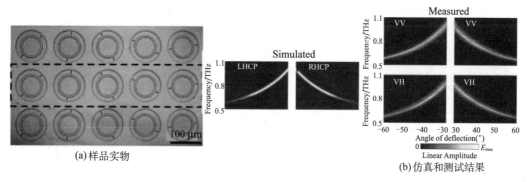

图 5－52　宽带圆极化波束分离器

　　2020 年，澳大利亚悉尼科技大学（University of Technology Sydney）提出一种 3D 打印低剖面菲涅尔-罗森棱镜方案，如图 5－53 所示，利用罗森棱镜实现两个正交极化信号出射角的独立调控，通过集成菲涅尔透镜使整体厚度减小 50%，损耗降低 50%。

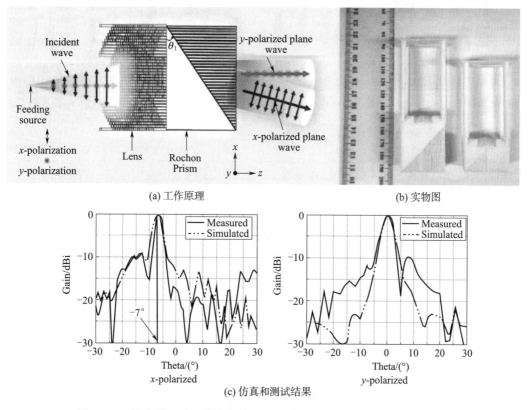

图 5－53　澳大利亚悉尼科技大学基于 3D 打印的低剖面菲涅尔-罗森棱镜

5.3.2　频率选择表面

（1）基本原理

频率选择表面（Frequency Selective Surface，FSS）本质上是一种人工电磁周期结构，通过一系列金属图案单元的有序排列形成特定频率响应特性，具有选频功能。当太赫兹波照射频率选择表面时，会激发出金属图案表面电流，单元图案使入射电磁波空间分布发生了重构并产生二次辐射，单元之间形成了等效谐振电路，表现出频率选择特性。

频率选择表面根据滤波特性可以分为低通、高通、带通和带阻四种类型，如图 5-54 所示。根据极化特点，频率选择表面可分为极化不敏感型和极化敏感型两种类型；其中，极化不敏感型器件的金属图案单元通常为中心对称图形，极化敏感型器件的金属图案单元通常为轴对称图形，如图 5-55 所示。根据频率响应特性能否电调，频率选择表面可分为无源和有源两种类型；其中，无源频率选择表面仅由周期性金属图案组成，频率选择特性固定不变；有源频率选择表面通过集成有源器件（例如变容二极管）或采用液晶等材料可以实现中心频率、带宽等参数的灵活电控调节，如图 5-56 所示。

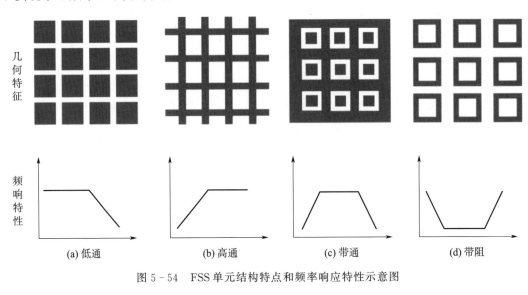

图 5-54　FSS 单元结构特点和频率响应特性示意图

图 5-55　极化特点

频率选择表面的主要指标包括 3 dB 带宽、插损、带外抑制度、矩形系数等，与传统滤波器的指标定义基本一致，如图 5-57 所示，此处不再赘述。但不同于传统滤波器，频率选择表面的插损、带外抑制度等指标，是入射角度的函数。

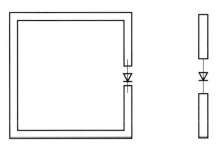

图 5-56　有源频率选择表面单元

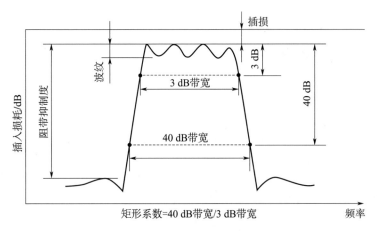

图 5-57　频率选择表面滤波特性示意图

（2）典型方案

2006 年，德国埃尔朗根-纽伦堡大学（University of Erlangen - Nuremberg）在高阻硅介质上溅射周期性金属图案研制出 300 GHz 频率选择表面，带内插损为 1 dB，带外抑制大于 30 dB@450 GHz。

2018 年，中国计量大学采用双层锡箔结构研制出 1 THz 频率选择表面，锡箔的厚度为 10 μm、损耗正切为 0.002，如图 5-58 所示，3 dB 带宽可达 400 GHz。

2018 年，电子科技大学研制出基于六边形介质集成波导（Substrate Integrated Waveguide，SIW）的太赫兹频率选择表面，具有高极化稳定性和高频率选通性，如图 5-59 所示。方案可以采用低成本 PCB 加工实现，原型结构的中心频率为 140 GHz，相对带宽为 7%，中心频率处插入损耗为 0.28 dB，在 0°～15°入射角范围内具有稳定的频率选通特性。

2022 年，澳大利亚阿德莱德大学（University of Adelaide）研制出频率可调谐的 275 GHz 频率选择表面，通过机械螺旋微调距方式实现中心频率调节，机械螺旋微调距结构的调距范围为 50～500 μm、调距精度为 10 μm，能够实现 227～309 GHz 范围内的频率调节，带内插损优于 1.3 dB，如图 5-60 所示。频率选择表面选用环烯烃聚合物（Cyclic Olefin Copolymer，COC）介质，相对介电常数为 2.34，损耗角正切为 0.000 7。

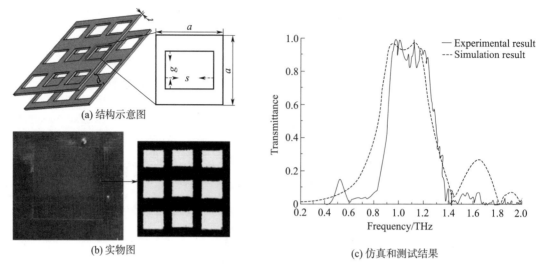

(a) 结构示意图

(b) 实物图

(c) 仿真和测试结果

图 5 - 58　中国计量大学双层锡箔结构频率选择表面

(LI J S, et al. Terahertz Bandpass Filter Based on Frequency Selective Surface，IEEE

Photonics Technology Letters，2018，30（3）：238 - 241.)

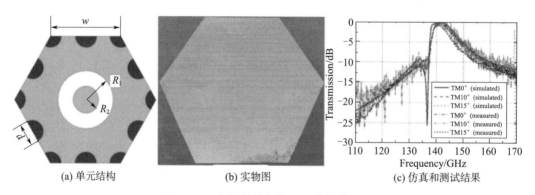

(a) 单元结构　　　　　　　　　(b) 实物图　　　　　　　　(c) 仿真和测试结果

图 5 - 59　电子科技大学 SIW 太赫兹 FSS

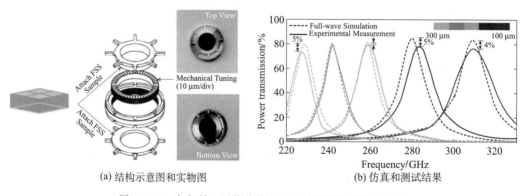

(a) 结构示意图和实物图　　　　　　　　　　(b) 仿真和测试结果

图 5 - 60　澳大利亚阿德莱德大学机械调频频率选择表面

第 6 章　编码与调制技术

信源编码用于降低码元速率、提高信息传输有效性；信道编码用于保障信号传输可靠性；调制用于将基带信号变换全适合信道传输的频段；信道估计与均衡用于减小信道特性对信号传输的影响，提高信号传输质量。本章依次介绍信源编码、信道编码、调制与解调以及信道估计与均衡的基本原理，打通系统设计与应用设计环节。

6.1　信源编码

信源编码用于实现信源输出信号的变换，主要包括模拟信号数字化和信源数据压缩两个过程，如图 6-1 所示。模拟信号数字化主要将模拟信号转换为时间离散且幅度量化的数字信号，使信号更易于存储、传输和处理；信源数据压缩主要是在确保信息可靠完整的前提下，尽可能减少码元数目以降低数据存储空间、减小传输占用带宽，提高信息传输效率。

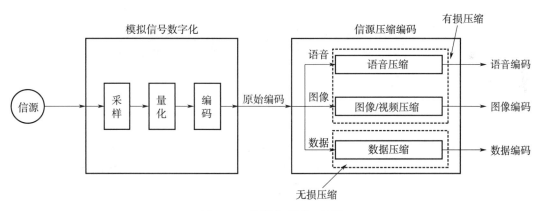

图 6-1　信源编码原理框图

6.1.1　模拟信号数字化

模拟信号数字化是将连续时间模拟信号转换成数字信号的过程。模拟信号是时间和信号取值均连续的信号，可以表示声音、图像、温度等实际物理量；数字信号是时间和信号取值均离散的信号，需要编码后传输。模拟信号数字化过程包括采样（Sampling）、量化（Quantization）和编码（Coding）三个主要步骤，如图 6-2 所示。执行上述过程的器件称为模数转换器（Analog to Digital Converter，ADC）。

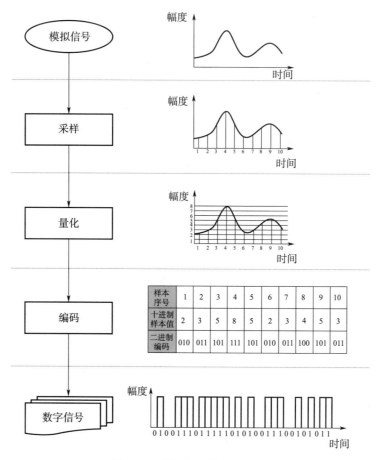

图 6 - 2　模拟信号数字化过程

（1）采样

　　采样是将模拟信号时间域离散化的过程，通过采样处理将时间连续的模拟信号变换成时间离散的模拟信号。采样的理论基础是奈奎斯特定理。单位时间的采样数量称为采样频率 f_S，需要满足一定要求才能无失真地恢复模拟信号。对于低通信号，要求采样频率满足 $f_S \geqslant 2 \cdot f_H$；其中，$f_H$ 是低通信号的频率上限。对于带通信号，要求采样频率需满足 $f_S \geqslant 2 \cdot B(1+k/n)$；其中，$B = f_H - f_L$ 是带通信号的带宽，f_H 和 f_L 分别是带通信号的上限和下限频率，$n = [f_H/B]$（取整数部分），$k = \{f_H/B\}$（取小数部分）。

　　采样过程可以看成是模拟信号对周期性脉冲序列的调制，因此也称为脉冲调制。根据周期性脉冲序列特点，脉冲调制可以分为脉冲振幅调制（Pulse Amplitude Modulation，PAM）、脉冲宽度调制（Pulse Width Modulation，PWM）以及脉冲位置调制（Pulse Position Modulation，PPM）三种类型，如图 6 - 3 所示。脉冲振幅调制（PAM）中，周期性脉冲序列幅度随模拟信号幅度等比例变化；脉冲宽度调制（PWM）中，周期性脉冲序列的脉冲宽度随模拟信号幅度变化；脉冲位置调制（PPM）中，周期性脉冲序列的脉冲位置随模拟信号幅度变化，但脉冲宽度保持不变。

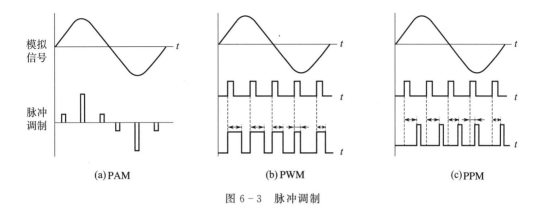

| (a) PAM | (b) PWM | (c) PPM |

图 6 - 3　脉冲调制

(2) 量化

量化是指将幅度连续的模拟信号转换为幅度离散的数字信号过程。量化首先需要把连续幅度划分为有限个不重叠子区间，每个子区间可以用一个确定数值表示；凡是落入某个子区间的模拟信号都可以用对应数值表示，使模拟信号变为具有有限个离散值电平的近似信号。

量化主要包括两种分类方式：1) 根据量化值是否均匀，可以分为均匀量化和非均匀量化，均匀量化的量化值是等间隔分布的（线性均匀），非均匀量化的量化值是不等间隔分布的（非线性，例如指数、对数等）。2) 根据被量化信号的维数，可以分为标量量化（Scalar Quantization）和矢量量化（Vector Quantization），标量量化通常用于语音等一维信号量化，矢量量化通常用于图像等二维以上维数信号的量化。

①标量量化

图 6 - 4 以一维信号标量量化过程为例阐释量化的基本原理。$m(t_S)$ 是模拟信号采样后得到的采样信号。抽样时间记为 $t_S = k \cdot T_S$；其中，$T_S = 1/f_S$ 是抽样周期，k 是整数。若用 N 位二进制数字信号对采样信号进行量化，则需要将幅度划分为 $M(M = 2^N)$ 个子区间，量化后的采样信号幅度记为 $m_q(t_S) = q_i$，$q_i(i = 1, 2, \cdots, M)$ 是子区间的量化值。量化前后的抽样信号幅度差值 $\Delta = |m(t_S) - m_q(t_S)| = |m(t_S) - q_i|$ 称为量化误差（quantization error）或量化噪声（quantization noise）。衡量量化过程质量的重要指标是量噪比，即信号功率与量化噪声功率之比。量化电平数越多，量化噪声越小，信噪比越高，量化过程质量越高。量化后的信号需要用 $N = \log_2 M$ 个二进制码元表示，即 N bit 量化。

②矢量量化

对多维信号的整体量化称为矢量量化，广泛应用于图像压缩、移动通信等领域。通过矢量量化可以将图像或视频等二维信号的数据做进一步压缩并且保持图像或视频质量基本不变。在实际应用中，也通常对一维信号进行分组形成多维信号再整体量化从而提升效率。

n 维信号矢量 $\boldsymbol{x} = (x_1, x_2, \cdots, x_n)$ 对应 n 维欧几里得空间中的一个点，如图 6 - 5

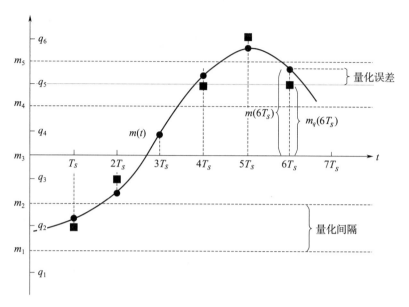

图 6-4 量化过程

所示。若用 M 个电平表示量化后的电平，则量化电平矢量为 $\boldsymbol{q}_i = (q_{i1}, q_{i2}, \cdots, q_{in})$，该量化电平矢量称为"码字"（code word）或"码矢"（code vector）。若对 q_i 进行编号，则用 $N = \log_2 M$ bit 编号就可以表示上述量化电平，该编号称为"码字编号"。码字与码字编号之间的对应关系可以用码书（code book）表示。

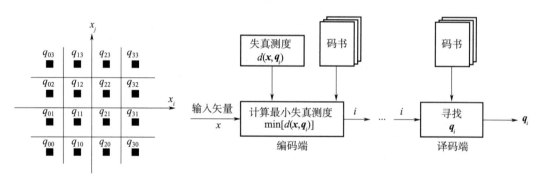

图 6-5 矢量量化原理

传输过程并不需要直接传输上述量化矢量，而仅需传输码字编号；发送端和接收端均采用相同码书，通过接收到的码字编号即可查出对应码字。在加密通信中，码书可以隐藏真实信息，使未授权用户无法读取和理解通信内容。

编码速率（码率）为 $R = N/n$，即单位抽样值需要的二进制数，单位为 bit/抽样值。例如，对于某个信号来说，抽样速率 $f_s = 8$ Mbps，若将量化空间划分为 $M = 256$ 个量化区域并用 $n = 8$ 维矢量对抽样量化，则编码速率（码率）$R = \log_2 M/n = 1$ bit/抽样值，则传输速率 $R_B = f_s \cdot R = 8$ Mbps；若采用标量量化，即 $n = 1$，码率为 8 bit/抽样值，传输速率 $R_B = 64$ Mbps。由此可见，矢量量化的优点在于能够实现数据的有效压缩但不损失信息。

矢量量化的量化误差用失真测度 $d(\boldsymbol{x}，\boldsymbol{q}_i)$（distortion measure）的统计平均值 D 衡量，即 $D = E[d(\boldsymbol{x}，\boldsymbol{q}_i)]$。矢量量化的设计关键是使失真测度统计平均值 D 最小化。在欧几里得空间中，失真测度可以用平方失真测度 $d(\boldsymbol{x}，\boldsymbol{q}_i) = \sum_{j=1}^{n}(x_j - q_{ij})^2$、绝对误差失真测度 $d(\boldsymbol{x}，\boldsymbol{q}_i) = \sum_{j=1}^{n}|x_j - q_{ij}|$ 等定义。

（3）编码

模拟信号经过采样和量化后变成了时间和幅度均为离散值的样本，将该样本变成相应的 M 进制代码，整个过程称为"脉冲编码调制"（Plulse Code Modulation，PCM）。编码速率定义为原始模拟信号经过采样、量化和编码后的每秒输出数据速率，有 $R = f_S$（采样率）$\times N$（量化比特数）。

6.1.2　信源压缩编码

（1）概述

信源数据压缩是减小数据冗余性使数据所需存储空间或传输带宽减小的过程。在实际应用中，未经压缩的信息源数据量通常很大。例如，未压缩的视频信息传输速率高达 140 Mbps 以上，高清电视的传输速率高达 1 Gbps。由于各类信息源存在大量重复性数据，称为冗余信息，可以通过信源数据压缩减小冗余信息以降低信息传输速率要求。

压缩比是衡量信源数据压缩程度的关键指标之一，定义为原数据长度与压缩后数据长度的百分比。信源压缩编码主要分为有损压缩和无损压缩。因为人耳和眼睛对语音和图像信号允许有少许失真，所以语音和图像信息通常采用有损压缩编码。典型的有损压缩编码包括 VSELP、JPEG、MP3、MPEG 等。数据信息必须采用无损压缩编码，因为计算机直接处理的数字数据信号不允许有任何损失，所以数据信息必须采用无损压缩编码。典型的无损压缩编码包括 Huffman 编码、算术编码等。

（2）语音压缩编码

语音是人们进行日常交流的主要方式之一，频率范围通常在 300～3 400 Hz 之间。根据采样定理，通常采用 8kHz 采样频率对语音信号进行采样。考虑到人耳听觉能力，通常会采用 8 bit 量化语音信号。因此，语音模拟信号的编码速率可以达到 64 kbps。对于有线通信，光纤具有较大带宽，能够满足大容量语音通信需求；但对于卫星通信、移动通信等带宽受限场景，要求语音在不降低通信质量和理解能力的前提下尽可能占用较小带宽。因此，中低速率（<16 kbps）和极低速率（<4 kbps）语音编码技术得到了发展。根据编码方式和特点，语音压缩编码可以分为波形编码、参量编码和混合编码，如表 6-1 所示。

表 6-1　典型语音编码应用

编码类型	系统类型	典型系统	语音编码	编码速率/kbps
波形编码	有线通信	PSTN	PCM	64

续表

编码类型	系统类型	典型系统	语音编码	编码速率/kbps
参量编码	无线通信	DECT	ADPCM	32
混合编码	移动通信	GSM	RPE－LTP	13
		DAMPS	VSELP	8
	卫星通信	Inmarsat－M	VSELP	4.8
		ICO	VSELP	3.6
		Iridium	VSELP	2.4

①波形编码

波形编码将语音信号作为一般波形信号进行处理，尽可能准确重建语音波形使之与原始语音信号波形保持一致。该编码方法适应能力强且语音质量好，但需要较高的编码速率（通常≥16 kbps）并且编码质量随编码速率降低而显著下降。

典型的波形编码方法包括脉冲编码调制（PCM）、自适应增量调制（Adaptive Delta Modulation，ADM）、自适应差分编码（Adaptive Differential Pulse Code Modulation，ADPCM）等。脉冲编码调制（PCM）已在6.1.1节介绍过，此处不再赘述。自适应增量调制（ADM）通过增量计算压缩语音信号数据，能够有效减少数据冗余、提高编码效率。自适应差分编码（ADPCM）通过比较相邻两个采样点差值进行编码，编码质量更高、编码速率更低。

1972年，国际电话电报咨询委员会（International Telegraph and Telephone Consultative Committee，CCITT，即现在的ITU－T）发布的64 kbps语音编码标准G.711即采用了PCM编码，先对语音信号进行8 kHz采样，然后用8 bit非线性μ律或A律对每个采样值进行量化编码。1984年之后的G.721、G.723、G.726和G.727标准均采用ADPCM编码，每个语音样值用4 bit编码，一条PCM线路可同时传两路电话，能实现64 kbps PCM信道与32 kbps信道的相互转换（根据G.711建议）。

②参量编码

参量编码通过提取语音信号特征参数并对参数进行编码使重建语音信号具有尽可能高的可靠性。参量编码充分利用了语音信号中的自然冗余和人类听觉系统特性提取模型参量。尽管重建信号波形同原语音信号波形具有较大差别，但能够在保持原语音语意自然易懂的基础上降低编码速率（典型值为2.4 kbps）。相比于波形编码，参量编码的抗噪声性能和合成语音质量较差。

典型的参量编码方法包括线性预测编码（Linear Predictive Coding，LPC）、倒谱编码（Cepstral Coding）等。线性预测编码基于线性回归分析，通过分析语音信号的线性预测关系提取出语音信号的动态特征和静态特征，实现语音信号的编码和解码。倒谱编码基于频谱分析，将语音信号的频谱特征转化为倒谱参数并提取出倒谱特征，实现语音的识别与合成。

③混合编码

混合编码兼顾了波形编码的高质量和参数编码的高效率优势，可以在2.4～16 kbps

较低速率下重建高质量语音。典型的混合编码方法包括码激励线性预测编码（Code Excited Linear Prediction，CELP）、矢量和激励线性预测编码（Vector Sum Excited Linear Prediction，VSELP）、规则脉冲激励长期预测编码（Regular Pulse Excitation - Long Term Prediction，RPE - LTP）等。CELP 利用了人耳掩蔽效应和线性预测编码（LPC）技术，通过寻找码本中的最佳激励矢量实现原始语音逼真再现。VSELP 是在 LPC 基础上引入矢量量化（Vector Quantization），通过寻找与原始语音最近的矢量作为激励源，提高了编码精度和重建语音质量。RPE - LTP 是一种基于规则脉冲和长期预测的混合编码方法，通过优化脉冲激励和长期预测模型实现语音信号的精确描述和再现。

1991 年，美国颁布了 CELP 编码标准 FED - STD 1016，能够实现 4.8 kbps 编码速率；1999 年，欧洲通信标准协会（European Telecommunications Standards Institute，ETSI）推出了基于 CELP 编码的 3G 自适应速率语音编码器（AMR），最低编码速率可达 4.75 kbps。随后推出的低时延 CELP 编码（LD - CELP）是世界上第一个标准参数语音编解码器标准，能够在 16 kbps 速率条件下实现优于 2 ms 的低时延高质量语音编码，有助于提高卫星通信的信道利用率、实现卫星地球站小型化。

（2）图像压缩编码

万物互联时代，大量信息将以数字化方式表征、存储和传输，其中大部分信息是图像信息。相比于语音信号，图像信息占用空间更大，更加有必要进行压缩处理。

图像压缩包括静止图像压缩和动态图像压缩（视频压缩）两类。静态图像压缩通过像素之间的相关量描述冗余，常常在变换域中进行有损压缩，典型方法是 JPEG 标准（Joint Photographic Experts Group）；动态图像压缩，也称为视频压缩，利用单帧图像内的空间冗余和相邻图像帧之间的时间冗余进行压缩，典型方法是 MPEG 标准（Moving Picture Experts Group）。

①JPEG 系列标准

ISO 和 CCITT 于 1986 年共同成立了联合图像专家组（JPEG），制定了以自适应离散余弦变换编码（Adaptive Discrete Cosine Transform，ADCT）为基础的"连续色调静止图像压缩编码建议"并于 1991 年成为 ISO/IEC 10918 号标准。

JPEG 图像编码广泛应用于互联网和数码相机领域，约 90% 的图像都采用了 JPEG 压缩标准。JPEG 在中高速率条件下具有良好性能，但仍存在一些不足：1）在低速率条件下会出现明显的方块效应，图像质量恶化；2）同一个压缩码流中不能同时提供有损和无损压缩；3）虽然规定了重启时间，但比特差错会导致图像质量严重损坏。

鉴于上述问题，JPEG 工作组于 2000 年底公布了新版静止图像压缩标准 JPEG 2000，标准号为 ISO/IEC 15444。JPEG 2000 不仅与 JPEG 标准兼容，而且还具有以下优点：1）JPEG 2000 的图像压缩比相比于 JPEG 标准提高了 10%～30%，即在相同图像质量下可以节省更多存储空间，并且 JPEG 2000 图像通常看起来更加细腻平滑，图像整体质量更高；2）同一个压缩码流中能同时提供有损和无损压缩，用户可以根据具体需求平衡图像质量和压缩率；3）支持渐进传输，允许图像按照所需的分辨率或像素精度重构，在达到所需图像分辨率或质量要求后即可终止解码，无须接收整个图像压缩码流；4）采用小波技术，能够在不解码情况下利用局部分辨特性随机获取某些感兴趣图像区域的压缩码流并对图像压缩数据执行传输、滤波等操作；5）输出码流能够有效抑制误码。JPEG 2000 在网络图像传输、军事侦察和气象预报、远距离无线信道图像传输、安全确认、身份认证、医学等领域应用广泛。

②ITU‐T H 系列标准

1990 年，ITU‐T 制定了第一个视频编码标准 H.261，其全称是 $p \times 64$ kbps 视听业务的视频编解码器。其中，p 取 1～30 的整数，覆盖了整个综合业务数字网（Integrated Services Digital Network，ISDN）的基群信道速率；$p = 1$ 或 2 时用于可视电话业务，$p > 6$ 时用于会议电视业务。该标准在图像编码基础上，首次采用"DCT＋帧间运动补偿预测"混合编码模式，成为后续各类视频编码标准的重要基础。

1995 年，ITU‐T 推出低码率视频编码标准 H.263，支持码率小于 64 kbps 的应用，在低码率条件下的图像效果优于 H.261。1998 年 ITU‐T 推出 H.263＋，能够提供更多的用户服务选项，具体包括：1）H.263 只有 5 种视频源格式，而 H.263＋允许使用更多的源格式；2）图像时钟频率选择种类更多，能够拓展更多应用；3）支持多显示率、多速率和多分辨率，在易误码易丢包异构网络环境下具有更高视频传输质量，可扩展性也更强；4）H.263＋改进了 H.263 中的不受限运动矢量模式，新增 12 个可选模式，提高了编码性能、增强了应用灵活性。2000 年，ITU‐T 又公布了 H.263＋＋，在 H.263＋基础上增加了三个选项，分别是增强型参考帧选择、数据分片，以及一些增强抗误码能力和编码效率的补充信息。

2003 年，ITU‐T 与 ISO/IEC（International Electrotechnical Commission，国际电工委员会）组成的联合视频组（Joint Video Team，JVT）制定了新一代视频压缩编码标准 H.264，命名为高级视频编码（Advanced Video Coding，AVC），作为 MPEG‐4 标准的一个可选项。相比于先前的视频压缩标准，H.264 引入了 4×4 整数变换、空间域帧内预测、1/4 像素精度运动估计、多参考帧与多种大小块帧间预测等技术，因此视频压缩比更高、图像质量更优、网络适应性更好，具体体现在：1）在相同重建图像质量条件下，H.264 比 H.263＋和 MPEG‐4 SP（Simple Profile，简单级）的误码率小 50％；2）对信道时延适应性较强，既可工作于视频会议等低时延场景，又可工作于视频存储等无时延限制场景；3）网络适应性更好，采用网络友好结构和语法强化了误码和丢包处理能力，解码器差错恢复能力更优；4）在编解码器中采用复杂度分级设计，方便用户在图像质量和编码处理之间进行权衡，适应不同复杂度应用。

③MPEG 系列标准

MPEG 系列标准被应用于卫星数字电视广播视频压缩。

1992 年，ISO/IEC 制定了针对视频存储压缩和播放应用的 MPEG‐1 标准，采用运动补偿帧间预测、二维 DCT、变长游程编码等技术，引入帧内帧（I 帧）、预测帧（P 帧）、双向预测帧（B 帧）和直流帧（D 帧）概念，提高了编码效率，码速率约为 1.5 Mbps，在

VCD、计算机磁盘等方面应用广泛。。

1995 年，ISO/IEC 推出 MPEG - 2 标准，相比于 MPEG - 1 增加了数字存储媒体命令与控制（DSM - CC）、高级音频编码（AAC）、DSM - CC 一致性、实时接口等四个部分，既涵盖了 MPEG - 1 的应用范围，也可用于数字电视广播和 DVD 等方面，功能更强、应用更广。

1999 年，ISO/IEC 推出适合多媒体应用的 MPEG - 4 标准，主要包括系统、视觉信息、音频、一致性、参考软件、多媒体传送集成框架（DMIF）、优化软件、IP 中的一致性、参考硬件描述等 9 个部分，引入视听对象编码（Audio - Visual Object，AVO），提高了视频通信的编码效率，能够应用于多媒体视听业务、实时可视通信、交互式存储媒体、广播电视等场景。

④卫星数字电视广播视频压缩标准

卫星数字电视广播视频压缩标准包括 MPEG - 2、H. 264/AVC、H. 265/HEVC、AV1、DVB - S2 等。MPEG - 2 应用最为广泛，具有较高压缩比，但可能会对图像质量产生一定影响；H. 264/AVC 压缩比高、图像质量好，可以同时支持多种视频分辨率和帧率；H. 265/HEVC 是 H. 264/AVC 的升级版，视频压缩效率更高，能够在保持较低编码速率基础上支持更高的视频分辨率和帧率；AV1 是一种开源的视频压缩标准，同样兼具较高的压缩效率和较好的图像质量，支持多种视频分辨率和帧率；DVB - S2 是欧洲 DVB 广播系统的卫星数字电视广播标准，以 MPEG - 2 为基础，支持多种视频分辨率和帧率，图像质量较好。

(3) 无失真压缩编码

无失真压缩编码的目标是在保持源数据信息内容不变的情况下，尽可能减少数据传输所需的比特数。常用的无失真压缩编码方法包括霍夫曼编码（Huffman）、算数编码、预测编码和变换编码等。

①霍夫曼编码

霍夫曼编码根据源符号的出现概率或频率构建变长编码表，出现频率高的符号使用较短编码，出现频率低的符号则使用较长编码，通过合理分配编码长度实现数据高效压缩，有效降低了数据传输时间和占用带宽，减少了数据存储空间，被广泛应用于通信、数据存储和计算机领域。例如，JPEG、MP3 等文件格式中均使用霍夫曼编码实现数据压缩。

②算数编码

算数编码将信源符号序列映射到 [0，1] 区间内的一个唯一小数上，通过不断利用信源符号的概率信息划分该区间，使每个信源符号序列都与一个子区间相对应。该过程通过计算累计概率实现，无需信源概率分布先验信息，压缩率高、自适应性强。例如，PNG（Portable Network Graphics，便携式网络图形）图像即采用了算数编码实现数据压缩。

③预测编码

预测编码根据离散信号之间的相关性特点，利用前一个或多个信号来预测下一个信号，然后对实际值与预测值之间的差（即预测误差）进行编码，若预测误差较小则同等精度要求条件下可以使用较少比特进行编码，从而实现数据压缩目的。H. 264/AVC 和 H. 265/HEVC 等视频编码标准均采用了预测编码，通过预测当前像素（或块）值减少冗余信息，实现高效压缩；MP3 和 AAC 等音频编码格式也采用了预测编码，通过预测音频信号变化趋势实现数据压缩。

④变换编码

变换编码通过傅里叶变换、离散余弦变换或小波变换等函数变换，将信号从原始信号空间映射变换到另一个正交矢量空间，然后对变换后的信号进行编码处理。例如，JPEG、H. 264/AVC 等编码器均采用了离散余弦变换实现数据压缩；MP3 编码器基于心理声学模型和改进型离散余弦变换实现音频压缩。

6.2　信道编码

实际信道的非理想性导致信息在传输过程中会受到多种噪声干扰，这些干扰可能源自环境中的电磁干扰、通信设备的缺陷以及信号衰减等因素，造成接收端接收到的信息出现不同程度的错误，影响通信质量和可靠性，甚至可能导致通信失败。为了避免这些错误，信道编码技术通过在原始信息中加入额外信息以增加信息冗余度，从而减小传输过程中出现差错的可能性。但是，如果冗余信息过多，会导致信息传输效率降低。因此，如何在不降低信息传输效率的前提下尽可能减小差错出现概率是信道编码需要解决的问题。

6.2.1　概念与内涵

（1）定义

1948 年，美国贝尔实验室香农（C. E. Shannon）发表的《通信的数学理论》一文中指出，任何一个通信信道都有确定的信道容量 C，当通信系统的传输速率 R 小于信道容量时，总会存在一种编码方法使得误码率达到任意小。

信道编码是指在信号码元序列中增加监督码元并利用监督码元有效发现并纠正传输中发生的错误，也称为"差错控制编码"。信道编码的核心是通过增加冗余度来减少信道传输中的误码率。在信道编码出现之前，主要通过增加发射功率和重传减少通信错误。

（2）指标

编码效率、编码增益、编码距离是衡量信道编码效果的关键指标。

编码效率是指编码过程中对原始信息的保留程度。编码效率 R_c 定义为信息码元数量 k 与编码序列码元总数 n 元之比，即 k/n；对应地，非信息码元数量与码元总数的比值被称为"冗余度"（redundancy），即 $(n-k)/n$。编码效率决定了系统开销，通常希望在满足一定误码率前提下尽量提高编码效率以节省开销。

编码增益是指在保持误码率恒定条件下，采用信道编码所需信噪比与未采用信道编码所需信噪比之比（对数表现为差值）。编码增益是衡量系统性能改善程度的指标之一，通常希望采用编码增益尽可能大的信道编码提升系统信噪比。从系统建设角度来看，提升编码增益的经济性远优于增加天线口径或发射功率等硬件手段。这是因为增加天线口径或发射功率等硬件手段通常需要增加硬件设备，导致整个系统的成本和复杂性增加。而采用编码增益更高的信道编码，可以在不增加硬件成本的情况下有效提高通信系统的性能。

编码距离用于衡量两个字符串之间的差异程度。对于两个长度为 n 的编码序列 S_1 和 S_2，定义这两个序列之间的码距为对应位置上不同码元的总数，记为 $d(S_1, S_2)$。最小距离是指一个码组中所有码距的最小者，通常记为 $d_{\min}$。最小距离在一定程度上可以衡量编码的纠错能力，表示对错误的最小容忍程度。

例如，若将一个 $k = 4$ 的信息分组映射为一个 $n = 7$ 的码字，则（7，4）线性分组码的编码效率为 $R_c = 4/7$；当误码率 $P_e = 1E - 5$ 时，未采用信道编码的比特信噪比 E_b/N_0 $= 9.6$ dB，采用信道编码的比特信噪比 $E_b/N_0 = 6.9$ dB，则（7，4）线性分组码的编码增益为 2.7 dB。

(3) 分类

信道编码主要有以下六种分类方式，如图 6 - 6 所示。

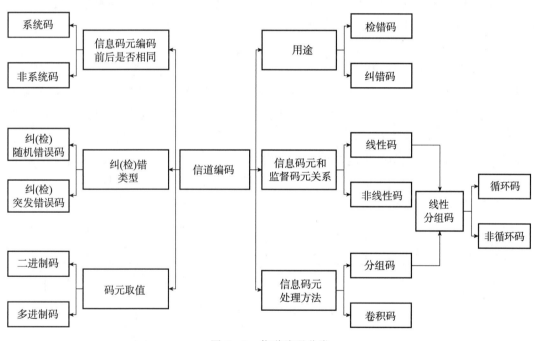

图 6 - 6　信道编码分类

1）根据编码用途，信道编码主要分为检错码和纠错码。检错码主要用于检测错误，不能自动纠错。纠错码不仅具有检测错误能力，还能够自动纠正错误。

2）根据信息码元和附加监督码元之间的关系，信道编码可分为线性码和非线性码。线性码中，监督码元与信息码元之间的关系可以用线性方程来表示；非线性码中，监督码元与信息码元之间的关系并不满足线性关系。

3）根据信息码元处理方法，信道编码可分为分组码和卷积码。分组码中，监督码元仅与本组信息码元有关；而在卷积码中，监督码元不仅与本组信息码元有关，而且还与前面若干组的信息码元有关。因此，卷积码又被称为"连环码"。对于线性分组码来说，如果具有循环移位特性，就称为"循环码"，否则称为"非循环码"。

4）根据码字中信息码元编码前后是否相同，信道编码可分为系统码和非系统码。系统码中，编码前后信息码元保持原样不变；非系统码中，信息码元在编码过程中会发生变化。

5）根据纠（检）错类型，信道编码可分为纠（检）随机错误码和纠（检）突发错误码。纠随机错误码主要用于纠正随机性错误；纠突发错误码主要用于纠正突发性错误。

6）根据码元取值进制数，信道编码可分为二进制码和多进制码。二进制码中，每个码元只有两个可能的取值（0和1）；多进制码中，每个码元可以取多个不同值。使用多进制码可以增加编码效率，但同时也会增加解码复杂性。

6.2.2 差错控制方法

能够发现错码并减少或消除错码的手段统称为"差错控制"，差错控制包括检错重发、前向纠错、检错丢弃和反馈校验四种主要手段。

（1）检错重发

检错重发（Automatic Repeat Request，ARQ）是一种在通信系统中广泛使用的差错控制机制，如图6-7所示，通过在发送码元序列中加入额外差错控制码元，从而确保接收端能够检测并纠正传输过程中可能出现的错误。当接收端接收到码元序列后，利用这些差错控制码元进行错误检测。如果检测到有错码，接收端会通过反向信道给发送端发送重发指令，要求发送端重新发送包含正确信息的码元序列，直到接收端能够正确接收为止。该技术能够自动纠正错误，提高通信系统的可靠性和稳定性。检错重发技术要求通信系统具备双向信道传送重发指令能力，确保发送端和接收端之间的通信畅通。

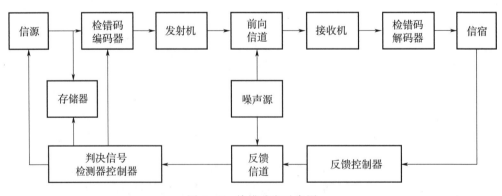

图6-7 检错重发示意图

（2）前向纠错

前向纠错（Forward Error Check，FEC）是指在发送端加入差错控制码元，从而既能发现错码也能将错码恢复正确取值，如图6-8所示。该方法实时性好，既不需要反向信道传送重发指令，也不存在因反复重发而产生的时延。由于 FEC 具备纠正错码能力，因此，FEC 不仅要求能够检测到错码，而且相比于检错重发需要加入更多差错控制码元，故设备要比检测重发设备复杂。

图 6 - 8　前向纠错示意图

（3）检错丢弃

检错丢弃是指一旦在接收端发现错码就立即删除该错误码而非重发。该方法通常用于遥测数据传输等场景。

（4）反馈校验

反馈校验是指接收端将收到的数据原封不动地发回给发送端，通过比对发送端和接收端之间的数据，发送端可以确认接收端是否正确无误地接收到已发送数据。如果发送端发现接收端反馈的数据与原始发送数据存在差异，则认为传输错误并立即重发数据，直到差异消除为止。该方法原理简单、易于实现，而且不需要额外的差错编码技术。然而，这种数据传输方法也存在三个主要缺点：1）需要具有相同传输能力的反向信道，传输效率低；2）需要多次数据传输和比对，实时性较差；3）若传输过程发生数据丢失或损坏导致接收端无法正确反馈数据，则发送端无法确定数据是否已经被正确接收。

6.2.3　典型信道编码

典型的信道编码包括分组码、卷积码、Turbo 码等。本节主要按照时间顺序梳理各类典型信道编码，如图 6 - 9 所示。

（1）线性分组码

①汉明码

汉明码属于分组码。分组码将长度为 k 的二进制信源输出序列映射为长度为 n 的二进制信道输入序列，记为 (n, k) 分组码，编码效率为 k/n，信源输出到信道输入的映射是独立完成的，编码器输出仅取决于当前输入序列而与之前输入序列无关。由于能够提供检错和纠错能力，汉明码在数据传输和存储领域得到了广泛应用。

1949 年，美国贝尔实验室数学家汉明（R. Hamming）和格雷（M. Golay）发明了汉明码，当时将输入数据分为每 4 个信息比特一组，通过计算每一组信息的线性组合得到 3 个校验比特，形成 7 个比特数据组。计算机采用一定算法不仅能够检测到是否有错误发生，而且还可以定位并纠正错误比特。汉明码是第一个具有实用价值的差错控制编码方案，是信道编码发展历程上的第一次突破，但存在两个缺点：1）编码效率较低，每 4 个信息比特编码就需要 3 个冗余校验比特，编码效率仅为 0.57；2）一个码组只能纠正 1 个错误比特。

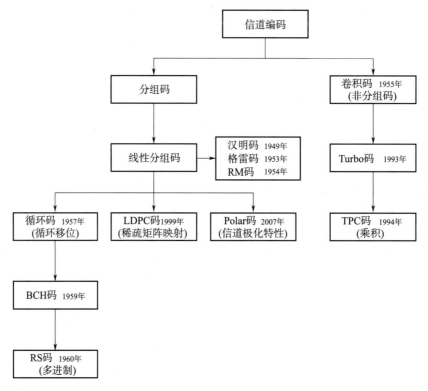

图 6-9　典型信道编码演进图

②格雷码

为了解决汉明码的不足，格雷（M. Golay）又进一步发明了格雷码并于 1953 年获得专利授权。格雷码是（23，12）线性分组码，将每 12 个信息比特分为一组，编码生成 11 个冗余校验比特，译码算法可以纠正 3 个错误比特。格雷码曾应用于 NASA "旅行者 1 号（Voyager 1）" 探测器。

③里德-穆勒码

1954 年，德国科学家穆勒（T. Muller）提出一种新型线性分组码，称为 Reed - Muller 码（RM 码），可以有效纠正多个错误，误码率较低。RM 码在 1969—1977 年间曾应用于火星探测。由于译码实现简单，RM 码也非常适合光纤通信系统。

（2）循环码

继 RM 码之后，美国工程师普兰奇（Prange）于 1957 年提出循环码概念。循环码的本质是线性分组码，但是码字具有循环移位特性，即码字比特经过循环移位后仍然是码字集合中的码字。因此，传输过程即使出现一些小错误或噪声也可以通过循环移位操作实现纠错和校正。这种循环结构极大增加了码字设计范围，简化了编译码结构，在移动通信、卫星通信、CD/DVD 多媒体存储系统等通信和数据存储系统中应用广泛。

①BCH 码

1959 年，博斯（R. C. Bose）、乔杜里（S. K. Chaudhuri）、霍昆海姆（A.

Hocquenghem）发明了能够检测和纠正多个随机错误的循环码，称为"BCH 码"。相比于传统线性码，BCH 码打破了先编码再验证性能的模式，能够根据实际纠错需求进行编码，纠错能力强、构造简单，已被纳入 CCSDS 标准（Consultative Committee for Space Data Systems，空间数据系统咨询委员会）。CCSDS 建议在空间通信遥控链路中采用 BCH（63，56）作为信道编码，可以纠正 1 个错误比特，辨识 2 个错误比特。

②RS 码

1960 年，里德（Reed）和所罗门（Solomon）将 BCH 码扩展到非二元（$q>2$）情况，形成 RS（Reed - Solomon）码。RS 码是一种多进制 BCH 编码，能够纠正突发错误和随机错误。RS 码直到 1967 年出现有效译码算法后才开始得到实际应用，现已广泛应用于 CD、DVD 和 CDPD（Cellular Digital Packet Data）标准中。CCSDS 已将 RS（255，223）码建议作为常规分包遥测信道纠错编码以及在轨系统前向和反向链路纠错编码。

（3）LDPC 码

1999 年，低密度奇偶校验码（low - density parity check，LDPC）重新变成研究热点。1962 年，美国麻省理工学院博士生加拉格尔（Gallager）在博士论文中提出 LDPC 码。但受限于当时集成电路和计算机能力，LDPC 码无法实现译码迭代算法电路，导致 LDPC 码并未得到广泛应用。1981 年，采用 Tanner 图对 LDPC 编码译码过程进行分析，可以使 LDPC 译码过程更直观更清晰，极大推动了 LDPC 码的发展。20 世纪 90 年代，集成电路计算能力发展迅速，麦凯（MacKay）和尼尔（Neal）改进了 LDPC 译码算法，使 LDPC 码重新得到关注。

LDPC 码本质上是一种线性分组码，利用校验矩阵稀疏性使得译码复杂度只与码长呈线性关系，因此在长码长情况下仍然可以简单有效译码。LDPC 码与传统分组码相比的最大区别在译码方法上。传统分组码通常采用最大似然译码，码长较短，能够用代数方法设计实现，复杂度较低。而 LDPC 码的码长很长，通过迭代译码，能够充分利用码字内各比特的关联性从而提高译码准确度并充分利用信道特性。

LDPC 码同样具有逼近香农极限的性能，其极限性能与香农理论极限仅相差 0.004 5 dB。相比于后面将提到的 Turbo 码，LDPC 码还具有以下特点：1）译码复杂度低、单位比特译码计算量更小并且可以实现完全并行操作，易于高速硬件实现；2）吞吐量更大且不需要交织，适用于高数据率场景；3）同等长度和码率条件的错误平层更低，更加适合误码率要求苛刻的场景。

目前，IEEE 802.11n、802.16e、DVB - S2 等标准都采用了 LDPC 码。例如，DVB - S2 前向纠错编码采用内码与外码级联方式，内码使用 LDPC 码，外码采用 BCH 码。LDPC 码也广泛应用于航天领域。2010 年，我国"嫦娥二号"探月任务中首次采用 LDPC 码；2011 年，美国"好奇号"探索火星器采用了 LDPC 编码；2013 年，美国在 GPS BLOCK Ⅲ导航卫星上采用 LDPC 码；2015 年，CCSDS 将 LDPC 码作为深空通信推荐用码；2016 年，日本 JAXA（Japan Aerospace Exploration Agency，日本宇宙航空研究开发机构）"Hayabusa - 2"探测任务采用了 LDPC 码进行深空通信；同年，欧洲空间局

(European Space Agency，ESA) 的 "Rosetta" 任务也采用了 LDPC 码进行深空通信。

(4) Polar 码

Polar 码的理论基础是信道极化。2007 年，土耳其比尔肯大学教授阿里坎 (E. Arikan) 基于信道极化理论提出一种线性信道编码方法——Polar 码。该码字是迄今发现的唯一一类能够达到香农极限的编码方法。Polar 码的编译码复杂度较低，当编码长度为 N 时，复杂度为 $O(N \cdot \log N)$。当组合信道数量趋于无穷大时，则会出现极化现象，一部分信道将趋于无噪信道，另外一部分则趋于全噪信道；无噪信道的传输速率将会达到信道容量，而全噪信道的传输速率趋于 0。Polar 码的编码策略利用了信道极化现象的特性，利用无噪信道传输用户有用信息，利用全噪信道传输约定信息或者不传信息。Polar 码比 Turbo 码和 LDPC 码更接近信道容量，已经与 LDPC 码、Turbo 码、卷积码一起作为 5G 候选信道编码。

(5) 卷积码

1955 年，美国科学家埃利斯 (P. Elias) 提出卷积码使当时的无线通信性能发生跨越式发展。卷积码也称为"连环码"，属于非分组纠错码，与分组码不同之处在于充分利用了各信息块间的相关性。分组码编码时，各码组分别编码，码组间没有相互约束关系，即分组码编码器本身并没有记忆性；而卷积码中，每个码段内的码元不仅与该码段内的信息码元有关，而且还与前面 N 段信息码元有关。卷积码通常记为 (n, k, N) 码，n 为信道编码后的总码元数；k 为信息码元个数；N 为信息段数。卷积码在 IS-95、TD-SCDMA、WCDMA、IEEE 802.11 等通信系统中得到了广泛应用。

卷积码的译码可分为代数译码和概率译码。代数译码利用生成矩阵和监督矩阵译码；概率译码利用信道统计特性，通过直接比较最小距离或计算最大似然函数 (最大概率) 译码。1963 年，J. L. Massey 提出了易于实现但效率不高的代数译码方法——门限译码，已推广应用到卫星数字信号传输场景。1967 年，后成为高通公司首席科学家的维特比 (A. J. Viterbi) 提出了概率译码方法——Viterbi 译码，易于实现具有较小约束长度的卷积码软判决译码，成为 20 世纪 70 年代深空和卫星通信系统使用的主流卷积码。

尽管分组码、卷积码等基本编码方法能够有效解决信道传输可靠性问题，但编码增益与香农理论极限始终都存在 2～3 dB 差距。寻求逼近香农理论极限的信道编码一直是纠错编码理论的发展重心。

①Turbo 码

1993 年，在日内瓦召开的 IEEE 国际通信会议上，法国电机工程师贝鲁 (C. Berrou) 和格拉维克 (A. Glavieux) 发明了一种信道编码效率接近香农极限的方法——Turbo 码。Turbo 码，也称"并行级联卷积码" (Parallel Concatenated Convolutional Codes，PCCC)，本质上是卷积码。Turbo 码的基本思想是利用短码 (子码) 构造长码，通过对子码的伪随机交织实现大约束长度的编码，使之具有接近随机编码理论极限的特性；在译码中使用迭代译码，利用多个子译码器交换形成一系列外信息，前一次迭代产生的外信息经交换后将作为下一次迭代的先验信息，在降低译码复杂度的同时提高了译码性能，性能逼近香农理论极限。

Turbo 码广泛应用于深空通信领域，已被 CCSDS 正式推荐为遥测信道编码方案之一。1997 年，美国"卡西尼（Cassini）"号航天器对 Turbo 码进行了在轨性能和可靠性测试；2003 年，欧洲空间局"SMART－1"号月球探测器是首个在数据传输系统中采用 CCSDS Turbo 码的航天器，并在 2004 年开展了一系列深空通信测试。2004 年，NASA 发射的"信使（Messenger）"号水星探测器在空间环境下对 CCSDS Turbo 码进行了试验验证。

②TPC 码

1994 年，法国工程师 R. M. Pyndiah 基于 Turbo 码提出了 Turbo 乘积码（Turbo Product Codes，TPC），译码性能与硬件复杂度的折中性更优，具有编码效率高、迭代延时小、不存在错误平层、抗衰落和抗干扰能力强等优点。在相同误码率条件下，TPC 码性能与香农极限值仅相差 1.1 dB。相比于 Turbo 码，TPC 码的编码增益不会随编码效率提高而迅速下降。

6.3　调制与解调

为确保信号能够适应信道特点实现远距离高质量传输，发送端需要将基带信号频谱搬移至更高频率，这个过程称为"调制"；接收端将已调信号的频谱搬回至基带频段的过程称为"解调"。调制与解调互为一对逆过程，如图 6－10 所示。

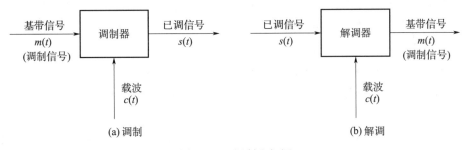

图 6－10　调制和解调

6.3.1　概念与内涵

调制的主要作用是将基带信号变换成适合信道传输的已调信号，提高信号在信道中的传输效率、改善系统抗噪声性能。该过程包括基带信号（也称"调制信号"）、载波和已调信号三个要素，载波频率远高于调制信号。从时域角度看，调制是用调制信号去控制载波的某一个或某几个参数，使之按照调制信号规律变化；从频域角度看，调制是把基带信号频谱搬移至载波频率附近。

调制系统大致有四种分类方法：

1）根据基带信号特点，调制可以分为模拟调制（调制信号为低频模拟信号）和数字调制（调制信号为信道编码模块输出的码序列）。典型的模拟调制包括调幅（AM）、单边带调幅（SSB）、双边带调幅（DSB）、残留边带调幅（VSB）、调频（FM）、调相（PM）等；典型的数字调制包括幅移键控（ASK）、频移键控（FSK）、相移键控（PSK）等。

2）根据载波信号特点，调制可以分为连续波调制和脉冲波调制。连续波调制的载波通常采用高频连续正弦或余弦波，上面提及的调制均为连续波调制；脉冲波调制的载波通常采用周期性脉冲信号，例如脉冲幅度调制（PAM）、脉冲宽度调制（PWM）、脉冲位置调制（PPM）、脉冲编码调制（PCM）等，曾在 6.1.1 节介绍过。

3）根据基带信号调制载波的参数特点，调制可以分为幅度调制、频率调制和相位调制。典型的幅度调制包括 AM、ASK、PAM 等；典型的频率调制包括 FM、FSK 等；典型的相位调制包括 PM、PSK、PPM 等。

4）根据解调方式，调制系统可以分为非相干解调系统和相干解调系统。非相干解调也称包络解调；相干解调的关键是接收端要提供一个与载波信号严格同步的相干载波。

6.3.2　模拟调制

（1）概述

模拟调制的基带信号是模拟信号，主要包括幅度调制、频率调制和相位调制。频率调制和相位调制均表现为载波的瞬时相位发生变化，即正弦或余弦的角度发生变化，因此统称为"角度调制"。

模拟调制系统的主要指标包括输出信噪比和调制制度增益。输出信噪比定义为解调器输出的有用信号平均功率 S_0 与调制器输出的噪声平均功率 N_0 之比，即 $\mathrm{SNR}_0 = S_0/N_0$，反映了解调器的抗噪声性能。调制制度增益 G 定义为输出信噪比 SNR_0 和输入信噪比 SNR_i 之比，即 $G = \mathrm{SNR}_0 / \mathrm{SNR}_i$。

太赫兹频段的模拟调制器主要由太赫兹混频器和滤波器构成。本节在介绍各类模拟调制原理的同时还会给出调制器原理框图，可作为太赫兹模拟调制器的设计参考。

（2）幅度调制

幅度调制（Amplitude Modulation，AM），是指载波信号幅度随基带信号波形发生变化。根据幅度调制的频谱特点，幅度调制可以进一步分为双边带调制（Double Side Band，DSB）、单边带调制（Single Side Band，SSB）和残留边带调制（Single Side Band，VSB）。最基础的 AM 信号也称为常规双边带调制，包络与基带信号形状一样，因此可采用包络检波器进行简单的非相干解调；DSB 信号抑制了 AM 信号中的载波分量，调制效率更高；SSB 信号只传输 DSB 信号中的一个边带，频谱最窄、效率最高，但实现困难；VSB 使 DSB 信号中的一个边带残留了一小部分，而非全部抑制，因此既克服了 DSB 信号占用频带宽的缺点，又解决了 SSB 信号的实现困难问题。

①常规双边带调制（AM 调制）

常规双边带调制信号（即 AM 信号）的形成过程如图 6－11 所示。时域表达式为 $s_{\mathrm{AM}}(t) = [m(t) + A_0] \cdot \cos(\omega_C t) = m(t) \cdot \cos(\omega_C t) + A_0 \cdot \cos(\omega_C t)$；常规双边带调制信号的频域表达式为 $S_{\mathrm{AM}}(\omega) = \dfrac{1}{2}[M(\omega + \omega_C) + M(\omega - \omega_C)] + \pi A_0 [\delta(\omega + \omega_C) + \delta(\omega - \omega_C)]$。

其中，$m(t)$ 为调制信号；A_0 为加载在调制信号上的偏压，主要用于避免调制过程中发生信号失真；$\cos(\omega_C t)$ 为载波。通过偏置电路和混频器即可实现常规双边带调制。若 $|m(t)| \leqslant A_0$，AM 波 $s_{AM}(t)$ 的包络与调制信号 $m(t)$ 的波形一样，可以采用包络检波法恢复基带信号；否则，会出现"过调幅"现象，需要采用相干解调（也称为"同步检测"）恢复基带信号。

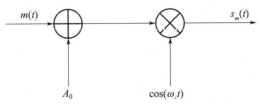

图 6-11　常规双边带调制信号过程原理示意图

AM 信号的时域波形和频谱如图 6-12 所示。已调信号是带有载波分量的双边带信号，频谱由载波分量、上边带、下边带三个部分组成。上边带的频谱结构与原调制信号的频谱结构相同，下边带是上边带的镜像。AM 信号带宽 B_{AM} 是基带信号带宽 ω_H 的 2 倍，即 $B_{AM} = 2\omega_H$；载波分量不携带信息，因此调制效率 $\eta_{AM} \leqslant 1/3$，在 100% 调制（即调制信号最大幅度 $|m(t)|_{max} = A_0$）时调制效率最高。

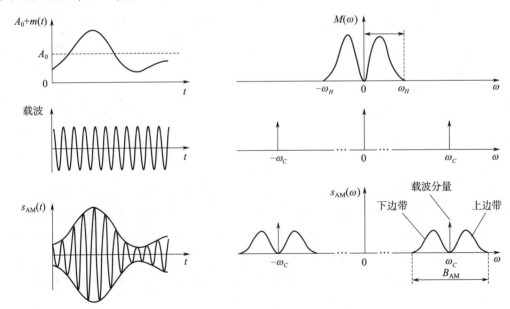

图 6-12　常规双边带调制的波形和频谱

②抑制载波双边带调制

若输入基带信号不含直流分量，即 $A_0 = 0$，则得到抑制载波双边带调制信号（Double Side Band with Suppressed Carrier，DSB-SC）。相比于常规双边带调制信号，抑制载波双边带调制信号的调制效率更高，即大部分载波功率可用于信息传输。但是由于存在相位突变，DSB 信号的包络不再与调制信号的变化规律一致，无法通过包络检波恢复基带信号，需要采用相干解调。

DSB 信号的时域表达式为 $s_{DSB}(t) = m(t) \cdot \cos(\omega_C t)$，频域表达式为 $S_{DSB}(\omega) = \frac{1}{2}[M(\omega + \omega_C) + M(\omega - \omega_C)]$，波形和频谱如图 6-13 所示。DSB 信号带宽 B_{DSB} 是基带信号带宽 ω_H 的 2 倍，即 $B_{DSB} = 2\omega_H$。由于采用相干解调能够消除输入噪声中的一个正交分量，因此 DSB 系统的调制制度增益等于 2。

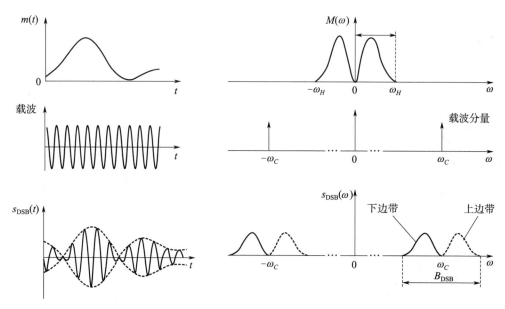

图 6-13　抑制载波双边带调制的波形和频谱

③单边带调制

若滤除抑制载波双边带调制信号的其中一个边带，则得到单边带调制信号（Single Side Band，SSB），带宽 $B_{SSB} = \omega_H$，波形和频谱如图 6-14 所示。

产生单边带调制信号的方式主要有滤波法和相移法两种。

1）滤波法主要包括两个步骤，如图 6-15（a）所示。首先通过混频器产生抑制载波双边带调制信号，然后通过边带滤波器滤除不需要的边带即可得到单边带调制信号。滤波法得到的单边带调制信号可以表示为：$S_{SSB}(\omega) = S_{DSB}(\omega) \cdot H(\omega)$。若边带滤波器具有高通特性，则保留上边带、滤除下边带；若边带滤波器具有低通特性，则保留下边带、滤除上边带。边带高通滤波器的传递函数为

$$H(\omega) = H_{USB}(\omega) = \begin{cases} 1 & |\omega| > \omega_C \\ 0 & |\omega| \leqslant \omega_C \end{cases}$$

边带低通滤波器的传递函数为

$$H(\omega) = H_{LSB}(\omega) = \begin{cases} 1 & |\omega| < \omega_C \\ 0 & |\omega| \geqslant \omega_C \end{cases}$$

2）相移法主要包括三个步骤，如图 6-15（b）所示。首先，将调制信号 $m(t)$ 分为两

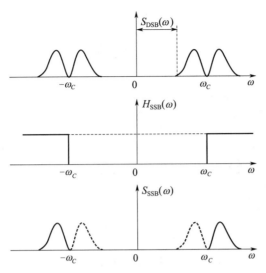

图 6-14　单边带调制信号的波形和频谱（以保留上边带、滤除下边带为例）

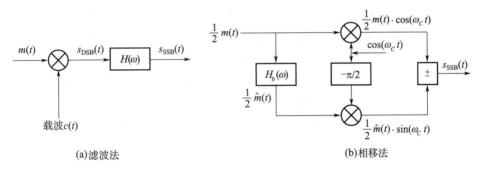

（a）滤波法　　　　　　　　　　　　　　　　（b）相移法

图 6-15　单边带调制器

路，一路保持相位不变，另一路进行希尔伯特变换（把信号所有频率分量相位延迟 $\pi/2$）得到 $\hat{m}(t)$；其次，两路调制信号分别进行双边带调制，其中一路载波移相 $\pi/2$ 后被 $\hat{m}(t)$ 调制；最后，两路已调信号 $s_{\text{DSB1}}(t)$ 和 $s_{\text{DSB2}}(t)$ 合路，从而抵消其中一个边带。

单边带调制的传输带宽与基带信号一致，既节省了发射功率又节约了带宽。因为 SSB 信号是抑制载波的已调信号，包络不能直接反映调制信号的变化，所以需采用相干解调。由于相干解调过程中的信号和噪声正交分量均被抑制掉，信噪比没有改善，因此 SSB 系统的调制制度增益为 1。

④残留边带调制

残留边带（Vestigial Side Band，VSB）调制是介于 SSB 与 DSB 之间的一种折中方法，既克服了 DSB 信号占用频带宽的缺点，又解决了 SSB 实现困难问题。VSB 不会完全抑制 DSB 信号的一个边带，而是逐渐切割使其残留一小部分，如图 6-16 所示。VSB 信号同样不能采用简单的包络检波，而需要采用相干解调。

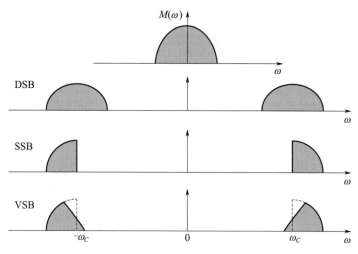

图 6-16   残留边带调制频谱特点

⑤小结

AM 调制的优点是接收设备相对简单，缺点是功率利用率较低、抗干扰能力较差。相比于 AM，DSB 调制在带宽相同条件下的功率利用率更高，但需要相干解调，设备复杂度更高。SSB 调制的优点在于功率利用率和频带利用率都较高，抗干扰能力和抗选择性衰落能力均优于 AM。SSB 的带宽只有 AM 的一半，带宽利用率更高，但发送和接收设备都较为复杂。VSB 的抗噪声性能和频带利用率与 SSB 相当，通过部分抑制发送边带并利用平缓滚降滤波器补偿抑制分量，适合包含低频和直流分量的基带信号。

（3）频率调制

①基本概念

频率调制（Frequency Modulation，FM）是指载波频率随基带信号变化，如图 6-17（a）所示。相比于幅度调制，已调信号频谱不再是原调制信号频谱的线性搬移，而是频谱的非线性变换，会产生新的频率分量，因此属于非线性调制。

FM 信号的时域表达式为

$$s_{FM}(t) = A \cdot \cos\left[\omega_C t + K_f \int m(\tau)\mathrm{d}\tau\right]$$

其中，$K_f \int m(\tau)\mathrm{d}\tau$ 是基带信号 $m(t)$ 导致的相位偏移；K_f 是调频灵敏度，单位为 rad/（s·V）。若基带信号 $m(t)$ 为单一频率正弦波，即

$$m(t) = A_m \cos(\omega_m t) = A_m \cos(2\pi f_m t)$$

则 FM 信号

$$s_{FM}(t) = A \cdot \cos\left[\omega_C t + m_f \sin(\omega_m t)\right]$$

其中，$m_f = K_f A_m / \omega_m$ 为调频指数，表示最大相位偏移，对应的最大频偏为

$$\Delta f = m_f f_m$$

FM 信号的有效带宽为

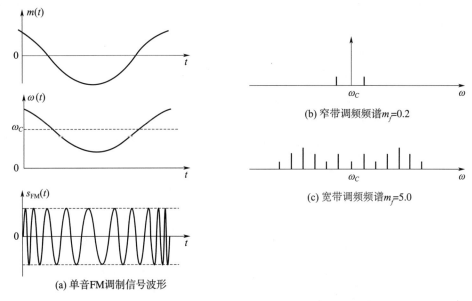

图 6-17　单音 FM 调制信号及窄带和宽带调频频谱

$$B_{\mathrm{FM}} = 2(m_f + 1)f_m = 2(\Delta f + f_m)$$

调频信号的平均功率等于未调载波的平均功率，即调制后总的功率不变，仅是将原来载波功率中的一部分分配给每个变频分量。因此，调频过程只是功率的重新分配。

②窄带调频和宽带调频

当 FM 信号的最大瞬时相位偏移满足 $\left| K_f \int m(\tau)\mathrm{d}\tau \right| \ll \pi/6 \approx 0.5$ 时，称为窄带调频（NBFM），反之称为宽带调频（WBFM），如图 6-17（b）和（c）所示。

当基带信号满足窄带调频条件时，FM 信号的时域表达式为

$$s_{\mathrm{NBFM}}(t) \approx A \cdot \cos(\omega_c t) - \left[AK_f \int m(\tau)\mathrm{d}\tau \right] \sin(\omega_c t)$$

其频域表达式为

$$S_{\mathrm{NBFM}}(\omega) = \pi A[\delta(\omega + \omega_C) + \delta(\omega - \omega_C)] +$$
$$AK_f[M(\omega - \omega_C)/(\omega - \omega_C) - M(\omega + \omega_C)/(\omega + \omega_C)]/2$$

窄带调频的频谱主要特点包括：1）包含载波和 $\pm\omega_C$ 两个边带，带宽是基带信号最高频率的 2 倍；2）边频幅度是频率的函数，可引起调制信号的频谱失真；3）ω_C 附近两个边带的符号相反，$-\omega_C$ 附近两个边带的符号也相反。由于基带信号带宽较窄，NBFM 信号的抗干扰性能优于 AM 信号，比 AM 信号应用更为广泛。

当基带信号满足宽带调频条件时，FM 信号的时域表达式为

$$s_{\mathrm{WBFM}}(t) = A \sum_{-\infty}^{+\infty} J_n(m_f)\cos(\omega_C + n\omega_m)t$$

其频域表达式为

$$S_{\mathrm{WBFM}}(\omega) = \pi A \sum_{-\infty}^{+\infty} J_n(m_f)[\delta(\omega - \omega_C - n\omega_m) + \delta(\omega + \omega_C + n\omega_m)]$$

WBFM 信号频谱包含载波分量 ω_C 和无数边频 $\omega_C \pm n\omega_m$，其带宽是最大频偏的 2 倍，即 $B_{FM} = 2\Delta f$。

③调频信号的产生方法

调频信号的产生方法包括直接调频和间接调频两种方法。

直接调频用调制信号直接去控制压控振荡器频率，使振荡器频率按调制信号的规律线性变化，如图 6-18 所示，有 $\omega_i(t) = \omega_0 + K_f m(t)$，即压控振荡器的振荡频率与输入控制电压成正比。为确保振荡器的频率稳定度，通常会采用锁相环架构。

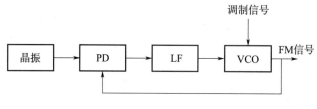

图 6-18　直接调制法

间接调频法先将调制信号积分，然后对载波进行调相，即可产生 NBFM 信号，再经 n 次倍频器可得到 WBFM 信号，如图 6-19 所示。

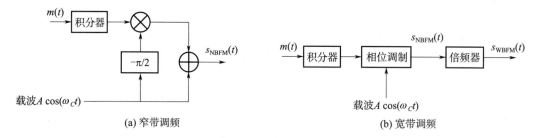

(a) 窄带调频　　　　　　　　　　　　　(b) 宽带调频

图 6-19　间接调频法

④调频信号的解调方法

调频信号的解调方法包括非相干解调和相干解调，目的是产生一个与输入调频信号频率呈线性关系的输出电压，对应的器件称为频率检波器，也称为"鉴频器"。

非相干解调对 NBFM 信号和 WBFM 信号均适用，主要由微分器和包络检波器构成，如图 6-20（a）所示。微分器的作用是把幅度恒定的调频波变成幅度和频率都随调制信号变化的调幅调频波 $s_d(t)$，其中包含了基带信号 $K_f m(t)$；包络检波器的作用是检出 $s_d(t)$ 幅度变化并滤除直流，再经低通滤波后即可解调输出。输入端的限幅器用于消除信道中噪声或其他原因引起的调频波幅度起伏，带通滤波器用于滤除带外噪声及高次谐波分量。

相干解调法采用与调制载波严格同步的相干载波作为本振信号恢复原始的调制信号，如图 6-20（b）所示。NBFM 可以分解为同相分量和正交分量，混频后经过低通滤波器得到包含基带信号的低频分量 $K_f \int m(\tau)d\tau$，再经微分器得到 $m(t)$。

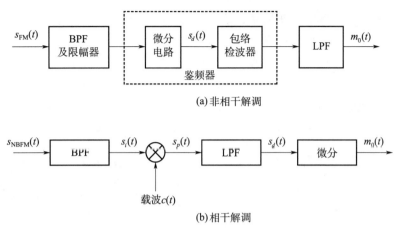

(a)非相干解调

(b)相干解调

图 6-20　调频信号解调方法

(4) 相位调制

相位调制（Phase Modulation，PM），是指瞬时相位偏移随基带信号 $m(t)$ 线性变化的调制方法，即 $\varphi(t) = K_P m(t)$。其中，K_P 是调相灵敏度，单位为 rad/V。

调相信号的时域表达式为

$$s_{FM}(t) = A \cdot \cos[\omega_C t + K_P m(t)]$$

若调制信号为单一频率正弦波，即 $m(t) = A_m \cos(\omega_m t) = A_m \cos(2\pi f_m t)$，则 FM 信号为

$$s_{PM}(t) = A \cdot \cos[\omega_C t + K_P A_m \cos(\omega_m t)]$$
$$= A \cdot \cos[\omega_C t + m_P \cos(\omega_m t)]$$

其中，$m_P = K_P A_m$ 为调相指数，表示最大相位偏移。

由于频率和相位是微积分关系，故 FM 和 PM 可以相互转换，如图 6-21 所示。若将调制信号先微分，再调频，则为相位调制，属于间接调相；若将调制信号先积分再调相，则为频率调制，属于间接调频。

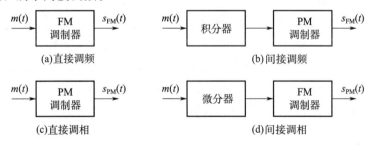

(a)直接调频　　　　　　　　　(b)间接调频

(c)直接调相　　　　　　　　　(d)间接调相

图 6-21　调频和调相的关系

6.3.3　数字调制

(1) 概述

数字调制（Digital Modulation，DM）是指用数字基带信号（调制信号）控制载波，

把数字基带信号变换为数字带通信号（已调信号）的过程。与模拟调制相比，数字调制信号的波形可以更加复杂，可靠性更高且噪声干扰更低。

数字调制可以分为幅移键控（ASK）、频移键控（FSK）、相移键控（PSK），与模拟调制的幅度调制（AM）、频率调制（FM）、相位调制（PM）相对应。此外，QAM 是一种振幅和相位联合键控调制方法，可以同时利用振幅和相位变化表示数据，数据传输速率和频谱效率更高。图 6-22 梳理了数字调制的技术谱系。

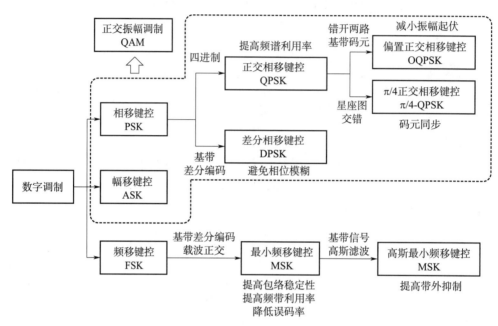

图 6-22　数字调制技术谱系

（2）幅移键控

①基本概念

幅移键控（Amplitude Shift Keying，ASK）利用载波幅度变化来传递数字信息，频率和初始相位保持不变。幅移键控调制根据码元进制数可以分为二进制幅移键控（2ASK）、四进制幅移键控（4ASK）……M 进制幅移键控（MASK）。二进制幅移键控中，每个码元只传输 1 bit 信息；四进制以上幅移键控属于多进制振幅键控，又称"多电平调制"，相比于二进制键控的频带利用率高，单位频带信息传输速率高。

二进制幅移键控（2ASK）的信号表达式为

$$e_{2ASK}(t) = s(t) \cdot \cos\omega_C t = \left[\sum_n a_n \cdot g(t - n \cdot T_B)\right] \cdot \cos\omega_C t$$

式中，T_B 是码元持续时间；$g(t)$ 是持续时间为 T_B 的基带脉冲波形；a_n 是第 n 个符号的电平取值。2ASK 载波幅度只有两种变化状态，分别对应二进制信息"0"和"1"。若载波幅度为零时对应"0"、载波幅度保持不变时对应"1"，则称为"通断键控"（On-Off Keying，OOK），如图 6-23 所示。2ASK 传输带宽 B_{2ASK} 是传输码元 R_B 的 2 倍，即 $B_{2ASK} = 2f_B = 2R_B$。

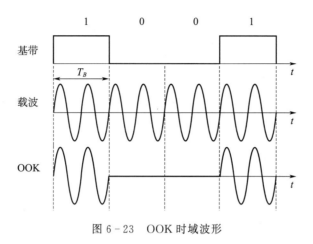

图 6 - 23 OOK 时域波形

对于多进制 ASK，以 4ASK 为例，每个码元有 00、01、10、11 四种状态，故有四种电平状态，可以分别用幅度为 A_1、A_2、A_3、A_4 的载波表示，如图 6 - 24 所示。

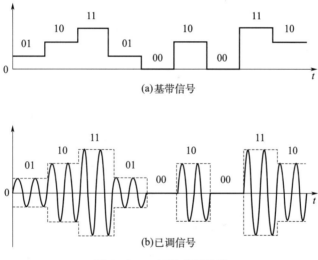

图 6 - 24 4ASK 信号波形

②产生与检测

2ASK 的产生方法可分为模拟相乘和数字键控，如图 6 - 25 所示；解调包括非相干和相干两种途径，如图 6 - 26 所示。非相干解调中，已调信号经过整流电路后完成交流信号到直流信号的转换，而后通过低通滤波器即可滤出基带信号包络，最后经判决输出原始信号。相干解调中，接收端必须提供与 ASK 信号载波保持同频同相的相干载波，避免造成解调后的波形失真。太赫兹频段，通常使用太赫兹肖特基二极管混频器构建模拟乘法器；也可以通过在频率选择表面或超表面各单元上加载二极管的方式形成空间调制器。

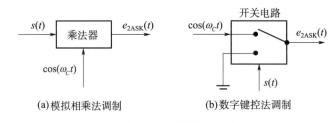

(a)模拟相乘法调制   (b)数字键控法调制

图 6-25 2ASK 调制器

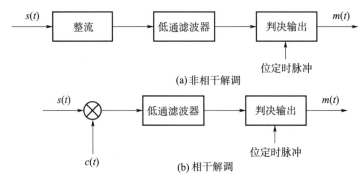

(a)非相干解调

(b)相干解调

图 6-26 2ASK 解调器原理框图

(3) 频移键控

①基本概念

频移键控利用载波频率变换传递数字信息，可靠性更高、误码率更低、电路实现简单。频移键控根据码元进制数可以分为二进制频移键控（2FSK）、四进制频移键控（4FSK）……M 进制频移键控（MFSK）。二进制频移键控采用 2 个不同频率分量表示码元，四进制频移键控采用 4 个不同频率分量表示码元，M 进制频移键控采用 M 个不同频率分量表示码元。

二进制频移键控（2FSK）的信号表达式为

$$e_{2\text{FSK}}(t) = \begin{cases} A \cdot \cos(2\pi f_1 t + \varphi_n) & \text{发送"1"时} \\ A \cdot \cos(2\pi f_2 t + \theta_n) & \text{发送"0"时} \end{cases}$$

式中，A 是振幅，保持不变；f_1 和 f_2 是两个载波频率；φ_n 和 θ_n 是第 n 个信息码元的初始相位，不携带信息。2FSK 时域波形如图 6-27（a）所示。2FSK 传输带宽近似为 $B_{2\text{FSK}} \approx |f_2 - f_1| + 2f_B$，其中 $f_B = 1/T_B$ 为基带信号带宽。

以 4FSK 为例，MFSK 的波形如图 6-27（b）所示。MFSK 传输带宽近似为 $B_{\text{MFSK}} \approx f_{\max} - f_{\min} + \Delta f$。其中，$\Delta f$ 为单个码元带宽，由信号传输速率决定。2FSK 在数字通信中应用较为广泛，特别适合衰落信道/随参信道（如短波无线电信道）场景。国际电信联盟（ITU）建议在数据传输速率低于 1 200 bps 时采用 2FSK 体制。

②产生与检测

2FSK 信号的产生方法可分为模拟调频和频率键控。模拟调频中，可以利用调频器改

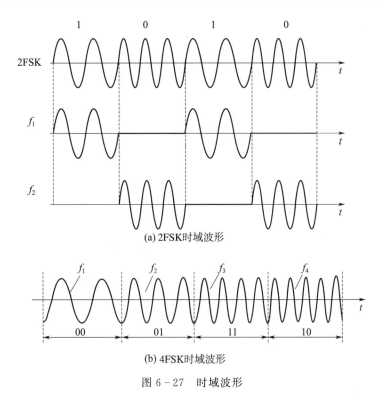

(a) 2FSK时域波形

(b) 4FSK时域波形

图 6 - 27 时域波形

变载波频率生成不同的二进制信号。调频器通常使用线性调频或非线性调频方式；其中，线性调频可以产生具有恒定频差的双边带信号，非线性调频会产生具有变化频差的单边带信号。频率键控方法中，二进制基带矩形脉冲序列通过开关电路选通两个独立频率源，在每一个码元期间输出 f_1 载波或 f_2 载波，如图 6 - 28 所示。由于两个载波信号相对独立，故相邻码元之间的相位不一定连续。

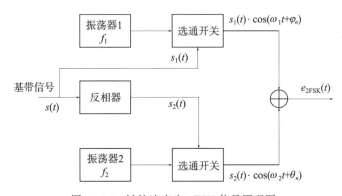

图 6 - 28 键控法产生 2FSK 信号原理图

　　FSK 信号的解调方法包括非相干解调（包络检波）和相干解调。以 2FSK 为例（如图 6 - 29），解调原理是将 2FSK 信号分解为两路 2ASK 信号分别进行解调，然后进行抽样判决。例如，若调制时规定"1"符号对应载波频率 f_1，则接收时上支路的样值较大，应判为"1"；反之则判为"0"。对于 MFSK，则需要更多的频率对应支路。

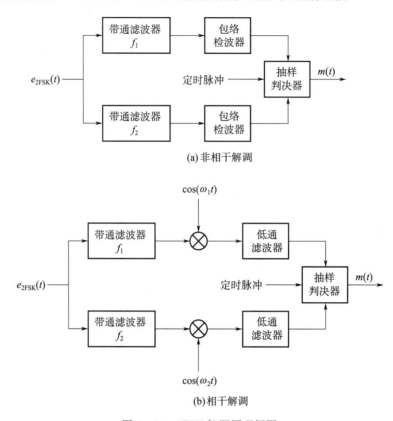

(a)非相干解调

(b)相干解调

图 6 - 29　2FSK 解调原理框图

③最小频移键控

最小频移键控（Minimum Frequency Shift Keying，MSK）是一种特殊的 2FSK 信号，特点是包络恒定、相位连续、带宽最小并且严格正交。所谓"最小"，是指能以最小调制指数获得正交信号。MSK 的调制原理如图 6 - 30 所示。其解调类似于 2FSK，可以采用相干解调或非相干解调方法。

正交性方面，MSK 的两个载波频率差是 $1/2T_B$，因此两种频率信号乘积在一个符号周期内的积分为 0，满足最窄带宽正交条件。

相位连续性方面，波形相位连续要求基带信号的前后码元之间存在相关性，即前一码元末尾相位等于后一码元开始相位，因而需要对数字基带信号进行差分编码。差分编码利用相邻脉冲电平的相对变化表示消息，将绝对码变成相对码，即对于绝对码 a_n，相对码 $b_n = a_n \cdot b_{n-1}$，如表 6 - 2 所示。

表 6 - 2　差分编码

绝对码 a_n		1	0	1	1	0
相对码 b_n	0	1	1	0	1	1

相比于 2FSK，MSK 具有以下优点：1）占用带宽更小，频带利用率更高；2）包络稳

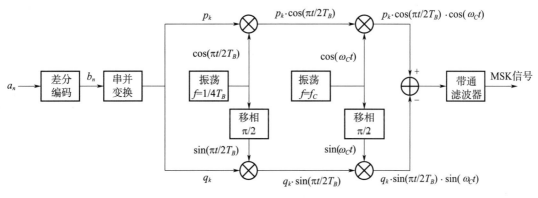

图 6 - 30　MSK 调制原理框图

定性更好，避免了不连续相位，包络不会存在较大起伏；3）两种码元相互正交，误码率
更低。

④高斯型最小频移键控

若在 MSK 调制前将基带信号的编码矩形脉冲信号通过一个高斯型低通滤波器，滤波
器的频率响应特性为 $H(f)=\exp[-(\ln2/2)(f/B)^2]$（$B$ 为滤波器的3 dB 带宽），则该调
制方式称为高斯型 MSK（Gaussian Filtered Minimum Shift Keying，GMSK），如图 6 - 31
所示。GMSK 能够更好地集中信号功率谱密度、减小相邻信道间的干扰，但存在码间串
扰，$B \cdot T_B$ 越小则码间串扰越大。

图 6 - 31　GMSK 原理框图

(4) 相移键控

①基本概念

相移键控（Phase Shift Keying，PSK）利用载波相位变化传递数字信息，振幅和频率
保持不变。相移键控根据码元进制数可以分为二进制相移键控（2PSK）、四进制相移键控
（4PSK）……M 进制相移键控（MPSK）。

二进制相移键控（2PSK）通常用初始相位 0 和 π 表示二进制"0"和"1"，时域表达
式是

$$e_{2PSK}(t)=A \cdot \cos(2\pi f_C t+\varphi_n)$$

式中，φ_n 表示第 n 个符号的绝对相位。若发送"0"则 $\varphi_n=0$，若发送"1"则 $\varphi_n=\pi$，时
域波形如图 6 - 32 所示。

对于 MPSK，φ_n 取值为 $2\pi(k-1)/M$，$k=1$，2，…，M。$M=4$ 时为四进制相移键控
（4PSK），常被称为"正交相移键控"（QPSK）。每个码元包含 2 bit 信息，对应 00、01、
10、11 四种可能性。QPSK 将在后面进一步介绍。

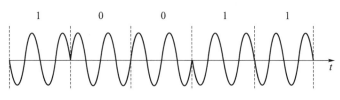

图 6-32 2PSK 的时域波形

②产生与检测

以 2PSK 信号为例，PSK 信号可以通过模拟调制或键控法产生，分别如图 6-33（a）和（b）所示。模拟调制产生 2PSK 的过程与 2ASK 基本相似，不同点在于 2PSK 的基带信号是双极性码而 2ASK 的基带信号是单极性码。键控法产生 2PSK 的过程也与 2ASK 类似，不同点在于 2PSK 载波分为两路，一路保持原有相位，另一路移相 180°；而 2ASK 的其中一路载波端口直接接地。2PSK 信号的解调通常采用相干解调法，如图 6-34 所示，但实际工程中因 2PSK 存在相位模糊（倒 π 或反相）而较少使用。

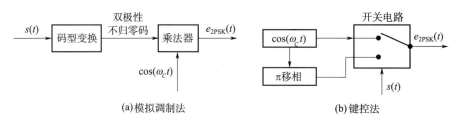

图 6-33 2PSK 信号调制原理框图

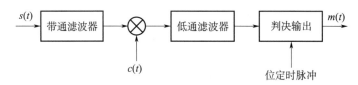

图 6-34 PSK 相干解调原理框图

③差分相移键控

差分相移键控（Differential Phase Shift Keying，DPSK）是为解决 PSK 系统相位模糊问题而提出的一种调制手段。DPSK 根据前后数据相位差判断数据信息，因此，即使接收解调端发生相位翻转，由于数据间相位差不会发生改变，可以避免相位模糊，如图 6-35 所示。与 PSK 相比，DPSK 只需在发送端将原始数据绝对码转换成相对码，在解调端再将相对码转换成绝对码即可，与 MSK 调制解调原理基本相同。

DPSK 调制器原理框图如图 6-36 所示，先将基带信号二进制编码变换成差分码，再利用 PSK 调制器完成调制。

DPSK 解调包括相干解调和差分相干解调。相干解调的基本过程如图 6-37（a）所示，先对 2DPSK 信号进行相干解调，恢复出相对码，再经码反变换器变换为绝对码，从

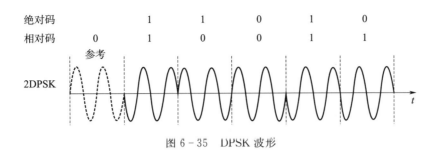

图 6 - 35　DPSK 波形

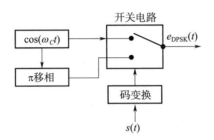

图 6 - 36　DPSK 调制器原理框图

而恢复出发送的二进制数字信息。在解调过程中，由于载波相位模糊性的影响，使得解调出的相对码也可能是"1"和"0"倒置，但经差分译码（码反变换）得到的绝对码不会发生任何倒置的现象，从而解决了载波相位模糊性带来的问题，如图 6 - 37（a）所示。差分相干解调不需要专门的相干载波，只需由收到的 DPSK 信号延时一个码元间隔 T_B，然后与 DPSK 信号本身相乘，如图 6 - 37（b）所示。相乘器起着相位比较的作用，相乘结果反映了前后码元的相位差，经低通滤波后再抽样判决，即可直接恢复出原始数字信息，故解调器中不需要码反变换器。

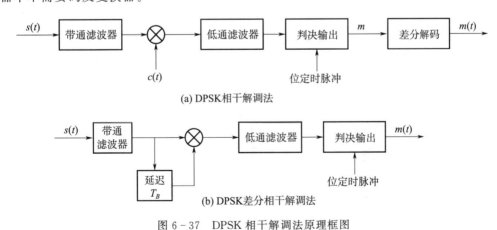

图 6 - 37　DPSK 相干解调法原理框图

④正交相移键控

正交相移键控（Quadrature Phase Shift Keying，QPSK）可以看成是同向正交两路 BPSK 信号的叠加过程，如图 6 - 38 所示。QPSK 具有频谱利用率高、抗干扰性能好等优点，是目前最常用的卫星通信调制方式之一。

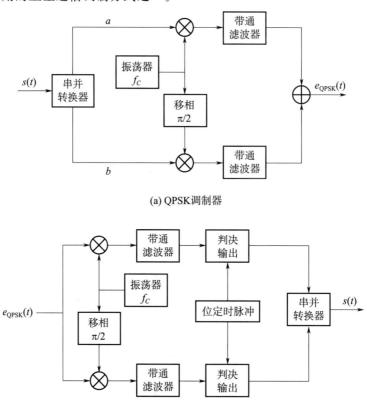

(a) QPSK调制器

(b) QPSK解调器

图 6 - 38　正交相移键控原理框图

⑤偏置正交相移键控

QPSK 利用正交的两个相位分量来表示不同比特信息。由于相邻码元最大相位差可以达到 $180°$，因此 QPSK 调制在频带受限系统中会引起信号包络起伏，体现在信号振幅出现较大变化，影响系统性能。

为避免上述情况发生，可以将两个正交分量 I 和 Q 对应的比特在时间上错开半个码元，那么即使相邻码元间存在 $180°$ 相位差，但由于 I 和 Q 对应的比特在时间上错开，因此两者不会同时改变，相邻码元相位差最大值仅为 $90°$，从而减小了信号振幅起伏，提高了系统性能。上述调制过程称为偏置正交相移键控（Offset QPSK，OQPSK）。

⑥$\pi/4$ 正交相移键控

$\pi/4$ QPSK 由两个相差 $\pi/4$ 的 QPSK 星座图交替产生，即把信号相位平面平分成间隔为 $\pi/4$ 的八种相位。当前码元相位相对于前一码元相位改变 $\pm45°$ 或 $\pm135°$。例如，若连续输入"11 11 11 11···"，则信号码元相位为"$45°$ $90°$ $45°$ $90°$···"。由于该体制的相邻码元总存在相位改变，因此有利于在接收端提取码元同步，适用于不易提取相干载波的应用场景。$\pi/4$QPSK 的最大相移为 $\pm135°$，小于 QPSK 最大相移，因此通过频带受限系统后的振幅起伏也更小。

（5）正交振幅调制

①基本概念

正交振幅调制（Quadrature Amplitude Modulation，QAM）是为改善 MPSK 噪声容限而提出的振幅和相位联合键控方法，适合频带资源受限场景，星座图如图 6 - 39 所示，码元可以表示为 $e_{QAM}(t) = A_k \cdot \cos(\omega_C t + \theta_k)$，　$kT_B \leqslant t \leqslant (k+1)T_B$。式中，$k$ 为整数；A_k 和 θ_k 可以分别取多个离散值。

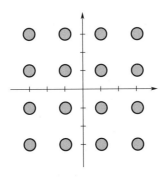

图 6 - 39　16QAM 星座图

QAM 可以保持信号功率（圆周半径）不变的条件下，重新安排信号点位置，通过增大相邻信号点间距提高噪声容限，抗干扰性能更好，如图 6 - 40 所示。而 MPSK 会随着 M 增大，相邻相位距离逐渐减小，导致噪声容限降低，误码率恶化。

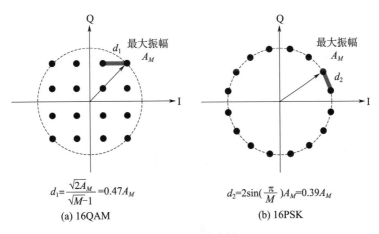

$$d_1 = \frac{\sqrt{2}A_M}{\sqrt{M}-1} = 0.47A_M$$

(a) 16QAM

$$d_2 = 2\sin\left(\frac{\pi}{M}\right)A_M = 0.39A_M$$

(b) 16PSK

图 6 - 40　星座图

②产生与检测

以 16QAM 为例，QAM 调制与解调原理如图 6 - 41 所示，可以通过叠加两路正交的 MASK 信号实现。

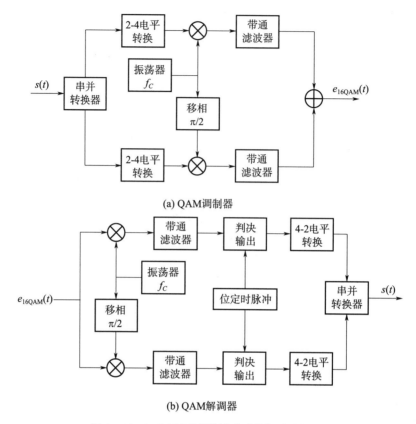

(a) QAM调制器

(b) QAM解调器

图 6-41 16QAM 的调制与解调原理框图

6.4 信道估计与均衡

6.4.1 概述

（1）基本概念

信道即信息传输的通道，狭义上是指信号的传输介质，广义上不仅包括传输介质还包括系统中的转换装置。本书第 5 章曾从太赫兹波与物质相互作用角度介绍过太赫兹波在大气等介质中的传播特性以及信道测量方法。信道的非理想性会导致信号失真，表现为信号的幅度减小、相位偏移、频率偏差等形式，会影响通信系统性能。因此，需要建立信道模型、估计信道特性，实现信道均衡，如图 6-42 所示。

信道建模是描述信道非理想特性的过程，需要了解频率响应、时间波动、多径传播等信道特性，并建立相应的数学模型来近似描述上述特性。信道估计是确定信道特性参数的过程，需要利用接收信号和已知信号源信息估计频率响应、时间波动、多径传播延迟等信道特性参数。信道均衡是对信号进行补偿的过程，通过在接收端加入均衡器补偿消除或减弱数字信号码间串扰，抵消信道对信号的影响。

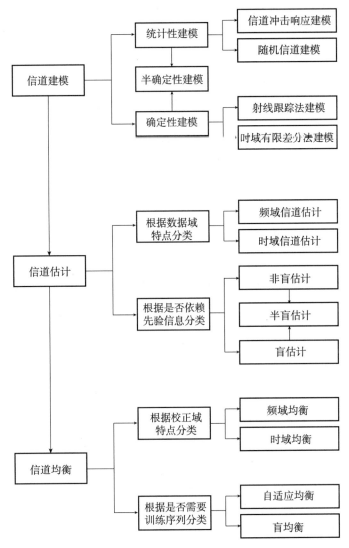

图 6-42　信道建模、估计与均衡技术体系

(2) 信道分类

① 无线信道和有线信道

根据传输介质特点，信道可以分为无线信道和有线信道。无线信道利用电磁波的空间传播实现信号传输，星地通信、星间通信、航天测控等链路均属于无线信道。有线信道利用电话线、波导、同轴电缆、光纤等传输线实现信号传输。实际应用中，空气中的水分子、沙尘等物质成分以及其他遮挡都会影响信号传播，导致信道特征参数发生变化，详见第 5 章。

② 恒定参量信道和随机参量信道

根据统计参数特点，信道可以分为恒定参量信道和随机参量信道。

1) 恒定参量信道。恒定参量信道是指特性参数不随时间变化的信道。理想恒参信道的幅频特性不随频率变化（即损耗保持不变），相频特性是频率的线性函数（即群延迟保持不变）。非理想恒参信道存在幅度失真、相位失真、非线性失真、频率偏移、相位抖动等现象。其中，幅度失真是由信道非理想幅频特性引起的，信号波形发生畸变导致数字信号相邻码元波形之间发生部分重叠，产生码间串扰；相位失真是由于信道非理想相频特性引起的，同样会引起码间串扰；非线性失真是指信道输入和输出信号振幅为非线性关系，通常是由有源器件的非理想特性引起的，会产生新频率分量；频率偏移是指振荡器频率误差等因素引起的频谱平移现象；相位抖动同样也是由振荡器的频率不稳定引起的信号附加调制现象。幅度失真和相位失真都可以通过线性补偿网络消除，而其他失真由于随机性较强因此抵消相对困难。大部分有线信道和星间链路等部分无线信道可视为恒参信道。

2）随机参量信道。随机参量信道的幅度、频率、相位特性会随时间随机变化。信号包络起伏称为衰落，可分为快衰落和慢衰落两种类型。若衰落周期（包络起伏变化周期）与数字信号的码元周期相当，则称为快衰落；若衰落周期远大于数字信号的码元周期，则称为慢衰落。短波远距离无线通信链路属于典型的随机参量信道。

6.4.2　信道建模

信道建模方法可以分为统计性建模、确定性建模和半确定性建模三种方法。

（1）统计性建模法

统计性建模法，也称为参数建模法，主要基于无线信道各种统计特性建立信道模型，依赖于信道测量数据。该建模方法首先对某一区域进行实际测量，然后从大量实测数据中归纳出信道重要统计特性，进而推导出经验公式。根据无线信道测量侧重点和方法特点，统计性建模法可以进一步分为信道冲激响应建模法和随机信道建模法。

信道冲激响应建模法主要关注无线信道的多径衰落现象，建立的模型多为抽头延迟线模型，例如 S-V 模型、SIRCIM 模型、Δ-K 模型等。上述模型能有效模拟多径衰落信道的冲激响应特性。S-V 模型通过两个呈指数分布的随机变量来描述信道时变特性，采用多个延迟线抽头表征多径分量。SIRCIM 模型相对复杂，但可以通过更多的统计分布随机变量和更复杂的抽头结构更加准确地模拟多径衰落信道的冲激响应特性。Δ-K 模型则是一种简化信道模型，主要针对高速移动环境下的多普勒效应进行建模，通过三角函数描述多普勒频移影响。

随机信道建模通常应用于窄带通信系统建模，主要预测大范围内的信号强度变化规律或概率密度函数。典型的随机信道模型包括 Rayleigh 模型、Rician 模型、Clarke 模型、对数正态衰落模型以及莱斯对数正态模型等。其中，Rayleigh 模型假设信号强度符合二维正态分布并且在时间和空间上都是随机的，适用于描述多径传播和散射引起的信号衰落；Rician 模型考虑了信号的直射和多径传播分量，在信号直射路径很弱时退化为 Rayleigh 模型；对数正态衰落模型假设信号强度的对数符合正态分布，适用于描述高频无线通信系统的信号衰落情况；莱斯对数正态模型考虑了信号强度在所有对数尺度上的波动，包含散射引起的短期波动和路径损耗引起的长期波动。

（2）确定性建模法

确定性建模法通过构建地理特征、障碍物位置、可穿透材料特性等环境因素模型，利用电磁波传播理论或光学射线理论分析出信道特性，环境因素模型越详尽，则信道模型越接近真实情况。常用的确定性建模方法包括射线跟踪法和时域有限差分法（Finite Difference Time Domain，FDTD）。

射线跟踪法广泛应用于各种环境模型。该方法假设发射端发出多条射线，射线穿越包含障碍物、地形等因素在内的传播环境后，被接收端接收，每一条射线都会被单独跟踪并记录信号强度和相位信息，要求深入了解环境几何形状和电磁特性，精确计算每一条射线的路径。

时域有限差分法将时间和空间离散化，通过计算每个离散点的电磁场强度得到电磁波的时域传播情况。该方法计算更为复杂，要求得到详尽的物体形状、尺寸、位置、材料电磁特性等物理环境信息。

（3）半确定性建模法

半确定性建模法融合了统计性建模法和确定性建模法的优点，能够在较好反映真实环境的条件下尽可能降低计算复杂度，支持大部分无线信道建模。半确定性建模法主要包括随机几何建模法和相关矩阵法。

随机几何建模法是射线追踪法的简化方法，无须获得详尽的信道环境参数，典型模型包括 COST 259 信道模型、IMT - Advanced 模型、SCM/SCME 模型、WINNER 信道模型等。

相关矩阵法体现了空间信道之间的相关性，利用实际测量数据或信道统计信息得到空间信道的路径时延、出入射角等参数，然后推导出信道空间相关矩阵，典型模型包括 Kronecker 模型、VCR 模型、Weichselberg 模型、3GPP LTE 信道模型、IEEE 802.11n 信道模型等。

6.4.3　信道估计

信道估计利用接收信号表现出来的各种状态估计信道特性，是信道对输入信号影响的一种数学表示。信道估计的目标是使某种估计误差最小化的同时尽量降低算法复杂度。

（1）时域法和频域法

根据输入数据特点，信道估计可以分为频域和时域两种方法。

①频域信道估计法

频域信道估计法利用信道频域响应（Channel Frequency Response，CFR）在一定范围内具有相似性的假设，通过测量导频处的 CFR 估计整个信道。具体来说，首先假设导频处的 CFR 和非导频处的 CFR 均为线性，适用于大部分实际通信场景；然后，通过在导频处插入已知导频序列并接收其回波信号估计导频处的频域响应；最后，使用内插法恢复整个信道内的数据符号。导频信号是指位于实际传输信号频段外的参考信号。

频域法在处理多载波系统时具有一些优势，能够充分利用已知导频信息实现对整个信道的精确估计。由于频域方法将信道视为线性系统，因此更易于采用现有信号处理算法实现。然而，频域法不适用于多径效应显著的移动通信等线性假设较难成立的场景。

②时域信道估计法

时域法既适用于多载波系统也适用于单载波系统，需要借助导频信号或实际发送信号的统计信息估计多径信道衰落系数。

单载波系统由于没有可以分隔的子信道，单载波系统必须通过时域估计所有多径分量，因此，需要知道发送信号的统计信息。例如，发送的信号可能包含循环前缀，可以通过接收机对信号进行相应的处理消除多径干扰和符号间干扰。另外，最小均方误差滤波（Least Mean Square Filter，LMS Filter）和最大似然估计（Maximum Likelihood Estimation，MLE）等信号处理技术可以用于提取发送信号中的衰落系数。

（2）非盲估计法和盲估计法

根据是否依赖先验信息，信道估计可分为非盲估计法、盲估计法以及半盲估计法。

①非盲估计法

非盲估计法需要借助训练序列或导频信号，按照一定估计准则确定参数或者逐步跟踪调整参数估计值，也称为基于参考信号的信道估计法。非盲估计法可以分为基于训练序列的信道估计法和基于导频符号的信道估计法。基于训练序列的信道估计法适用于突发传输系统，首先发送已知训练序列在接收端进行初始信道估计，然后在发送有用信息数据时利用初始信道估计结果进行判决更新，完成实时信道估计。基于导频符号的信道估计法适用于连续传输系统，首先在有用数据中插入已知导频符号得到导频处的信道估计结果，然后基于导频处的信道估计结果内插得到实际发送信号处的信道估计结果。

②盲估计法

盲估计法无须发送导频序列或已知训练序列，仅需利用调制信号本身固有的且与具体承载信息比特无关的特征，或者采用判决反馈方法实现信道估计，频谱效率和可靠性更高，但算法复杂度高，对计算和存储资源要求高。

③半盲估计法

非盲估计法要求借助导频信号或训练序列，频谱效率较低，但更加接近信道真实特性；盲估计法无须借助导频信号，频率效率更高，但计算复杂度高、运算量大、灵活性较差。半盲估计法综合上述两种方法的优点，利用部分已知信息（如部分导频信号或训练序列）辅助信道估计，从而在保证一定频谱效率的同时降低了计算复杂度并提高了灵活性。

6.4.4　信道均衡

数字信号在实际信道中传输时，会因信道非理想特性存在传输错误或码间串扰。因此，接收端会在信道估计基础上对数据进行校正，这个过程称为信道均衡，实现信道均衡的模块称为均衡器。

（1）频域均衡和时域均衡

根据校正域特点，信道均衡可分为频域均衡和时域均衡。

频域均衡法通过滤波技术调整系统的频率响应特性，有效补偿信号传输失真。典型的均衡器包括线性均衡器、非线性均衡器和自适应均衡器等。时域均衡法通过横向滤波器直接校正时域波形，使系统冲激响应满足无码间串扰条件。

（2）自适应均衡和盲均衡

根据校正过程中是否发送训练序列，信道均衡分为自适应均衡和盲均衡。

自适应均衡要求提前发送训练序列以调整均衡器参数，包括迫零、最小均方误差、递推最小二乘、卡尔曼等典型均衡方法。迫零算法的目标是将均衡器输出调整全零以消除干扰信号影响；最小均方误差算法的目标是使均衡器输出与理想信号之间的误差平方平均值最小以提高信号精度；递推最小二乘算法利用迭代方法求解最优解，计算复杂度低、收敛速度快；卡尔曼算法基于概率论预测，能够精确估计和控制系统状态。

盲均衡技术无须借助训练序列，仅通过接收序列本身的先验信息均衡信道特性，使输出序列尽可能地逼近发送序列，包括 Bussgang、高阶谱、信号检测、神经网络等典型均衡算法。其中，Bussgang 盲均衡算法通过比较接收信号和发送信号的二阶统计量获得均衡后的信号；高阶谱盲均衡算法利用信号高阶谱特性抵消信道影响实现更精确的信号均衡；信号检测盲均衡算法利用信号检测算法检测并分离多个信号，可靠性和效率更高；神经网络盲均衡算法利用神经网络训练优化均衡器的参数和性能，智能化程度和效率更高。

第7章 通信组网技术

通信组网是通信技术发展和应用的高级形态，是形成空天地一体化、智能化作战体系能力的关键支撑。在传统电磁频谱资源紧张、更高容量更加安全通信能力需求激增的时代背景下，太赫兹通信必然会成为支撑未来组网与安全体系发展的重要手段之一。本章将系统性梳理组网与安全技术体系，重点介绍通信网络概念、复用与多址、路由与交换、协议与标准、数据链、自组网与无线传感器网络、安全与抗干扰等七个方面内容，促进太赫兹通信技术融入通信组网技术框架和应用场景。

7.1 通信网络概念

7.1.1 通信网络的定义

通信网络是一种允许用户通过多个节点实现信息交换的系统，典型实体形态包括因特网、移动通信网、物联网和卫星通信网。网络节点（例如基站、路由器和交换机）、传输链路（例如无线微波信道和有线光纤信道）以及用户终端（例如手机、电脑、车载/机载/船载通信设备）是通信网络的三个基本组成要素。

7.1.2 通信网络的拓扑

网络拓扑用于描述网络节点和用户终端的物理布局以及物理连通性，主要包括星形、环形、总线型、树形、网状五种基本类型，如图 7-1 所示。表 7-1 总结了各基本类型网络拓扑特征和优缺点。通过上述基本拓扑类型的排列组合，可以形成满足不同任务需求场景的组合式网络拓扑结构。

表 7-1 基本型网络拓扑结构总结和对比

类型	特征	优点	缺点
星形	分为中央节点和端节点；端节点间无链路，仅与中央节点连接	结构简单、扩展性强，管理和维护容易；网络延迟时间较小，传输误差低	系统可靠性依赖于中心节点；同时共享能力差，通信线路利用率低
环形	节点地位一致，首尾相连，形成闭环	两个节点间仅有一条道路，路径选择简单	扩展性差、可靠性低；节点延时时间长；节点故障定位较难
总线型	节点地位一致，所有节点连接到一条传输总线上，系统能力依赖总线能力	线缆数量少，易于布线和维护；多个节点共用一条传输信道，信道利用率高	可靠性低

续表

类型	特征	优点	缺点
树形	由根节点、枝节点和叶节点组成,叶节点之间不直接相连	结构简单,成本低;网络中节点扩充方便灵活,路径寻找方便	根节点故障导致全系统瘫痪;枝节点故障导致分枝网络瘫痪
网状	各节点至少与两个节点相连	网络可靠性高、可扩展性好	网络复杂、成本高、维护难度高

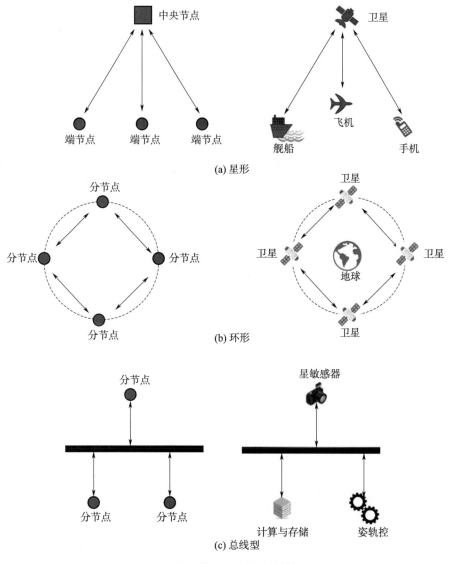

(a) 星形

(b) 环形

(c) 总线型

图 7 - 1　典型的网络拓扑结构

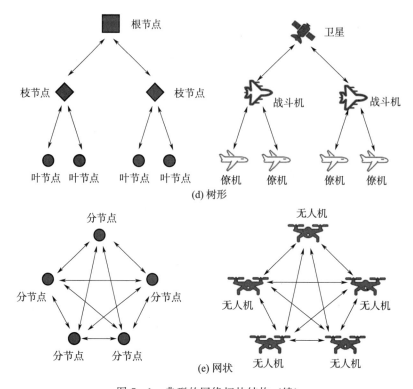

图 7-1 典型的网络拓扑结构（续）

注：左侧为抽象拓扑，右侧为典型场景

7.1.3 服务等级协议

服务等级协议（Service Level Agreement，SLA）是网络服务提供者对用户的服务承诺，是服务提供商与用户之间签订的关于网络系统服务的协议。该协议作为评估网络系统性能与质量的重要标准，涵盖了以下关键指标，如表 7-2 所示。

1）可用性（Availability）：网络服务可用性是指用户在需要时能够成功访问和使用服务的概率，是确保网络系统正常运行并满足用户需求的关键因素之一。

2）准确性（Accuracy）：网络服务准确性是指在处理、传输和响应过程中提供正确、精确数据或信息的程度，是确保网络系统提供高质量服务的重要方面之一。

3）系统容量（Capacity）：网络服务系统容量是指服务在单位时间内能够处理、传输和存储的数据量，是衡量网络系统可处理负载能力的重要指标，直接影响网络系统的性能与质量。

4）延迟（Latency）：网络服务延迟是指从用户发出请求到服务响应返回用户所需的时间。延迟过长可能导致用户对网络系统服务的满意度下降，影响网络系统的性能与质量。

表 7 - 2 服务等级协议指标总结

标准	定义	指标	典型值
可用性	系统服务能正常运行的概率	(服务总时间－不可用时间)/服务总时间	≥99.99％高可靠性(故障时间少于1 h)
准确性	数据准确传输的概率	误码率、误信率、错误率	—
系统容量	系统能够支持的预期负载量	用户数、信道容量(Gbps)	高通量卫星容量为数十至数百 Gbps
延迟	系统在收到用户请求到响应该请求的时间间隔	时延	5G 通信空口延迟＜1 ms

7.1.4 通信网络的类型

广义的通信网络包括卫星通信网（始于 1958 年，以"斯科尔"卫星成功发射并实现话音通信为标志）、因特网（始于 1969 年，以阿帕网投入使用为标志）、移动通信网（始于 1973 年，以第一个移动电话打通为标志）、物联网（始于 1999 年，以物联网概念提出为标志）。上述网络早期独立发展演进，如今向着空天地异构网络深度融合方向发展。本书将在第 9 章详细介绍上述网络生态系统的发展历程和演进趋势，本章主要聚焦通信组网技术层面内容。通信网络具有多种分类方式。

1) 根据网络终端和中继设备特点，网络可以分为电话网、因特网、移动通信网、卫星通信网、物联网等。电话网的终端设备主要为固定电话机，IP 电话技术的发展促进了电话网融入因特网。因特网的终端设备主要是计算机，中继设备主要是交换机和路由器。移动通信网的终端设备主要是手机，中继设备主要是基站。卫星通信网的终端设备包括手机、计算机以及各类车/船/机载通信设备，中继设备主要是通信卫星。物联网的终端设备主要是各类物品电子标签，通常会接入因特网、移动通信网或卫星通信网实现信息中继与交换。

2) 根据拓扑特点，网络可以分为星形、环形、总线型、树形、网状等基本类型。星形网络由一个中央节点和若干端节点组成，端节点之间并无链路连接而是直接与中央节点连接。环形网络中的各个节点地位相等，首尾相连，形成一个封闭环路。总线型网络中的各个节点地位相等，所有节点都连接至同一条总线上，系统能力主要依赖于总线能力。树形网络由一个根节点、若干枝节点和更多叶节点组成，叶节点之间通过枝节点实现互联，枝节点之间通过根节点实现互联。网状网络中的每个节点至少与两个节点相连，网络结构更为复杂。

3) 根据覆盖区域范围，网络可以分为个域网、局域网、城域网和广域网。个域网（Personal Area Network，PAN）是最小范围的网络类型，通常仅涵盖个人设备。局域网（Local Area Network，LAN）通常由较小区域内的多台计算机组成，主要由部门或单位构建。城域网（Metropolitan Area Network，MAN）通常能够涵盖整个城市，通过光纤将多个局域网接入公共城市网络以构成更大型网络，实现各个局域网之间的资源共享。广域网（Wide Area Network，WAN）的覆盖范围可以是一个或多个国家甚至涵盖全球，最大通信距离可以超过数千 km。

4）根据交换方式特点，网络可以分为电路交换网、报文交换网和分组交换网。电路交换网的运行方式类似于传统电话转接，即两个节点通信时将建立一条实际物理链路直至信息传输完毕。报文交换网则类似于电报系统，特点是在节点之间配置转接交换机，交换机在物理链路被其他用户占用时存储信息，等物理链路空闲时再将信息发送出去。报文交换网的优点是可以充分利用空闲线路、减小网络拥塞，但实时性不如电路交换网。分组交换网将每个报文分成若干有限长度分组，发送和交换均以分组为单位，接收端将分组重新拼装成完整报文。分组交换网中还有一种快速分组交换技术——信元交换技术，也称为异步传输模式（Asynchronous Transfer Mode，ATM），兼具电路交换延迟小和分组交换灵活性好的优点。

5）根据网络用户特点，网络可以分为公用网和专用网。公用网属于国家基础设施范畴，通常由国家出资建设并由国家主导的电信或网络运营商管理和控制，网络传输和转接设备在获得国家批准后可以向社会开放使用。专用网是指企业或省市级以下政府部门建造并经营的专有物理链路，仅供企业或部门内部使用，不对外提供服务。当企业或部门跨地区（省市）运营时，专用网络的建设和运营成本会上升，可采用虚拟专用网络（Virtual Private Network，VPN）技术通过公用网实现专用服务。

6）根据节点和链路性质，网络可以分为同构网络（Homegeneous Net）和异构网络（Heterogeneous Net）。同构是指所有节点和链路均具有相同特性；异构是指节点或链路特性不完全相同。

7.2　复用与多址技术

7.2.1　概述

双工、复用和多址是三类基本的信道利用技术，如图 7 - 2 所示。双工（Duplex），即"双向工作"，主要研究通信双方能否相互通信、能否同时通信，以及如何同时相互通信的问题。复用（Multiplex），即"信道多路复用"，主要研究如何在同一信道中传输多路信号。多址（Multiple Access），即"多址接入"，主要研究处于不同位置的多个用户如何同时与同一个基站通信的问题。

7.2.2　双工

根据信息传输方向，通信可以分为单工、半双工和全双工三种类型，如图 7 - 3 所示。单工通信只能沿一个方向传输信息，典型场景是电视广播；半双工通信可以沿两个方向传输信息，但两个方向不能同时工作，典型场景是对讲机通信；全双工通信可以同时沿两个方向传输信息，典型场景是手机通话。全双工通信根据实现途径特点可以进一步分为频分双工（FDD）和时分双工（TDD），如图 7 - 4 所示。

（1）频分双工

频分双工（Frequency Division Duplexing，FDD）通过频率区分上下行链路，在两个

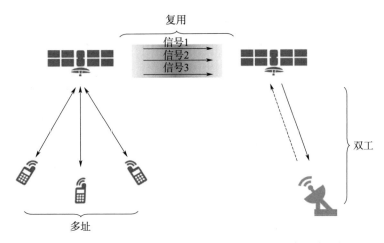

图 7-2　信道利用中涉及的双工通信、多路复用、多址接入概念

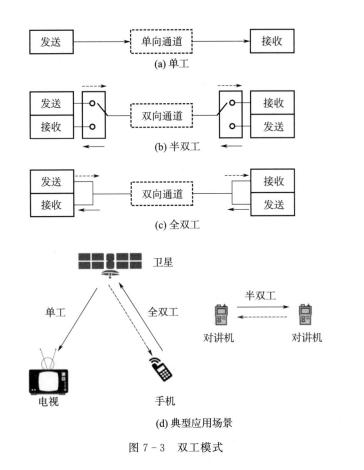

图 7-3　双工模式

频率分离且具有一定频率间隔的信道上接收和发送信号。开展对称业务时，FDD 能够充分利用上下行频谱；开展非对称业务时，频谱利用率会降低。FDD 系统具有传输速率高、抗干扰能力强、操作简便易实现等优点，但存在成本高、信道利用率低等不足之处。

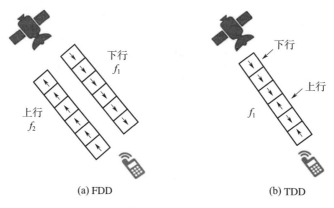

(a) FDD　　　　　　　　　　　　(b) TDD

图 7 - 4　全双工

（2）时分双工

时分双工（Time Division Duplexing，TDD）通过时间间隔划分接收和发送信道，接收和发送信号在相同频率载波上，但分别在不同时间片段上传输。TDD 具有成本较低、信道利用率高、可以利用信道对称性提高系统性能、上下行时刻可以灵活转换等优点，但对同步要求高。

（3）对比分析

FDD 和 TDD 各具优缺点，需根据具体场景特点选择最合适的通信方式。

FDD 的优点主要体现在以下三个方面：1）稳定性高，采用独立上行频率和下行频率传输，避免上下行干扰问题；2）传输效率高，上下行传输可以同时进行；3）覆盖距离远，适用于广域覆盖需求。其缺点主要体现在以下两个方面：1）频谱利用率较低，需要为上下行分配独立频段，可能导致频谱资源浪费，尤其在上下行流量不对称情况下更为显著；2）成本较高，需要更多频谱资源和硬件资源配置，建设和运营成本相对较高。

TDD 的优点主要体现在以下三个方面：1）频谱利用率高，可以灵活配置上行和下行时隙，尤其适用于上下行流量不对称场景；2）灵活性高，可以动态调整上下行时隙比例，适应不同业务需求；3）成本低，使用同一频段进行上下行传输，可以节省频谱资源、共用射频设备，降低建设和运营成本。其缺点主要体现在以下两个方面：1）抗干扰能力较弱，若上下行时隙之间保护间隔不够，可能会产生用户间干扰；2）覆盖距离受限，上下行传输需要交替进行，导致传输距离受限，尤其是在高速移动场景下表现更为明显。

7.2.3　复用

（1）概述

复用通过将信道划分为若干个逻辑子通道，使不同用户共享信道资源，提高信道利用率、降低信道占用成本，如图 7 - 5 所示。根据逻辑子通道划分途径，复用技术可以分为频分复用（包括波分复用）、时分复用和码分复用三种类型。

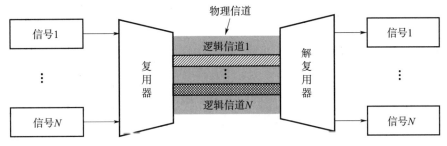

图 7 - 5　复用的基本概念图

（2）频/波分复用

频分复用（Frequency Division Multiplexing，FDM）按频率划分不同子信道实现多路信号传输；波分复用（Wavelength Division Multiplexing，WDM）按波长划分不同子信道实现多路信号传输。两者本质一样，电学领域通常采用频分复用概念，光学领域通常采用波分复用概念。

当信道带宽大于信号带宽时，只需占用部分信道带宽即可有效传输信号，如图 7 - 6（a）所示。因此，将信道划分为若干个频率范围不同的子信道，子信道的频率范围不重叠并具有一定间距，通过调制将各路基带信号搬移到相应频段上即可实现多路信号在同一信道中的同时传输，如图 7 - 7 所示。无线电广播是最经典的频分复用场景。例如，中央人民广播电台第一套节目（中国之声）的调频信号频率为 106.1 MHz，中央人民广播电台第二套节目（经济之声）的调频信号频率为 96.6MHz。频分复用的信道复用率高、调制解调过程简单、分路容易，但频谱资源占用多、设备复杂度随子信道数量增多而增加、不易小型化。然而，随着芯片与微系统技术发展，设备复杂度和小型化问题有望得到更好解决。FDM 对模拟信号和数字信号均适用。

波分复用的本质是频分复用，在光学领域通常按照波长划分子信道，如图 7 - 6（b）所示。波分复用最早应用于光纤通信，后也应用于星间/星地激光通信场景。

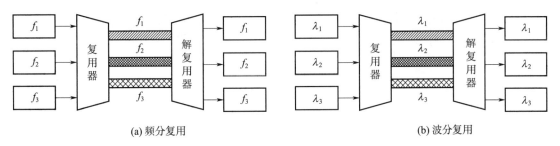

(a) 频分复用　　　　　　　　　　　　　　　　　(b) 波分复用

图 7 - 6　频分（波分）复用

（3）时分复用

时分复用（Time Division Multiplexing，TDM）通过时间分片实现多路信号传输，如图 7 - 8 所示。从频域角度看，TDM 的每路信号均可占满整个信道带宽；从时域角度看，每路信号仅占用某个特定时隙，该时隙即为逻辑子信道。TDM 的频率资源配置更加灵活，

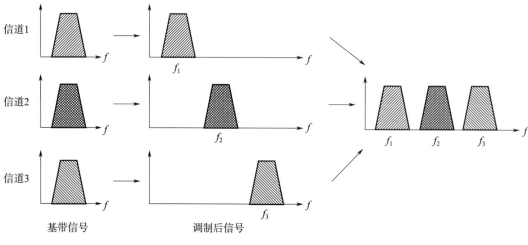

图 7 - 7　频分复用示意图

但对时间要求高度精确的时间同步。TDM 技术适用于数字信号传输。

根据时隙分配特点，时分复用技术可以分为静态时分复用和动态时分复用。静态时分复用的时隙分配关系是固定的，收发双方需要保持同步，因此也称为"同步时分复用"，如图 7 - 8（a）所示。由于静态时分复用的每一路信号传输时隙是提前分配固定的，因此若某一路无数据传输会浪费对应时隙空间，导致效率降低。动态时分复用的时隙分配关系可以按需实时分配，收发双方无须保持同步，因此也称为"异步时分复用"，如图 7 - 8（b）所示。由于动态时分复用的时隙是按需分配的，因此效率较高。但是，动态时分复用需要缓冲存储和流量控制确保数据正确传输，因此，系统复杂度更高。

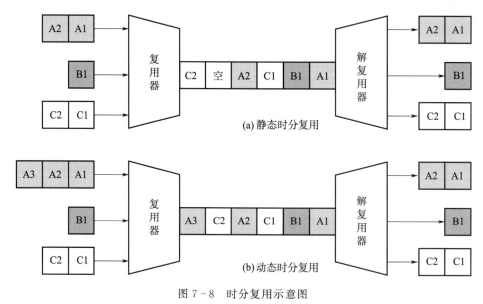

图 7 - 8　时分复用示意图

（4）码分复用

码分复用（Code Division Multiplexing，CDM）给每个信号分配一个唯一编码序列实现多用户区分，在相同频率范围内可以并行传输多个独立信号，如图 7 - 9 所示。码分复用的抗噪声和干扰能力更强，广泛应用于移动通信、卫星通信和局域网等无线通信系统中。

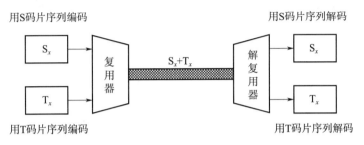

图 7 - 9　码分复用示意图

码分复用的技术基础是扩频技术和伪随机码技术。扩频技术将窄带信号调制成宽带信号传输，能够有效提升容量并增强抗干扰能力。伪随机码是一种自相关性强但互相关性弱的码序列，能够使不同用户信号在接收端被准确地区分开。CDM 系统中的每个用户都被分配一个独特的伪随机码，该码与用户发送的数据信号相结合后，产生扩频后的宽带信号。由于每个用户使用的伪随机码是唯一的，因此接收端可以通过相应解码区分和恢复不同用户信号，实现多用户同时传输目的。码分复用可以同频同时工作，如图 7 - 10 所示。

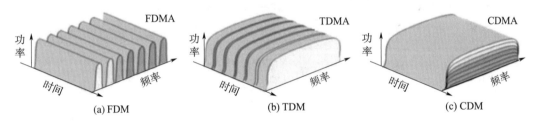

图 7 - 10　FDM、TDM 和 CDM 的时、频、能域分布示意图

（5）正交频分复用

正交频分复用（Orthogonal Frequency Division Multiplexing，OFDM）本质上是多载波传输技术，既是一种复用技术也是一种调制技术，通过将信号分布在多个正交子载波上将高速数据流分割成多个较低速子数据流，从而充分利用频谱资源、提高数据传输效率，如图 7 - 11 所示。

OFDM 的主要优点体现在以下五个方面：1）抗多径能力强，OFDM 中的每个低速数据流占用带宽较窄，因此，每个子载波上的衰落可以看作是窄带平坦性衰落，有效消除了频率选择性衰落影响；2）抗干扰能力强，每个 OFDM 符号加入了循环前缀，能够抗载波间干扰（Inter - Carrier Interference，ICI）和抗符号间干扰（Inter - Symbol Interference，ISI）；3）频谱效率高，不同于传统 FDM 必须设置隔离频带，OFDM 子载波具有正交性，子

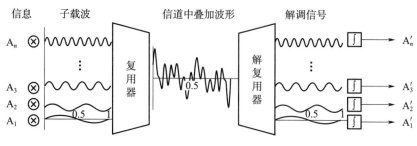

图 7 - 11　OFDM 概念原理图

信道频谱之间可以重叠，频谱利用率更高；4）支持非对称传输，OFDM 上下行链路可以分别使用不同数量子载波实现不同传输速率；5）易与其他多种接入方法结合使用。但是，OFDM 也存在相位噪声和载波频偏敏感性更高、峰均比过大、所需线性范围更宽等不足之处。

（7）小结

表 7 - 3 从技术特征、同步需求、复杂度、串扰、带宽利用率等方面对 FDM（WDM）、TDM、CDM 和 OFDM 技术进行了对比总结。

表 7 - 3　复用技术对比总结

对比项	频/波分复用	时分复用	码分复用	OFDM
信道划分依据	按频率/波长划分	按时间划分	按编码划分	按子载波划分
采用技术	模拟技术或数字技术	模拟技术或数字技术	数字技术	数字技术
是否同步	不需要	需要	需要	需要
电路复杂度	高	低	低	高
处理复杂度	低	高	高	低
串扰	严重	不严重	不严重	不严重
带宽利用	高	低	高	高

7.2.4　多址

多址技术将信道资源按照频率、时间或码型等参数划分为相互正交或准正交的子信道，从而使同一服务覆盖区域内的多个用户在同一时间内可以利用同一信道实现信息传输。多址技术旨在有效利用带宽，在保持灵活性的同时实现通信容量最大化、用户费用最小化以及运营商收益最大化。

多址和复用虽然在技术上有一些相似之处，但存在显著差异。复用主要关注提高信道资源利用率，核心是将资源合理分割并分配给用户使用。多址强调多个用户接入，核心是区分多个接入用户。多址技术需要复用技术作为支撑。多址技术可以按图 7 - 12 分类。

根据信道资源分配方式，多址方式主要分为固定多址（Fixed multiple Access，FA）、按需多址（on - Demand multiple Access，DA）和随机多址（Random multiple Access，RA）。固定多址方式中，每个用户预先分配到一定的信道份额，只能在特定信道上与其他

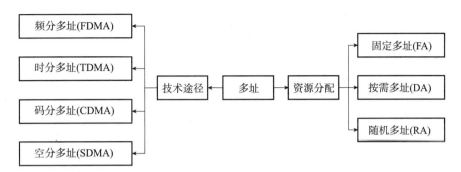

图 7 - 12　多址技术

用户进行通信，无需额外控制和调度信道，信道容量固定且不能调整，信道利用率较低。按需多址方式中，信道资源根据业务量情况动态分配，通常设置一个中心站集中控制信道分配，当用户需要通信时会首先联系中心站，中心站会根据当前情况为通信双方安排信道。随机多址方式没有信道控制系统，支持用户按照一定规则随机占用信道，适用于通信量较小的用户，但可能会导致信道资源浪费。

　　根据区分用户方式，多址方式可以分为频分多址（FDMA）、时分多址（TDMA）、码分多址（CDMA）和空分多址（SDMA）。各多址方式的基本原理和特点阐述如下。

（1）频分多址

　　频分多址（Frequency Division Multiple Access，FDMA）将通信系统可用总频段严格划分为多个特定频道间隔后分配给每个用户，如图 7 - 13 所示。每个用户在特定频率信道上传输模拟或数字信号，保持足够频率间隔（即保护频带）以避免相互干扰。早期卫星通信和移动通信系统主要采用 FDMA。

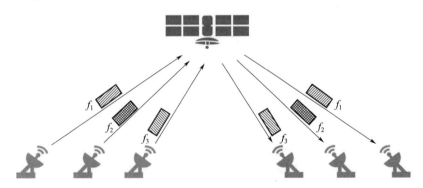

图 7 - 13　FDMA 示意图

　　频分多址的主要特点体现在以下四个方面：1）设备构成简单、技术成熟可靠，在系统工作时无须网络同步，性能稳定可靠，大容量线路工作时的效率较高；2）转发器同时放大多个载波时易产生交调干扰，需降低输出功率以降低交调干扰，卫星通信有效容量受到影响；3）要求各站发射功率基本一致，否则会出现强信号抑制弱信号现象，大站和小站之间不易实现兼容。4）需要设置保护带宽，频带资源利用不够充分，灵活性较低。

频分多址可以分为单路单载波频分多址（Single Channel Per Carrier，SCPC）和多路单载波频分多址（Multiple Channel Per Carrier，MCPC）。SCPC 中，每个载波仅传输一路信号，典型案例是 INTELSAT 卫星的 SPADE 业务。MCPC 中，每个载波可以承载多路不同信号，根据基带信号类型又可进一步分为 FDM－FM－FDMA 和 TDM－PSK－FDMA。卫星通信发展初期，大部分业务都是电话业务，传输模拟语音信号，因此采用 FDM－FM－FDMA 方式传输信号；随着数字化通信技术发展，传统的频分复用方式已不再适用，因此时分复用逐渐取代了频分复用，出现了 TDM－PSK－FDMA 方式。

（2）时分多址

时分多址（Time Division Multiple Access，TDMA）通过特定或不同时隙区分各个用户，如图 7-14 所示。近年来，TDMA 在卫星通信领域应用逐渐增多。不同于 FDMA，TDMA 仅适用于数字信号。

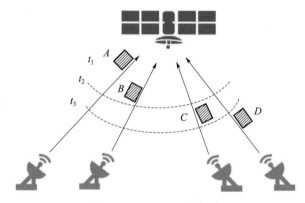

图 7-14　TDMA 示意图

时分多址的主要特点体现在以下五个方面：1）单载波工作状态从根本上解决了转发器交调干扰问题；2）能够更充分利用转发器输出功率，无须过多输出补偿；3）频带可以重叠，频率利用率更高；4）易于按需分配信道，但对时间同步要求高，实现比 FDMA 复杂；5）各时隙之间需要配置保护时隙以避免各用户相互干扰。

（3）码分多址

码分多址（Code Division Multiple Access，CDMA）使用编码技术实现多路复用，也称扩频多址，如图 7-15 所示。发射端，每个用户被分配一个唯一编码序列，通过用户信号与码序列正交编码输出扩频信号；接收端，以本地地址码为参考还原出扩频信号。

CDMA 的实现必须满足以下三个基本要求：1）必须拥有足够数量且相关性良好的地址码，以确保系统中的每个用户或信关站都能获得唯一地址码，这是"码分"的基础要求；2）发送信号必须通过地址码扩频调制，使传输信号频带扩展至数百倍以上，为接收端区分信号提供了实质性准备；3）每个接收端必须具有对应本地码，本地码应与对端发送的地址码完全匹配，要求码型结构完全相同、每个码元和每个周期的起始和结束时间完全对齐，通过接收端相干检测将地址码之间的差异转化为频谱宽度差异，然后用窄带滤波器从中选出所需信号，这是 CDMA 的关键过程。

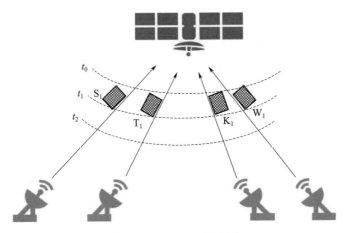

图 7 - 15　CDMA 示意图

相比于 FDMA 和 TDMA，CDMA 的主要特点在于射频已调载波频谱宽、功率谱密度低，各载波可以共同使用同一时域和频域资源，具体体现在以下三个方面：1）抗干扰能力强，输出载扰比（载波功率与干扰功率之比）改善显著；2）保密通信能力更好，扩频调制信号隐藏在噪声和干扰中，并且唯一地址码相当于进行一次加密，增加了截获、破译难度；3）多址连接灵活性更好。

（4）空分多址

空分多址（Space Division Multiple Access，SDMA）依据用户或信关站的地理位置区分，要求星载天线的增益高且能形成多波束，通过波束指向不同区域实现多址，如图 7 - 16 所示。通常来说，SDMA 需要与 FDMA、TDMA 或 CDMA 结合使用。

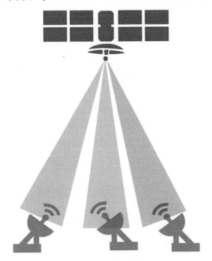

图 7 - 16　SDMA 示意图

（5）小结

表 7 - 4 从特点、识别方法、优缺点等方面对 FDMA、TDMA、CDMA 和 SDMA 进行了对比总结。

表 7 - 4　多址方式对比总结

多址方式	特点	识别方法	优点	缺点	适用场合
频分多址	1)各发射站的载波在转发器内所占频带互不重叠 2)各载波的包络恒定 3)转发器工作于单载波	滤波器	可沿用地面通信成熟技术和设备;设备较简单;不需要时间同步	有互调噪声,不能充分利用卫星功率和频带;上行功率、频率要监控	大、中、小容量
时分多址	1)各站的突发信号在转发器内所占时隙互不重叠 2)转发器工作于单载波	时间选通门	没有互调问题,卫星功率与频带利用充分;上行功率不需要严格控制;便于大、小站兼容,站多时通信容量仍较大	需要精确的网络同步,低业务量用户也需要相同的有效发射功率	大、中容量
空分多址	1)各站发射的信号只进入该站所属通信区域中 2)可实现频率高重复用 3)转发器成为空中交换机	窄波束天线	可以提高卫星频带利用率,增加转发器容量或降低地面站要求	对卫星控制技术要求严格,星上设备复杂,需要交换设备	大容量
码分多址	1)各站使用不同的地址码进行扩展频谱调制 2)各载波包络恒定,在时域和频域均互相混合	相关器	具有较强抗干扰能力,信号功率谱密度较低,隐蔽性良好,无需网络定时,使用灵活	频带利用率低,信道容量较小;地址码选择较难;接收时地址码捕获时间较长	军事通信小容量、VSAT 和移动卫星通信

7.3　交换与路由技术

路由与交换技术是网络通信中的核心技术之一,是实现网络互联的基础。路由负责确定数据包在网络内的最佳传输路径,交换负责数据包在网络内的快速转发。在 OSI 七层模型中,交换位于数据链路层,路由位于网络层,如表 7 - 5 所示。

表 7 - 5　OSI 七层模型设备清单

层数	名称	设备
第七层	应用层	域名系统(DNS)、文件传输协议(FTP)、远程终端协议(Telnet)、简单邮件传输协议(SMTP)、超文本传输协议(HTTP)等
第六层	表示层	有数据压缩/解压缩和加密/解密设备
第五层	会话层	会话服务
第四层	传输层	传输控制协议(TCP)和用户数据报协议(UDP)
第三层	网络层	路由器、网关
第二层	数据链路层	交换机、网桥
第一层	物理层	中继器、集线器、网卡、网线、调制解调器

7.3.1　交换技术

(1) 基本概念

交换（switching）是指将一个数据帧（数据链路层传输的数据单元）从一个端口传输到另一个端口。交换机是实现上述功能的设备，关键组成是交换矩阵。根据数据传输方式，网络交换主要分为电路交换、报文交换、分组交换三种途径，如图 7-17 所示。

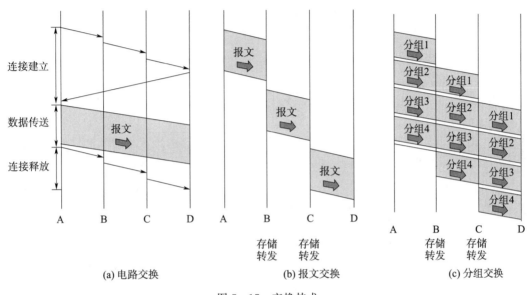

连接建立

数据传送

连接释放

A　B　C　D　　A　B　C　D　　　　A　B　C　D

存储　存储　　　　存储　存储
转发　转发　　　　转发　转发

(a) 电路交换　　　　(b) 报文交换　　　　(c) 分组交换

图 7-17　交换技术

(2) 电路交换

电路交换（Circuit Switching）需要建立一条专用数据通信路径，主要由连接建立、信息传送和连接拆除三个过程组成，是通信网中最早出现且应用最普遍的交换方式之一。电路交换首先需要建立源节点和目标节点之间的物理信道，然后在该信道上透明传输数据，数据会始终占用信道资源直至通信结束。

电路交换的优点主要包括以下两个方面：1) 通信时延较低，通信双方通过专用线路传输数据，数据可直达目的地，传输大数据量的实时性优点更为突出；2) 通信质量稳定，电路交换一旦建立通信则信道被独占，后一用户需等待前一用户通话结束释放资源。缺点主要包括以下两个方面：1) 灵活性差，带宽资源分配相对固定，不适合处理突发业务；2) 频带利用率低，同一通信传输通路的资源不能供多个用户同时共享。

(3) 报文交换

报文交换（Message Switching），又称存储转发交换，将待发送数据划分为更小的数据块（即报文）作为传送单元，每个报文携带源地址和目的地址等信息报文，可以通过不同网络路径传输到达目的地后重新组装成完整数据。报文交换传输过程中，交换节点会根据报文头部信息将报文存储起来，在合适时机将存储的报文转发至下一节点直至到达最终目的地。

报文交换的优点主要包括以下四个方面：1）灵活性高，可以按需自由组合和拆分报文，数据传输更加灵活；2）可靠性高，报文中包含校验信息，可用于核对数据完整性，具有多种路径选择和数据重发机制，即使某条传输路径发生故障也能重新选择其他路径进行传输；3）支持多目标通信，一个报文可以同时发送至多个目的地址；4）线路资源利用率高，通信双方不需要固定占用一条通信线路，可以分时分段占用线路资源。缺点主要包括以下三个方面：1）传输延时较大，数据在交换节点需要经历存储转发过程，会产生转发延时，网络流量较大场景下的延时更为明显；2）对带宽要求较高，通信开销较大，尤其是处理大型报文时对网络带宽需求高；3）交换节点处理能力要求高，报文长度没有限制，为确保完整接收和存储整个报文，每个交换节点都需要配置足够缓冲区。

（4）分组交换

分组交换（Packet Switching）同样基于存储转发机制，不同于报文交换的是将数据分割成若干大小相等、具有固定格式的分组（也称包，packet），以分组作为传送单位进行传送，网络交换节点会缓存分组并依据分组头部地址信息选择适当时间和链路将存储的分组发送至下一个节点，可以根据用户要求和网络能力动态分配带宽。

分组交换的优点主要包括以下五个方面：1）带宽利用率高，仅在数据传输时占用物理链路资源，其他用户可共享空闲链路带宽；2）灵活性好，每个分组都添加了目的地址信息，支持端到端通信；3）容错性强，若某个网络节点发生故障可以选择其他节点重新传输；4）可靠性高，分组作为独立传输实体便于实现差错控制，误码率更低；5）经济性好，分组数据较小且格式固定，节省了交换机存储容量、提高了资源利用率、降低了通信费用。缺点主要包括以下三个方面：1）网络容易拥塞，当网络负载过重时容易发生传输延迟和数据包丢失等问题；2）协议开销较大，每个数据包都需要添加源地址、目的地址、校验和等信息，增加了额外开销；3）处理相对复杂，需要对每个分组进行编号、排序等处理。

（5）小结

表7-6对电路交换、报文交换、分组交换三种交换方式进行了总结和对比。

表7-6 交换技术对比总结

	优点	缺点
电路交换	1）时延小 2）有序传输（比特流，无先后问题） 3）没有冲突（连接后独占线路） 4）适用范围广 5）实时性强 6）控制简单	1）建立连接时间长 2）线路独占（连接过程中无法共享线路） 3）使用效率低（大量时间段线路空闲） 4）灵活性差（中间交换机故障时无法绕路） 5）难以规格化（通信双方必须使用同规格设备）

续表

	优点	缺点
报文交换	1）无须建立连接 2）动态分配线路 3）提高线路可靠性（可绕路） 4）提高线路利用率（非独占可共享） 5）提供多目标服务（可多目的地址）	1）有转发时延 2）需要较大存储缓存空间（整块数据未拆分） 3）需要传输额外信息量（目标地址、源地址等）
分组交换	1）无须建立连接 2）线路利用率高（非独占可共享） 3）简化了存储管理（分组长度有限制） 4）加速传输（存储转发相邻两分组同时进行） 5）减少出错率和重发数据量	1）有转发时延（经过多个路由器） 2）需要传输额外信息量（首部中的控制信息） 3）对于数据报服务，存在失序、丢失、重复分组问题

7.3.2　路由技术

（1）基本概念

路由（Routing）是指决定数据端到端路径的网络层功能，主要包括路由表构建和路由选择两个过程。路由器是实现上述功能的设备，用于确定、建立和维护路径。路径选择算法是路由器的重要软件部分，用于确定最佳路径。

路由表（Routing Table）是路由条目的集合，存储了所有可达网络信息，提供了路由过程所需的基础数据，是路径选择的唯一依据。路由表主要包含以下六类信息元素：1）目的地址，用于标识数据包的目标地址或网络；2）网络掩码，与目的地址组合共同标识目标主机或路由器所在的网段地址；3）优先级，用于表示多条可能路由的优先次序；4）下一条 IP 地址，用于指定下一个路由器的地址；5）输出接口，用于确定数据包被转发和输出的端口；6）路由开销，用于描述各路径所需代价。上述信息可以通过手动配置添加或动态路由协议自动学习。

路由选择（Route Selection）的基础是路由算法，也称路由协议，规定了分组在网络中的存储和转发方式。路由器会根据数据包的目的地址查询路由表，根据跳转数、路径长度、分组预期延迟、分组丢失率、带宽、负载、通信成本等因素确定一条最优转发路径。

路由器（Router）可以视作一种专用计算机，由处理器、内存、各种类型端口和操作系统构成。除了基本的路由选择和转发功能外，现代路由器还会配置防火墙、VPN 支持、流量控制等功能。根据所处网络位置特点，路由器可分为核心路由器、分发路由器和接入路由器。核心路由器处于网络的核心部位，主要应用在超大规模电信企业中；分发路由器通常应用在大中型企业或互联网服务提供商；接入路由器也称为边缘路由器，处于网络边缘地带，主要应用于中小型企业或大型企业分支机构中。

（2）空间组网路由特点

① 与地面网络路由区别

传统地面网络的路由器依据网络拓扑信息创建路由表并计算最优路径，路由表根据链路状态更新，要求在整网范围内交换网络拓扑信息，因此，网络协议开销大、收敛慢。但是，传统地面网络拓扑结构变化频率较低，网络一旦达到稳定状态就无须频繁更新路由表，此外地面路由器的算力和能源资源不受限，因此，地面网络路由器的实现难度相对较低。

与传统地面网络不同，空间组网路由主要具有以下四方面特点：1）网络拓扑动态高时变性强，星间或星地间的节点需要根据实际情况不断切换，而传统路由算法大多数面向静态或慢速动态网络拓扑，无法快速响应高动态网络拓扑，抗毁性较差；2）星间链路质量易变，端到端路径存在不可靠性，而传统路由算法主要针对时延、带宽等通信服务性能进行优化，较少考虑传输路径受损后的路由快速响应与重构问题。3）路由重构延时开销大，星间或星地距离远大于地面网络节点间距，传播时延较大，导致路由重构时会引入较大时延与开销；4）星载资源受限，卫星的存储、计算和功率资源相比于地面平台约束性极高，传统地面网络路由算法或协议无法直接用于空间网络。

② 与自组网路由区别

空间组网与无线自组网（Ad Hoc）具有一定相似性，都具有网络动态高、传输跳数多、节点地位平等、节点资源受限等特点。但是，空间网络的节点间距远大于无线自组网的节点间距，传输时延无法忽略，导致空间组网路由协议复杂度更高。

（3）空间组网路由算法

综上分析，空间组网存在网络拓扑动态性强、网络节点间传播延时大、节点间链路质量易变、节点平台资源能源受限等问题，因此要求路由算法的运算复杂度更低、存储占用空间更少、路由开销量更小。表7-7总结了空间组网典型路由算法的开销和性能。

表7-7 空间组网路由分类和典型算法

（吴署光等. 低轨卫星网络路由技术研究分析[J]. 卫星与网络 2021,(9),66-74.）

类型	分类	典型算法	开销分析	性能分析
面向连接	基于虚拟拓扑的路由算法	DT-DVTR算法	• 优化路由在地面预先计算后上传给卫星,卫星在时间片分割点修改VP(Virtual Path)路由表,减少了星上计算开销 • 当网络变化频繁时,卫星需要存储大量路由表	• 加入备选路径处理,优化切换路径选取,加强稳定性 • 选择路由时没有考虑时延等问题,健壮性不好 • 不能有效解决链路切换引起的重路由问题
	基于覆盖域划分的路由算法	FHRP协议	• 切换发生后不用复杂算法,而根据卫星覆盖域特性计算出最优新路由,开销较小 • 是一个切换控制协议,需要端用户参与,端用户协议设计复杂性高	• 在固定时间更新路由容易造成性能剧烈震荡

续表

类型	分类	典型算法	开销分析	性能分析
面向非连接	基于数据驱动的路由算法	辅助定位按需路由协议（LAOR）	• 根据源卫星与目的卫星的相对位置,对泛洪区进行了限制,减小整个网络系统计算开销 • 按需路由协议中节点无须交换网络拓扑信息,只需要周期性地探测链路连通性,有效节省了卫星网络中的有限资源	• 周期性探测链路连通性,能够很好适应节点失效、临时入网与退网情况,缩短了路由收敛时间。对保证自组织低轨卫星网络中的数据传输质量更加有效 • 在局部区域内进行路由请求,不能从全局角度实现流量平衡
	基于覆盖域划分的路由算法	分布式地理位置路由算法（DGRA）	• 无须预先进行路由计算,减小了路由表存储开销 • 卫星需要根据逻辑地址计算转发方向,需要一定计算开销	• 如果网络拓扑的规则性被打破,会造成路由失败,不适用于节点在缝隙两侧、极地区域等情况,健壮性较差 • 根据路由策略、流量负载及网络故障等情况实时选择路径,自适应能力强 • 路由计算利用局部状态信息,不一定是最优路径
	基于虚拟节点的路由算法	DRA 算法	• 将实际卫星与虚拟节点进行绑定,削弱了卫星网络拓扑动态变化对路由协议的影响,简化了路由计算的复杂性 • 卫星无须维护大量的路由表	• 只能应用在拓扑规则的卫星网络中,当网络中节点或者链路发生故障时,路由协议不能快速更新,数据转发无法正常进行 • 由于高纬度地区轨间链路距离更短,容易导致该地区链路发生拥塞

(4) 空间组网路由控制

尽管空间网络拓扑具有高动态时变性,但卫星绕地球的周期性运动使得空间网络拓扑具有可预测性、周期性和相对稳定性,具体体现在:1)可预测性,每颗卫星在固定轨道的运行轨迹可预先确定,卫星之间的连接关系可以预测;2)周期性,星间相对位置变化具有周期性,网络拓扑将在一定时间周期内恢复至初始时刻状态;3)相对稳定性,除非卫星出现故障或发生在轨安全事件,否则空间网络中的卫星节点数量通常保持不变或有序增减,不会发生突变。

鉴于上述特点,空间网络拓扑控制策略主要包括虚拟拓扑策略（Virtual Topology）、虚拟节点策略（Virtual Node）和覆盖域划分方法（Covering Domain Partition）。虚拟拓扑策略是一种将卫星网络动态拓扑离散化的方法,将一个系统周期（即相邻卫星网络拓扑的重现时间间隔）划分为多个时间片,星间链路仅在时间片端点时刻发生变化,而假定网络拓扑结构在每个时间片内保持不变,即将动态网络拓扑在时间轴上划分为多个离散快照（snapshots）,能够有效降低网络拓扑复杂性。虚拟节点策略通过卫星逻辑位置概念形成一个全球覆盖的虚拟网络,虚拟网络中的每个节点都是一个虚拟节点,由最近的卫星提供服务,充分利用了星座分布特性,提高了网络覆盖范围和服务质量。覆盖域划分方法将地球表面按等间距划分为多个蜂窝,每个蜂窝由最近的卫星提供服务,由于地球自转和卫星运动,每个卫星都需要定期更新网络拓扑信息。虚拟节点策略与覆盖域划分策略在形式上有相似之处,但存在本质区别:虚拟节点策略构建的虚拟网络独立于地球自转并且与地球地理位置无关，通用性更强；覆盖域划分策略构建的虚拟网络与地球同步运动，实时性更强。

空间网络拓扑控制策略直接影响到路由设计。表 7-8 从天线工作模式需求、拓扑变化数目、星座类型约束、计算模式和复杂度等方面对上述三种拓扑控制策略进行了对比总结。虚拟拓扑策略与覆盖域划分适用限制少，但产生的拓扑变化数目较多，计算复杂度高；虚拟节点策略适用范围有限，但具有拓扑固定不变、计算复杂度低等优点。

表 7-8　拓扑控制策略对比

（卢勇等. 卫星网络路由技术 ［J］. 软件学报，2014，25（5）：1085-1100.）

拓扑控制策略	天线工作模式	拓扑变化数目（系统周期内）	星座类型约束	计算模式	计算复杂度
虚拟拓扑策略	无特殊要求	多个	无特殊要求	集中式	高
虚拟节点策略	卫星固定足印	一个	Walker 星座	无特殊要求	低
覆盖域划分方法	无特殊要求	多个	无特殊要求	分布式	中

7.4　协议与标准

通信双方要确保信息交流顺畅有效，就必须使用相同的"语言"、可接受的"语速"以及可理解的"语义"进行交流，因此，要求建立通信网络协议和标准，确保所有节点都使用相同的通信协议、传输速率和数据格式，确保通信有效、稳定、安全、可靠。协议与标准具体包括以下五个方面的要求：1）一致性，要求提供一致的规则和格式，使不同设备商提供的设备之间能够规范通信；2）可靠性，要求消息在传输过程中可靠安全，减少数据丢失和错误；3）高效性，要求优化通信过程，减少通信延迟和不必要传输，提高通信效率；4）兼容性，要求提供多种选择和扩展，使不同设备、系统和技术之间更容易兼容；5）可扩展性，要求持续适应新增需求和技术发展，确保系统可长期演进。

本节主要介绍三类协议与标准：一是与空间信息网络相关的协议体系，主要包括 CCSDS 协议体系、TCP/IP 协议体系、DTN 协议体系等；二是移动通信非地面网络协议标准；三是太赫兹协议标准。

7.4.1　空间信息网络协议体系

常用的空间信息网络协议标准包括四种：1）CCSDS 协议体系；2）TCP/IP 协议体系；3）CCSDS 与 TCP/IP 结合的协议体系；4）DTN 协议体系。

（1）CCSDS 协议体系

国际空间数据系统咨询委员会（Consultative Committee for Space Data Systems，CCSDS）根据卫星通信和深空通信特点，组织了全球 40 余家空间研究机构提出一系列遥测遥控、数据图像信息传输标准（泛称 CCSDS 协议体系），至今已应用于 200 多个空间任务。CCSDS 协议分为普通在轨系统（Common Orbiting System，COS）和高级在轨系统（Advanced Orbiting System，AOS）两个部分。COS 主要针对常规地面测控通信系统，适用于大部分卫星通信系统；AOS 主要针对天基通信与测控系统，主要应用于中继卫星、空间站、载人航天器等，支持更高速率的数据传输和更复杂的通信协议。CCSDS 协议自下而上分为五层，依次是物理层、数据链路层、网络层、传输层和应用层，如图 7 - 18 所示。

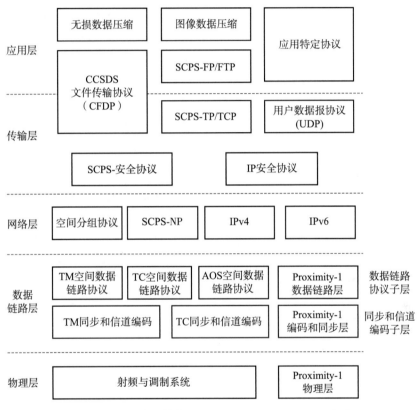

图 7 - 18　CCSDS 协议分层结构（https：//public.ccsds.org/default.aspx）

① 物理层

CCSDS 物理层包括射频和调制系统以及 Proximity - 1 物理层两个部分。其中，射频和调制系统定义了星地频段和调制方式；Proximity 是跨层协议，其物理层部分为同步和信道编码部分提供了比特时钟和状态信息。

② 数据链路层

CCSDS 数据链路层由空间数据链路协议（Space Data Link Protocol，SDLP）子层以及同步和信道编码子层构成。空间数据链路协议（SDLP）包括遥测（TM）、遥控（TC）和高级在轨系统（AOS）。其中，TM - SDLP 通过采用可变长度传输帧确保及时接收指令信息；而 TC－SDLP 和 AOS - SDLP 则采用固定长度传输帧确保帧同步的可靠性。此外，为进一步提高数据传输完整性，引入了重传控制机制。同步和信道编码协议用于为数据帧传输提供同步功能和信道编码功能。TM 同步和信道编码协议通常会与 AOS – SDLP、TM – SDLP 配合使用；而 TC 同步和信道编码协议通常与 TC – SDLP 配合使用。

③ 网络层

CCSDS 网络层包括空间分组协议（Space Packet Protocol，SPP）、空间通信协议规范-网络协议（Space Communications Protocol Specification – Network Protocol，SCPS – NP）以及 IP 协议，主要实现空间网络路由功能。相比于标准 IP 协议，CCSDS 网络层协议作了四个方面改进：1）同时支持面向连接和面向无连接的路由；2）设置四种报头，支持用户选用效率模式或功能模式；3）控制信息协议提供了链路中断信息；4）支持网络层数据封装后通过 SDLP 传输 IPv4 和 IPv6 分组，SPP 和 SCPS – NP 可以独用或复用空间数据链路，网络复用性高。

④ 传输层

CCSDS 传输层主要包括空间通信协议规范-传输/传输控制协议（SCPS – TP/TCP）、用户数据报协议（User Datagram Protocol，UDP）、空间通信协议规范–安全协议（SCPS – SP）、因特网 IP 安全协议（IPSec）以及文件传输协议（CCSDS File Delivery Protocol，CFDP）部分内容。SCPS – TP/TCP 定义了空间通信端到端传输服务，针对网络拥塞、误码或链路中断导致的数据丢失提出了报头压缩、选择否定确认、时间戳、速率控制等处理机制。CFDP 包括文件处理、点到点可靠传输、利用下层空间链路数据传输共三种服务机制，根据用户传输时间和目的地要求动态规划路由，简单任务中仅保留单一链路传输文件功能，复杂任务中可以提供多链路组合传输文件功能。SCPS – SP 和 IPSec 提供端到端数据保护功能，可以与传输层协议配合使用。

⑤ 应用层

CCSDS 应用层定义了无损数据压缩、图像数据压缩、文件传输（SCPS – FP/FTP）等面向应用的协议，也支持非 CCSDS 协议体系中的应用特定协议。应用层数据通常由传输层传输，有时也可以通过网络层传输。

（2）TCP/IP 协议体系

TCP/IP 协议是在通信连续、延时小、误码率低、带宽无限制等理想假设条件下建立的，但对于天基网络来说，上述假设条件并不成立：1）卫星运动以及其他空间物体遮挡，导致通信链路可能产生周期性中断，影响数据传输；2）通信延时较大，例如火星到地球往返时间通常为 8.5～40 min，大时延导致建立 TCP 连接的等待时间很长，降低数据传输效率；3）天基网络误码率远高于地面网络，例如，深空通信误码率通常为 1E – 6，若采用传统 TCP 协议则需要频繁检错重发（ARQ），也会降低数据传输效率；4）卫星或深空通信的信道不对称性高，例如，深空通信的上行和下行速率分别为 1 kbps 和 100 kbps，基于传统 TCP 协议的容量会随非对称性增强而呈指数减小，导致缓存拥塞加重。因此，必须对传统 TCP/IP 协议作适配性处理才能应用于空间通信。

为此，NASA 戈达德航天中心于 2002 年设立了 OMNI 项目（Operating Mission as Nodes on the Internet），针对空间通信改进 TCP/IP 协议，使所有空间网络节点都能像因

特网节点一样运行，从而实现地面终端用户到航天器的全 IP 互联。图 7 - 19 给出了面向
空间通信的 TCP/IP 协议体系，自下而上分为四层，依次是数据链路层、网络层、传输层
和应用层。

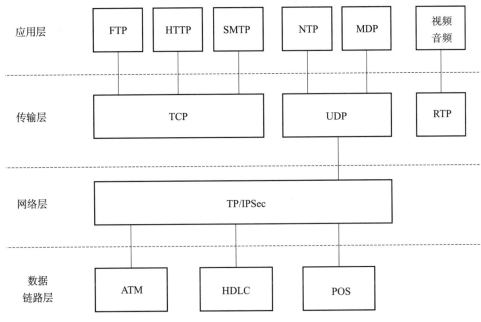

图 7 - 19　基于 TCP/IP 的协议体系

① 数据链路层

OMNI 数据链路层选用高级数据链路控制协议 （High - level Data Link Control，
HDLC，适用于 45 Mbps 以下速率）、POS 协议 （Packet Over SDH，适用于 45 Mbps 以
上速率）、异步传输模式协议 （Asynchronous Transfer Mode，ATM） 等，上述协议均为
商业路由器采用的数据链路层协议。

② 网络层

OMNI 网络层采用 IP 协议，使用 RIP （Routing Information Protocol，路由信息协
议）、OSPF （Open Shortest Path First，开放最短路径优先）、BGP （Border Gateway
Protocol，边界网关协议） 等 IETF （Internet Engineering Task Force，国际互联网工程任
务组） 标准路由协议实现路由信息交互，使用移动 IPv4 协议 RFC - 3344 解决单址航天器
飞过多个地面站的移动问题，采用移动网络协议 RFC - 3963 解决多址航天器飞过多个地
面站的移动问题。

③ 传输层

OMNI 传输层采用 UDP、TCP 和 RTP （Real - Time Transport Protocol，实时传输
协议） 三类协议，利用 UDP 协议传输航天器实时遥测数据和有效载荷数据，利用 TCP 协
议控制航天器并传送 IP 信令信息，利用 RTP 协议实时传输多媒体数据。

④ 应用层

OMNI 应用层包括 FTP、SMTP 等协议，利用 FTP 协议（File Transfer Protocol，文件传输协议）实现文件可靠传输，利用 SMTP 协议（Simple mail Transfer Protocol，简单邮件传输协议）存储转发科学数据，利用 NTP 协议（Network Time Protocol，网络时间协议）实现时间同步，利用 MDP 协议（Multicast Domain Protocol，组播域协议）支持重传组播，适用于长时延通信（典型往返时延达到小时甚至数天量级）和强不对称性信道通信（典型不对称性高达 1 000∶1）场景。

（3）CCSDS 与 TCP/IP 结合的协议体系

2000 年，NASA JPL 启动了 NGSI（Next Generation Space Internet，下一代空间因特网）项目，提出将 CCSDS 和 OMNI TCP/IP 协议结合起来，实现空间网络和地面网络互联，支撑未来"空间因特网"发展，如图 7 - 20 所示。该协议数据链路层采用 CCSDS 标准，网络层采用 OMNI TCP/IP 标准。

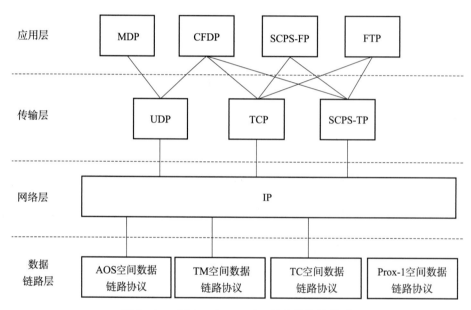

图 7 - 20　CCSDS 与 TCP/IP 结合的协议体系

（4）DTN 协议体系

2003 年，NASA JPL 提出"容迟"概念，即 DTN（Delay/Disruption Tolerant Networks），能够支持长延时、断续连接等受限网络环境通信，适用于星际通信，如图 7 - 21 所示。与传统网络路由相比，DTN 网络路由的特点主要体现在以下四个方面：1）长延迟，信道容量小、节点间信道可能存在长时间断开等情况，导致端到端传输延迟大且不稳定；2）临时不可达，节点间的信道不稳定性导致端到端路径在某些时间段内可能不存在，网络处于分割状态；3）存储资源受限，航天器功率和存储资源受限以及传输延迟大导致的数据长时间停留在网络中均会导致存储资源相对不足；4）动态非结构化拓扑，DTN 节点通常情况下不存在结构化的层次关系，频繁建立和断开节点间信道会导致网络拓扑不断变化。

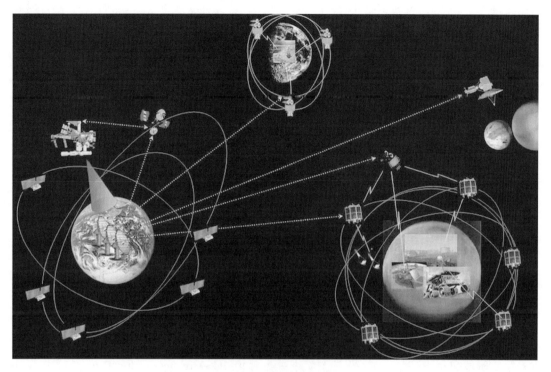

图 7 - 21　星际网络概念图

(D ESTRIN，et al. Internet Predictions. IEEE Internet Computing，2010，14：12 - 42.)

为解决上述问题，IRTF（Internet Research Task Force，国际互联网研究组）的 DTN - RG 小组（DTN Research Group，DTN 研究组）于 2007 年提出如图 7 - 22 所示的 DTN 网络体系结构，其中最重要的两层分别是束层和传输层。

① 束层

DTN 束层主要负责解译不同协议，实现不同类型数据包的相互融合，位于传输层和应用层之间，最小数据单元为"束"（Bundle）。束协议（Bundle Protocol，BP）主要负责存储和转发网络数据，核心功能包括委托传输、集束优先级处理、集束报告、数据包分段与重组等。其中，委托传输用于实现端到端集束传输，集束优先级处理用于为用户提供一种服务质量机制，分段和重组用于降低传输时间。

② 传输层

DTN 传输层包括 Saratoga、LTP（Licklider Transmission Protocol，LTP）等协议。Saratoga 协议是一种点对点协议，主要实现文件单跳传输，特别是大文件单跳传输。LTP 协议用于深空环境点到点通信，使用两个独立单向通信链路实现双向通信，能够提供选择重传机制，通过低容量或非对称链路最小开销设计实现数据分片扩展，能够容忍链路中断服务。

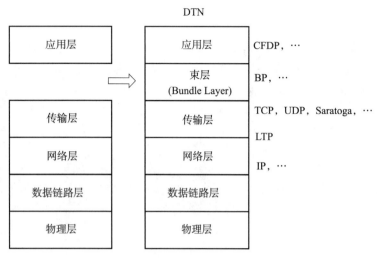

图 7-22　DTN 协议体系

7.4.2　移动通信非地面网络体制

(1) 非地面网络概念

根据 3GPP 规划，5G 技术演进分为两个阶段：第一阶段包括 R15/R16/R17 三个版本；第二阶段包括 R18/R19/R20 三个版本，也称为 5G Advanced。3GPP 于 2017 年发布的 R15 版本中已经开始研究非地面网络（Non-Terrestrial Network，NTN）概念，明确了 NTN 部署场景以及相关系统参数并调整了 3GPP 信道模型；R16 版本进一步明确了 5G 新空口（New Radio，NR）应该支持 NTN 应用并优先考虑卫星通信场景，对物理层（层一）和无线网络协议栈（层二和层三）均给出了具体建议；R17 版本进一步增强了低轨（LEO）和高轨（GEO）透明转发场景以及高空平台应用功能，启动了 NTN 物联网场景研究（NB-IoT/eMTC）；2022 年，R17 版本标准在 3GPP 全会第 96 次会议上宣布冻结，并将进一步启动 R18 版本相关工作，针对 NTN 覆盖增强、移动性增强、10 GHz 以上频谱支持、物联网增强、用户终端位置服务规范等议题开展研讨。

所谓"非地面网络"，是卫星通信网络、高空平台系统和空对地网络等所有涉及非地表物体网络的总称，如图 7-23 所示。其中，卫星通信网络主要依托低轨（LEO）、中轨（MEO）和地球同步轨道（GEO）卫星平台；高空平台系统（High Altitude Platform Station，HAPS）主要依托飞机、气球和飞艇等空中平台。表 7-9 总结了上述非地面平台的典型高度范围、轨道和波束覆盖区范围。在 5G 标准中，非地面网络被定位为地面蜂窝移动通信网的重要补充，为高山、沙漠、海洋等地面网络无法覆盖的区域提供移动通信服务。

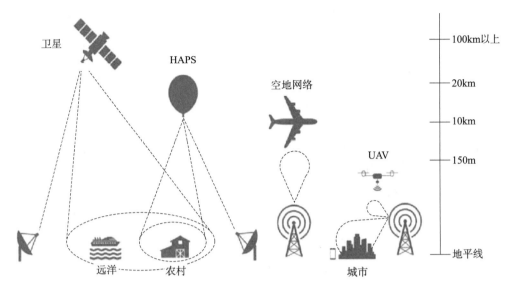

图 7-23　非地面网络示意图

表 7-9　各类非地面平台特点

平台	典型高度范围	轨道	波束覆盖区典型直径
LEO 卫星	300～1 100 km	圆轨道	100～1 000 km
MEO 卫星	7 000～25 000 km		100～1 000 km
GEO 卫星	35 786 km	固定点	200～3 500 km
无人机和高空平台	<20 km		5～200 km
HEO 卫星	400～50 000 km	椭圆轨道	200～3 500 km

(2) 非地面网络特殊性

非地面网络平台运行高度高并且相对移动速度大，因此与地面蜂窝移动通信网络的传输时延、多普勒频移等性能指标差异显著，需要修改 5G 协议以适配 NTN 场景特点。具体来说，非地面网络的特殊性主要体现在以下五个方面：

① 传播延迟

航天器和航空器系统相比地面系统的传播延迟更大。例如，高轨系统的单向延迟典型值为 272.4 ms，低轨系统的单向延迟典型值为 14.2 ms，高空平台的单向延迟典型值为 1.6 ms，均高于地面蜂窝网络 0.033 ms 时延典型值。因此，5G 协议层、重传机制等都需要针对传播延迟大特点进行修改适配。

② 链路预算

非地面网络平台的高度越高，传播损耗越大，对收发链路的能力要求也就越高。由于用户设备端发射功率受限，需要通过降低峰均功率比 (Peak to Average Power Ratio, PAPR)、多重覆盖增强等途径提升链路质量。

③ 多普勒频移

低轨卫星相对于地面高速运动，多普勒频移大，导致接收端解调难度增加。以 2 GHz

中心频率为例，600 km 高度卫星的最大多普勒频移是±46 kHz，而地面网络的最大频率偏移通常小于 10 kHz。

④ 接入频繁切换

低轨卫星相对于地面运动速度快还会导致用户设备接入卫星的时长受限，需要频繁切换接入卫星，要求提前注入星历表等信息。

⑤ 小区半径

非地面网络系统相比地面蜂窝网络的小区半径更大，小区中心和边缘的时延、链路等差距显著，给接入和定时同步等带来挑战。

（3）5G 空口协议栈

5G 接入网协议栈由用户面（User Plane，UP）和控制面（Control Plane，CP）组成，如图 7 - 24 所示。用户面（UP）和控制面（CP）的各层功能如表7 - 10 和表7 - 11 所示。

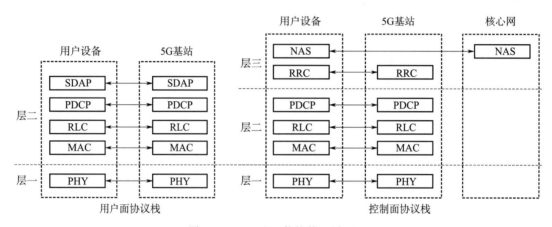

图 7 - 24　5G 空口协议栈三层两面

表 7 - 10　5G 用户面协议栈各层功能

	层	功能
L3	非接入层 NAS：Non - Access Stratum	会话管理、用户管理、安全管理、计费
	无线资源控制层 RRC：Radio Resource Control	系统消息、准入控制、安全管理、测量与上报、切换和移动性、NAS 消息传输、无线资源管理
L2	分组数据汇聚协议层 PDCP：Packet Data Convergence Protocol	传用户面和控制面数据、维护 PDCP 的 SN 号、路由和重复（双连接场景）、加密/解密和完整性保护、重排序、支持乱序递交、重复丢弃、ROHC（用户面）
	无线链路控制层 RLC：Radio Link Control	检错、纠错 ARQ（AM 实体）；分段重组（UM 实体和 AM 实体）；重分段（AM 实体）；重复包检测（AM 实体）
	媒体接入控制层 MAC：Medium Access Control	资源调度、逻辑信道和传输信道之间的映射、复用/解复用、HARQ（上下行异步）、串联/分段（原 RLC 层功能）
L1	物理层 PHY：Physical Layer	错误检测、FEC 加密解密、速率匹配、物理信道的映射、调制和解调、频率同步和时间同步、无线测量、MIMO 处理、射频处理

表 7 - 11　5G 控制面协议栈各层功能

	层	功能
L2	服务数据适配协议层 SDAP：Service Data Adaptation Protocol	完成 QoS 流和数据无线承载(DRB)之间的映射
	分组数据汇聚协议层 PDCP：Packet Data Convergence Protocol	传输用户面和控制面数据、维护 PDCP 的 SN 号、路由和重复(双连接场景)、加密/解密和完整性保护、重排序、支持乱序递交、重复丢弃、ROHC(用户面)
	无线链路控制层 RLC：Radio Link Control	检错、纠错 ARQ(AM 实体)；分段重组(UM 实体和 AM 实体)；重分段(AM 实体)；重复包检测(AM 实体)
	媒体接入控制层 MAC：Medium Access Control	资源调度、逻辑信道和传输信道之间的映射、复用/解复用、HARQ(上下行异步)、串联/分段(原 RLC 层功能)
L1	物理层 PHY：Physical Layer	错误检测、FEC 加密解密、速率匹配、物理信道的映射、调制和解调、频率同步和时间同步、无线测量、MIMO 处理、射频处理

　　NTN 包括 NTN - NR 和 NTN - IoT 两类。NTN - NR（New Radio，NR）用于实现手机直连卫星场景，可进一步分为透明转发和再生转发（星上处理）两种场景，分别如图 7 - 25 和图 7 - 26 所示。NTN - IoT（Internet of Things，IoT）侧重支持低复杂度 eMTC（enhanced Machine - Type Communication，增强型机器类型通信）和 NB - IoT（Narrow Band Internet of Things，窄带物联网）物联业务。

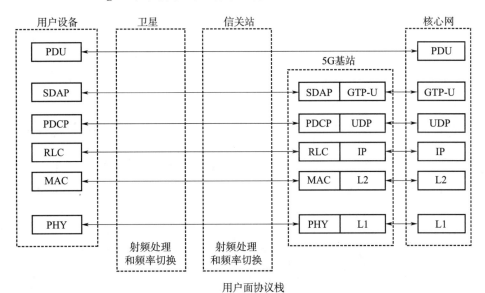

图 7 - 25　5G NTN 透明转发协议栈模型

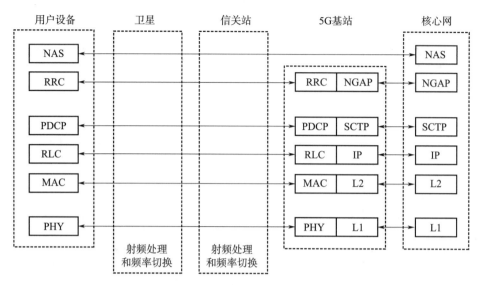

图 7-25　5G NTN 透明转发协议栈模型（续）

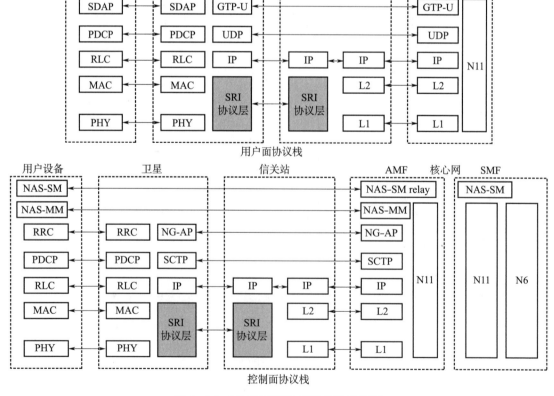

图 7-26　5G NTN 再生转发协议栈模型

7.4.3　太赫兹协议标准

本书第 1 章曾简要提过 IEEE 802.15.3d—2017 标准的基本情况，本节将进一步介绍该标准的信道划分、物理层标准和 MAC 层标准三个方面具体内容。

（1）信道划分

IEEE 802.15.3d—2017 标准规划了 252.72～321.84 GHz 用于通信，并划分了 69 个带宽为 $N \times 2.16$ GHz（$N=1.32$）的信道，如图 7 - 27 所示。其中，2.16 GHz 最小带宽与 IEEE802.11—2016 标准相对应；290 GHz 附近的第 41 号信道定义为 IEEE 802.15.3d—2017 默认信道，带宽为 4.32 GHz。

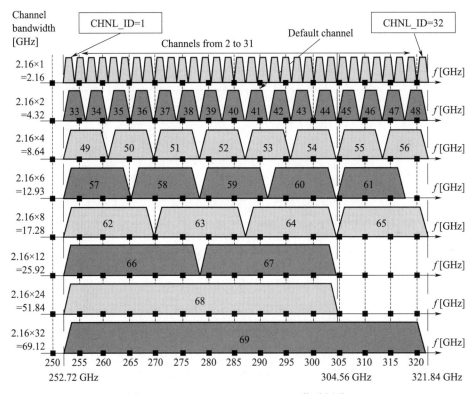

图 7 - 27　IEEE 802.15.3d - 2017 信道划分

（V PETROV，et al. IEEE 802.15.3d：First Standardization Efforts for Sub - Terahertz Band Communications toward 6G［J］. IEEE Communications Magazine，2020，58（11）：28 - 33.）

（2）物理层标准

IEEE 802.15.3d — 2017 标准定义的帧格式如图 7 - 28 所示，包括 THz - SC PHY（SC：Single Carrier）和 THz - OOK PHY（OOK：On - Off Keying）两种物理层模式，如表 7 - 12 所示。

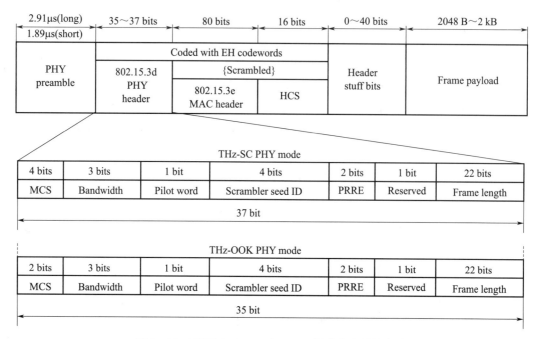

图 7-28　IEEE 802.15.3d—2017 标准定义的帧格式

表 7-12　IEEE 802.15.3d—2017 物理层模式

	THz-SC PHY	THz-OOK PHY
调制	BPSK、QPSK、8-PSK 8-APSK、16-QAM、64-QAM	OOK
前向纠错	LDPC(1440,1344) LDPC(1440,1026)	RS(240,224) LDPC(1440,1344) LDPC(1440,1026)

　　THz-SC PHY 主要面向多带宽 100Gbps 应用，支持 BPSK、QPSK、8-PSK、8-APSK、16QAM 和 64QAM 六种调制方式（其中 BPSK 和 QPSK 定义为主要调制模式），支持高速率码 14/15 LDPC（1440，1344）和低速率码 11/15 LDPC（1440，1056）两种前向纠错方法。

　　THz-OOK PHY 主要面向低功耗低复杂度应用，适用速率为 1.3～52.6 Gbps，对应 2.16～69.12 GHz 带宽，定义调制方式为 OOK，支持 RS（240，224）以及高速率码 14/15 LDPC（1440，1344）和低速率码 11/15 LDPC（1440，1056）三种前向纠错方法，其中 RS（240，224）定义为主要纠错方法。

　　（3）MAC 层标准

　　IEEE 802.15.3d—2017 主要面向点对点通信应用，MAC 层标准将通信双方分别定义为配对网络协调器（Pairnet coordinator，PRC）和配对网络设备（Pairnet device，PRDEV），如图 7-29 所示。通信过程包括配对网建立阶段（PSP：Pairnet Setup Period）和配对网关联阶段（PAP：Pairnet Associated Period）两个阶段。

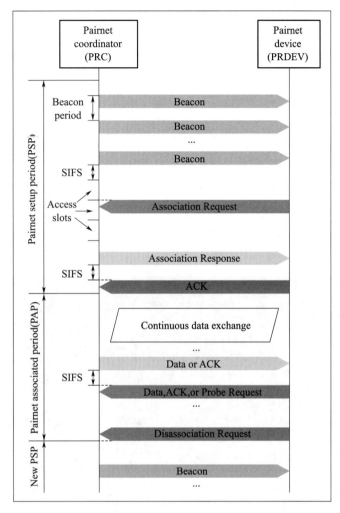

图 7 - 29　IEEE 802.15.3d — 2017 MAC 层信令

(IEEE Standard for High Data Rate Wireless Multi - Media Networks - Amendment 2：100 Gbps
Wireless Switched Point - to - Point Physical Layer. IEEE Std 802.15.3d — 2017，2017，pp.1 - 55.)

配对网建立阶段（PSP）以配对网络协调器（PRC）建立配对网络为起始点，配对网络协调器（PRC）周期性地发送信标帧。若配对网络设备（PRDEV）出现在配对网络协调器（PRC）附近并愿意加入配对网络，则配对网络设备（PRDEV）会处理接收到的信标帧，获取接入时隙数量和持续时间信息，使用一个已定义接入时隙传输关联请求。当配对网络协调器（PRC）成功接收并处理配对网络设备（PRDEV）发来的关联请求后，将会停止发送周期性信标并发送关联响应，从而结束配对网建立阶段（PSP）并进入配对网关联阶段（PAP）。

配对网关联阶段（PAP）主要开展配对网络协调器（PRC）和配对网络设备（PRDEV）之间的双向数据交换，双方均可以发送数据帧和确认帧。若要结束配对网关联阶段（PAP），可以通过两种途径：1）当配对网络协调器（PRC）或配对网络设备

（PRDEV）决定终止连接时，将会发送停止关联请求；2）当配对网络协调器（PRC）在规定时间内没有接收到配对网络设备（PRDEV）数据时将会终止连接。配对网关联阶段（PAP）结束后，将会进入新一轮配对网建立阶段（PSP）。

7.5　数据链技术

数据链是一种面向体系化协同的泛空间多种类大规模用户通信组网技术，如图 7 - 30 所示。发展数据链的最初目标是提升武器装备的数字化、体系化、智能化水平，提升作战人员与武器平台之间的交互能力、武器平台自身的快速响应能力以及平台之间的协同作战能力。除了军事领域应用外，数据链也逐步应用在物联网、车联网、无人机蜂群协同、星座组网等领域。本节旨在通过系统性梳理数据链的概念内涵和发展历程，启发读者思考太赫兹通信技术如何融入数据链应用体系。

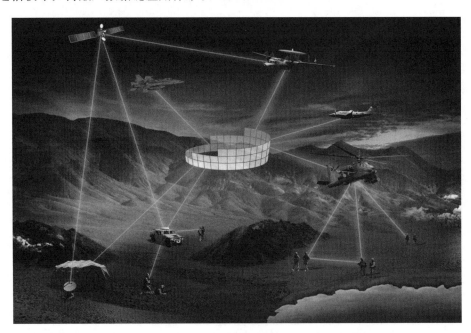

图 7 - 30　数据链概念图

7.5.1　概念与内涵

（1）定义

数据链技术是一种采用统一标准消息格式和通信协议，利用无线通信链路连接各类传感器、各类装备平台以及指挥控制系统，从而形成互联互通的通信网络。数据链系统以标准化数据通信为主要链接方式，以作战平台为主要链接对象，将不同地理位置的作战平台组合成一个协同整体，实时自动传输战场态势、指挥引导、战术协同以及武器控制的格式化数据。

(2) 分类

1) 根据信道使用频段，数据链可分为 HF 数据链、VHF 数据链、UHF 数据链等，例如，VDL - 2 空中交通管理数据链属于 VHF 数据链，Link16 属于 UHF 数据链，MP - CDL 属于 Ku 数据链。

2) 根据信道数量，数据链可分为单信道数据链和多信道数据链。例如，Link16 属于工作于 UHF 频段（960~1 215 MHz）的单信道数据链；Link11 数据链属于工作在 HF 频段（15~30 MHz）和 UHF 频段的多信道数据链。

3) 根据服务范围，数据链可分为专用数据链和通用数据链。例如，美国"爱国者"防空系统数据链 PADIL 属于专用数据链；Link11、Link16 等均属于通用数据链。

4) 根据功能用途，数据链可分为情报分发数据链、指挥控制数据链和武器协同数据链等。情报分发数据链以搜集和处理情报、传输战术数据、共享资源为主，对数据率和可靠性要求高，常用于电子侦察和预警机等场景。指挥控制数据链以常规命令下达、战情报告和请示、勤务通信和空中战术行动引导指挥为主，不要求高数据率，但对准确性和可靠性要求严格。武器协同数据链涉及火力武器的控制和协同，对数据率和可靠性要求高。

5) 根据平台特点，数据链可分为陆基平台数据链、空基平台数据链和天基平台数据链。

(3) 组成要素

数据链系统的三个组成要素是通信节点设备、消息标准和通信协议。

① 通信节点设备

平台之间的点对点无线传输链路是数据链通信的基础，需要配置专用通信节点设备，也称数据终端或电台，如图 7 - 31 所示。例如，Link - 16 数据链采用 JTIDS 终端和 MIDS 终端，Link - 11 数据链采用 AN/USQ - 125 数据终端和 HF/UHF 电台。数据链对通信节点设备的信道、功率、调制解调、编解码、抗干扰、加密算法、天线等要素都有明确要求。

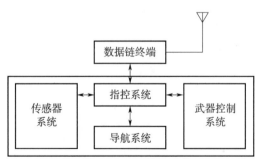

图 7 - 31　通信节点设备

② 消息标准

消息标准对数据链的信息帧结构、信息类型、信息内容、信息发送/接收规则等都作出了详细规定并明确了标准格式，便于计算机自动生成、解析与处理。消息标准包含句法和语义两个部分。其中，句法定义了消息的结构和规则，语义明确了各结构单元中的数据元素含义。通过严格约定格式化消息，发送方与接收方能够正确理解信息。格式化消息标准的制定与数据链系统的使用范畴、传输信道特征和应用需求密切相关，由此形成了多种数据链消息标准。若涉及多种类型数据链之间的信息交互，还需要定义消息转换标准。

③ 通信协议

通信协议规定了信息在通信网络中的传输顺序、格式、内容以及控制方法，用于建立通信链路并控制数据传送。通信协议由信道传输协议、链路控制协议、网络通信协议和加密标准等组成。信道传输协议包括信道编码、调制解调以及各种抗干扰措施，保证数据信号在物理介质上能够可靠有效传输。链路控制协议包括信道访问控制、流量控制、差错检测与控制等内容，用于保证消息在逻辑链路上无差错传输。网络通信协议主要解决点对点、广播、轮询等方式组网和信道分配问题。加密标准用于确保传输过程中的信息安全。

（4）一体三面模型

数据链可以用图 7-32 所示的一体三面模型来表征。数据链具有数据率高、抗电磁干扰、信息保密化、协议标准化、协作网络化等特点，能够贯穿陆、海、空、天四个地理域，实现逻辑域和电磁域的互联互通，实现各类传感器的态势共享、各类平台的指挥控制和装备协同，缩短决策时间、提高协作效率。

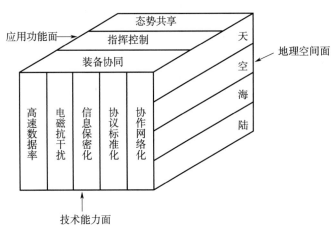

图 7-32　数据链一体三面模型

（5）分层模型

图 7-33 给出了数据链的分层参考模型，由处理层、建链层和物理层构成。处理层对应 OSI 参考模型的应用层、表示层、会话层和运输层，建链层对应 OSI 参考模型的网络层和数据链路层，物理层对应 OSI 参考模型的物理层。

① 处理层

发射过程中，处理层将传感器、导航设备以及指挥控制等平台组件的战术信息进行格式化处理并形成标准消息，通过建链层和物理层将标准消息传送至武器平台。接收过程中，处理层将接收到的格式化消息还原成战术信息并送至本平台的武器系统控制器、指挥

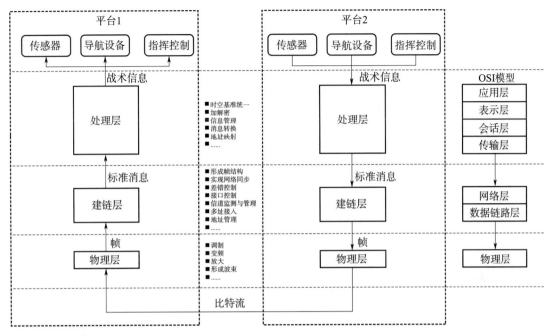

图 7 - 33　数据链分层模型

控制系统显示装置或人机接口。处理层的主要功能包括数据过滤、综合、加密和解密、航迹信息管理、统一时空信息基准、报告职责分配、显示控制以及消息格式形成等。在多链组网情况下，处理层还需实现各类消息转换、地址映射、消息转发等互操作功能。

② 建链层

发送数据时，建链层将从处理层接收到的格式化消息进行帧组装处理，然后传输至物理层；在接收数据时，建链层将从物理层接收比特流并进行帧分离处理，将分离出的格式化消息发送至处理层进行后续处理。建链层主要负责以下功能：1）根据通信协议要求构建传输帧结构；2）实现网络同步，确保各方时钟同步以正确解读数据；3）差错控制，通过差错检测和纠错技术确保数据可靠传输；4）接口控制，管理和监控传输接口，确保数据传输路径和格式正确；5）监测和管理信道状态，确保数据稳定传输；6）传输加密，通过加密技术保护传输数据安全性，防止数据被非法获取；7）多址组网，支持多个地址同时传输数据，提高网络使用效率；8）管理和分配网络地址，确保网络中设备具有唯一标识。

③ 物理层

物理层负责完成数字信号的传输，不对比特流内容进行处理。发射过程中，物理层将建链层送入的数字信号进行变频放大后发送至网络内其他单元；接收过程中，物理层接收网络内其他单元传送来的信号，并将信号数字化再送至建链层做进一步处理。

④ 接口定义

数据链系统包括嵌入、消息、信号三类接口。嵌入接口是数据链与应用系统之间的界面，用于传输战术信息，典型接口包括 LAN 接口、1553B 接口等。消息接口是处理层与建链层之间的界面，用于传送格式化消息，典型接口包括 EIA－232、EIA－422、LAN 接口、1553B 接口等。信号接口是建链层与物理层之间的界面，用于透明传送二进制数字流，典型接口包括 EIA－422、LAN、1553B 接口等。

（6）网络拓扑

常见的数据链网络拓扑主要是星形和网状，其中网状拓扑根据各节点地位是否平等又可以进一步分为主从型和平等型，如图 7－34 所示。典型的星形拓扑案例是 Link－4A 数据链，采用 TDMA 制式实现主站（航母）对各类从站（战斗机等）的集中控制、点名呼叫与应答交互。典型的网状拓扑案例是 Link－11 数据链，采用轮询协议实现主站对从站的依次轮询和依次传输。

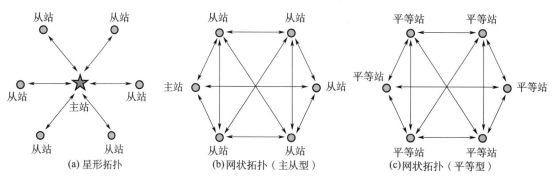

图 7－34　数据链常见拓扑

7.5.2　发展历程

数据链的概念出现于 20 世纪 60 年代，随着作战理念演进、作战模式变化、作战任务升级而不断丰富内涵，先后经历了平台中心战、战术数字化作战、网络中心战三个理念发展阶段，对应的数字化战场经历了 C2（Command 指挥、Control 控制）、C⁴ISR（Command 指挥、Control 控制、Communication 通信、Computer 计算机、Intelligence 情报、Surveillance 监视、Reconnaissance 侦察）、C⁴KISR（Command 指挥、Control 控制、Communication 通信、Computer 计算机、Kill 杀伤、Intelligence 情报、Surveillance 监视、Reconnaissance 侦察）的演变。本节主要从作战理念演进角度总结梳理数据链发展历程，下一节将重点介绍与空间应用相关的天基数据链发展情况。

（1）平台中心战理念阶段

20 世纪 50 年代以前，武器平台之间通过模拟话音通信实现指挥控制（C2：Command & Control），各类平台主要依靠自身性能以编队形式实施作战任务，尚未出现数据链装备。

（2）战术数字化作战理念阶段

战术数字化作战理念出现于 20 世纪 50 年代、广泛应用于 90 年代，以 Link 系列、CDL 系列为典型代表的数据链实现了数字化指挥控制和态势共享功能，形成了 C⁴ISR 数字化战场，扩展了覆盖广度、提升了作战效率。

20 世纪 50 年代，美军为解决舰船与飞机之间的协同问题，研发了第一代数据链——

Link - 4，可以实现舰船对作战飞机的指挥控制引导。后期，美军增强拓展了 Link - 4 功能，研发出具备舰机双向通信能力的 Link - 4A（TADIL C）和具备抗干扰能力的机间数据链 Link - 4C，形成了 Link - 4 系列数据链。Link - 4 系列数据链工作于 UHF 频段。其中，Link - 4 是单向地空链路，信息传输速率为 1 200 bps、600 bps 和 300 bps；Link - 4A 是双向地空链路，信息传输速率为 5 kbps；Link - 4C 是空空链路，具有抗干扰能力。

20 世纪 60 年代，美军面向态势图信息共享和指挥引导需求研制了地空通信和空空通信低速数据链 Link - 11。Link - 11（TADIL - A）也是北约各成员国通用的标准海军战术数据链，是目前主要的地空和空空数据链。Link - 11 工作于 HF 频段或 UHF 频段，采用半双工、轮流询问/应答的主从工作方式，在网控站管理下进行组网通信，信息传输速率为 2 250 bps，具有保密功能但无抗干扰能力。

20 世纪 80 年代中期，美军为支撑陆海空三域联合作战装备了兼具抗干扰和高速信息交互能力的数据链 Link - 16，通信性能和战术功能明显优于 Link - 4 和 Link - 11。Link - 16（TADIL - J）是美国及其他北约国家三军联合战术信息分发系统（JTIDS）的主用链路。与 Link - 11 和 Link - 4A 相比，Link - 16 在波形设计、通信体制等方面作了很大改进，已发展成为一种具有通用信号格式的高级链路系统。Link - 16 工作在 L 波段（960～1 215 MHz），采用时分多址（TDMA）方式组网，信息传输速率最高可达 238 kbps，不仅具有通信、导航、识别功能，而且具有保密、抗干扰和通信中继能力。

随后北约国家基于 Link - 11 共同开发了 Link - 22 数据链，工作频段与 Link - 11 相同，采用 TDMA/DTDMA（Distributed Time Division Multiple Access）组网协议，具有保密、抗干扰、超视距通信能力，也称为 "北约改进型 Link - 11"。Link - 22 数据链主要应用于海上舰队，可在陆地、水上、水下、空中或太空平台之间交换电子战数据、传递指挥控制指令和情报信息，具有保密、抗干扰、超视距战术通信能力，能够与 Link - 16 兼容。

表 7 - 13 从通信频段、传输速率、调制、编码等方面总结对比了 Link - 4A、Link - 11、Link - 16 三种典型数据链。

表 7 - 13　Link 系列典型数据链对比

	Link - 4A	Link - 11	Link - 16
通信频段	UHF	HF/UHF	L
传输速率	5 kbps	2.4 kbps	28.8 kbps, 57.6 kbps, 115.2 kbps
调制	FSK	QPSK, FM/SSB	MSK
编码	无	汉明码	RS, 交织
抗干扰	无	无	DS, FH, TH
保密	无	有（信息加密）	有（信息加密、传输加密）
消息标准	V/R 系列（定长）	M 系列（变长）	J 系列（时隙为单位）
业务类型	数字信息	数字信息	数字信息，话音
组网方式	轮询	轮询	TDMA

续表

	Link – 4A	Link – 11	Link – 16
工作方式	半双工	半双工	半双工
网络拓扑	集中式星状拓扑	集中式网状拓扑	分布式网状拓扑
网络连通性	全连通(视距)	全连通(视距) 短波(超视距)	全连通(视距) 中继(超视距)
网络规模	<5	<20	100~200(单网) 多网(127 个单网)

Link 系列数据链的主要功能是共享态势信息和指挥引导作战单元。为了进一步满足情报、监视和侦察等大数据量信息传输需求,美军又开发了通用数据链 (Common Data Link,CDL)。通用数据链主要工作于 X 波段或 Ku 波段,具有全双工抗干扰通信能力,用于传输侦察机、无人机等空中平台的光电/红外/合成孔径雷达等传感器图像和视频数据,视距 (Line of Sight,LOS) 范围的最高传输速率可达 274 Mbps。面向 CDL 数据链终端之间的互操作和网络化发展需求,美军又开发出多平台通用数据链 (Multi – Platform Common Data Link,MP – CDL),可以工作于广播模式和点对点通信模式,广播模式可以同时向 32 个用户发送信息。

(3) 网络中心战理念阶段

网络中心作战理念于 20 世纪 90 年代提出,旨在通过逻辑域信息网络将地理空间域分布广阔的各种传感器、指挥中心和各类武器平台融合形成有机一体的高效系统。数据链是 C^4ISR 系统的重要组成部分,是传感器和武器系统协同工作的纽带,在战场信息感知、敏捷指挥、精确打击等方面的主导作用越来越强。

美军联合作战网包括联合数据网 (Joint Data Network,JDN)、联合复合跟踪网 (Joint Composite Track Network,JCTN) 和联合计划网 (Joint Plan Network,JPN) 三个部分。JDN 用于支持作战指挥自动化,实现各参战部队间的情报信息资源共享,主要采用 Link 系列和 CDL 系列数据链实现准实时战术级信息分发和指挥控制,属于战术层面应用。JCTN 属于实时传感器和武器控制平台交联网络,利用各类传感器信息生成单一综合空中图像 (Single Integrated Air Picture,SIAP),对感知精确度、时效性和空间覆盖性的要求更高,进一步提升了信息共享融合效能。JPN 用于支撑多军兵种联合作战协调支援计划,要求广域各类用户实现泛在信息互联互通。

7.5.3 天基数据链

天基数据链 (Space CDL) 是一种以卫星为主要节点的专用数据链网络系统。20 世纪 70 年代,战术数字化作战理念逐渐得到重视。由于美国国防部采用的图像和信号情报系统不断增多,因此需要一种高容量、高保密、抗干扰的数据链系统实现空天基平台与地面/舰载平台的互联互通,用于图像情报传输。

由于当时数据链存在带宽窄、传输速率低等问题,美军于 1988 年正式启动了通用数据链计划 (CDL),旨在实现各军兵种和政府机构的情报、监视、侦察数据能够实现无缝传输和共享，天基数据链便是在该计划框架内得到了进一步发展和完善，已广泛应用于各种军事行动中。

1991 年，美国国防部将通用数据链 CDL 确定为国防部标准并强制在各军兵种推行，要求各类空基平台与地面之间的图像和信号情报传输必须兼容 CDL 标准。CDL 系列数据链包括五种类型，分别是：第一类数据链（Class I）支持飞行速度最高为 2 817.5 km/h、高度最高为 24.38 km 的空基平台；第二类数据链（Class Ⅱ）支持飞行速度最高为 6 125 km/h、高度最高为 45.72 km 的空（天）基平台；第三类数据链（Class Ⅲ）支持飞行速度最高为 6 125 km/h、高度最高为 152.40 km 的天基平台；第四类数据链（Class Ⅳ）支持轨道高度最高为 1 389 km 的卫星平台；第五类数据链（Class Ⅴ）支持运行于更高轨道的中继卫星平台。2001 年，美军正式提出天基通用数据链概念。将通用数据链拓展到天基平台不仅可以节省研制成本和时间，还可以直接利用美军现役的通用数据链地面系统相关资源。2004 年，美军推荐使用天基通用数据链作为"作战响应空间"计划（Operationally Responsive Space，ORS）的标准通信结构。表 7 - 14 总结了典型的天基数据链。

表 7 - 14　典型的天基数据链总结

明细 名称	用途	频段与速率	组网方式	装备时间
S - Link - 11 卫星 11 号链	美国海军 用于中继 11 号链信息	UHF AN/WSC - 123	DAMA	20 世纪 90 年代
S - Link - 16 卫星 16 号链	美国海军 用于中继 16 号链信息	UHF 25 kHz	DAMA	20 世纪 90 年代
STDL	英国海军 用于分发 16 号链信息	SHF	广播，群呼，TDMA	20 世纪 90 年代
JRE 16 号链距离扩展	美国空军 用于扩展 JTIDs 范围	UHF DAMA	广播，群呼，TDMA	20 世纪 90 年代
TIBS 战术信息 广播系统	作为 16 号链的补充，在战区内分 发近实时态势信息	UHF E 系列格式	动态 TDMA19.2khivs	1994
IBS 综合广播服务	TIBS/TADIXS - B/TRIXS 综合系统	UHF E 系列格式	动态 TDMA	1996
S - CDL 卫星情报 侦察信息数据链	用于传输、中继情报侦察的图像信息	S/X 频段 137 Mbps 274 Mbps	广播，点对点	2003
JTACS 联合战术 地面终端站	用于向战区传输 DSP 预警卫 星的原始红外预警信息	—	点对点	1999

随着作战能力的数字化、体系化、智能化发展，战场数据量呈指数级增长，对数据链技术的数据传输速率、实时性、安全性和抗干扰性能提出了更高要求。因此，当前亟待开展新型天基宽带通信载荷技术研究，以适应未来天基数据链的演进和升级需求。太赫兹空间通信技术以其出色的数据传输速率、实时性、安全性和抗干扰性能，是未来天基数据链发展演进的重要创新技术方向之一。

7.6　自组网与无线传感器网络技术

7.6.1　自组网技术

　　自组织网络是自组织理论与通信组网技术结合的创新应用。"自组织理论"起源于 20 世纪 60 年代末期，早期主要研究对象是生命系统、社会系统等复杂自组织系统，重点研究上述系统如何实现从无序向有序，从低级有序向高级有序的转变，探讨的是某个系统在无外部指令情况下，内部组成要素如何自行遵循某种规则形成特定结构或功能的过程、机制、演变规律以及关键技术架构。后来，自组织理论被引入通信领域，逐渐在物联网、车联网、移动网络、无人机蜂群组网通信等领域得到推广应用，形成了自组织网络（简称"自组网"）技术研究方向。

　　早期的自组织网络可追溯到 1968 年的 ALOHA 网络和 1973 年的美国 DARPA "无线分组数据网"计划。20 世纪 80 年代，美国国防部启动了自适应生存网络项目，旨在将无线分组数据网研究成果扩展应用于更大规模网络。1994 年，美国国防部启动了全球信息系统计划，研究范围几乎覆盖了无线通信所有相关领域，并对满足军事需要的、高抗毁灭性的自组织网络技术进行了深入研究。20 世纪 90 年代以来，民用系统也逐渐出现了无线自组网标准和应用。1991 年 5 月成立的 IEEE 802.11 - std6 委员会在制定 IEEE 802.11 标准时，将分组无线网络改称为 Ad Hoc 网络，含义是为了特定目的而建设起来的临时网络，进一步推动了自组织网络的发展。1994 年，瑞典爱立信公司推出蓝牙技术开发计划，并于 1999 年公布了第一版本蓝牙技术规范。蓝牙可以实现便携式计算机、打印机等其他便携式设备的互联互通，方便构建个域网（PAN），具有一定的自组织能力，可以视为一种较为简单的自组网。1996 年，国际互联网工程任务组（Internet Engineering Task Force，IETF）成立了移动自组织网络工作组，旨在将 IP 协议扩展应用于无线自组织网络（Mobile Ad Hoc Network，MANET）。2000 年，该组织推出了一系列 MANET 路由协议草案，包括目的节点序列距离矢量（Destination—Sequenced Distance - Vector，DSDV）、按需驱动距离矢量（Ad hoc On - Demand Distance Vector，AODV）、临时路由需求协议（Temporally Ordered Routing Algorithm，TORA）、动态源路由（Dynamic Source Routing，DSR）、最优链路状态路由（Optimized Link State Routing，OLSR）等。同年，IEEE 通信分会成立了 MANET 技术分委员会。欧洲 Ad Hoc 网络研究小组于 2003 年发布白皮书，总结和展望了自组织网络技术。动态路由、无线电媒介共享、服务质量保障和低能耗限制等技术都是自组织网络技术的重要研究方向。

　　20 世纪 90 年代末，自组网技术应用于无线传感器网络（WSN：Wireless Sensor Networks）。21 世纪初期，基于自组网技术的无线传感器网络研究侧重于解决网络拓扑、传输效率、能耗管理等问题。2005 年以后，无线传感器网络开始尝试与因特网集成，旨在提升传感器网络的信息传输与资源共享能力，并逐渐在环境监测、医疗保健、智能家居等场景中得到应用。

7.6.2　无线传感器网络技术

（1）定义

无线传感器网络（WSN）是由大量传感器节点通过自组织方式构成的无线网络，如图 7-35 所示。一组具有路由功能的终端设备在不借助其他网络基础设施资源情况下可以通过无线链路形成无中心、多跳、临时性的自治系统。若目标节点不在源节点的直接通信范围内时，源节点可以借助中间节点中继实现通信，即中间节点先接收前一个节点发送的分组数据，然后再向下一个节点转发数据。

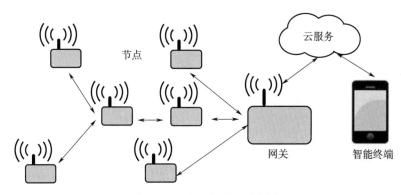

图 7-35　自组织网络示意图

相比于传统移动蜂窝网络，无线传感器网络具有无中心化、自组织性、多跳路由、动态网络拓扑、临时性有限无线传输带宽等特点，可以突破地理限制实现快速、灵活、高效部署，更加适用于战场单兵通信和应急救援等场景。由于 WSN 中的传感器节点位置难以预先精确定位并且节点相邻关系也事先不明确，因此，要求传感器节点具有自组织能力，借助拓扑控制机制和网络协议自适应构建起一个能够转发监测数据的多跳无线网络系统，实现资源自动配置和管理。表 7-15 和表 7-16 分别总结了无线自组网的特点和面临的技术挑战。

表 7-15　无线自组网特点

特点	解释
网络规模大	监测区域通常部署大量传感器，节点数量可达成百上千甚至更多
速率低	节点通常只需定期传输被测参数信息，信息量较小，采集数据频率较低
功耗低	节点通常利用电池供电且不便于替换电池，要求节点功耗尽量低
成本低	传感器用量多且属于消耗品，要求节点成本低廉
距离短	相邻节点距离一般为数十或数百米
动态性	复杂环境下要求具有一定智能性避免干扰

表 7 - 16　无线自组网面临的技术挑战

技术挑战	解释
通信能力有限	通信带宽很窄且经常变化,节点间的通信断接频繁,链路经常中断
需要节约能量	传感器节点的电池能量有限,节点由于能量耗尽而失效或被废弃
计算能力有限	嵌入式处理器和存储器的性能和容量有限,导致计算能力有限
软硬件须具有 高健壮性和高容错性	节点密集,数量庞大,网络维护十分困难
网络动态性	经常有新节点加入或旧节点失效,网络拓扑结构会经常变化
大规模的分布式触发	很多传感器上具有回控装置和控制软件(一般称触发器)
感知数据流大	节点计算资源有限,难以处理较大实时数据流
以数据为中心	应用往往只关心区域级观测值,而不关心某个具体节点的观测值

(2) 组成要素

无线传感器网络主要由传感器、感知对象和用户三个基本要素组成,如表 7 - 17 所示。

表 7 - 17　无线自组网的三个基本要素

基本要素	说明
传感器节点	协作完成感知任务,拓扑结构随节点移动不断动态变化,节点间自组织通信
用户	感知信息的接收和使用者,包括人、机、物,可主动查询收集或被动接收信息
感知对象	用户感兴趣的检测目标,一般通过物理、化学或其他现象的数字量表征(例如温度、湿度等信息)

(3) 分层模型

无线传感器网络可以用表 7 - 18 所示的分层模型描述,从下至上依次是物理层、数据链路层、网络层、传输层、应用层以及管理平台。

表 7 - 18　无线自组网分层功能

协议层次	功能
管理平台	包括能量、移动、任务等管理,确保节点以较低能耗完成协作任务
应用层	提供各种实际应用,解决各种安全问题
传输层	负责维护数据流,保证通信质量
网络层	负责路由转发、节点间通信,支持多传感器协作完成大型感知任务
数据链路层	负责数据帧封装、帧检测、介质访问和差错控制等工作
物理层	负责数据调制、发送与接收

(4) 网络拓扑

无线传感器网络节点通常以随机方式部署在监测区域内。根据网络组织形式,无线传感器网络拓扑可以分为平面结构和分级结构,如图7 - 36 所示。

平面结构拓扑中,所有节点的地位平等,在同一个层次上相互通信,也称为"对等式结构",通常用于较大规模网络。该拓扑的源节点和目标节点之间一般存在多条路径,网

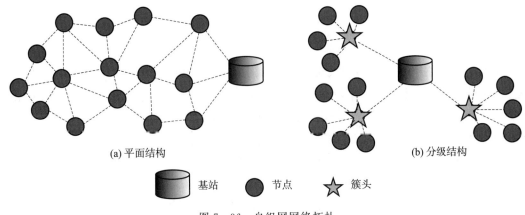

(a) 平面结构　　　　　　　　　　　　　　　　　(b) 分级结构

基站　　　●　节点　　　★　簇头

图 7 - 36　自组网网络拓扑

络负荷由这些路径共同承载，一般情况下不会出现瓶颈，因此，系统健壮性较好，可靠性高。

分级结构拓扑中，节点被划分为多个簇，每个簇由一个簇头和多个簇成员组成，本质上是 7.1.2 节中提到的树型网络拓扑，通常用于较小规模网络。簇成员只负责数据采集，簇头负责所辖簇成员之间的数据转发，簇头之间可以形成更高一层的网络。该拓扑通过将数据采集和数据转发任务分开，减少了路由控制信息的数量。

7.7　安全与抗干扰技术

7.7.1　空间组网通信特点

空间组网通信是复杂大尺度时空环境下以卫星为主体的异构网络，包含用户链路（User Link，UL，卫星与用户终端之间的通信链路）、馈电链路（Feeder Link，FL，卫星与信关站之间的通信链路）、星间链路（Inter - Satellite Links，ISL，卫星与卫星之间的通信链路）等多种链路，网络节点和无线链路具有以下特点：

1）节点暴露且信道开放：卫星是运行在空间轨道上的网络节点，采用无线链路通信，易遭受非法截获、欺骗干扰、重放攻击等多种威胁，及时发现应对难度大。

2）网络异构且节点多元：空间组网通信的节点分布在陆、海、空、天各地理空间域，在网络逻辑空间上分布在接入网、承载网和核心网，不同节点的功能特点和通信流程存在差异。

3）拓扑动态且切换频繁：卫星节点与其他不同高度节点间的相对运动速度快，因此网络节点拓扑结构一直在变化。为确保通信网络连续性，星间链路、馈电链路、用户链路等互联关系需要频繁切换，以保持通信顺畅不中断。

4）资源受限且能力有限：卫星能源供给、构型布局、搭载重量等资源受到发射运载能力限制，空间环境恶劣要求有效载荷具有抗辐照能力，并且一旦卫星完成发射部署则几乎无法升级改造星上硬件资源。因此，星载平台信息处理能力相比地面设备约束更大、要求更高。

7.7.2　通信网络安全

空间通信面临网络安全和无线链路干扰双重风险。1998 年，黑客成功入侵了美国马里兰州戈达德太空飞行中心计算机并控制了 ROSAT X 射线卫星，黑客发送指令使卫星太阳能电池板直接对准太阳，导致太阳电池板过热并最终炸毁，卫星完全瘫痪。1999 年，黑客控制了英国 SkyNet 卫星并向相关机构勒索赎金。2003 年，境外敌对者利用大功率信号伪装成卫星地面站劫持了我国"鑫诺"卫星转发器。2007 年，美国"陆地 7 号"卫星遭受黑客攻击长达 12 分钟干扰，导致该卫星指令与控制链路失效。2017 年，美国海事局发布报告称至少有 20 艘船舶的 GPS 被欺骗，导致船舶偏离了原定目的地。2023 年，俄罗斯卫星遭受黑客攻击，导致多个城市商业广播电台突然响起空袭和导弹袭击警报。加强空间通信系统安全防护对于保障空间通信网络的稳定和可靠是十分重要且必要的。

（1）典型风险类型

图 7 - 37 总结了空间通信场景中常见的风险类型，包括空口干扰、空口窃听、拒绝服务、重放攻击、高功率微波、欺骗攻击、路由攻击等。

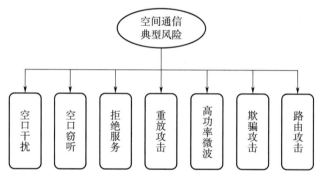

图 7 - 37　空间通信典型风险

① 空口干扰

在卫星通信系统中，所有无线设备接收到的无线信号普遍较为微弱，同时受限于空间载荷链路水平，设备极易遭受压制式干扰与欺骗式干扰。用户链路、馈电链路及星间链路一旦受到干扰可能导致特定区域内通信中断；测控链路受到干扰可能导致无法正常遥测、遥控，严重影响卫星运行安全。

② 空口窃听

卫星通信系统的用户链路与馈电链路的下行链路波束覆盖范围广泛，增加了攻击者截获无线信号并尝试破译通信内容的可能性。同时，对于用户链路与馈电链路的上行链路信号，攻击者可能通过旁瓣信号破译通信内容。

③ 拒绝服务

攻击者可以模仿用户终端频繁发起接入请求，消耗空口物理层接入信道资源，导致正常合法终端无法接入卫星通信系统。另外，星地无线链路跨度大，攻击者可以施加大功率上行干扰使卫星转发载荷工作在非线性区，造成功率掠夺现象，导致卫星无法正常传输业务信号。

④ 重放攻击

攻击者可以将之前拦截记录的指令重复向目标卫星发送，若卫星未能识别丢弃重放指令则可能重复执行操作，导致卫星天线指向错误或运行过程中偏离预定轨道。

⑤ 高功率微波

通过地基或天基平台向目标卫星发射高功率脉冲，脉冲能量通过卫星接收天线进入测控通道将会对卫星测控通道中的电子器件造成不可逆"硬伤"，可能导致整个卫星测控通道失效。

⑥ 欺骗攻击

攻击者可能假冒合法节点加入网络，使原有合法节点的数据传递失常。

⑦ 路由攻击

用户数据在空间路由过程中可能面临篡改攻击、伪造攻击等威胁，攻击者可以伪造路由消息，恶意篡改路由，造成无效路由，导致数据传输延时、传输开销大幅增加，网络性能恶化。

（2）物理层面安全

物理层面安全问题可以分为物理损伤和空口干扰。物理损伤方面，由于远离人类活动范围，卫星受损后难以及时排查修复；空间碎片会造成卫星微小受损或关键节点摧毁，导致卫星失效。空口干扰方面，空间网络在复杂电磁环境中易受到宇宙射线及大气层内电磁信号干扰，导致数据传输质量下降或中断；此外，攻击者可能利用欺骗干扰技术混淆用户决策，甚至采用同频大功率噪声压制干扰技术大幅恶化信噪比，影响信号接收，削弱卫星可用性。针对上述物理层面安全风险，通过提升卫星发射功率、运用扩频技术、实施故障节点检测、部署备份节点、采用状态估计检测和应用伪卫星技术等措施，构建多层次、全方位防御体系，为空间网络安全稳定运行提供坚实保障，提高数据传输的稳定性和可靠性。

（3）运行层面安全

运行层面安全问题主要涉及卫星（通信节点）的接入、切换和访问等方面，易受到欺骗攻击，主要包括两种情况：1）恶意节点通过伪造身份进入卫星网络进行窃听、丢弃数据包或破坏路由工作等行为，导致卫星网络系统异常甚至瘫痪；2）伪卫星向地面发送定位欺骗数据，导致地面导航系统定位错误，给地面或低空用户运行带来安全隐患。

运行层面安全问题需采用接入认证、切换安全、异常信息检测、信号加密、信号失真检测、波达方向感应和访问控制等手段防范风险。其中，接入认证用于确保合法用户和设备接入，降低风险；切换安全用于保障数据安全和完整性；异常信息检测用于及时发现处理异常；信号加密用于保护数据安全；信号失真检测用于确保信号质量；波达方向感应用于判断信号来源，应对攻击；访问控制用于限制访问权限，防止未授权访问。

（4）数据层面安全

数据层面安全问题涉及星间、馈电与用户链路传输的潜在风险，主要存在于路由、数据传输和数据处理等环节。其中，路由环节方面，存在伪造或篡改路由信息、恶意响应路由控制包等威胁，可能导致路由失效、受阻、数据传输延迟增大和开销增加；数据传输环节方面，恶意节点可能丢弃数据包、窃取或篡改数据，导致数据泄露、丢失、传输时延加剧和网络性能下降；数据处理环节方面，恶意卫星节点可能进行无效或随机处理，导致数据乱码，影响数据接收的有效性和准确性。

为应对上述风险，常采取密钥管理、轻量级加密算法、分级加密策略和安全路由技术等防护措施。其中，密钥管理用于确保信息传输的机密性和完整性；轻量级加密算法用于优化算法参数，降低对计算能力和硬件资源的依赖；分级加密策略用于提升加密和访问效率；安全路由技术用于实现动态路由选择，确保数据传输安全可靠。

7.7.3　通信链路抗干扰

7.7.3.1　通信抗干扰的三个层次

通信抗干扰是确保通信系统正常运行的关键，该能力直接影响系统可靠性与稳定性。为满足装备和作战需求，通信抗干扰可分为三个层次，从外至内依次是通信网系抗干扰、通信网络抗干扰、通信链路抗干扰，如图 7 - 38 所示。

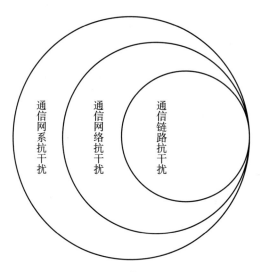

图 7 - 38　通信抗干扰层次

通信网系抗干扰主要关注如何提高整个通信网络的可靠性，通过优化网络结构、加强管理等手段避免干扰和故障，同时还需加强网络监控和管理能力。其中，优化网络结构、合理规划网络布局可减少信号干扰和丢失，确保通信稳定可靠；加强网络管理、实施严格管理措施可防非法入侵和攻击，保护敏感信息不被窃取或篡改；实时监控和管理通信网络可以及时发现并处理故障和干扰，确保正常运行。

通信网络抗干扰主要关注如何保障网络中各个节点和终端的通信质量，需要根据具体应用场景特点开展设计。军事通信网络面临敌方可能的各种干扰和攻击，网络设计和部署必须充分考虑保密性、抗毁性和生存能力，需要综合采用加密技术、频率跳变、分集接收等多种手段提高网络抗干扰能力。民用通信网络面临的干扰源虽然与军事通信有所不同，但同样需要重视网络的抗干扰能力，尤其是在自然灾害等突发情况下需要保持足够的稳定性和可靠性，以保障救援和应急通信顺畅进行。

通信链路抗干扰是指通信装备（设备、系统、网络）采取通信抗干扰、反侦察、抗截获和抗高功率电磁攻击等手段应对通信干扰、通信侦察、通信截获和高功率电磁攻击等攻击手段，提升通信链路在复杂电磁环境中的综合应用效能。

7.7.3.2　通信链路抗干扰方法

根据通信抗干扰技术的体制，通信链路抗干扰主要可以分为扩频抗干扰和非扩频抗干扰。扩展频谱抗干扰技术，简称为"扩频抗干扰技术"，通过将信号能量分散到更宽频带以提高通信系统抗干扰能力，如图 7-39 所示。非扩频抗干扰技术主要通过调制解调、滤波、编码解码等技术来减小各种干扰信号影响

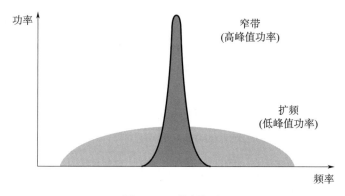

图 7-39　扩频概念

（1）扩频抗干扰技术

扩频抗干扰包括直接序列扩谱、跳频扩谱、跳时扩谱、线性脉冲调频等方法。

① 直接序列扩谱

直接序列扩谱（Direct Sequence Spread Spectrum，DS，简称"直扩"），是指输入信号的频谱被扩展到较宽的频带上，然后通过将信号编码为伪随机噪声序列进行传输，接收端使用相同的伪随机噪声序列进行解调，恢复原始信号，具有较强的抗干扰和多径抑制能力。直接序列扩谱可分为以下类型：1）二进制直扩，将信息转换为二进制编码进行传输，信息传输速度快但在传输过程中易受干扰，需要采取相应纠错机制保证传输可靠性；2）多进制直扩，将信息转换为四进制、八进制等多进制编码进行传输，信息传输速率高、误码率低，但调制和解调技术较为复杂；3）窄带直扩，将信号通过较窄频带进行传输，功耗低、速率低；4）宽带直扩，将信号通过较宽频带进行传输，速率高、可支持多种业务和协议、适应性强，但功耗大、占用频带资源多。

② 跳频扩谱

跳频扩谱（Frequency Hopping Spread Spectrum，FH，简称"跳频"），是指信号在不同频率之间随机跳跃以避免干扰和噪声影响，要求收发双方均具有频率快速切换能力。跳频扩谱可分为同步跳频和异步跳频两种类型：1）同步跳频（Synchronous Frequency Hopping，SFH）要求收发双方在同一时间跳转到同一频率，可以有效避免干扰和衰落，但跳频同步控制机制较为复杂，实现难度较大；2）异步跳频（Asynchronous Frequency Hopping，AFH）不要求收发双方同步跳频，易于实现但可靠性不如同步跳频。

③ 跳时扩谱

跳时扩谱（Time Hopping Spread Spectrum，TH，简称"跳时"），是指信号通过高速时间切换器在时间轴上跳跃，抗干扰性能好、误码率低。

④ 线性脉冲调频

线性脉冲调频（Linear Pulse Frequency Modulation，LPFM，通常简写成"Chirp"，简称"线性调频"），是指信号频率随时间线性变化，需要宽带和高速信号处理能力，能够有效避免干扰和噪声影响。由于线性脉冲调频的频域信号特征明显，易被敌方侦测和解析，因此不适合高度保密通信场景。

（2）非扩频抗干扰技术

非扩频通信抗干扰技术体制涉及频率域、空间域、时间域、功率域、变换域和网络域等维度，如图 7-40 所示。

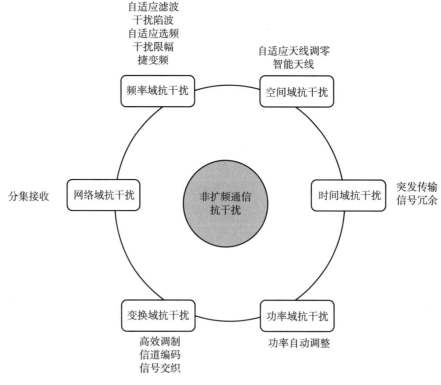

图 7-40　非扩频通信抗干扰

① 频率域抗干扰

典型的频率域抗干扰手段包括自适应滤波、干扰陷波、自适应选频、干扰限幅、捷变频等。其中，自适应滤波是一种通过调整滤波器系数以接近理想信号输出的处理技术，可减小干扰和噪声，提高通信质量；干扰陷波技术利用陷波器抑制干扰信号，通过产生特定频率上的陷波滤除干扰，可有效减小同频干扰影响；自适应选频利用频率选择器处理信号，通过选择最佳工作频率以提升通信系统性能，能有效减小多径干扰和噪声影响；干扰限幅通过限制信号振幅减小干扰信号影响，能有效减小非同频干扰影响；捷变频技术通过快速切换工作频率增强通信系统抗干扰能力，能有效减小跟踪干扰和阻塞干扰影响。

② 空间域抗干扰

典型的空间域抗干扰手段包括自适应天线调零和智能天线等。其中，自适应天线调零利用天线阵列处理信号技术，通过调整天线阵列权重输出近理想信号提升天线增益和抗干扰能力；智能天线通过智能算法处理信号选择最佳天线方向图提升通信系统性能，能有效减小多径和同频干扰影响。

③ 时间域抗干扰

典型的时间域抗干扰手段包括突发传输和信号冗余等。其中，突发传输通过集中多个数据包到一个突发脉冲中传输提升传输效率和可靠性，避免数据在传输中受干扰或丢失；信号冗余是通过重复发送信号来增加通信系统可靠性。

④ 功率域抗干扰

典型的功率域抗干扰手段是功率自动调整，通过自动调整发射功率，有效减小同频干扰和噪声影响。

⑤ 变换域抗干扰

典型的变换域抗干扰手段包括高效调制、信道编码、信号交织等。其中，高效调制运用调制解调技术减少带宽和能量消耗，可提高数据传输速率和频谱利用率；信道编码通过对原数据添加冗余信息实现检错和纠错；信号交织通过重新排列数据块或数据符号顺序确保连续错误不会集中在一个连续数据块中，能有效提升数据传输效率和可靠性。

⑥ 网络域抗干扰

典型的网络域抗干扰是分集接收。分集接收利用电磁波在空间、频率、极化、时间上的差异性，通过多个接收装置接收并处理信号降低信号电平起伏，从而提高信道可靠性，可以补偿衰落信道损耗、增加传输距离、降低误码率、抵御恶劣环境下的干扰和噪声。

第 8 章　空间平台与运行控制技术

轨道与星座、卫星平台、测控站以及信关站是太赫兹空间通信应用体系设计过程中必须考虑的因素。轨道与星座的设计是系统指标与链路设计的基础，而卫星平台是通信系统的核心载体，负责为系统提供能源、数据管理和热控等支撑。测控站用于遥测、遥控和跟踪卫星，检测和解决各种在轨运行问题，确保空间平台和太赫兹系统运行正常。信关站是接收通信载荷信号落地的关键节点，与卫星之间双向通信，传输各种数据和应用信息。本章主要针对上述要素总结一些关键常识性知识，为太赫兹通信系统设计提供必要的基础支撑。

8.1　轨道与星座

卫星轨道与星座是空间通信系统和链路优化设计的重要基础。在万有引力作用下，卫星沿特定轨道绕地球运动所形成的平面即为卫星轨道面。为完成通信、遥感、导航等特定空间任务，多颗卫星协同工作形成的集合称为"星座"。

8.1.1　轨道

（1）轨道六根数

卫星轨道通常由六个参数（也称为"六根数"）表示，包括半长轴、离心率、轨道倾角、近地点辐角、升交点赤经和真近点角，如图 8-1 所示。这些参数描述了卫星轨道的形状、位置和卫星运动等特性。一旦确定了上述六个参数，即确定了卫星轨道和任意特定时间的位置。

半长轴（Semimajor Axis）是椭圆轨道长轴的一半。半长轴 a 决定了卫星平均运动角速度 n 和轨道周期 T，有 $n=\sqrt{\dfrac{\mu}{a^3}}$ 和 $T=2\pi\sqrt{\dfrac{a^3}{\mu}}$，其中 $\mu=6.67\times10^{-11}\,\mathrm{N\cdot m^2/kg^2}$ 是万有引力常数。

离心率（Eccentricity）是椭圆轨道两焦点之间的距离与长轴之比，决定了轨道形状。离心率 $e=0$，表示轨道为正圆；离心率 $0<e<1$，表示轨道为椭圆；离心率 $e=1$，表示轨道为抛物线；偏心率 >1，表示轨道为双曲线。

轨道倾角（Inclination）是指轨道平面与地球赤道平面的夹角，用地轴北极方向与轨道平面正法线方向之间的夹角来度量，记为 i。

升交点赤经（Right Ascension of the Ascending Node，RAAN）是指地球春分点和轨道升交点对地心的张角。所谓"升交点"，是指卫星从南半球穿过赤道平面到北半球时，轨道与赤道面的交点。若卫星从北半球穿过赤道平面到南半球，此时轨道与赤道面的交点

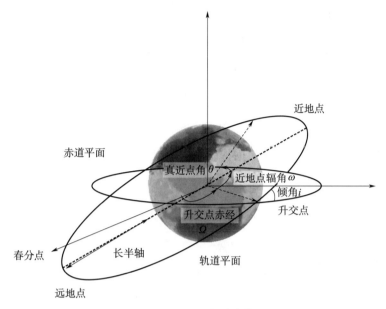

图 8-1　卫星轨道参数

(参考：张雅声，冯飞. 卫星星座轨道设计方法 [M]. 北京：国防工业出版社，2019.)

被称为"降交点"。

近地点幅角（Argument of Perigee）是指近地点与升交点对地心的张角，记为 ω。所谓"近地点"，是指卫星轨道距离地心最近的点；而卫星轨道距离地心最远的点则被称为"远地点"。

真近点角（True Anomaly）是指某个时刻卫星位置到轨道近地点的夹角，表征了卫星的具体位置，记为 θ。半长轴 a、离心率 e 和真近点角 θ 共同决定了卫星到地心的瞬时距离 r 和速度 v，有 $r = a \cdot (1 - e^2)/(1 + e \cdot \cos\theta)$ 和 $v = \sqrt{\mu \cdot \left(\dfrac{2}{r} - \dfrac{1}{a}\right)}$。

（2）轨道类型

轨道根据高度、倾角、星下点轨迹等特征具有不同的分类方法，如图 8-2 所示。根据距离地面高度特点，卫星轨道可以分为低轨、中轨和高轨；根据轨道倾角特点，卫星轨道可以分为赤道轨道、极轨道和倾斜轨道；根据星下点轨迹能否周期性重复，卫星轨道可以分为（准）回归轨道和非回归轨道。

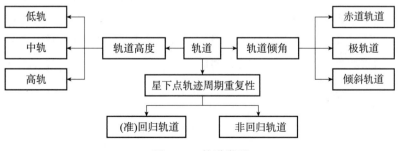

图 8-2　轨道类型

①按照轨道高度分类

图 8-3 给出了地球轨道按照高度划分的区间示意图，包括低轨、中轨和高轨。低轨的高度范围为 200～2 000 km，大部分遥感卫星、空间和通信卫星（如星链）等工作于该区间。中轨的高度范围为 2 000～20 000 km，大部分导航卫星（美国 GPS、俄罗斯GLONASS 等）和部分通信卫星（如 Inmarsat - P、Odyssey、O3b 等）工作于该区间。高轨的高度范围为 20 000 km 以上；特别地，35 786 km 是地球静止轨道，该轨道是传统中继卫星、广播卫星、移动通信卫星的运行轨道，特点是相对于地面静止，能够始终服务于地面上的某个固定区域。

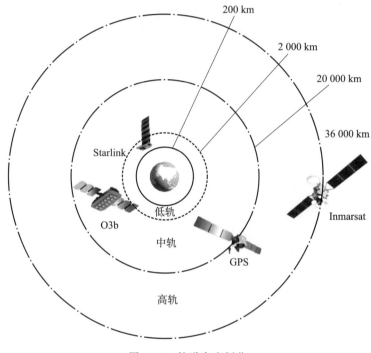

图 8-3　轨道高度划分

轨道高度对于通信应用的优缺点主要从单星覆盖范围、通信时延、相对运动速度、载荷发射功率、波束切换频次、单星综合成本六个方面进行比较，如表 8-1 所示。低轨卫星距离地面近，对发射功率要求较低并且通信时延小，单星制造和部署成本低；但存在单星覆盖范围小、相对地面运动速度大等问题。因此，在同等覆盖需求条件下，低轨卫星数量更多、波束切换更为频繁且多普勒频移补偿要求更高。中高轨卫星距离地面远，覆盖范围广、相对运动速度小，但通信距离远，因此对通信载荷的发射功率要求更高且通信延时更大，在同等通信质量要求下的单星制造和部署成本更高。

表 8 - 1　轨道高度优缺点对比

	低轨卫星	高轨卫星
单星覆盖范围 （相同波束角条件）	小	大
通信时延	小	大
相对运动速度	大	小
载荷发射功率	小	大
波束切换频次	快	慢
单星综合成本	低	高

②按照轨道倾角分类

图 8 - 4 给出了地球轨道按照轨道倾角划分的示意图，包括赤道轨道、极轨道和倾斜轨道（又可分为顺行倾斜轨道和逆行倾斜轨道）。赤道轨道的倾角为 0°，即卫星始终位于赤道上空，星下点轨迹为沿赤道运动的直线。极轨道的倾角为 90°，即卫星会穿越地球的南极和北极。倾斜轨道的倾角在 0°～90°之间；其中，对于倾角＜90°的倾斜轨道，因卫星运动方向和地球自转方向相同因而称为顺行倾斜轨道；对于倾角＞90°的倾斜轨道，因卫星运动方向和地球自转方向相反因而称为逆行倾斜轨道。在实际应用中，通常把倾角接近 90°的轨道称为"近极轨"。

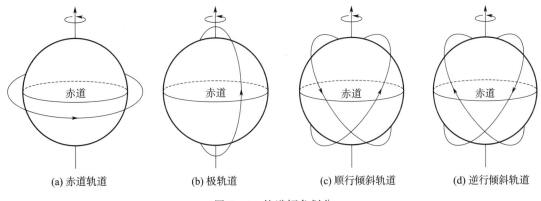

(a) 赤道轨道　　　　(b) 极轨道　　　　(c) 顺行倾斜轨道　　　　(d) 逆行倾斜轨道

图 8 - 4　轨道倾角划分

③按照星下点轨迹分类

根据星下点轨迹能否周期性重复，卫星轨道可以分为（准）回归轨道和非回归轨道。（准）回归轨道的星下点轨迹会周期性重复，而非回归轨道的星下点轨迹不会重复。回归轨道星下点轨迹周期性重复的时间间隔称为"回归周期 T"。此外，在地球摄动影响下，航天器轨道平面会相对于地球旋转，旋转一周的时间间隔为 T_e。若卫星经过 M 天，正好运行 N 圈后，星下点轨迹开始重复，即 $M \cdot T_e = N \cdot T$，则可以用"M 天 N 圈"来描述回归轨道特性。若 $M=1$，即第 2 天重复第 1 天轨迹，则称为"严格回归轨道"；若 $M>1$，即星下点间隔 M 日后重复，则称为"准回归轨道"。对于地球同步轨道有 $N/M=1$。

回归轨道的主要优点是卫星星下点轨迹会在一个固定周期内重复经过某个地区，满足对特定目标的周期性观测任务需求，也便于地面测控站对卫星实施测控。由回归轨道卫星组成的星座具有良好的重复覆盖能力，同时有利于星历预测、地面通信与测控站选择、转发通信时延预测等实际工程设计。例如美国 GPS 的回归特性为 1 天 2 圈（图 8 - 5），欧洲 Galileo 的回归特性是 10 天 17 圈，我国北斗中轨星座的回归特性是 7 天 13 圈。

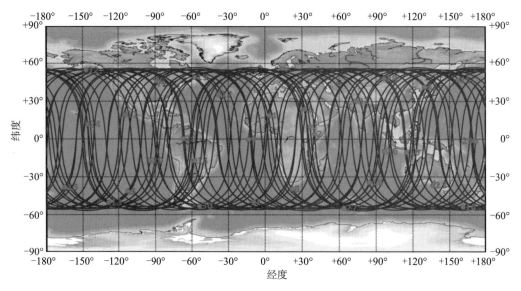

图 8 - 5　美国 GPS 运行轨迹（http：//www. csno - tarc. cn/gps/track）

（3）特殊轨道

除了上述分类方法外，还存在一些特殊轨道类型，例如地球同步轨道（GeoSynchronous Orbit，GSO）和地球静止轨道（GEostationary Orbit，GEO）、太阳同步轨道（Sun - Synchronous Orbit，SSO）、高椭圆轨道（Highly Elliptical Orbit，HEO）、地球同步转移轨道（Geostationary Transfer Orbit，GTO）等。

①地球同步轨道和静止轨道

地球同步轨道（GSO）是一个以地球为中心，轨道周期和地球绕定轴自转周期一致的轨道类型，轨道高度是 35 786 km，轨道周期为一个恒星日（23 小时 56 分 4 秒）。

根据倾角特点，地球同步轨道又分为地球静止轨道和倾斜地球同步轨道。轨道倾角为 0°的地球同步轨道，称为地球静止轨道，星下点轨迹是一个点。倾角不为 0°的地球同步轨道，称为倾斜地球同步轨道（Inclined GeoSynchronous Orbit，IGSO），星下点是一个跨南北半球的“8”字型轨迹（图 8 - 6），并且是 1 个恒星日的回归轨道。地球静止轨道只有一条，而倾斜地球同步轨道有无数条。

地球静止轨道卫星相对地球表面是静止的，即对地覆盖区域保持不变并且可以覆盖约 40% 地球表面积。理论上，部署 3 颗 GEO 卫星即可实现对全球中低纬度地区的全覆盖。因此，GEO 轨道在广播电视、中继通信、移动通信、导弹预警等领域应用广泛。例如，亚太 6 号卫星（APSTAR - 6）广播卫星、TDRSS 中继卫星、Inmasart 海事卫星、SBRIS 天基红外系统预警卫星等。然而 GEO 也存在一些不足，主要体现在以下三个方面：1）无

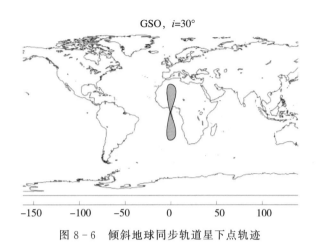

图 8 - 6 倾斜地球同步轨道星下点轨迹

法覆盖地球两极附近的高纬度区域；2）高度高、通信距离远、时延大，对载荷能力和运载能力要求高，单星研制和部署成本高；3）轨道仅有一条，轨位属于稀缺资源，需要频繁定点维持。

②太阳同步轨道

受到地球非球形引力摄动影响，卫星轨道面在惯性空间不断进动。当轨道平面进动角速度与地球公转角速度相同时，即约 $0.985\,6°$/天（$360°$/年），称为太阳同步轨道（SSO），如图 8 - 7 所示。

太阳同步轨道通常为近圆轨道（即轨道偏心率 $e = 0$），轨道倾角 $i(\mathrm{deg})$ 和高度 $h(\mathrm{km})$ 需满足 $i = \arccos\left[-0.098\,96°\left(\dfrac{a}{R_e}\right)^{\frac{7}{2}}(1-e^2)^2\right]$，其中地球半径 $R_e \approx 6\,378\,\mathrm{km}$。太阳同步轨道的典型高度范围为 $500\sim1\,000\,\mathrm{km}$，倾角范围为 $97°\sim100°$，如表 8 - 2 所示。大部分光学遥感卫星通常会工作于太阳同步轨道，因为该轨道能够确保某个区域在卫星经过时始终处于太阳光照射状态，既能够保证太阳电池充足供电又能够保证星下区域照明度足够，确保获得较好的遥感图像。

表 8 - 2 太阳同步轨道的倾角与高度关系

h/km	500	550	600	650	700	750	800	850	900	950	1 000
$i/(°)$	97.40	97.59	97.79	97.99	98.19	98.39	98.60	98.82	99.03	99.26	99.48

③高椭圆轨道

高椭圆轨道（HEO）的特点是近地点较低、远地点极高并且具有大倾斜角度，远地点高度大于 GEO 高度，如图 8 - 8 所示。根据开普勒定律，卫星在近地点附近区域运行速度较快、在远地点附近区域运行速度较慢。因此，高椭圆轨道卫星到达和离开远地点的过程很长，对远地点下方地面区域的覆盖时间可以超过 12 小时，并且能够覆盖地球极地地区。典型的高椭圆轨道是俄罗斯的闪电轨道，轨道倾角为 $63.4°$，轨道周期 $T = 718\,\mathrm{min}$，

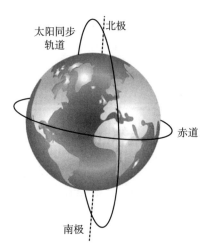

图 8-7　太阳同步轨道

近心点幅角 $\omega=270°$，轨道半轴长 $a=26\,600$ km，偏心率 $e=0.74$，大部分时间运行在俄罗斯或加拿大上空，能够为上述高纬度地区通信和监视应用提供更广阔的视角。从高纬度地区发射闪电轨道卫星比发射地球静止轨道卫星要更加节省能量，但需要地面站转动天线追踪航天器，并且闪电轨道卫星还需要采用特殊的轨道保持技术，一天之内会穿越范·艾伦带四次。

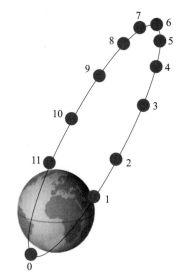

图 8-8　高椭圆轨道（超过 12 h 周期）

④地球同步转移轨道

地球同步转移轨道（GTO）是指近地点高度和低地球轨道（LEO）相一致，远地点高度可到达地球同步轨道的椭圆形轨道，如图 8-9 所示。在发射地球同步卫星时，首先使卫星进入地球同步转移轨道，然后再在远地点通过变轨转移至目标轨道。

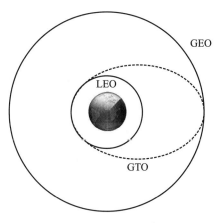

图 8 - 9　地球同步转移轨道

8.1.2　星座

(1) 定义与表征

星座是由多颗卫星组成的协同工作系统，各卫星之间的时空关系保持相对稳定。与单一卫星相比，星座可以通过多颗卫星协同执行通信、遥感或导航等特定任务，从而增加对地覆盖范围或在相同时间内缩短访问周期。

表征星座的参数除了轨道倾角 i 等卫星轨道六根数外，还包括卫星总数 T、轨道面数 P、相位因子 F、轨道高度 h 等。其中，相位因子 F 表示相邻两个轨道平面上对应卫星之间的相位关系且 F 是 $0 \sim (P-1)$ 之间的一个整数，根据相位因子 F 可以得到相邻两个轨道平面上对应卫星的相位差 $\Delta\theta = F \cdot (360°/T)$。

星座设计需要综合考虑覆盖纬度分布、覆盖均匀性、发射和变轨成本等因素，在此基础上优化设计轨道高度、卫星总数等参数，优化设计目标是用最少的卫星、最低的建设部署成本满足覆盖性、通信速率和时延等应用要求。

(2) 星座分类

星座可以从应用目的、覆盖区域、时间分辨率、覆盖重数、轨道构型、空间分布等不同角度进行分类，如图 8 - 10 所示。

按应用目的，星座可以分为通信星座（含中继星座）、导航星座、遥感星座（含陆地、海洋、气象、侦察、预警等功能星座）以及科学试验星座等类型。

按覆盖区域，星座可以分为全球覆盖、纬度带覆盖（纬度限制、经度不限）、区域覆盖（纬度和经度均限制）等类型。例如，北斗、GPS 等导航星座能够实现全球覆盖；O3b 初始星座能够实现 ±45° 纬度带覆盖；GEO 通信星座能实现固定纬度和经度范围的区域覆盖。

按时间分辨率，星座可以分为连续覆盖星座和间歇覆盖星座（10 分钟、半小时、几小时等）。连续覆盖星座是指能够对目标区域内的任意点实现不间断覆盖。间歇覆盖星座是指以一定时间间隔内对目标区域实现覆盖。通常来说，通信、导航、预警等星座要求是

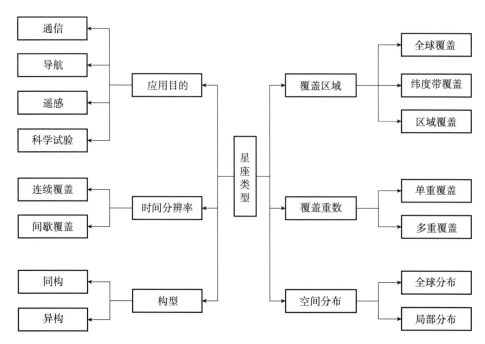

图 8-10　星座分类

连续覆盖星座，而陆地资源、侦察等星座多采用间歇覆盖星座。

按覆盖重数，星座可以分为单重覆盖星座和多重覆盖星座。单重覆盖星座是指覆盖区域内的任意一点在任意时刻都至少被星座中的一颗卫星覆盖；多重覆盖星座是指覆盖区域内的任意一点在任意时刻都至少被星座中的多颗（N 颗，$N > 1$）卫星覆盖，也称为 N 重覆盖星座。无论是单重覆盖星座还是多重覆盖星座，它们都属于连续覆盖卫星星座。例如，导航解算需要最少 4 颗可见卫星才能为用户提供确定的三维位置和时间，因此，导航星座为至少四重覆盖星座。

按照星座中的卫星轨道构型，星座可以分为同构星座和异构星座。同构星座中，每个轨道平面中均匀分布着相同数量的卫星，所有卫星的轨道都具有相同的半长轴、偏心率和近地点幅角，并且相对于某个参考平面有相同的倾角。异构星座中包含多种轨道类型。例如，GPS 导航卫星星座属于同构星座；而北斗二代导航卫星星座包含椭圆轨道和圆轨道两种轨道类型，属于异构星座。

按照星座中的卫星空间分布，星座可以分为全球分布星座和局部分布星座。全球分布星座中，卫星分布在以地心为中心的天球表面，相对地心有一定对称性；而局部分布星座中，卫星会形成一个卫星集群，像一个卫星编队一样围绕地球运动，且完成一次任务需要所有卫星合作。例如，早期的子午仪导航星座属于局部分布星座，GPS 导航星座属于全球分布星座。

（3）星座构型

星座构型表明了星座中各个卫星的分布特征。Walker 星座是应用最为广泛的星座构型，轨道高度和倾角都相同，轨道面和面内卫星都为均匀分布，主要特点包括：1) 所有卫星采用高度相同、倾角相同的圆轨道，轨道平面沿赤道均匀分布；2) 每个轨道面内的卫星数相同且卫星在轨道平面内均匀分布；3) 不同轨道面之间的卫星相位具有确定关系。Walker 星座主要用于实现全球覆盖或纬度带覆盖，构型通常表征为 $(T/P/F: h, i)$，其中，T 是星座中的卫星总数，P 是轨道面数，F 是相位因子且取值是 $0 \sim (P-1)$ 之间的一个整数，h 是轨道高度，i 是轨道倾角。

根据轨道倾角、轨道面数等参数具体特点，Walker 星座可以衍生出星形星座（轨道倾角 i 等于或接近 90°）、δ 星座（升交点赤经差相同）、玫瑰星座（每个轨道只有一颗卫星）、σ 星座（所有轨道都是回归轨道），如图 8 – 11 所示。

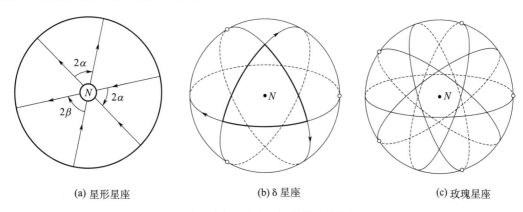

(a) 星形星座　　　　　(b) δ 星座　　　　　(c) 玫瑰星座

图 8 – 11　Walker 星座衍生星座

（参考：张雅声，冯飞. 卫星星座轨道设计方法 [M]. 北京：国防工业出版社，2019：49 – 66.）

①星形星座

星形星座中的各轨道平面倾角均为 90°或近似 90°，各轨道在参考平面上有一对公共节点，从北极向下俯视如同星形。星形星座在 Iridium、Teledisic 等通信星座中得到了应用。星形星座的构型简单、理论分析比较方便，但覆盖特性比较差，主要体现在两个方面：1) 所有轨道会在两个节点相交，节点附近的卫星比较密集，而节点之间区域的卫星比较稀疏，因此覆盖不均匀；2) 同向相邻轨道之间的卫星在整个轨道周期内具有基本不变的相对位置，而反向相邻轨道之间的卫星在整个轨道周期内相对位置经常变化，因此覆盖特性变化非常剧烈。

②δ 星座

δ 星座的主要特征包括：1) 各轨道对参考平面的倾角相同；2) 各轨道面等间隔分布，相邻轨道的升交点赤经差相同，为 $2\pi/P$；3) 各轨道面内卫星等相位差均匀分布，每条轨道上有 T/P 颗卫星并且按 $2\pi \cdot P/T$ 分布。δ 星座的优点是同纬度区域的覆盖性一致，并且主要摄动源对各卫星的摄动影响几乎一致，因此 δ 星座的相对构型能够保持长期稳定。

③玫瑰星座

玫瑰星座是 δ 星座中的一种特殊类型，轨道面和卫星总数相等（即 $P=T$），每个轨道平面上只有一颗卫星。之所以称为"玫瑰星座"是因为该星座的轨道图形在固定天球上的投影犹如一朵盛开的玫瑰。玫瑰星座的特点是利用较少数量的卫星就能够实现较高的全球覆盖率。星座中的任何一颗卫星在天空中的位置可以用升交点经度 Ω、轨道倾角 i 和相位角 $F \cdot (360°/T)$ 来描述。

④σ 星座

σ 星座也是一种特殊的 δ 星座，各卫星的星下点沿着同一条类似正弦曲线的轨迹等间隔均匀分布，具有覆盖特性均匀、覆盖效率高等优点。轨道面数 P 和相位因子 F 可以由卫星总数 T 和回归周期 M 唯一确定。轨道面数 $P = T/H(M, T)$，其中运算符 $H(M, T)$ 表示回归周期 M 与卫星总数 T 的最大公因数；相位因子 $F = (k \cdot P - M - 1) \cdot [T/(P \cdot M)]$，其中 k 取 $0 \sim (P-1)$ 之间的整数。因此，T/M 作为 σ 星座的表征值。例如，13/2 σ 星座的卫星总数 $T = 13$，$M = 2$，则 $H(M, T) = 1$，$P = 13$，$F = 5$。

⑤编队星座

以上星座均为均匀对称分布的星座，若把 σ 星座或玫瑰星座中的某个子星座去掉，留下的非均匀星座称为"Ω 星座"。此外，由两颗或两颗以上的卫星组成，保持近距离编队飞行的卫星集合称为"编队星座"，也称为"卫星群"或"卫星簇"。编队卫星能够通过虚拟孔径合成形成长基线天线，从而解决单颗卫星无法安装大口径天线的不足。如果由两个或两个以上不同类型或不同参数的星座组合，则形成"混合星座"。

8.1.3　星间链路

星间链路是空间通信系统设计需要关注的重要因素之一，包括相同轨道高度之间的星间链路和不同轨道高度卫星之间的星间链路。相同轨道高度卫星间的星间链路又包括同轨星间链路和异轨星间链路。星间链路设计需要考虑多层卫星可见性、多层卫星覆盖性、链路长度与仰角、链路延时、多普勒频移等因素。

（1）卫星可见性

卫星可见性是指同轨或异轨卫星之间能够建立通信链路的最大几何距离和最大可见角，如图 8-12 所示。卫星 A 和卫星 B 分别运行于高度为 h_A 和 h_B 的轨道上。当两个卫星的几何连线恰好与地球表面相切时，星间距离 D_{AB} 即为最大距离 $D_{max} = \sqrt{R_A^2 - R_D^2} + \sqrt{R_B^2 - R_D^2}$，其中，$R_D$ 是地球半径，$R_A = h_A + R_D$，$R_B = h_B + R_D$。该时刻对应的夹角 $\angle AOB$ 即为最大可见角 $\xi_{max} = \arccos(R_A^2 + R_B^2 - D_{max}^2)/(2R_AR_B)$。当 $D_{AB} \leqslant D_{max}$ 时，星间链路不会因地球遮挡而中断。

（2）卫星覆盖性

卫星覆盖性是指卫星波束对某个轨道层的覆盖程度，通常用覆盖范围（球冠面积）和覆盖率来衡量，如图 8-13 所示。卫星 A 运行于较低轨道，轨道高度为 h_A，到地心 O 的距离为 $R = h_A + R_D$；卫星 B 运行于较高轨道，轨道高度为 h_B，到地心 O 的距离为 $H = h_B + R_D$。ε 是卫星 A 的仰角；$\xi = 90° - \varphi - \varepsilon$ 是 ε 对应的地心角；$\varphi = \arcsin(R \cdot \cos\varepsilon/H)$ 是 ξ 对应的半锥角，也称为对地覆盖角；$D = H \cdot \cos[\arcsin(R \cdot \cos\varepsilon) + \varepsilon]/\cos\varepsilon$ 是卫星 B 到

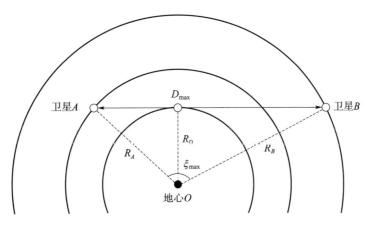

图 8-12　多层卫星可见性

卫星 A 的距离，即星间链路长度。卫星 B 对卫星 A 的覆盖范围（球冠面积）$A_{cover} = 2\pi R^2 (1 - \cos\xi)$，覆盖率 $R_{cover} = A_{cover} / A_{SPHERE} = (1 - \cos\xi)/2$。

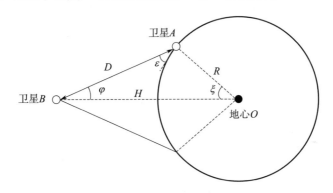

图 8-13　卫星间覆盖示意图

（李晖，等. 卫星通信与卫星网络 [M]. 西安：西安电子科技大学出版社，2018：180-181.）

（3）链路时延

星间通信的延时主要由传播时延 τ_p、传输时延 τ_s、处理时延 τ_r 和排队时延 τ_w 组成，如图 8-14 所示。传播时延 $\tau_p = d/c$，d 是传播距离，c 是光速；传输时延 τ_s，又称发送延时，是指发送数据帧所需的时间，即从发送数据帧的第一个比特算起到该帧最后一个比特发送完毕所需的时间，$\tau_s = L/B$，L 是数据帧长度（bit），B 是信道带宽（bps）；处理时延 τ_r 是指路由查表、数据包排队等待等因素导致的时延，与星上处理能力、信道资源占用情况相关；排队时延 τ_w 是指路由器或交换机等网络设备处理数据包排队所消耗的时间。

（4）多普勒频移

多普勒频移是由于两个通信主体之间相对运动导致接收载频发生变化的现象，有 $f_{Doppler} = f_0 \cdot v_r / c$。其中，$f_0$（GHz）是载波频率，$v_r$（km/s）是发射机与接收机之间的径向相对速度，$c = 3 \times 10^5$ km/s 是光速。发射机和接收机之间相向运动时，v_r 为正值，$f_{Doppler}$ 为正值，即接收端载频发生正偏；发射机和接收机之间相背运动时，v_r 为负值，$f_{Doppler}$ 为

图 8-14　链路时延示意图

负值，即接收端载频发生负偏。相对于地面来说，根据卫星轨道参数即可估算出多普勒频移，有

$$f_{\text{Doppler}} = -\frac{f_0}{c} \cdot \frac{\omega_F(t) \cdot r_E \cdot r \cdot \sin[\psi(t) - \psi(t_0)] \cdot \eta(\theta_{\max})}{\sqrt{r_E^2 + r^2 - 2r_E r \cos[\psi(t) - \psi(t_0)] \cdot \eta(\theta_{\max})}}$$

式中，$\eta(\theta_{\max}) = \cos[\arccos(r_E \cdot \cos\theta_{\max}/r) - \theta_{\max}]$；$r_E$ 是地球半径；r 是卫星轨道半径；$\psi(t) - \psi(t_0)$ 是地球表面沿卫星轨道估计的角速度；$\theta_{\max}$ 是最大仰角；$\omega_F(t) \approx \omega_s - \omega_F \cdot \cos i$；$\omega_s$ 是卫星运动平均角速度；ω_F 是地球自转角速度；i 是卫星轨道倾角。由于太赫兹频率更高，因此在相同条件下的多普勒频移更大。

8.1.4　空间环境

相比于地面和低空环境，卫星载荷通常面临着更为复杂和恶劣的空间电子辐射环境。因此，实际工程应用中，通常会针对载荷中的关键元器件提出抗辐照性能要求，确保载荷能够在这种特殊环境中正常工作。

（1）范·艾伦辐射带分布

范·艾伦辐射带是包围在地球附近的高能辐射层，层内带电粒子的主要来源是被地球磁场俘获的太阳风粒子，上述带电粒子在范·艾伦带两个转折点之间来回运动。范·艾伦带分为内外两层，内外层之间存在范·艾伦带缝，带缝中辐射相对较少，如图 8-15 所示。内辐射带里的高能质子多，主要分布在距离地面 550～5 000 km 区间并且在 3 000 km 高度附近达到最大值。外辐射带里的高能电子多，主要分布在距离地面 12 000～22 000 km 区间并在 17 000 km 高度附近达到最大值。由于高能粒子会对电子元器件造成伤害，因此在选择卫星轨道时应尽量避开范·艾伦辐射带。如果实在无法避开范·艾伦辐射带，则需要选用抗辐照器件或者采用适当屏蔽措施给关键器件加固，前者导致制造成本高、后者导致抗辐照部组件重量增加。表 8-3 给出了典型轨道的辐射剂量参考值。

表 8-3　典型轨道预计辐射剂量

（周旸. 星载电子设备抗辐照分析及器件选用[J]. 现代雷达，30(9):25-28.）

轨道	倾角	剂量率
低地球轨道	<28°	0.1～1 krad(Si)/年
低地球轨道	>28°	1～10 krad(Si)/年
中地球轨道	任何倾角	100 krad(Si)/年（范·艾伦带）

续表

轨道	倾角	剂量率
高地球轨道	任何倾角	>10 krad(Si)/年
星际航行	—	5～10 krad(Si)/年

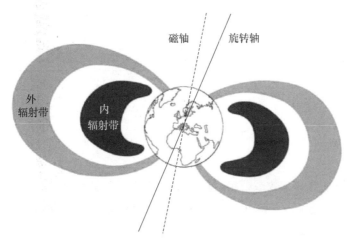

图 8 - 15　空间辐射环境

（张雅声，冯飞. 卫星星座轨道设计方法 ［M］. 北京：国防工业出版社，2019.）

（2）空间电子辐射影响

　　卫星运行期间，宇宙空间中存在的大量高能粒子有可能穿透卫星蒙皮和星载仪器设备机箱，对星载仪器设备中的电子元器件产生影响，造成不同程度损伤，会使电子元器件的性能逐渐退化、可靠性显著降低，进而影响卫星及其有效载荷的可靠性水平，严重情况下还可能导致有效载荷以及卫星控制分系统、综合电子分系统等电子信息类产品失效。空间电子辐射对电子元器件造成的损伤主要包括总电离剂量效应（Total Ionizing Dose，TID）和单粒子效应（Single Event Effect，SEE）两种类型。

　　总电离剂量效应（TID）描述的是辐射粒子大量进入半导体器件材料内部，与材料原子核外电子发生电离作用后产生额外电荷。上述电荷在器件氧化层中堆积或在氧化层与半导体层之间的界面产生界面态，最终导致器件性能逐步退化并丧失。

　　单粒子效应（SEE）是指空间中的单个高能重离子或者质子击中微电子器件灵敏部位，由于电离作用使器件产生额外电荷或造成材料原子移位，导致器件逻辑状态、功能、性能等变化或损伤，例如开路变成闭路、逻辑 0 变成逻辑 1 等。单粒子效应具体包括单粒子翻转、单粒子瞬态脉冲、单粒子功能中断、单粒子锁定、单粒子烧毁、单粒子栅穿等。

　　对长寿命高可靠的星载电子设备，必须考虑元器件在轨期间的总剂量问题，可采用半导体工艺和辐射屏蔽两种方法进行总剂量效应防护。半导体工艺可以选择对辐射不敏感或敏感尽可能小的材料。辐射屏蔽是通过设备外壳的屏蔽减轻辐射影响，如表 8 - 4 所示，但因屏蔽材料本身有二次辐射，所以它并不能完全防护高能粒子（宇宙射线）产生的影响。

表 8 - 4　等效铝厚度与累计剂量

(周旸. 星载电子设备抗辐照分析及器件选用[J].现代雷达,30(9):25 - 28.)

等效铝厚度/mm	累计剂量/krad(Si)
1	600
2	100
3	15
5	1.5
9	0.8

8.2　卫星平台

8.2.1　卫星平台组成

卫星是由卫星平台和有效载荷组成的复杂功能体。卫星平台为有效载荷提供了基础运行环境和支持,包括能源、姿轨控、测控等;有效载荷是卫星实现通信、导航、遥感等应用功能的关键部分。根据应用特点,卫星可以分为通信卫星、导航卫星、遥感卫星以及科学试验卫星,如图 8 - 16 所示。通信卫星主要用于实现卫星通信和广播,导航卫星主要提供全球定位和导航服务,遥感卫星用于获取地球表面和环境信息,而科学试验卫星用于进行科学试验和研究。

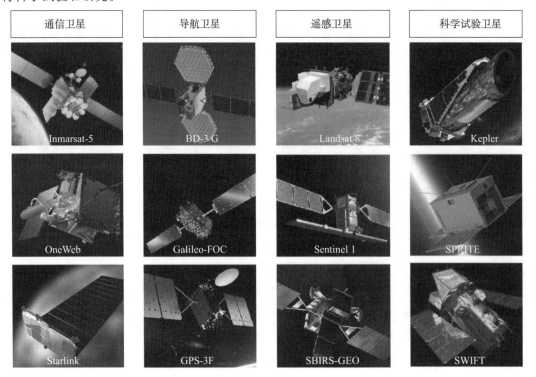

图 8 - 16　卫星分类 (https://space.skyrocket.de/)

　　卫星平台是由支持并保障有效载荷正常工作的所有服务系统所构成的集合体，主要包括结构、热控、控制、推进、供配电、测控以及综合电子等分系统，如图 8-17 所示。结构分系统是卫星的骨架，起到支撑固定星上各种设备与部件、传递和承受载荷等作用，并且在保持卫星完整性基础上可以根据指令完成各种规定的动作功能。热控分系统是卫星的温度环境控制中枢，负责控制卫星内外热交换过程，使卫星处于温度平衡状态，确保载荷能够在正常温度范围内稳定工作。供配电分系统是卫星的能源控制中枢，用于产生、存储和调节控制电能，实现整星电源分配以及设备间的电连接。控制分系统主要在推进分系统配合下实现轨道和姿态控制。推进分系统主要为卫星轨道姿态控制提供推力和力矩。测控分系统主要用于实现卫星与测控站之间的遥测、遥控和跟踪功能。遥测是指采集星上设备状态参数并发给测控站，实现测控站对卫星工作状态的监视；遥控是指卫星接收测控站的指令，并将指令发送给相应的星上设备；跟踪是指卫星接收并转发测控站的跟踪测轨信号，为测控站提供卫星运行的轨道参数。综合电子分系统则用于存储各种程序，采集、处理数据以及协调管理卫星各分系统工作。

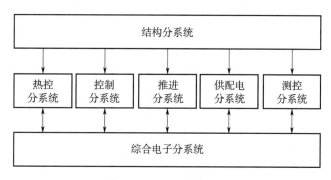

图 8-17　卫星平台组成

8.2.2　结构分系统

　　结构分系统是用于支撑和安装卫星有效载荷以及其他各分系统的组件总称，主要功能包括以下三个方面：1）承受卫星上各种载荷和其他分系统，确保载荷和平台在物理上不受损坏；2）提供卫星与运载器之间的机械连接和释放界面，确保卫星在发射过程中的稳定性以及星箭分离过程顺利完成；3）为有效载荷和其他分系统提供所需的安装空间、固定界面以及刚性支撑条件，确保卫星构型布局合理、满足设计要求，保障卫星整体稳定性和性能。

　　结构分系统可划分为主结构和次结构。主结构又称为"主承力结构"，是承受重要载荷的主体部分，主要分为承力筒式、板架式和桁架式等类型，如表 8-5 所示。次结构包括各种结构板以及各子系统的安装构架等。

表 8 - 5　卫星主承力结构对比

（彭成荣. 航天器总体设计［M］.北京：国防工业出版社，2020.）

结构形式	承力筒式	板架式	桁架式
结构设计	复杂	简单	简单
传力线路	长	短	短
承受载荷	大（整星）	小	小
结构工艺	很复杂	很简单	简单
工艺质量保证难度	相对困难	相对容易	相对容易
结构重量	重	一般	轻
总装工艺	难	简单	简单
有效载荷扩展	难	容易	容易
研制周期	较长	较短	较短
研制成本	较高	较低	较低

　　承力筒式结构的中心承力结构是位于平台中央的圆柱或圆柱圆锥组合成的筒形结构。这种结构的刚度较好，能够抗弯折、抗扭转、抗剪切，能够为贮箱提供安装空间。承力筒式构型主要适用于中轨或高轨等大中型卫星。SpaceBus4000、LS-3000、DFH-3、DFH-4 等卫星平台均采用承力筒式结构，如图 8-18（a）所示。

　　板架式结构的中心承力结构是由复合材料蒙皮与蜂窝夹层板构成的箱型结构，主要特征是隔板较多。这种板架式构型特别适用于低轨遥感卫星和通信卫星。A2100AX、CAST2000 等卫星平台均采用板架式结构，如图 8-18（b）所示。

　　桁架式结构主要由杆件在两端以特定方式相互连接形成，特点是设计灵活、空间可伸缩、易于组装和重构。该构型适用于直接入轨的中小型卫星或大型通信卫星。Boeing702、DFH-5 等卫星平台均采用桁架式结构，如图 8-18（c）所示。

  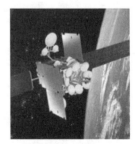

(a) 承力筒式卫星平台SpaceBus4000，法国Athena-Fidus通信卫星　　(b) 板架式卫星平台A2100AX，美国EchoStar 3通信卫星　　(c) 桁架式卫星平台，国际Inmarsat-5通信卫星

图 8-18　卫星主承力结构应用

8.2.3　热控分系统

热控制分系统的任务是确保卫星上的各种仪器设备从发射到入轨运行的全过程都处于规定温度范围内，从而满足上述设备的储存、启动及工作温度要求。热控制分系统包括硬件设备和软件程序两个部分。硬件设备可以分为被动热控制部件和主动热控制部件，软件程序主要运行在综合电子分系统中。

被动热控主要包括热控涂层、多层隔热组件、热管、导热填料、扩展热板以及仝间辐射器等方法，如表 8-6 所示。

表 8-6　被动热控技术

（侯增祺,胡金刚. 航天器热控制技术:原理及其应用[M].北京:中国科学技术出版社,2008.）

类型	功能	种类
热控涂层	调节固体表面热辐射性质以控制温度	太阳吸收表面、全反射表面、全吸收表面等
多层隔热组件	减少部件与周围环境的热交换	低温隔热组件、中温隔热组件、高温隔热组件等
热管	在密闭容器内依靠工质的气-液两相循环完成热量传递	—
导热填料	用于各类仪器与安装板之间降低接触热阻	导热脂(填充后具有流动性)、硅橡胶(使用前具有流动性、填充后变为固体)、导热垫片(使用前后均为固体)等
扩展热板	用于增加设备的辐射换热面积、增加设备同安装板的接触传热面积以降低局部区域热流密度，实现热功耗差异大的仪器设备热耦合，实现仪器设备间的等温化	表面进行黑色阳极氧化处理的铝板
空间辐射器	将航天器内部的热量排向太空，实现卫星热平衡	被动结构辐射器、带有热管的结构辐射器、体装辐射器、可展开式辐射器等

主动热控主要包括电加热器、辐射式主动热控、导热式主动热控、对流式主动热控等方法，如表 8-7 所示。

表 8-7　主动热控技术

（侯增祺,胡金刚. 航天器热控制技术:原理及其应用[M].北京:中国科学技术出版社,2008.）

类型	功能	种类
电加热器	通过热控软件实现自动控制，是温度控制的主要手段	—
辐射式主动热控	在热控表面安装一种能够随着温度的升高或降低而打开或遮挡散热面的机构，从而降低或者提高有效发射率	百叶窗、旋转盘等
导热式主动热控	通过切断或接通设备到散热面的导热路径，或采取改变导热热阻等方法，将设备温度控制在一定范围内	热开关、可控热管等
对流式主动热控	利用流体对流换热方法对航天器整体或局部实施热控制	单相流体回路、气液两相流回路等

8.2.4　控制分系统

控制分系统负责维持或改变卫星的运行姿态及轨道，通常由敏感器、控制器以及执行机构三个部分构成，如图 8-19 所示。敏感器是测量组件，通过测量卫星本体特定坐标系下的角位置与角速度来确认卫星姿态；控制器属于计算组件，通过星载计算机来实现控制规则或策略；执行机构根据控制器指令产生控制力矩，实现卫星运行姿态的改变。

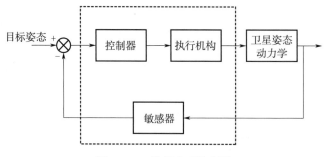

图 8-19 控制分系统框图

(1) 敏感器

常用的敏感器包括太阳敏感器、星敏感器、红外地球敏感器、惯性敏感器等，如图 8-20 所示。

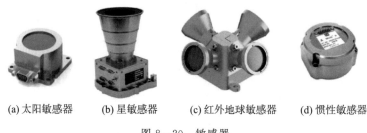

(a) 太阳敏感器 (b) 星敏感器 (c) 红外地球敏感器 (d) 惯性敏感器

图 8-20 敏感器

①太阳敏感器

太阳敏感器本质上是一种点目标成像系统，将太阳作为基准点目标进行成像，通过测量结果确定航天器体轴与太阳视线之间的夹角，稳定性好、可靠性高，广泛应用于各种航天器的导航和控制系统中。

太阳敏感器主要包括太阳发现敏感器、模拟式太阳敏感器和数字式太阳敏感器三种类型。太阳发现敏感器主要用于捕获太阳并判断太阳是否出现在视场中，当太阳进入探测器视场时，敏感器中的光电池会产生一个阶跃响应，也称为"0-1"型太阳敏感器。太阳发现敏感器具有实现简单、视场较宽等优点，但精度较低、易受外部光源干扰（例如地球或太阳帆板反射的太阳光）。模拟式太阳敏感器的输出信号强度与太阳光入射角度相关，也称为余弦检测器，视场通常在 20°～30° 之间，精度约为 1°。数字式太阳敏感器通过计算太阳光线相对探测器中心的位置偏差确定太阳光角度，主要包括 CCD（Charge Couple Device）和 APS（CMOS Active Pixel Sensor）两种实现途径。CCD 型太阳敏感器又可以分为线阵和面阵两种类型，而 APS 型太阳敏感器主要是面阵形式。数字式太阳敏感器的视场较窄（通常为 ±60° 左右），但精度高（通常优于 0.05°）。

②星敏感器

星敏感器本质上是一种可见光成像系统，以恒星为参照系，通过比较拍摄的恒星图案与存储的恒星图案数据确定自身相对于参考方向的位置和角度。星敏感器的精度能够达到角秒（″）量级（$1″ = 1/3\,600°$），可以帮助卫星实现高精度姿态测定和轨道控制。

星敏感器分为星图仪和星跟踪器两种类型。其中，星跟踪器又可以分为框架式和固定式两种实现方式。星图仪，又称为"星扫描器"，本质上是一种线阵扫描可见光成像系统，具有狭缝式视场，主要应用在自旋式卫星上。当卫星自转时，敏感器可以对天区扫描，处理电路会测定恒星扫过时间和星光能量，借助先验知识、匹配识别等手段测得卫星姿态。星图仪的信噪比较低且依赖于卫星本体自转，实际工程中已较少使用。框架式星跟踪器本质上是一种面阵扫描光学成像系统。当导航星在敏感面上成像后，处理电路会检测星像在视场中的位置和尺寸，进而驱动伺服机构转动机械框架，确保导航星图像尽可能保持在视场中心，最终通过导航星信息和框架转角情况确定航天器姿态。固定式星跟踪器本质上是面阵凝视型光学成像系统，视场大、无需机械转动、像质更优、分辨率更高、可靠性更好，广泛应用于实际工程中。

③红外地球敏感器

红外地球敏感器，也称为"红外地平仪"，通过测量地球与太空红外辐射差别获取航天器姿态信息，本质上是红外探测器或红外成像仪，通常工作于 $14\sim16\ \mu m$ CO_2 吸收带，可分为动态和静态两种类型。

动态红外地球敏感器仅包含一个或少数探测单元，通过机械扫描实现视场扫描，地球/太空边界的辐射图像变换为方波，通过检测方波宽度或相位即可计算出地平线位置，从而确定两轴姿态。静态红外地球敏感器采用红外焦平面阵列探测器，通过投影在焦平面阵列探测器上的地球红外图像计算出地球方位。静态红外地球敏感器的质量和功耗更低，能够通过算法对大气模型误差进行修正，姿态测量的精度和可靠性更高。

④惯性敏感器

惯性敏感器采用陀螺仪测量卫星空间姿态角速度，精度可以达到 0.001（°）$/h$ 量级。与其他类型姿态敏感器相比，惯性敏感器仅能够获取航天器的姿态参数而且可以输出姿态参数变化率，能够不依赖于外部条件相对独立工作，可以在极端特殊情况下测量航天器的姿态信息。

（2）执行机构

常见的执行机构包括动量轮、反作用轮、磁力矩器和控制力矩陀螺等，如图 8 - 21 所示。动量轮利用转动惯量守恒定律，通过改变转动惯量的大小和方向改变卫星姿态，精度高、响应快、可靠性好，可以实现姿态精确控制。磁力矩器通过偶极子磁矩与地磁场之间的相互作用产生磁控力矩，有效控制和管理卫星的姿态或动量。控制力矩陀螺通过陀螺自转产生稳定力矩控制卫星姿态。

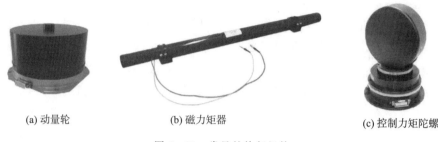

|　(a) 动量轮　|　(b) 磁力矩器　|　(c) 控制力矩陀螺　|

图 8-21　常见的执行机构

8.2.5　推进分系统

推进分系统主要为卫星轨道转移和位置保持提供推力和力矩,利用反作用原理,通过自身携带推进剂(包括燃烧剂和氧化剂等全部能源物质)释放能量喷射出高速工质从而产生推进动力。衡量推进系统效率的重要指标是比冲,定义是单位推进剂产生的冲量,单位为秒(s)。例如,某推进器的比冲为 5 000 s,意味着该推进器每秒钟消耗 1 kg 推进剂能产生 5 000 N·s 推力。

推进分系统通常包含推进剂、推进剂贮存装置、推进剂供给装置、推进线路装置、发动机、推力器五个部分。其中,推进剂是推进系统产生推力的物质基础,储存在贮存装置中;推进剂供给装置负责将推进剂从贮存装置传输到发动机或推力器;推进线路装置负责发动机和推力器的点火控制以及各部分的功能控制和状态监控。

根据能源类型,推进系统可以分为化学推进系统和电推进系统。化学推进系统通过燃烧剂和氧化剂的燃烧产生喷气推力。尽管化学推进的推力较大,但比冲较小、控制精度较低,通常用于速度改变较大的场景。电推进系统通过加热(电离)工质并将工质高速喷出产生推力。相比于化学推进而言,电推进的比冲通常高出一个数量级,能够有效降低卫星推进剂的携带量、提高有效载荷的承载能力,适用于航天器的阻力补偿、轨道转移、姿态控制、轨道控制以及寿命末期重定位等多种任务。电推进器根据具体途径可以分为电热型、电磁型和静电型三种类型,如表 8-8 所示。

表 8-8　电推进类型

(康小录,张岩,空间电推进技术应用现状与发展趋势[J].上海航天,2019,36(6):24-34.)

类型	基本原理	典型比冲	种类
电热型	通过加热手段将工质气化增加熔值从而形成高速气流产生推力	1 000～10 000 s	电阻加热推进、微波加热推进、电弧加热推进
电磁型	通过电击穿推进剂产生等离子体(导电气体),在电场和磁场的综合作用下加速产生推力	1 000～5 000 s	场效应推进、霍尔效应推进、离子推进、胶质推进
静电型	选用电离势较低的推进剂,经电离后在静电场中加速产生推力,采用电能加速工质形成高速射流产生推力	150～1 000 s	脉冲等离子体推进、磁等离子体推进

8.2.6 供配电分系统

供配电分系统负责产生、存储、变换、调节和分配卫星所需的电能，核心功能是通过特定物理或化学转换过程，将光能、核能或化学能转化为电能，并根据需要存储和调节，然后向卫星其他分系统供电直至卫星寿命终结。供配电分系统通常包括一次电源和二次电源两个部分。一次电源由发电装置、电能存储装置以及电源控制装置等组件构成，主要任务是生成和存储电能。二次电源由电源变换器和电源配电装置等组件构成，主要作用是将一次电源生成的电能转换为另一种形式或规格的电能，满足卫星上不同用电设备的特定需求。

(1) 发电装置

目前，卫星上采用的发电装置主要是太阳电池阵。航天器太阳电池阵的发展先后经历了体装式太阳电池阵、刚性展开式太阳电池阵、柔性展开式太阳电池阵三个阶段，如图 8-22 所示。作为一种能够将光能直接转换成电能的半导体器件，常用的太阳电池包括硅、单结砷化镓、双结砷化镓、三节砷化镓等材料类型。硅太阳电池的转换效率可达 15%，单结砷化镓太阳电池的转换效率一般达 18%，双结砷化镓太阳电池的转换效率可达 21%～23%，三结砷化镓的转换效率可达 30% 以上。

转换效率 η 用于衡量太阳电池的功率输出水平，与最大输出功率 P_{out} 之间的关系为

$$P_{\text{out}} = \eta \cdot A \cdot S$$

式中，A 是单体电池面积，单位为平方米（m^2）；S 为标准测试条件下的太阳总辐照度，即 1 353 W/m^2。若卫星要产生 5 000 W 功率，则硅、单结砷化镓、双结砷化镓、三结砷化镓太阳电池面积分别为 25 m^2，21 m^2，16 m^2，12 m^2。

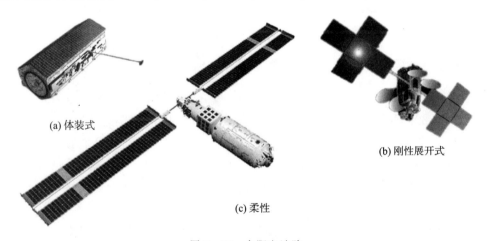

(a) 体装式

(b) 刚性展开式

(c) 柔性

图 8-22 太阳电池阵

(2) 电能存储装置

电能存储装置用于将光照期太阳电池阵产生的电能存储起来，在地影期释放能量，为卫星用电负载提供电能。化学储能是普遍应用的电能存储方式，包括镉镍蓄电池、氢镍蓄

电池、锂离子蓄电池等类型。镉镍蓄电池主要应用于 20 世纪 80 年代，具有良好的机械性能、导热性能和低温工作性能。90 年代后，氢镍蓄电池逐渐取代了镉镍蓄电池。相比于镉镍蓄电池，氢镍蓄电池具有耐过充过放能力，同时具有比能量和比功率高、循环寿命长、可高倍率放电、可全充放或按 80% 深度充放电循环使用、平均放电电压高等优点，内部压力可作为充电状态的遥测参数，但体积能量密度小。锂离子蓄电池具有更高的单体比能量、单体电压，更加安全，性能更加稳定。

(3) 电源控制装置

电源控制装置通过分流调节器对太阳能电池阵的剩余能量进行合理分配和控制，利用充放电控制器精准调控蓄电池充放电过程，确保母线电压稳定，通过特定变换器为各类用电设备供应电力。电源控制装置可分为 S3R 拓扑结构（Sequential Switching Shunt Regulator，顺序开关分流调节器）、S4R 拓扑结构（Sequential Switching & Serial Shunt Regulator，顺序开关串联分流调节器）、MPPT 拓扑结构（Maximum Power Point Tracking，最大功率跟踪）三种，如表 8-9 所示。

表 8-9　电源控制装置类型

（姜东升，程丽丽. 空间航天器电源技术现状及未来发展趋势[J].电源技术，2020,44(5):785-790.）

类型	原理和特点
S3R	先满足母线上负载的功率需求(包括对蓄电池充电)，多余的能量通过分流调节器 SR 分流掉
S4R	克服了 S3R 技术中充电控制器带来的功率损耗过大和质量过大的缺点，充分利用太阳电池分阵的限流特性为蓄电池充电便于模块化设计，简化了系统设计
MPPT	通过控制技术实时调整太阳电池的工作点，使之始终工作在最佳功率点附近，使电源系统在相同的太阳电池配置条件下，输出更多的能量

8.2.7　测控分系统

测控分系统通过与地面测控系统配合使用实现三个主要功能：1）跟踪测轨，配合地面测控系统完成卫星测角、测距和测速；2）遥测，采集卫星内部相关参数并将参数调制后发送至地面站用于卫星状态的监视和分析；3）遥控，接收地面站发来的上行指令和数据，经解调、译码后分别送至相应设备执行。为确保信息安全，卫星测控分系统还通常包括加解密功能。测控分系统通常由天线、测控应答机、遥控接收机及解调终端、遥测终端组成，如图 8-23 所示。

测控分系统包括全向和定向两种工作模式。全向模式主要应用于卫星主动段、转移轨道以及定点后的紧急情况，上行遥控信号和下行遥测信号均通过全向天线接收或发射。定向模式主要应用于卫星定点后的正常运行情况，上行遥控信号通过全向天线接收，下行遥测信号通过定向天线发射。

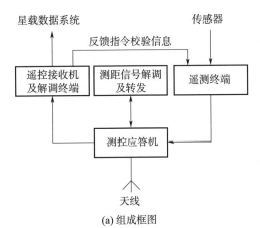

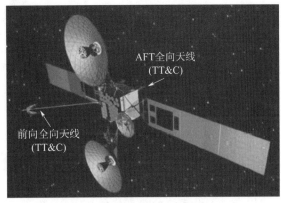

(a) 组成框图　　　　　　　　　　(b) TDRS第三代卫星测控天线

图 8 - 23　测控分系统

8.2.8　综合电子分系统

综合电子分系统主要负责卫星的任务调度、故障检测与处理以及自主控制，基本功能包括：1) 生成卫星时间基准信号和时钟，向各分系统传送时间信息和定时信号，为各分系统提供事件计时服务；2) 接收时标指令或程控指令，生成自主控制指令，实现卫星自主控制和管理；3) 对自身进行监控，具备自动恢复故障现场能力，可恢复自主控制参数、计算中间值、系统工作状态等数据，保障自主控制的连续性，同时可对星载软件进行参数修改实现星载软件在线维护；4) 接收并分发遥控指令和数据至各分系统，采集、处理、存储、汇集遥测数据并对遥测数据进行格式化处理和信道编码；5) 管理卫星自控加热回路、蓄电池自主充放电和再调整等分系统部组件。

在早期航天器设计中，综合电子分系统的各项功能主要分布于多个相互独立的模块或分系统中。然而，随着计算机和集成电路技术不断发展，星载处理器逐步完善、星载计算机性能不断提高，电子、电气部分开始出现集中整合趋势，逐渐演变成综合电子系统。综合电子系统的发展历程可以追溯到不同的阶段，如表 8 - 10 所示。目前，航天器综合电子系统已发展到第四阶段，主要特征包括：1) 由专用接口定义向标准化接口定义发展；2) 由电子设备简单融合向系统顶层优化、系统集成发展；3) 由分散设计向自顶而下一体化设计发展。上述特征反映了综合电子系统通过整合多个分系统实现卫星内部信息的共享和综合利用，持续向标准化、集成化和一体化方向发展，不断提高航天器的运行效率和可靠性。

表 8 - 10　航天器综合电子系统发展历程

阶段	时间	技术特点	技术研究重点
第一阶段	1975 年以前	用各种星载电气器件完成相应的简单功能	研发高性能电气器件

续表

阶段	时间	技术特点	技术研究重点
第二阶段	1975—1990 年	以相互独立的电气和电子分系统完成比较复杂的功能,分系统之间相互独立	开发相互独立的系统(模块)
第三阶段	1990—2005 年	系统集成时代,其特点是每一项大功能构成一个分系统,每个分系统由一个供应商提供	系统功能的定义和功能集成
第四阶段	2005 年以后	统一的电子工程环境和标准化接口,强调所有功能在一个共同分系统中	标准化、集成化、一体化

综合电子分系统的典型构成如图 8 - 24 所示。中心计算机和测控单元主要通过一级串行总线连接;中心遥控和中心遥测是测控分系统的重要部分;终端设备是指其他分系统中具有总线通信功能的设备。中心计算机接收地面站注入的数据包,根据数据包内容设置系统工作状态或更换控制参数。中心计算机不仅收集、组织和编排工作状态,而且还负责将其他遥测信息下传到地面站。测控单元具有指令分发和遥测采集功能,根据具体需求可以作为主控端,配置第二级总线和服务设备,从而形成分布式管理模块。终端设备通过总线与测控单元连接,利用测控单元提供的上下行通道完成数据交换,通过中心计算机实现一定的自主管理。

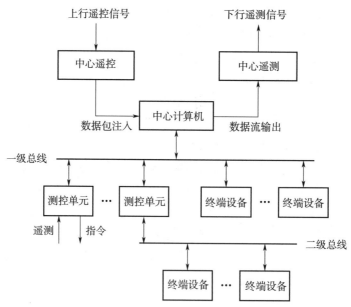

图 8 - 24 综合电子分系统典型组成框图

(周志成. 通信卫星工程 [M]. 北京:中国宇航出版社,2014.)

综合电子分系统通常包括正常和应急两种工作模式。正常模式下,中心遥测设备向中心计算机和测控单元提供遥测同步时序信号,测控单元利用该时序信号完成遥测数据采集,并将数据发送至中心计算机。中心计算机对接收的遥测数据进行统一组织,并由中心遥测设备从中心计算机获取正常模式的遥测数据流。同时，中心遥控设备将指令数据发送至中心计算机，由中心计算机组织分发，测控单元内部不接收中心遥控的指令。应急工作模式下，测控单元利用中心遥测设备提供的遥测同步时序信号采集遥测数据，中心遥测设备直接从测控单元获得应急模式的遥测数据流。同时，测控单元接通与中心遥控设备的连接，中心遥控设备可将指令直接发送至测控单元。

8.2.9　典型卫星平台案例

本节主要总结一些典型的卫星平台，包括休斯/波音系列平台（HS/BS）、洛克希德·马丁系列平台（A/LM），以及微小卫星和星链卫星等新兴卫星平台，目的在于为通信载荷结构设计提供一些启发性案例。

（1）休斯/波音平台

①HS-376 卫星平台

HS-376 卫星平台属于自旋稳定型卫星，结构如图 8-25 所示，采用可延展太阳能帆板套筒。太阳能帆板套筒在发射期间套在卫星本体上，发射后则向下伸展，增加太阳能电池片可用面积。HS-376 平台于 1977 年首次应用于美国卫星商业通信系统（SBS 卫星），之后被广泛应用于 Anik、Galaxy 等卫星。HS-376 平台的重量为 1 100～1 400 kg，功率范围为 800～2 000 W，能够支持 24 个 C 频段或 Ku 频段应答机。1990 年，HS-376 的改进型 HS-376 W 和 HS-376L 分别应用于 Brasilsat-B 卫星和 Thaicom-1 卫星。与 HS-376 相比，HS-376 W 和 HS-376L 在太阳能电池（例如采用 GaAs 电池替代 Si 电池）和天线（例如采用赋形天线）等方面进行了改进，并且转发器功率提升了 50% 以上。

HS-376　　　　　　　HS-376W　　　　　　　HS-376L

图 8-25　HS-376 卫星平台

（https://space.skyrocket.de/doc_sat/hs-376.htm）

②HS-601 卫星平台

HS-601 卫星平台是休斯公司于 1987 年推出的第一款采用三轴稳定技术的通信卫星

平台，如图 8 - 26 所示，能够提供 4.8 kW 功率，可支持 48 个转发器。1995 年，休斯公司推出 HS - 601 改进型 HS - 601HP，能够提供 10 kW 功率，可支持 60 个转发器。HS - 601 卫星平台的中轨型平台 HS - 601MEO 应用于 2001 年发射的 ICO 卫星，转发器 EIRP 达到 58 dBW，能够支持 4500 路用户同时通话。

HS-601/BBS-601

BBS-601HP

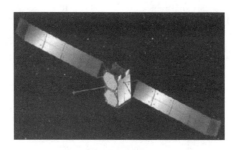
BBS-601MEO

图 8 - 26　HS - 601/BBS - 601 系列卫星平台
(https：//space. skyrocket. de/doc _ sat/hs - 601. htm)

③BSS - 702 系列卫星平台

休斯公司于 2002 年将卫星业务整体转入波音后推出 BSS 702 系列卫星平台，主要分为中高功率和小功率两类，如图8 - 27 所示。

BSS - 702 系列中高功率卫星平台包括 BSS - 702HP、BSS - GEM 以及 BSS - 702MP 三种类型。BSS - 702HP 于 1998 年首次推出，能够提供 13～15 kW 功率，平台净重为 3 600 kg，已被广泛应用于 Inmarsat - 5 F1～F4、Spaceway 1～3、WGS 1～10 等卫星。BSS - GEM 平台是在 BSS - 702HP 基础上，针对 12.25 m 大型可展开天线载荷而特别设计的平台，采用全化学推进入轨和在轨位置保持技术，具备星上数字信号处理和波束形成能力，已成功应用于 APMT 1～2、Turaya 2～3 等卫星。BSS - 702MP 平台于 2009 年推出，能够提供 6～12 kW 功率，平台净重为2 800 kg，天线载荷采用即插即用模块化设计，已在 Intelsat21、22、27、29e、33e、35e、37e 等卫星中得到应用。

BSS - 702 系列小功率卫星平台包括 BSS - 702SP 和 BSS - 702X，功率约为 8 kW。BSS - 702SP 于 2012 年推出，采用全电推进技术完成卫星变轨、位置保持等所有推进任务，极大减小了卫星平台发射质量，已应用于 ABS - 2A、SES - 15 等卫星。BSS - 702X 于 2019 年发布，已应用于 WGS - 11 卫星。

BBS-702HP

BBS-GEM

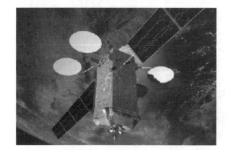

BBS-702MP

BBS-702SP

BBS-702X

图 8 - 27　BBS - 702 卫星平台

（https：//space. skyrocket. de/doc _ sat/hs - 702. htm）

（2）洛克希德·马丁平台

美国洛克希德·马丁公司研发的一系列卫星平台如图 8 - 28 所示。该公司自 20 世纪 90 年代起，推出了 A2100A、A2100AXS、A2100AXX、A2100M 等一系列卫星平台，广泛应用于 EchoStar 和 AEHF 等卫星。2015 年以后，该公司基于 A2100 卫星平台，又开发出 LM2100 卫星平台，广泛应用于 GPS - 3 和 SBIRS - GEO - 5 等卫星。

（3）新质卫星平台

①小卫星/微卫星

微小卫星是指重量在 1 000 kg 以下的卫星，根据尺寸和功能又可进一步分为小卫星、微卫星、纳卫星、皮卫星和飞卫星，如表 8 - 11 所示。相比于传统卫星，微小卫星具有体积小、重量轻、研发周期短、成本低、发射方式灵活等优势，既可以搭载于火箭发射入轨

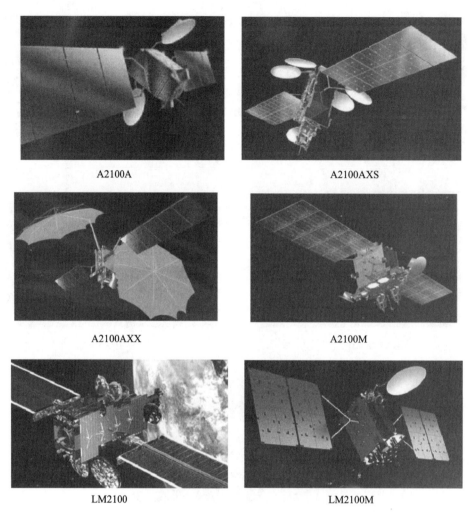

A2100A　　　　　　　　　　　　　　A2100AXS

A2100AXX　　　　　　　　　　　　　A2100M

LM2100　　　　　　　　　　　　　　LM2100M

图 8 - 28　洛马公司 A2100/LM2100 系列卫星平台

(https：//space. skyrocket. de/doc _ sat/lockheed _ a2100. htm)

又可以通过天基平台释放和部署。然而，微小卫星因体积和重量限制，存在功率较低、载荷搭载能力较弱等不足之处。

表 8 - 11　微小卫星分类

分类	重量	备注
小卫星	100～1 000 kg	small satellite
微卫星	10～100 kg	micro - satellite
纳卫星	1～10 kg	nano - satellite
皮卫星	0. 1～1 kg	pico - satellite
飞卫星	<0. 1 kg	femto - satellite

在纳卫星概念范畴内，有一种经过标准化定义的卫星，被称为"立方星（CubeSat）"。

立方星概念最早是由斯坦福大学于 1995 年提出的。1999 年，斯坦福大学与加州理工大学联合提出了"立方星设计标准规范"（CDS），正式明确了立方星的定义和标准。立方星以 U（Unit）作为基本单位，1U 的体积为 10 cm×10 cm×10 cm，重量小于 1.33 kg。立方星的结构可以按照任务需求沿横纵轴扩展单元数目，从而形成结构和功能更复杂的 2U、3U、6U 等卫星，典型案例如图 8-29 所示。2014 年，俄罗斯航天员在国际空间站执行出舱活动任务期间手动释放了一颗 1U 立方星"Chasqui-1"；2016 年，西北工业大学研制的国际首颗 12U 立方星"翱翔之星"搭载"长征七号"运载火箭发射升空，运行于 350 km 近地轨道，在轨寿命约为 3 个月，主要任务是开展地球大气层外光学偏振模式测量，为偏振导航技术研究提供数据支撑；2018 年，NASA JPL 研制的 6U 立方星"MarCO"随着"洞察号"火星探测器一同发射，成功为着陆器"进入、下降与着陆"提供实时通信中继，验证了立方星在深空探测任务中的可行性；同年，NASA OCSD 项目（Optical Communications and Sensor Demonstration）成功开展了国际首次立方星星地激光通信技术验证。

Chasqui-1(1U)

翱翔之星(12U)

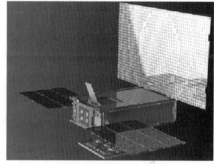
MarCO(6U)

G-Space 1 (16U)

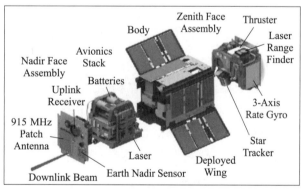
OCSD CubeSta (1.5U)

图 8-29　典型立方星（https：//space.skyrocket.de）

②平板卫星

星链卫星采用平板堆叠式设计，极大提升了卫星批量发射能力，如图 8-30 所示。多个平板卫星可以通过堆叠组合充分利用火箭整流罩内部空间，堆叠压紧分离机构重量轻、损耗小，可有效降低火箭运力损耗，能够显著提高大规模星座部署效率。

图 8 - 30　星链卫星 （https://www.starlink.com）

8.3　测控站

测控站负责卫星的遥测、遥控和定轨跟踪，是监测与控制卫星的关键地面设施。航天测控网是测控站组网后的形态，主要用于航天发射过程中的监测与控制任务以及航天器在轨长期跟踪与管理。本节简要总结归纳测控站的基本原理。

8.3.1　基本概念

20 世纪 60 年代以来，随着导弹预警、人造卫星、载人航天、深空探测等航天项目的实施，美国、欧洲、俄罗斯等国家和地区的航天测控网发展迅速。最初的测控系统由相互独立的跟踪测轨设备、遥测设备和遥控设备组成，称为分离测控系统。使用不同频段的设备导致航天器天线数量多、结构复杂、可靠性较差，同时地面也需要建设相应接收设备，导致测控网络的复杂性增加。为了解决上述问题，NASA 提议使用统一 S 频段系统开展航天器的跟踪和控制。1966 年，统一 S 频段测控网首次投入使用，标志着美国航天测控系统从功能单一分散系统转变为综合多功能系统。20 世纪 80 年代，统一 S 频段测控系统被纳入国际空间数据系统咨询委员会 （CCSDS） 标准。另一方面，随着在轨航天器数量急剧增加并且地面测控站存在测控盲区，天基测控技术于 20 世纪 70 年代起逐渐发展起来。NASA 建立的天基测控网 （TDRSS） 与地面测控网共同形成了综合测控体系。TDRSS 采用时分统一测控体制，能够在一个载波上实现多个功能，利用大约 10 颗卫星即可覆盖大部分航天器。我国自 1975 年起开始总体规划建设航天测控网，先后建成了超短波近地卫星测控网、C 频段卫星测控网和 S 频段航天测控网，为中低轨、地球同步轨道等多种航天器提供测控服务。

8.3.2　统一载波测控体制

测控系统主要分为独立测控体制和统一测控体制。独立测控体制是早期测控方案，采用多个独立载波分别实现航天器的测量、遥测和遥控，各功能设备各自采用独立工作频段，导致航天器测控设备数量多、重量大、可靠性差，目前已被统一测控体制所取代。所谓"统一"，是指遥测、遥控、跟踪测轨三个功能共用一套硬件（包含天线、馈源、伺服驱动、天线控制单元等部分），共享同一信道（包含上行信道和下行信道，上行信道包括上变频器、高功率放大器、微波开关网络、中频载波调制器等，下行信道包括低噪声放大器、下变频器、开关网络、中频接收机等）。统一测控体制又可以进一步分为微波统一测控和扩频统一测控两种方式，分别对应频分复用和时分复用体制。

（1）微波统一测控体制

微波统一测控体制集成了跟踪、测距、测速、遥测、遥控、通信、数传等功能于一体，设备简单、可靠性高、测量精度适中，应用广泛。微波统一测控系统的典型工作频率包括 S 频段（1.55～3.4 GHz）、C 频段（1.55～3.4 GHz）等，因此，也称为统一 S 频段测控系统（Unified S-Band，USB）、统一 C 频段测控系统（Unified C-Band，UCB）。

微波统一测控系统采用频分复用体制，测量、遥测、遥控等功能的基带信号分别调制至不同副载波频率，多路已调副载波合并后再进一步通过角度调制加载至主载波。测距方面，通常采用纯侧音、伪随机码或音码混合体制测距；其中，纯侧音测距体制中的最高侧音用于高精度测量、最低侧音用于解距离模糊。测速方面，通常采用连续波双程相干多普勒测速，通过提取载波或伪码中的多普勒频率获取速度。遥控方面，通常采用 PCM/PSK、PCM/MFSK 或 PCM/ASK 等调制方式。遥测方面，通常采用 PCM/PSK、PCM/DPSK 调制。话音、数据、图像等信息通常采用 PSK 或 DPSK 调制。

相比于独立载波测控，微波统一测控体制实现了遥测、遥控、跟踪测量（距离、速度、角度）三类功能的集成，减少了星载测控设备的数量、降低了卫星平台空间和能源的资源占用率、简化了星上电磁兼容复杂度，降低了地面测控设备的成本和维护难度，但仍存在测距精度不易提高、多目标测控难以实现、抗干扰性能差等问题。随着航天器数量越来越多、可用优质频段资源越来越少，测控系统逐渐向扩频统一测控体制过渡。

（2）扩频统一测控体制

扩频统一测控系统采用时分复用方式实现遥测、遥控、测距、测速、跟踪、测角、数传等功能的一体化集成，各类数据通过时分多路区分并统一打包，经过统一伪码扩频后再对载波调制，通过码分多址实现多星测控。测距采用伪随机码，测量精度取决于码元宽度，且周期可设计为任意长，无模糊距离与码长成正比。

相比于微波统一测控，扩频统一测控体制的优点体现在以下四个方面：1）资源更省，不仅节约了频谱资源，而且解决了频分复用体制引起的电磁兼容问题；2）一码多用，可以同时实现测控和通信，不仅提高了信号功率的利用率而且减少了互调干扰；3）测距性能更优，除了利用伪随机码码长，还可以通过（超）帧同步、特殊码字解模糊等技术进一步扩大无模糊测距距离；4）扩频信号频带宽、功率谱密度极低，可在相同频段内与其他不同调制系统的信号共存，抗干扰、抗截获、抗多径、多址等能力更强。

8.3.3 工作原理

遥测、遥控和跟踪测轨是航天测控系统（TT&C：Telemetry Tracking and Command）的三个主要功能。

（1）遥测

遥测通过各种测量手段获取卫星内部工作状态和工作参数，并通过载波调制下行传输，由地面测控站接收、处理并还原原始数据，通常采用频分或时分方式实现多路复用，如图 8-31 所示。

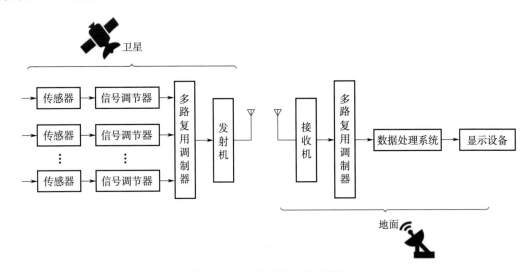

图 8-31 遥测系统的典型结构

（2）遥控

遥控将地面控制指令调制至载波频段并上行传输到卫星上，实现卫星飞行轨道、姿态和各分系统的远距离操作。不同于遥测，遥控具有以下特点：1）遥控信号的传送是断续的，只有在需要控制航天器轨道、姿态和内部分系统状态时才会发送遥控命令，而遥测需要连续不断地传送信号；2）遥控以完整命令或数据注入作为传送单位，而遥测以信源取样点为最小传送单位；3）遥控信号的可靠性要求更高，航天器遥控指令传输误指令概率要求小于 1E−9～1E−8、漏指令概率要求小于 1E−7～1E−6，除了链路余量和调制方式设计外，还必须采用前向纠错、信息反馈校验等差错控制技术减小指令错误概率；4）遥控帧比遥测帧短，信道编码通常采用分组码，而遥测通常采用卷积码。

（3）跟踪测轨

跟踪测轨是指对卫星的轨道距离、角度、速度进行精确测量和监控，确保卫星正常运行并与其他航天器保持安全距离的技术手段。

①测距

测距的基本原理是地面测控站向目标航天器发射测距信号，目标航天器将接收到的测距信号下行转发至地面测控站，地面测控站通过测量发射和接收时延 τ 获得目标航天器距离 $R = c \cdot \tau / 2$，其中 c 为光速。

根据载波特点，测距主要分为脉冲雷达测距和连续波测距两种方式。对于大气层内目标，通常采用脉冲雷达测距法；对于大气层外航天器，特别是当目标距离在数百 km 甚至更远时，脉冲雷达受到峰值功率限制无法完成远距离测量，因此通常采用连续波测距法。

连续波测距又可进一步分为侧音测距和伪码测距两种体制，两者可以组合使用。表 8-12 对比了不同测距体制的性能。侧音测距具有捕获时间短、系统实现简单等优点，能够满足单星测距需求，但存在距离模糊问题，必须采用多个侧音信号解相位模糊。当目标距离很远时要求侧音频率很低，例如月地测距对应的侧音频率为 0.4 Hz，工程实现困难。伪码测距通过自相关函数测量时延实现测距，伪码码长决定了无模糊距离长度，码元宽度决定了测量精度，通过增加伪码长度能够获得更大的无模糊测量距离，通过提高码片速率能够减小伪码码元宽度、增加测距信号有效带宽、提高测量精度。

表 8-12　不同测距体制性能比较

(贺涛声，李滚．航天测控通信原理及应用[M]．北京：国防工业出版社，2022．)

项目	信号形式		
	侧音信号	伪码信号	码音混合信号
距离分辨力	高	中	高
解距离模糊能力	差	好	好
抗干扰能力	差	好	中
保密性	差	好	中
捕获时间	短	长	中
适应性	差	差	好
操作维护	简单	一般	复杂

②角度测量与跟踪

角度测量是航天器自动跟踪的前提，主要包括天线跟踪测角和干涉仪测量两种方法。天线跟踪测角又可进一步分为圆锥扫描和单脉冲两种方法。

a. 圆锥扫描法

圆锥扫描法通过扫描偏离天线机械轴的波束获取目标角度误差信息，通常采用偏焦或非对称馈电方法实现，如图 8-32 所示。当馈源连续旋转时，天线波束会随着机械轴旋转扫描，波束围绕天线的旋转轴旋转，形成一个圆锥体。由于天线旋转轴方向是等信号轴方向，该方向增益始终保持不变，因此，当天线对准目标时，接收机将输出一串等幅脉冲回波信号。圆锥扫描方式具有设备简单、波束宽、易于捕获目标等优点，但也存在精度较低、抗干扰能力较差等不足，通常用于引导精密窄波束设备。

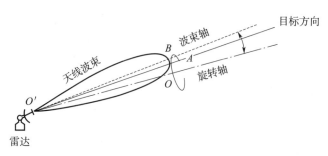

图 8-32　圆锥扫描法测角示意图

b. 单脉冲法

单脉冲法使用成对馈源形成波束对，通过比较每个波束回波信号的振幅或相位获取目标相对于天线轴的角误差信号。当目标位于天线轴线上时，各波束回波信号的振幅和相位相等，信号差为零；当目标偏离天线轴线时，各波束回波信号的振幅和相位不相等，产生信号差。该方法利用信号差驱动天线转向目标，直至天线轴线对准目标，由此实现目标测量和跟踪。

根据角误差信息来源，单脉冲法又可进一步分为幅度比较法（比幅）和相位比较法（比相）两种途径。

幅度比较法利用两个偏置天线方向图的和差波束完成测量，如图 8-33 所示。目标方位角 $\theta = F(\theta_0)/F'(\theta_0) \cdot (\Delta/\Sigma)$，式中，$\Sigma$ 是和波束输出信号；Δ 是差波束输出信号；$F(\cdot)$ 是天线波束函数。

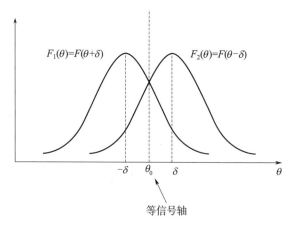

图 8-33　幅度比较法测角示意图

相位比较法利用多个天线所接收回波信号之间的相位差测角，如图 8-34 所示。目标方位角 $\theta = \arcsin[(\lambda/2\pi) \cdot (\Delta\varphi/d)]$ 式中，$\Delta\varphi$ 是两个接收机输出信号的相位差；d 是两个接收机的间距。

c. 干涉仪测角法

干涉仪测角法通过测量两个接收天线的信号相位差或时延差实现测角，如图 8-35 所

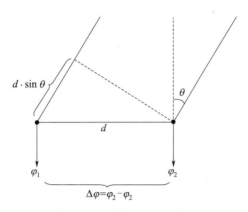

图 8 - 34　相位法测角原理图

示，可进一步分为相位差干涉仪法和时延差干涉仪法，分别适用于单频信号和宽带信号测量。目标方位角 $\alpha = \arccos\,[(\lambda/2\pi) \cdot (\Delta\varphi/D)]$ 。干涉仪测角要求两个接收机相距较远。若两个接收机距离过近，干涉仪基线较短，干涉仪测角法将变成单脉冲比相测角法。

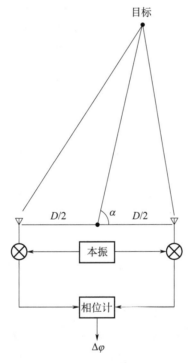

图 8 - 35　干涉仪测角法原理图

③测速

航天器测速通过测定载波的多普勒频率实现。根据振荡源配置位置，多普勒测速可以分为单向多普勒测速和双向多普勒测速两种体制。

在单向多普勒测速体制中，振荡源配置在航天器上，振荡源产生标称下行发射信号 f_T，经空间传播延迟后被地面设备接收，地面站测量接收信号与标称下行发射信号之间

的频率差 f_d，由此计算出航天器的径向速度 $R = -(f_d/f_T) \cdot c$。

在双向多普勒测速体制中，振荡源配置在地面测控站，测控站向航天器应答机发送高频率稳定度信号，再将该信号同步送至地面接收机作为基准信号 f_T，发射信号经航天器转发后回落至观测点，观测点测量接收信号和基准信号的频率差 f_d，由此计算出航天器的径向速度 $R = -[f_d/(2 \cdot q \cdot f_T)] \cdot c$，式中，$q$ 为转发系数。

8.4 信关站

高通量卫星的地面（球）站通常称为信关站，是星地链路中的地面节点，是连接空间段和地面段核心网的桥梁，如图 8-36 所示。本节仅对信关站的概念、分类和接入认证等进行简要梳理总结，旨在为太赫兹地面站的选址和设计提供一些启发。

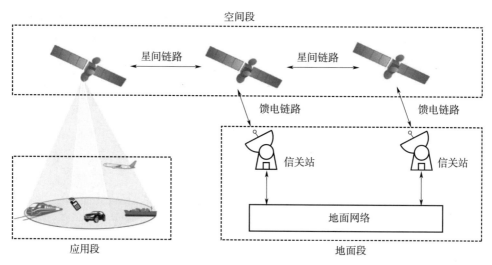

图 8-36 卫星通信体系架构示意图

8.4.1 基本概念

信关站的基本功能包括两个方面：1）将卫星下行射频信号转换成基带数据并发送给地面网络；2）将本地或地面网的基带数据转换成射频信号上行发送给卫星。信关站本质上是一种大容量通信系统，基本组成与其他无线通信系统一致，主要由射频分系统和基带分系统构成，包括天伺、上下变频链路、调制与解调、编码与解码等基本单元，如图 8-37 所示。信关站有两个特点：1）由于地面资源供应相对充足，信关站的天线口径和发射功率较大，接收通道可采用低温制冷等技术将灵敏度提升至少一个数量级，从而使单通道馈电性能明显优于普通通信系统；2）为了提升整体容量，信关站通常采用多通道复用方式。根据第 5 章太赫兹大气传播特性分析结论可知，在新疆等干燥地区建立星地太赫兹链路具有一定的可行性。

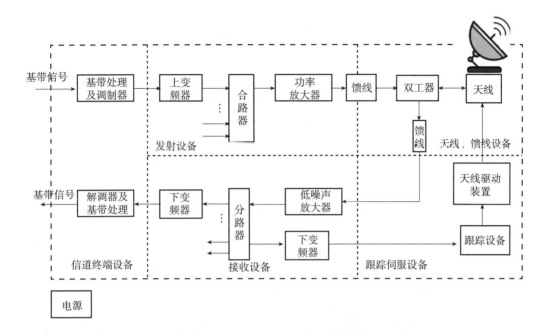

图 8 - 37　信关站典型架构与案例

8.4.2　信关站分类

（1）国际分类标准

国际上，根据天线口径尺寸和 G/T 值的特点，信关站被划分为大型站、中型站、小型站、甚小型站（VSAT）等，如表 8 - 13 所示。大型站包括 A、B、C 三类，中型站包括 F - 3、E - 3、F - 2、E - 2 四类，小型站包括 F - 1、E - 1、D - 1 三类。

表 8 - 13　信关站分类国际标准

(胡以华,等.卫星地球站及地面应用系统[M].长沙:国防科技大学出版社,2019.)

类型	定位	信关站标准	天线尺寸/m	最小 G/T 值/(dB/K)	频段
大型站	国家站 用于国际通信	A	15～18 (原 30～32)	35 (原 40.7)	C
		B	11～13	31.7	C
		C	12～14 (原 15～18)	37 (原 39)	Ku
中型站	用于国内通信	F - 3	9～10	29	C
		E - 3	8～10	34	Ku
		F - 2	7～8	27	C
		E - 2	5～7	29	Ku
小型站	商用	F - 1	4.5～5	22.7	C
		E - 1	3.5	25	Ku
		D - 1	4.5～5	22.7	C
VSAT TVRO	个人	G	0.6～2.4	5.5	C、Ku
			1.2～11	16	C、Ku

(2) 国内分类标准

我国建立的国内信关站标准如表 8 - 14 所示。

表 8 - 14　信关站分类中国标准

(宗鹏.卫星地球站设备与网络系统[M].北京:国防工业出版社,2015.)

类型	G/T 值/(dB/K)	业务特点
一类站	$\geqslant 31.7 + 20\log_{10}(f/4)$	1)作为中心站时负责本系统的运行、操作和监测; 2)与各类站进行 FDMA、TDMA、IDR、SCPC 等各种制式的电话和非话业务通信时,具有较大的通信容量; 3)发送电视信号、接收电视信号并进行转播; 4)必要时应具有发射参考导频信号的能力,作为 SCPC 系统参考导频备用站; 5)卫星系统中负责与 INTELSAT 组织公务联络,配合 INTELSAT 对新建地球站进行入网验证测试和开通测试
二类站	$\geqslant 28.5 + 20\log_{10}(f/4)$	1)与各类站进行 FDMA、TDMA、IDR、SCPC 等各种制式的电话和非话业务通信时,具有中等通信容量; 2)发送电视信号(国内卫星系统)、接收电视信号并进行转播
三类站	$\geqslant 23.0 + 20\log_{10}(f/4)$	与各类站进行 IBS、VSAT 等业务通信,接收电视信号
四类站	$\geqslant 18.4 + 20\log_{10}(f/4)$	与各类站进行 IBS、VSAT 电话业务,接收电视信号

8.4.3　接入认证

为了确保国际卫星通信系统正常运转、信息高质量传输以及卫星频带和功率资源有效利用,国际卫星组织 INTELSAT 要求新建的或经重大更新改造后的卫星地球站在使用前都必须进行入网验证和测试,对各种地球站的技术性能和业务范围都做了明确规定,只有在性能指标符合规定标准并经 INTELSAT 批准后才能正式入网运行。信关站接入认证要求包括准备工作和认证测试两个方面。

准备工作要求根据功能特点，测试信关站的天线、射频、中频、基带四个部分，确保站内设备均处于正常工作状态。通常，采取系统自环测试方法，按照基带环回方式、中频环回方式、射频环回方式和天线环回方式的顺序进行测试，如图 8-38 和表 8-15 所示。

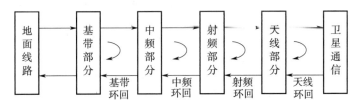

图 8-38　基带、中频、射频、天线环回示意图

表 8-15　信关站接入认证准备工作

类型	基本要求
基带环回	为解决音频信号参数调整问题，需对音频传输特性电平、信道单元的幅频特性、数据误码率以及信噪比进行细致的测试与调整，以确保系统基带部分处于最佳工作状态
中频环回	在确保基带设备性能良好的基础上，需要进行中频指标的测量与调整。这一过程主要包括对中频设备的接口电平、增益、自动频率控制（AFC）特性和自动增益控制（AGC）特性进行测试与调整。这些步骤的目的是确保系统中频以下部分的状态达到最佳
射频环回	为了对射频分系统中的变频指标进行测量与调整，首先需要单独测试上下变频器的各项指标，包括变频增益、交调抑制度、频率准确度、杂散抑制度或镜像抑制度、增益起伏和最大输出电平等。在此基础上，需要建立射频环路并调整相应设备，使系统工作于最佳状态。通过这一系列步骤，能够实现对射频分系统中变频指标的精确测量与优化调整
天线环回	需对天线、发射链路中的高功率放大器、接收链路中的低噪声放大器进行性能的微调。由于测试为自环测试，因此不涉及卫星信道，而采用具备变频功能的、用于模拟卫星测试的零距离转发器（ZRT）

认证测试项目分为天线系统测试和站内测试两个部分。通常先开展站内测试再开展天线系统测试。在开展天线接收系统测试时，可以选择使用卫星信标信号或由测试站发射测试载波信号，一般情况下以测试站发射测试载波信号为主。测试站通常是遥测遥控与通信监视系统站（Tracking, Telemetry & Command and Communication System，TT&CMS）或者指定的地球站。

通常情况下，信关站入网认证分为三类。第一类卫星通信地球站的天线口径大于或等于 4.5 m，并配备伺服驱动系统（包括 VSAT 主站）；第二类卫星通信地球站的天线口径小于 4.5 m 且未配备伺服驱动系统（包括 VSAT 端站）；第三类卫星通信地球站的天线口径小于 4.5 m，未配备伺服驱动系统且天线系统已通过认证（包括 VSAT 端站）。三类测试的测试项目如表 8-16 所示。

表 8-16 三类入网认证测试项目

(胡以华,等. 卫星地球站及地面应用系统[M].长沙:国防科技大学出版社,2019.)

	测试 类型	第一类 测试	第二类 测试	第三类 测试	说明
天线 系统 测试	发射天线 方向图	√	√	—	被试站点发射一个未经调制的载波信号,并分别对天线进行方位角和仰角的旋转操作。TT&CMS 设备接收该测试载波信号,并绘制出主极化的窄角和宽角方向图以及交叉极化的窄角方向图,共六张图。这些图像直观地展示了不同情况下信号的传播特征和信号强度变化,为技术人员提供了关于天线性能的详细评估信息
	发射天线 隔离度	√	√	—	方法一通过采用等值线九点测量法进行操作。在此过程中,被测试站发射一个未经过调制的载波,TT&CMS 设备记录其中心波束的主极化和交叉极化两种方式下的测试载波功率电平。然后,通过计算这两种方式下的功率电平差值,即可得到隔离度。被测试站以规定的步长转动天线,TT&CMS 设备对波束外的主极化和交叉极化载波功率电平差值进行测量。 方法二采用窄角发射方向图电平比较法。在此方法中,利用被测试站在方位和俯仰上的窄角主极化和交叉极化方向图来计算其隔离度
	发射天线 增益	√	√	—	被测试站发射未经过调制的载波信号,使用定向耦合器准确记录馈源入端的功率水平。随后,该测试站接收 TT&CMS 发射的同样载波信号,并记录其等效全向辐射功率(EIRP)值。根据 EIRP 的定义,可以通过反推算法得出发射天线的增益
	接收天线 方向图	√ (非强烈要求)	√ (非强烈要求)	—	同发射天线方向图
	接收天线隔离度 (非强烈要求)	√ (非强烈要求)	√ (非强烈要求)	—	同发射天线隔离度
	接收天线 G/T 值	√	√	—	
站内 测试	杂波	√	√	√	利用频谱分析仪等设备测定发射机输出信号的带宽内的杂散信号,例如由本振泄漏引起的频谱或由混频器产生的窄带信号。此过程中排除了交调噪声、单载波能量扩散以及连续随机噪声的影响
	交调分量	√	√	√	利用频谱仪等设备对发射机输出端的信号带宽进行三阶交调测量,同时评估能量扩散和连续随机噪声
	各种业务 调制特性	√	√	√	
	载波功率 稳定度	√	√	√	通过使用功率计等设备,对被测地球站的发射载波功率电平值进行为期 12 h 的观测。在此期间,每小时对测试载波进行 10 次测量和记录
	载波频率 稳定度	√	√	√	通过使用频谱仪等设备,对被测地球站的发射频率指示数值进行为期 12 h 的观测。在此期间,每小时对测试载波进行 10 次测量和记录

第9章 网络生态系统及其演进

卫星通信、因特网、移动通信和物联网是四类典型的网络生态系统，是通信技术的高级应用形态。作为一种能够提高无线传输速率且具有复杂电磁环境适应能力的新质手段，太赫兹通信技术在卫星通信以及未来天地融合组网通信中有望发挥至关重要的作用。本章将系统性回顾卫星通信、因特网、移动通信和物联网这四类网络生态系统的发展历程，总结并探讨未来网络形态和特征，为太赫兹通信技术的落地应用寻找切入点。

9.1 概述

卫星通信、因特网、移动通信、物联网是以通信技术为基础发展起来的典型网络生态系统。卫星通信网始于 1958 年，以"斯科尔"卫星成功发射并实现话音通信为标志；因特网始于 1969 年，以阿帕网投入使用为标志；移动通信网始于 1973 年，以成功打通第一个移动电话为标志；物联网始于 1999 年，以物联网概念提出为标志。卫星通信、因特网、移动通信、物联网正在向着异构网络深度融合、泛在通联方向发展演进。

9.2 卫星通信网

9.2.1 概念与内涵

传统的卫星通信主要利用卫星作为中继站转发无线电波，实现地球上不同位置用户之间的通信。随着卫星批量化部署和星间通信链路能力持续提升，卫星星座化促进了天基骨干网的迅速发展，并且逐渐与传统地面网络体制融合、互联互通，进一步丰富了卫星通信的概念内涵。因此，广义的卫星通信是指利用卫星（星座）作为中继（或网络）节点参与数据传输的一种通信组网方式。

卫星通信具有不受视距约束、通信距离远、覆盖面积大、机动灵活等优势。以传统高轨通信卫星为例，其理论最大通信距离可以达到 18 000 km，单星可视区域可以覆盖全球 40% 表面积，支持星下点用户在任何时间、任何地点通信。

由于运行空间和工作环境的特殊性，卫星通信系统相比传统地面通信系统具有更多的局限性和技术挑战，主要表现在可靠性要求更高、部署和运行复杂度更高以及链路质量更易恶化等方面。首先，高能粒子等空间环境因素会干扰或破坏卫星通信系统正常工作，并且在轨维修难度极大。因此，卫星通信系统的可靠性设计要求远高于地面设施，直接导致系统建设成本更高、工业基础依赖度更高。其次，卫星发射和准确进入预定轨道需要精密计算和操作，并且在轨运行期间需要进行必要的姿轨控动作以确保最佳服务状态和安全性。因此，卫星通信系统的部署和运行复杂度远高于地面设施，技术难度和风险更大，是对通信技术和航天技术能力的综合考量。最后，星地通信涉及电磁波在垂直大气层中的远距离传输，必须全面考虑大气分子和颗粒对电磁波的衰减和调制作用，并通过合适的编解码手段提升通信质量和效率。

9.2.2　系统组成

卫星通信系统主要由空间段、地面段和应用段三个部分组成。空间段是卫星通信的核心，以卫星（星座）为物理实现基础；地面段由地面测控站、信关站以及各类运维运营设施组成，用于监测和控制卫星，维持通信网络正常运行；应用段包括手持、车载、船载、机载等各类用户终端。图 9 - 1 是北美移动卫星通信系统（Mobile Satellite System，MSAT）的组成框图。系统工作于 L 频段和 Ku 频段，分别对应用户链路和馈电链路。

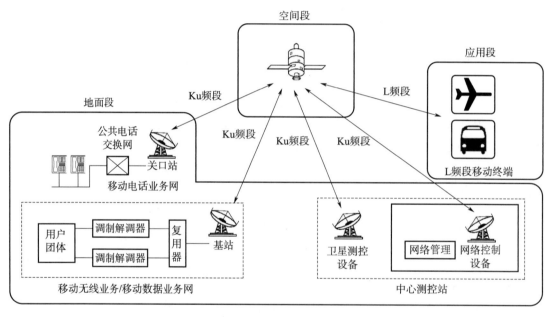

图 9 - 1　MSAT 系统组成

9.2.3　演进历程

卫星通信的概念最早是由英国物理学家克拉克（A. C. Clark）于 1945 年《无线电世界》(*Wireless World*) 杂志的《地球外的中继》(*Extra - terrestrial Relay*) 一文中提出的。该文提出利用地球同步轨道人造地球卫星作为通信中继站的设想，并详细论证了卫星通信的可行性，对卫星通信频段、覆盖范围、载荷天线和功率等技术问题进行了深入探讨。

1958 年，美国成功发射了世界上第一颗通信卫星——"斯科尔"（Score），首次通过人造地球卫星实现了话音通信。随后，卫星通信技术经历了技术试验与商业化应用验证（1960s①—1970s）、移动通信与中继通信（1980s—1990s）、高通量卫星发展（2000s—2010s）以及卫星互联网新时代（2020s）四个主要阶段。

（1）技术试验与商业化应用验证阶段

20 世纪 60 年代是卫星通信技术的起步期。1963 年，世界上第一颗具有洲际转播电视信号能力的"电星 1 号"（Telstar-1）卫星成功发射，实现了美国与英法的电视中继转播、照片传真和电话通信，如图 9-2（a）所示。"电星 1 号"的近地点和远地点轨道高度分别为 946 km 和 5 639 km。1964 年，世界上第一颗地球静止轨道（GEO）卫星"辛康 3 号"（Syncom-3）成功发射并定点于 180°经度上空，成功实现了东京夏季奥运会的电视实况转播，如图 9-2（b）所示。1965 年，世界上第一颗实用型商用通信卫星"国际通信卫星 1 号"（Intelsat-1，又称"晨鸟"）成功发射，如图 9-2（c）所示，该卫星以辛康卫星平台为基础，采用 C 波段通信（6 GHz 上行/4 GHz 下行），带宽为 50 MHz，能够传输 240 路话音或 1 路电视信号。1965 年，苏联成功发射了首颗大椭圆闪电轨道卫星"莫尼亚 1 号"（Molniya-1），用于电视转播和军民用通信，如图 9-2（d）所示，近地点和远地点高度分别为 500 km 和 40 000 km，轨道周期约为 12 h。1966 年，美国启动了"初期国防通信卫星计划"（Initial Defense Communications Satellite Program，IDCSP），发射了首颗军用通信卫星，如图 9-2（e）所示，后续又陆续发射了 34 颗卫星。该系列卫星位于 GEO 轨道附近，轨道高度约 33 000 km、轨道周期为 22.2 h±0.2 h，采用 X 波段通信，带宽为 26 MHz。

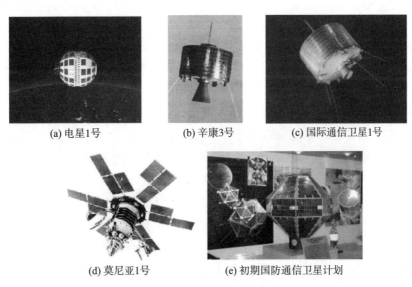

(a) 电星1号　　　　　　(b) 辛康3号　　　　　　(c) 国际通信卫星1号

(d) 莫尼亚1号　　　　　　(e) 初期国防通信卫星计划

图 9-2　20 世纪 60 年代典型通信卫星

20 世纪 60 年代末至 70 年代，卫星通信开始成为跨洋语音、数据传输、电视广播等商

---

① 　1960s 表示 20 世纪 60 年代。

业服务的常规手段。此时，加拿大电信卫星公司（Telesat）等卫星通信运营公司陆续成立。1970 年，我国成功发射国内第一颗人造地球卫星"东方红 1 号"，如图 9‑3（a）所示。1972 年，加拿大发射了第一颗用于国内通信的"阿尼克 1 号"卫星（Anik‑A），如图 9‑3（b）所示，卫星运行在 GEO 轨道，采用 C 波段通信（6 GHz 上行/4 GHz 下行）。1976 年，苏联发射了全球首个具有电视广播直播到户能力的卫星"荧光屏"（Ekran），如图 9‑3（c）所示，卫星运行在 GEO 轨道，能够覆盖苏联 40% 面积，采用 12 m² UHF（702～726 MHz）相控阵天线，发射功率为 200 W。

(a) 东方红1号　　　　　(b) 阿尼克1号　　　　　(c) 荧光屏

图 9‑3　20 世纪 70 年代典型通信卫星

（2）移动通信与中继通信阶段

进入 20 世纪 80 年代，Ku/Ka 频段通信以及点波束技术逐渐应用于卫星通信，国际海事卫星系统（Inmarsat）、跟踪与数据中继卫星系统（TDRS）等移动通信和中继通信业务系统逐渐发展起来。

①国际海事卫星系统

国际海事卫星系统（Inmarsat）是由国际移动卫星通信组织负责建设运营的全球移动卫星通信系统，能够全面提供海事、航空、陆地移动卫星通信和信息服务，支持电话、传真、低速数据、高速数据及 IP 数据等多种业务类型，如图 9‑4 所示。Inmarsat 从 1982年至今已经部署了六代，并将陆续发射部署第七代和第八代系统，如图 9‑5 所示。除了持续完善高轨体系外，Inmarsat 还宣布要向 LEO 进军。

第一代 Inmarsat 系统于 1982 年开始投入使用，主要通过租赁 3 颗美国通信卫星公司卫星、2 颗欧洲空间局卫星和国际通信卫星组织第五代卫星的方式提供服务。1988 年，Inmarsat 系统完成首次飞机乘客通话试验并于 1991 年进入了实际运营阶段。第二代系统于 1990 年投入使用，由 4 颗全球波束卫星组成，单星容量提升至 2.5 倍。第三代系统于1996 年投入使用，由 5 颗卫星组成（含 1 颗备用卫星），每颗卫星在全球波束基础上增加了 7 个 L 频段宽点波束，单星容量是二代卫星的 8 倍。第四代系统于 2008 年完成部署，由 3 颗卫星组成。卫星仍然工作于 L 频段，采用 20 m 口径相控阵多波束可展开天线，能够产生 1 个全球波束、19 个支持以往业务的宽点波束以及 228 个用于宽带新业务的窄点波束。第五代系统于 2017 年完成发射部署，由 4 颗卫星组成（含 1 颗备用卫星），采用 Ka频段通信，能够产生 72 个固定点波束和 6 个移动波束，总容量达到 100 Gbps，是世界第一套商用高速宽带卫星通信网络，也被称为"全球特快"（Global Xpress）。第六代系统于

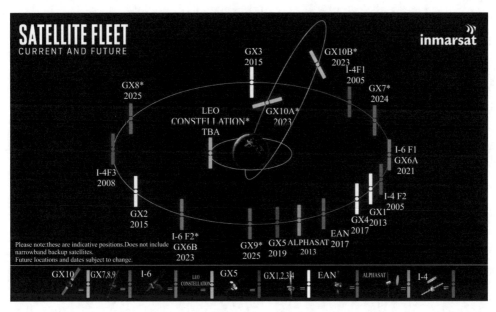

图 9 - 4　Inmarsat 系统（https：//www.inmarsat.com/）

2020 年发射，由 2 颗卫星组成，将搭载一副 9 m 口径 L 频段天线和 9 副多波束 Ka 频段天线。第七代和第八代卫星将采用空客公司 OneSat 卫星平台。

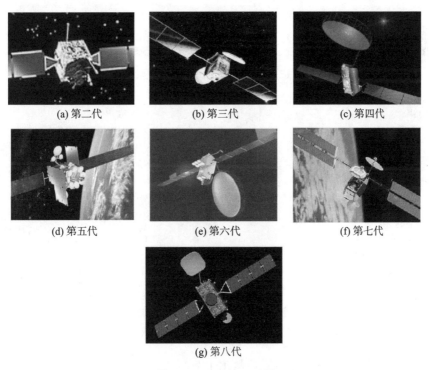

图 9 - 5　Inmarsat 卫星

（https：//space.skyrocket.de/）

②跟踪与数据中继卫星系统

1964 年，美国提出中继卫星概念，设想将地基测控系统搬移到地球同步轨道，利用地球同步卫星转发功能（中继功能）实现测控。1983 年起，美国陆续发展了三代跟踪与数据中继卫星系统（Tracking and Data Relay Satellite，TDRS），如表 9-1 所示。TDRS 系统主要为航天器间、航天器与地面站间提供高覆盖率的数据中继、连续轨道跟踪与测控服务，如图 9-6 所示。

表 9-1　TDRS 三代卫星载荷特点

	第一代	第二代	第三代
多址天线	30 个接收阵元 12 个发射阵元(复用) S 频段 LHC 极化 锥形视场±13°	32 个接收阵元 15 个发射阵元 S 频段 LHC 极化 锥形视场±13°	32 个接收阵元 15 个发射阵元 S 频段 LHC 极化
星地馈电天线	2 m 口径 Ku 天线 垂直线极化	2.4 m 口径 Ku 天线 垂直线极化	垂直线极化
单址天线	S/Ku 双频段 LHC 或 RHC 极化 锥形视场±22°(东西)/ ± 28°(南北)	S/Ku/Ka 三频段 LHC 或 RHC 极化	S/Ku/Ka 三频段
全向天线	S 频段测控 LHC 极化	S 频段测控 LHC 极化	前向全向 S 频段测控 AFT 全向测控

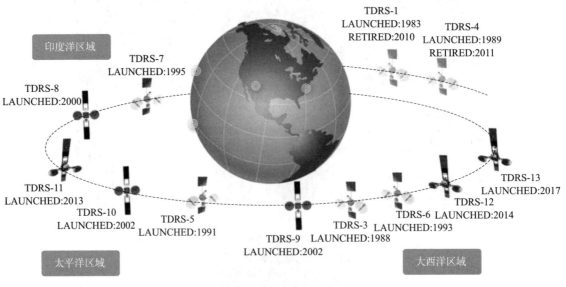

图 9-6　TDRS 分布

(https：//www.nasa.gov/directorates/heo/scan/services/networks/tdrs_fleet)

第一代 TDRS 系统由 6 颗地球同步轨道卫星组成，于 1983 年至 1995 年间建设完成。第一代系统卫星包括四组天线，如图 9-7 (a) 所示：1) 一副 2 m 口径 Ku 频段抛物面天

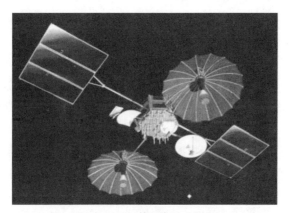

(a) 第一代

(b) 第二代

(c) 第三代

图 9 - 7　TDRS 卫星（https：//www. nasa. gov/）

线，用于支持 TDRS 卫星与白沙地面站之间的双向通信业务；2）两副 S/Ku 双频段单址天线，均为可展抛物面伞状天线，用于 TDRS 卫星与航天器之间的业务通信，能够覆盖轨道下方航天器；3）一副 S 频段相控阵多址天线，由 30 个螺旋阵元组成，能够形成 1 个前向波束和 5 个反向波束，具备同时接收多个用户航天器信号的能力；4）一副用于测控的 S 频段全向天线。

第二代 TDRS 系统于 2000 年开始陆续发射，并于 2002 年底完成部署，由 2 颗卫星组成。与一代系统相比，二代系统改进了两个方面设计，如图 9-7（b）所示：1）多址链路能力增强、通信效率更高，S 频段相控阵多址天线采用发射阵元和接收阵元分置方案，总阵元数增加至 47 个（含 15 个发射阵元和 32 个接收阵元），可以形成 2 个前向波束和 6 个反向波束。2）通信容量更大、灵活性更高，卫星新增 Ka 频段单址天线，单星同时具备 S 频段、Ku 频段和 Ka 频段等 3 个通信频段，新增 Ka 频段业务与原有 Ku 频段业务可以分时工作，从而使得地面终端能够根据需要自主选择使用工作频段。

第三代 TDRS 系统自 2013 年起开始部署并于 2017 年完成全部部署，如图 9-7（c）所示，由 3 颗卫星组成。与二代系统相比，三代系统增强了 Ka 频段中继通信能力和灵活性，数据传输速率更高。

（3）高通量卫星发展阶段

高通量卫星（High Throughput Satellite，HTS）是 2000 年前后发展起来的卫星通信技术，以宽带传输业务为牵引，以毫米波通信、多点波束、高增益星载天线为技术支撑，相同带宽资源条件下的容量是传统卫星的数倍甚至数十倍，可达百 Gbps 甚至 Tbps 量级。高通量卫星的技术特征主要体现在多点波束、频率复用和高增益天线三个方面。多点波束是指卫星可以同时与多个地面站点传输数据，极大提高了通信效率；频率复用是指多个波束共享同一频率资源实现频谱高效利用；高增益是指卫星天线 EIRP 更大，地面设备可以接收到更强信号，确保复杂环境下的通信连接稳定性。

IPSTAR 卫星通信系统是高通量卫星的早期代表，于 2005 年成功发射，是当时全球通信容量最大的通信卫星，总带宽高达 45 Gbps，上下行速率分别达到 4 Mbps 和 2 Mbps，能够为亚太地区的 22 个国家和地区用户提供多媒体广播、宽带网接入、视频会议等高轨宽带业务。卫星采用 Ku/Ka 双频段技术，可靠性更高、灵活性更强。其中，Ku 频段包括 84 个点波束、3 个成形波束和 7 个区域广播波束，能够实现高精度信号覆盖和传输，满足不同用户需求；Ka 频段包括 18 个馈电波束，能够提供更高速率的数据传输和更强的处理能力。高通量卫星至今已经发展了三代，并正向第四代持续演进，如表 9-2 所示。

表 9-2 高通量卫星发展代际

时间阶段	培育阶段	成熟阶段		全面发展阶段
	2006—2010 年	2011—2016 年	2017—2022 年	2023 年以后
代际	一代星	二代星	三代星	四代星

续表

时间阶段	培育阶段	成熟阶段		全面发展阶段
	2006—2010 年	2011—2016 年	2017—2022 年	2023 年以后
典型卫星	Anik F2 Wildblue – 1 Spaceway – 3	Viasat – 1 Jupiter – 1	Viasat – 2 Jupiter – 2 Jupiter – 3	Viasat – 3 SES – 26
系统容量	＜50 Gbps	约 100 Gbps	≥200 Gbps	普遍＞500 Gbps/全灵活
下行速率	＜4 Mbps	12～15 Mbps	25～100 Mbps	＞100 Mbps
数据回传能力	＜1 Mbps	1～3 Mbps	3 Mbps	25 Mbps
支持业务类型	话音、网页浏览	话音、网页浏览、多媒体、视频	话音、网页浏览、多媒体、高清视频	话音、多媒体、超高清视频、物联网

　　第一代高通量卫星的典型代表是 Spaceway – 3，采用波音 BSS – 702 平台，由休斯网络系统公司研制并运营，采用 Ka 频段，通信容量可达 10 Gbps，能够容纳 165 万个用户终端，是 Ku 频段通信卫星的 5～8 倍。如图 9 – 8（a）所示。该卫星于 2007 年成功发射，是全球首颗具备在轨切换和路由能力的卫星，具有 112 个上行点波束和 784 个下行点波束，每个波束的星下点直径约为 320 km。

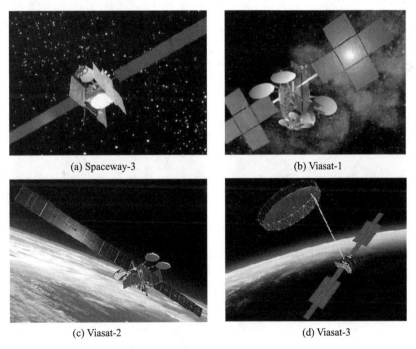

(a) Spaceway-3　　　　　　　　　　(b) Viasat-1

(c) Viasat-2　　　　　　　　　　(d) Viasat-3

图 9 – 8　高通量卫星

　　第二代高通量卫星的典型代表是"卫讯 1 号"（Viasat – 1），采用劳拉 SSL – 1300 平台，如图 9-8（b）所示。卫星于 2011 年发射，采用 Ka 频段点波束技术，总容量高达 140 Gbps，下行速率为 12 Mbps，能够满足 200 万（个）以上用户的卫星因特网接入需求。

第三代高通量卫星的典型代表是"卫讯 2 号"（Viasat-2），采用波音 BSS-702HP 平台，如图 9-8（c）所示。卫星于 2017 年成功发射，单星容量高达 300 Gbps，覆盖面积是卫讯 1 号的 7 倍，能够为 250 万（个）用户提供高达 25 Mbps 的宽带服务。Viasat-2 卫星还采用了先进的信号调制技术，传输速率更高、误码率更低。

作为第四代高通量卫星，卫讯 3 号系统计划通过 3 颗地球静止轨道卫星实现全球覆盖，采用波音 BSS-702MP+平台，具备航空和海事通信服务能力，单星容量约 1Tbps，是迄今单星容量最大的商业高通量卫星，如图 9-8（d）所示。卫讯 3 号首颗卫星覆盖美洲地区，已于 2023 年 5 月发射，第二颗卫星将覆盖欧洲、中东和非洲，第三颗卫星将覆盖亚太地区。

我国第一颗高通量卫星"中星 16 号"（实践十三号卫星）于 2017 年发射，单星容量达到 20 Gbps，共有 26 个点波束和 3 个馈电波束，单波束前向和反向速率分别为 680 Mbps 和 200 Mbps。

（4）卫星互联网新时代

卫星互联网是近年来快速崛起并呈爆发式发展的新质卫星通信体系，如图 9-9 所示。卫星互联网以航天技术为平台、以通信技术为基础、以网络技术为支撑，通过低轨卫星星座化形成天基骨干网络节点，提供全球覆盖、高速低时延的网络服务，是航天与通信网络技术深度融合发展的创新结果。我国于 2020 年 4 月将卫星互联网纳入新基建范畴。

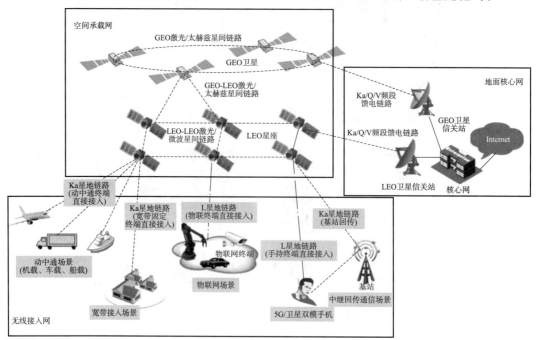

图 9-9　卫星互联网概念

（李峰，等．我国空间互联网星座系统发展战略研究［J］．中国工程科学，2021，23（4）：137-144.）

　　卫星互联网是星座化的卫星通信系统。20 世纪 90 年代曾掀起一波卫星星座发展热潮，摩托罗拉、劳拉、阿尔卡特、波音等企业相继提出 20 多种低轨星座方案，建成了 Iridium（铱星）、ORBCOMM、Globalstar 等代表性系统。然而，市场定位不准和建设成本过高导致上述系统在实际运营中遭遇极大挑战，在与地面移动通信网络的竞争中落败，Iridium、ORBCOMM、Globalstar 等系统均在 2000 年前后宣告破产。

　　2015 年前后，在商业航天、互联网经济、卫星批产制造、低成本发射等多重因素驱动下，卫星星座化发展迎来第二次热潮，开启了卫星互联网竞争时代，如图 9 - 10 所示。Starlink 星座方面，SpaceX 公司于 2015 年推出"星链"（Starlink）计划，计划发射 4.2 万颗低轨卫星提供全球覆盖的高速互联网接入服务，2018 年成功发射了第一批 60 颗卫星，截止 2023 年 8 月总计发射 100 余次、共 4 900 余颗卫星，如图 9 - 11 所示。OneWeb 星座方面，英国通信网络卫星公司于 2019 年发射了首批 6 颗 OneWeb 卫星；该星座系统计划由 720 颗卫星组成，运行在 1 200 km 高度、87°倾角，共 18 个轨道面，采用透明转发体制、无星间链，业务和馈电波束分别工作于 Ku 和 Ka 频段。O3b 星座方面，作为全球第一个成功投入商业运营的中地球轨道（MEO）卫星通信网络，O3b 计划发射 40 余颗 Ka 频段卫星，星座运行在 8 062 km 高度，主要覆盖南北纬 45°区域。2022 年，亚马逊（Amazon）公司推出的"柯伊伯项目"（Project Kuiper），计划部署 3236 颗低轨卫星组成太空卫星网络，提供全球高速宽带互联网接入服务。

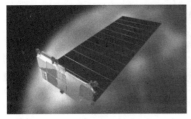 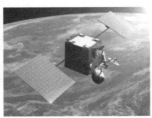 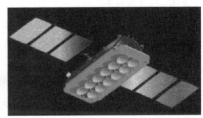

(a) Starlink　　　　　　　　(b) OneWeb　　　　　　　　(c) O3b

图 9 - 10　典型国外的卫星互联网卫星

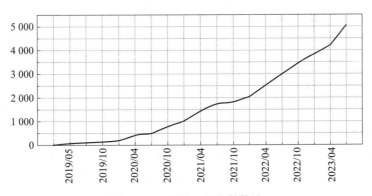

图 9 - 11　星链卫星发射数量

9.3 因特网

9.3.1 概念与内涵

因特网（Internet）和互联网（internet）两个词的英文拼写相同，但是首字母大小写有所区别。因特网是专有名词，特指当前全球最大的、开放的，以 TCP/IP 协议族作为通信规则的，由众多网络相互连接而成的计算机网络，其前身是美国国防部的 ARPANET 项目。因特网以海底光缆和关键服务器为核心基础设施，以计算机为主要终端，实现地面互联互通，不仅包括 IP 地址、域名、网站、网页等软资源，还包括网络设备、光缆线路等硬资源。互联网是通用名词，早期特指多个计算机网络互联而成的网络；如今泛指可以接入因特网的物联网、移动通信网等各种网络，通信协议多样，不仅仅局限于 TCP/IP 协议族。

按网络使用者分类，因特网可以分为公用网和专用网。公用网面向公众开放，提供电子邮件、文件传输、远程登录等各种网络服务，专用网面向企业、银行等特定用户或组织机构内部使用，需要特定用户权限才能访问。

按网络作用范围分类，因特网可以分为广域网、城域网、局域网、个域网等。广域网（WAN）覆盖范围较广，是连接不同城市之间的网络；城域网（MAN）是一个城市内的网络，连接城市内的各个机构和用户；局域网（LAN）是一个建筑物或企业校园内的网络；个人区域网（PAN）是连接个人电子设备的网络，例如耳机通过蓝牙连接手机。

9.3.2 系统组成

因特网主要由核心部分和边缘部分组成，如图 9-12 所示。核心部分由大量网络和路由器组成，主要为边缘部分提供服务。作为网络之间的交通枢纽，路由器负责处理和转发来自各个网络的数据包，确保数据能够快速、准确地传输到目的地。同时，核心部分还具备冗余和容错能力，可以在某个网络或路由器出现故障时自动进行路由调整和数据转发，避免网络中断和数据丢失，确保网络的可靠性和稳定性。边缘部分主要由所有连接在因特网上的主机组成，直接面向用户实现通信和资源共享。

因特网通常用 OSI 或 TCP/IP 分层模型描述，如表 9-3 所示。分层模型主要具有以下三方面优点：1) 各层级之间相互独立，只需明确接口定义即可获得所需服务，上一层无须知道下一层的实现方式，不仅降低了系统复杂度而且各层可以独立发展演进，有效保护已有投资和技术。2) 在保证各层功能和接口稳定的条件下，通过算法更新或硬件模块软件化更加灵活地适应持续变化的环境和需求，延长系统生命周期。3) 通过构建规范化层次结构有序组织网络功能与协议，将复杂的网络通信过程划分为有序的连续动作和交互过程，将软硬件分解为一系列可以控制和实现的功能模块，使得复杂网络系统设计、实现和演进更加容易灵活，可维护性、可重用性和可扩展性更好。

OSI 模型（开放式系统互联通信参考模型，Open System Interconnection Reference Model），是最早被国际组织推荐使用的网络分层模型，最早于 1978 年发布并于次年形成

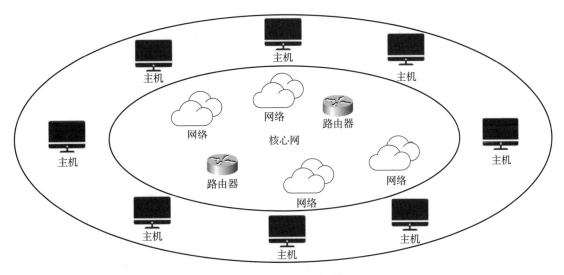

图 9 - 12　因特网架构

最终版本。OSI 模型共分为七层，从下至上分别是物理层、链路层、网络层、传输层、会话层、表示层和应用层。物理层位于最底层，负责管理硬件设备之间的物理连接，确保数据能够在物理层面稳定传输，对应的硬件形态包括网卡、网线、光纤等。链路层位于物理层上方，负责实现网络设备间的可靠连接，保障数据传输，对应的硬件形态为交换机和集线器。网络层位于链路层上方，负责数据包路由和转发，确保数据能够在网络节点间准确传输，对应的硬件形态为路由器、三层交换机、防火墙等。传输层位于网络层上方，负责数据分段和重组、错误检测和修复，对应的协议为 TCP 和 UDP 等。会话层位于传输层上方，并不直接参与数据传输，但能够确保通信双方准确传输和接收数据。表示层位于会话层上方，负责原始数据的压缩、加密、解密等处理，确保数据能够在不同系统间高效安全传输。应用层位于最高层，直接面向用户提供网络资源的访问接口和界面，管理应用程序和网络之间的通信，对应的协议包括 HTTP、FTP 等。

表 9 - 3　因特网分层模型

OSI 分层	TCP/IP 分层	典型协议	典型设备
应用层	应用层	HTTP、FTP、SMTP、DNS	网关
表示层			
会话层			
传输层	传输层	TCP、UDP	网关
网络层	网络层	IP、ICMP、IGMP	路由器
链路层	物理层	Ethernet、PPP、ATM	交换机和物理介质
物理层			

　　TCP/IP 模型是事实上的国际标准。1977 年起，美国、英国和挪威三国开展了网络间 TCP/IP 测试。1984 年，美国国防部决定将 TCP/IP 作为所有计算机网络的标准。TCP 协

议是一种传输控制协议，通过报文形式实现网络设备间的可靠数据传输，此外还负责实现网络端口功能，即利用 TCP 协议实现不同网络主机间的数据传输。IP 协议是一种网络协议，通过数据包形式实现网络设备间的可靠数据传输，此外还负责实现网络路由功能，即利用 IP 协议实现不同网络间的数据传输。TCP/IP 共分四层，自下而上依次是链路层、网络层、传输层和应用层。链路层负责在物理连接上传输数据，定义了网络硬件接口规范、物理传输介质上的数据传输格式和协议，对应的协议包括 Ethernet、PPP 等。网络层负责在网络中传输数据、实现网络间的通信和路由选择，定义了 IP 地址和路由协议，对应的协议包括 IP、ICMP、IGMP 等。传输层负责为应用程序提供端到端的通信服务，定义了 TCP 和 UDP 两种主要协议。其中，TCP 协议是一种面向连接的协议，提供数据传输确认和流量控制功能，确保数据在传输过程中的完整性和可靠性；UDP 协议是一种无连接的协议，具有更高的效率和灵活性。应用层负责处理应用程序之间的通信，定义了应用程序间的数据交换格式、通信方式和请求响应模型，包括 HTTP、FTP、SMTP、DNS 等协议。其中，HTTP 协议用于 Web 浏览器和 Web 服务器之间的通信；FTP 协议用于文件在客户端和服务器之间的传输；SMTP 协议用于电子邮件的发送和接收等；DNS 协议用于实现域名和 IP 地址之间的相互转换。

9.3.3　演进历程

因特网从 20 世纪 60 年代起步，经历了基础概念形成、基础协议突破、基础应用尝试、Web 1.0、Web 2.0、Web 3.0 六个阶段，现在正处于人机物三元融合阶段，如表 9 - 4 所示。

表 9 - 4　因特网发展的七个阶段

阶段	特征	年代	变革特点	治理机制	代表性应用	通信基础	网民普及	社会变革
1	基础技术	20 世纪 60 年代	军方项目	RFC(1969)	包交换	有线电话	——	欠联结
2	基础协议	20 世纪 70 年代	技术社区形成	ICCB(1979)	TCP/IP	有线电话	——	欠联结
3	基础应用	20 世纪 80 年代	学界全球联网	IAB(1984) IETF(1986)	电子邮件	有线电话	<0.05%	弱联结
4	Web 1.0	20 世纪 90 年代	商业化	SOC(1992) ICANN(1998)	门户	有线宽带	0.05%~4%	弱联结
5	Web 2.0	21 世纪 00 年代	改变媒体	WSIS(2003) IGF(2006)	社交媒体	2G、3G	4%~25%	弱到强
6	Web 3.0	21 世纪 10 年代	改变生活	UNGGE NetMundial	手机视频 手机游戏	4G	25%~50%	强联结
7	人机物融合	21 世纪 20 年代	改变社会	AI 治理	AI 大模型	5G	>50%	超联结

(1) 基础概念形成阶段（1960s）

20 世纪 60 年代是以计算机广域网和数字通信技术成熟为标志的基础技术阶段。分组交换技术的突破为因特网前身——阿帕网（ARPANET）的出现奠定了基础。在分组交换中，数据按一定长度分割为许多小段（称为数据分组），每个分组都有一个标识符，可以在物理线路上采用动态复用技术同时传送多个数据分组；数据从用户发送端到交换机，暂时存储在存储器内，然后在网络内进行转发；到达接收端后，去掉分组头，各数据字段按顺序重新装配成完整报文。分组交换的电路利用率高于电路交换，传输时延小于报文交换，交互性好。

1967 年，美国高级研究计划署（ARPA）工程师罗伯茨（L. G. Roberts）并始筹建"分布式网络"，形成阿帕网（ARPANET）雏形，因此被公认为"阿帕网之父"。

1969 年，阿帕网第一阶段建设完成并投入使用，由位于西海岸的加州大学洛杉矶分校（UCLA）、斯坦福研究院（SRI）、加州大学圣塔芭芭拉分校（UCSB）和犹他大学（UTAH）四个节点组成。

（2）基础协议突破阶段（1970s）

20 世纪 70 年代是以 TCP/IP 协议提出为标志的基础协议突破阶段。1974 年，美国国防部高级研究计划局（DARPA）项目经理卡恩（Robert E. Kahn）和斯坦福大学助理教授瑟夫（V. Cerf）共同提出 TCP/IP 协议。1983 年，DARPA 决定放弃使用 NCP 网络控制协议，而采用 TCP/IP 作为其通信协议。NCP 网络控制协议只能用于同构环境，即所有连接到网络的计算机必须使用相同的操作系统和网络硬件设备。而 TCP/IP 协议可以使不同类型计算机以及不同规模网络之间实现高效可靠互联互通。IP 协议负责为连接到网络的每台设备分配唯一地址，而 TCP 则负责数据传输管理并解决可能出现的问题。TCP/IP 协议的提出极大推动了全球信息化进程，对因特网发展产生了深远影响。卡恩和瑟夫也因此于 2004 年荣获了计算机领域国际最高奖项——图灵奖。

20 世纪 70 年代，阿帕网持续发展。1970 年，阿帕网已初具规模并面向非军事部门开放，诸多大学和商业机构开始加入其中；同时，ARPANET 在东海岸地区设立了其首个网络节点。1971 年，阿帕网进一步扩展至 15 个节点。同年，美国 BBN 技术公司（BBN Technologies）工程师发送了人类历史上第一封电子邮件。1973 年，阿帕网与英国伦敦、北欧挪威实现了连接，欧洲用户能通过英国和挪威节点接入该网络。1975 年夏天，阿帕网结束试验阶段，由美国国防部通信处接管网络控制权。至 1976 年，ARPANET 已发展至 60 多个节点，能够连接 100 多台主机。

（3）基础应用尝试阶段（1980s）

20 世纪 80 年代是基础应用出现阶段，以电子邮件（E - mail）、论坛（BBS）和新闻组（USEnet）为代表的应用陆续出现并逐步普及。虽然电子邮件发明于 1970s，但阿帕网用户稀少且网络速度极低，导致电子邮件并没有立即流行起来。80 年代，电子邮件随着网络技术快速发展和普及逐渐兴起并在之后几十年时间里迅速成为人们日常工作中不可或缺的通讯工具。此外，IRC（Internet Relay Chat）应用的出现极大推动了互联网的发展和普及。该应用首次允许用户实时相互聊天，实现了人与人之间的即时通讯，使人们可以更加方便地交流协作。

1986 年，NSFNET 正式投入使用，成为因特网发展的第二个里程碑。NSFNET 由美国国家科学基金会（National Science Foundation，NSF）于 1985 年至 1995 年间出资建造，由 ARPA 负责设计和实施。NSFNET 骨干网初期正式连接了 5 个超级计算机中心以及 NSF 资助的美国大气研究中心（National Center for Atmospheric Research，NCAR），网络带宽速度达到 56 kbps。1988 年，NSFNET 骨干网扩展至 13 个节点，覆盖了美国主要超级计算机中心和研究机构，带宽提升至 1.5 Mbps。1990 年，NSFNET 正式取代阿帕网，成为 Internet 的一个主要主干网，标志着因特网的发展进入新阶段。

（4）Web 1.0 阶段（1990s）

20 世纪 90 年代是以万维网（WWW）诞生和商业化推动为标志的 Web 1.0 阶段。该阶段的重要特点是以浏览器、门户和电子商务等应用为主，掀起了因特网第一次投资热潮，推动因特网迅速走向大众。Web 1.0 通过浏览器访问网页，为用户提供了一种全新的信息共享服务模式。Web 1.0 时代的到来，不仅推动了因特网的发展，也为后续 Web 2.0 和 3.0 时代奠定了基础。Web 1.0 时代，人们主要关注信息获取和发布；Web 2.0 和 3.0 时代，人们更加注重信息交互和个性化服务。

1989 年，具有划时代意义的第一个 Web 服务器和第一个 Web 客户端软件成功开发。发明人伯纳斯-李（Timothy John Berners‑Lee）因此于 2016 年被授予图灵奖。1990 年，基于 Web 原理的 HTTP 代理与服务器之间首次实现通讯。

1996 年，首个因特网即时通讯软件 ICQ 出现，标志着人类社会通讯方式发生一次重大变革，预示着互联网即时通讯时代的到来。仅半年时间，ICQ 用户数即达到 100 万；两年后即 1998 年，用户数超过 1 000 万。1999 年，中国版因特网即时通讯软件 OICQ 诞生并于次年正式改名为 QQ。随后，QQ 不断推出语音通话、视频聊天、文件传输等新功能，满足不断变化的用户需求。如今，QQ 仍然是我国互联网应用体系的重要组成部分，拥有数以亿计的活跃用户。

（5）Web 2.0 阶段（2000s）

第五阶段是以博客、社交媒体等新质网络平台兴起为标志性事件的 Web 2.0 阶段。网民角色从单纯的网络内容获取者扩展成网络内容创作者，即用户不再仅仅浏览和消费互联网信息，而是开始积极参与网络内容的创作和分享，彻底改变了互联网信息传播的方式和影响力，也对社会、文化、经济等领域产生了深远影响。

2004 年，哈佛大学学生马克·扎克伯格（Mark Zuckerberg）建立 Facebook 网站，初衷是搭建一个能够使哈佛大学所有学生互动交流分享的社交平台。Facebook 拥有三款全球最受欢迎的移动应用，包括 Facebook、Instagram 以及 Facebook Messenger。Instagram 是一款图片分享应用，具有独特的滤镜和社区文化；Facebook Messenger 具有便捷的聊天功能和丰富的功能体验。如今，Facebook 已经从一个小型校园社交网络成长为全球范围内拥有 29.63 亿活跃用户的超大型网络平台。

2005 年，中国最早的校园社交网站（SNS）社区"校内网"（xiaonei.com）问世，因其独特的市场定位和精准策略，聚焦于大学生和年轻白领群体，迅速在中国大学生市场中占据领先地位。2009 年，校内网更名为"人人网"，标志着该网站开始面向更广泛的人群，试图打造一个全民参与、共享乐趣的社交网络。人人网在保持其原有校园背景基础上，不断推出日志分享、相册上传、在线游戏等创新功能和服务，进一步增强了用户黏度。

2007 年，中国移动推出一款能够在因特网和移动通信网间实现无缝通信服务的客户端——"飞信"产品，融合了 GPRS、短信、语音等多种通信方式，为用户提供完全实时语音通信、准实时文字通信、准实时小数据量通信的即时通信服务。无论对方是否在线，用户都可以通过个人电脑（PC）或移动端向对方手机号发送免费消息，即使对方不在线也可以通过短信方式推送到对方手机，让用户不受时间和地点限制可以更加方便地沟通交流。

（6）Web 3.0 阶段（2010s）

2010 年前后，随着智能手机全面崛起，因特网和移动通信网开始深度融合，这一阶段也被称为移动互联网阶段。互联网技术已经不仅仅局限于计算机领域，而是逐渐融入手机，支持人们随时随地获取信息、交流沟通并开展娱乐和购物等活动，极大拓宽了人们的生活空间、提高了便利程度。

2007 年，苹果公司正式发布具有划时代意义的苹果手机。苹果手机凭借时尚的外观设计、友好的用户操作体验以及强大的功能配置迅速赢得了全球消费者青睐，彻底改变了人们对手机的认知，开启了智能手机时代并迅速引领了全球手机市场风向标。

同年，谷歌公司开发出免费对外发布的安卓智能操作系统，开源性和灵活性使得各大手机厂商可以自由定制特色用户界面，满足消费者多样化需求，成为智能手机操作系统的主导力量，推动了智能手机市场的繁荣发展。

移动互联网阶段是网络应用创新和市场容量不设天花板的黄金时期，最为典型的产品和市场模式案例是微信。2011 年 1 月，手机即时通讯应用微信 1.0 版本正式发布，初期仅支持简单的文字信息发送功能，允许用户导入并联系 QQ 联系人；随后，为了扩大用户基础，微信增加了便捷的手机通讯录匹配功能，支持用户之间更广泛的连接。2012 年 3 月，微信用户数量就突破了 1 亿。同年 5 月，微信推出朋友圈功能，是互联网历史上首次在手机聊天工具中通过社区功能使用户分享生活点滴、展示个人动态、构建线上社交新模式。同时，微信确定了其英文名称"Wechat"，开启国际化发展阶段。2012 年 8 月，微信公众号平台正式上线，标志着微信开始通过公众号构建内容生态，为用户提供更为丰富多元的信息和服务。至此，微信实现了聊天、公众号、朋友圈的信息传播闭环，为用户提供了全面且富有创新性的体验。2013 年 1 月，微信用户数量突破 3 亿，成为全球下载量和用户量最多的通信软件，并且在海外华人聚集地和一些西方人群中形成广泛影响力。2013 年 10 月，微信用户数量再次实现跨越，达到 6 亿，每日活跃用户达到 1 亿。2014 年 1 月，微信红包在春节前夕正式上线，在短时间内成为全国热议话题，不仅丰富了用户的支付方式，而且进一步推动了微信在社交和金融领域的发展。2015 年 1 月，微信朋友圈广告正式宣布上线，这是微信在商业化道路上的又一重要尝试，为各类品牌提供了一个创新高效的宣传平台，也为用户提供了更丰富且个性化的信息接收体验。2018 年 2 月，微信月活跃用户人数突破 10 亿。微信近十年的迅猛发展充分说明了创新发展在因特网和移动通信网深度融合时代既没有天花板也不限速。在多网融合时代，只要有创意、只要有创新，市场空间就是无限大的。

（7）人机物三元融合阶段（2020s）

2020 年左右，因特网与移动通信网开始深度融合，全球逐渐进入人机物三元融合阶段。人机物三元融合是一个以人为中心，以通信网络为底座，通过物理空间、信息空间和社会空间的有机融合实现人工智能、人机关系以及物联网、大数据、人工智能等技术深度应用和高度融合，推动人类、机器、自然三者高效协作，提升生产效率和产品质量、改善生活品质的过程。当人工智能能够认知并协同人类工作时，可以推动三元融合的有序良性发展。同时，物联网、大数据等技术的深度应用和高度融合，使得物理空间、信息空间和社会空间得以持续交互信息和智能融合，促进了以人为中心的人机物三元融合智能化社会新质态形成。

9.4　移动通信网

9.4.1　概念与内涵

移动通信是指双方或至少有一方处于运动中的无线通信方式，要求用户终端稳定可靠、重量体积小、功耗低、方便携带。移动通信与前面提到的卫星通信一样，优质频率资源同样十分稀缺。由于移动通信通常处于城市建筑物环境中，复杂的无线传播环境使得信号衰落情况比较复杂，对误码率、传输速率、频谱效率、时延、QoS、QoE 等传输性能，以及用户数、系统容量、切换成功率、掉线率等网络性能均有着严格要求。相比于有线通信，移动通信通常面临互调干扰、邻道干扰、同频干扰等。互调干扰是指当两个或多个信号作用在通信设备的非线性器件上产生与有用信号相近的组合频率，从而对通信系统造成干扰；邻道干扰是指相邻或临近频道之间由于存在强信号串扰而造成的干扰；同频干扰是相同载频电台之间的干扰，是蜂窝系统特有的一种干扰。

9.4.2　系统组成

移动通信网络自边缘向中心可依次分为接入网、承载网和核心网，如图 9 - 13 所示。接入网是移动通信网络的最外层，由基站、基站控制器等设备组成，直接面向用户移动终端，负责接收用户接入到移动通信网络中的通信请求。承载网是移动通信网络的中间层，由光传送网络、分组传送网络、路由器、交换机等设备组成，负责接入网数据和核心网数据之间的双向传输。核心网是移动通信网络的最内层，由移动交换中心、归属位置寄存器、认证服务器、计费服务器等设备组成，负责处理和管理整个移动通信网络的数据和信令。

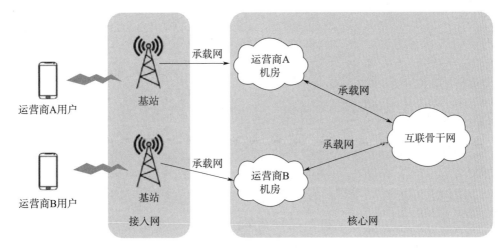

图 9 - 13　移动通信网架构

9.4.3　演进历程

移动通信网自 20 世纪 80 年代起步，至今经历了五个代际发展。

（1）1G 时代（1980s）

第一代移动通信技术（1G）始于 20 世纪 80 年代初期，架构如图 9 - 14 所示。1G 通信网采用 FM 模拟调制，将 300～3 400 Hz 语音信号调制到 MHz 载波频段，只能传输语音业务，覆盖范围相对较小、信号稳定性较差、语音质量不稳定且易串号。1G 通信系统终端形态以摩托罗拉 DynaTAC 8000X（俗称"大哥大"）为代表。

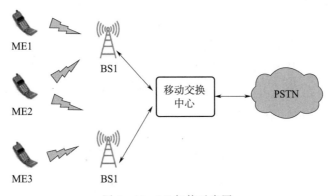

图 9 - 14　1G 架构示意图

美国贝尔实验室于 1947 年首次提出蜂窝移动通信设想，为现代移动通信奠定了理论基础，如图 9 - 15 所示。1977 年，贝尔实验室成功完成蜂窝通信可行性验证，标志着蜂窝移动通信技术从理论走向实际应用。

1978 年，贝尔实验室基于蜂窝通信技术研制出 AMPS 系统（Advanced Mobile Phone System，先进移动电话系统），于 1983 年在美国芝加哥正式投入商用并迅速在全美推广，

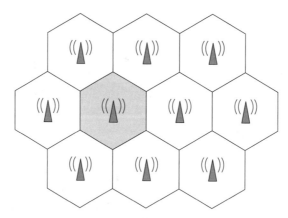

图 9 - 15　蜂窝通信示意图

随后在至少 72 个国家和地区运营过。同一时期，欧洲各国也开始建立 1G 移动通信系统，包括瑞典 NMT - 450 移动通信网、德国 C 网络（C - Netz）以及英国 TACS（Total Access Communications System，全接入通信系统）等，英国 TACS 移动通信系统曾在近 30 个国家运营过。我国蜂窝移动通信系统建设始于 1987 年广东第六届全运会。

AMPS 系统是当时全球最具影响力的 1G 系统，采用七小区复用模式，能够通过扇区化和小区分裂等技术进一步提高容量。AMPS 系统的上下行频段分别为 824～849 MHz 和 869～894 MHz。每个基站都配备一套控制信道发射器和接收器，分别用于前向控制信道的广播和反向控制信道的蜂窝电话呼叫建立请求监听。每个基站配置 8 个以上的频分复用双工语音信道，每个信道由一对间隔 45 MHz 的单工信道组成，可以同时处理多个语音通话。

（2）2G 时代（1990s）

2G 时代起，移动通信标准进入多元化时代，标准之争贯穿于移动通信演进历程，其内在逻辑是综合国力和产业主动权的竞争。每一次标准迭代升级，都会带来市场规模的指数级扩张，带来更强的技术溢出效应，推动移动通信产业进一步与各行各业融合。相比于 1G 语音通信时代，2G 进入了"语音＋文本"数字信息时代，也陆续出现了彩信和超文本应用，架构如图 9 - 16 所示。

①GSM

为了打破美国 1G 时代的标准垄断地位，欧洲邮电管理委员会于 1982 年成立了"移动专家组"（Group Special Mobile，GSM）负责通信标准研究，推出了 GSM 标准（Global System for Mobile communications，全球移动通信系统）。

1991 年，欧洲爱立信公司和诺基亚公司率先在欧洲大陆上架设起第一套 GSM 网络。其后十年时间里全球有 160 多个国家建成 GSM 网络，用户数超过 1 亿，市场占有率高达 75％。1992 年，法国阿尔卡特公司与上海贝尔有限公司共同承建我国第一套 GSM 通信系统。

GSM 采用时分多址（TDMA）技术，将信道平均分配给 8 个通话者，在任何时刻只允许 1 个用户使用信道通话。每个用户按照特定顺序轮流占用 1/8 信道时间。GSM 的语音质量更优、保密性更强、支持用户国际漫游、能够提供数字化语音业务以及低速数据业

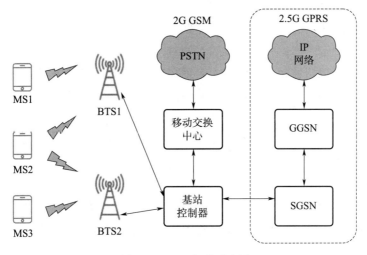

图 9 - 16 2G 架构示意图

务（如长度限制在 160 字短信），但容量相对有限、基站数量要求较多。

②CDMA

2G 时代，与 GSM 标准平行发展的另一套标准是美国 CDMA（Code Division Multiple Access，码分多址）标准。CDMA 早在 20 世纪 50 年代就已成为美国军方的通信标准之一。1989 年，美国高通公司将 CDMA 技术应用于移动通信领域。1995 年和 1998 年，美国电信产业协会先后发布了窄带 CMDA 标准（N－CDMA）IS－95A 和 IS－95B，使得 CDMA 技术得到了更为广泛的应用和推广。

CDMA 基于扩频技术通过编码区分不同信号。发射端扩频，即利用宽带高速伪随机码调制待传输信号，展宽原始数据信号的带宽并通过载波发送。接收端解扩，即采用完全相同的伪随机码对接收信号做相关处理，把宽带信号还原成原始窄带数据信号。相比于 GSM，CDMA 具有以下优点：1）系统容量更大，比 GSM 大 4～5 倍，即在相同频段内，CDMA 技术可以支持更多用户同时通话，频带利用率更高；2）接通率高、通话质量好、杂音更小，CDMA 采用扩频技术区分不同信号，有效减少了杂音和干扰、提高了通话清晰度和质量；3）所需发射功率更小，有利于提高设备的便携性和续航能力。

尽管 CDMA 具有上述应用优势，但由于起步较晚且商业化运营未能跟上步伐，因此并未在 2G 时代占据主导地位。这给从事技术创新、体系设计和运营管理人员带来的启示是，平衡科技创新和商业运营对于技术落地应用是至关重要的，即一项技术虽然具有明显优势，但也要注重商业化应用的时间窗口，否则无法在激烈的市场竞争中可持续发展。

③GPRS

GSM 虽然是 2G 时代的主导者，但本质上仍是一种电路交换系统，因而最高传输速率仅为 9.6 kbps，难以满足日益增长的数据传输需求。在此背景下，欧洲电信标准委员会（ETSI）发布了 GPRS 标准（General Packet Radio Service，通用分组无线电服务）。GPRS 是 GSM 的升级版，能够与 GSM 共存且平滑过渡，被认为是 2.5G 通信。不同于

GSM 的电路交换，GPRS 采用分组交换技术并且以流量而非时间计费，能更有效地利用网络资源、传输性能更好、用户使用成本更低，传输速率可以达到 56～114 kbps。

2.5G 时代还出现了 HSCSD、WAP、EDGE、EPOC 等技术。HSCSD 是一种高速电路数据交换技术，可以在移动通信网络中实现高速数据传输。WAP 是一种无线应用协议，允许用户通过移动设备访问互联网信息和服务。EDGE 是一种增强型数据速率分组交换技术，速率更高、连接性更好。蓝牙是一种短距离无线通信技术，允许设备之间进行无线数据传输和连接。EPOC 是一种基于 C/S 架构（客户机/服务器模式）的操作系统，适用于移动通信领域，效率更高、功耗更小、安全性更好。

（3）3G 时代（2000s）

2000 年，国际电信联盟（ITU）提出集成全球移动性、综合业务、数据传输蜂窝、无绳、寻呼、集群等多种功能的第三代全球移动通信系统概念，即 IMT－2000，能够满足频谱利用率高、运行环境稳定、业务能力强、质量高、网络灵活无缝覆盖、兼容性强等多项要求。IMT－2000 系统工作于 2 000 MHz 频段，能够同时提供电路交换和分组交换业务，上下行频段分别为 1 890～2 030 MHz 和 2 110～2 250 MHz。相比于 2G 系统，3G 系统的传输速率更高，可以达到百 kbps 量级以上，用户可以享受到更快速、更稳定的网络连接服务，可以在全球范围内更好地实现无线漫游，支持用户在不同国家和地区享受无缝网络连接服务，能够处理图像、音乐、视频流等多媒体数据，提供网页浏览、电话会议、电子商务等信息服务，支持用户使用手机观看高清视频或参加视频会议。图 9－17 给出了 3G 系统架构。

①CDMA

3G 通信的主要技术是 2G 时期市场占有率较低的 CDMA 技术。CDMA 在 3G 时代衍生出了三种宽带 CDMA 体制，分别是 W－CDMA、CDMA－2000 和 TD－SCDMA，均能在静态条件下提供 2 Mbps 速率。WCDMA 由 3GPP 组织推出（注：该组织由欧洲与日本等原推行 GSM 标准的国家联合成立）；TD－SCDMA 由中国移动推出，是我国首个拥有自主知识产权的国际标准；中国联通和中国电信分别采用 W－CDMA 体制和 CDMA－2000 体制。

②LTE

随着智能手机的迅速发展，移动数据流量需求不断提高，原有 3G 网络已无法满足高清视频等多媒体数据传输需求。为此，3GPP 组织于 2004 年正式启动 LTE（Long Term Evolution，长期演进标准）项目。LTE 在技术上并不完全等同于 4G，但被视为 3G 与 4G 之间的一个重要过渡阶段，因此也被称为"3.9G"。LTE 采用了正交频分复用（OFDM）和多输入多输出（MIMO）技术改进并增强了空中接入能力，能够在 20 MHz 带宽条件下实现下行链路 100 Mbps、上行链路 50 Mbps 的峰值速率，可以有效改善小区边缘用户的性能、提高小区容量、降低系统延迟。因此，LTE 技术在全球范围内得到了广泛应用和推广。

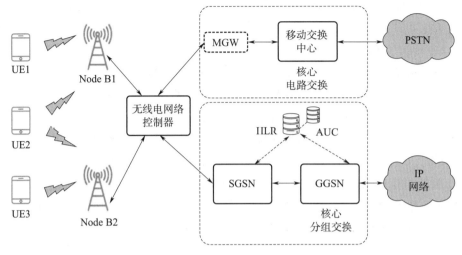

图 9 - 17　3G 系统架构

(4) 4G 时代（2010s）

2012 年 1 月，ITU 正式通过 4G（IMT - Advanced）标准，标志着 4G 技术正式进入全球应用阶段。4G 主要采用 LTE - Advanced 体制，系统架构如图 9 - 18 所示。4G 可以进一步分为 TDD（时分双工）和 FDD（频分双工）两种模式。其中，TDD 模式 LTE 称为 TD - LTE，FDD 模式 LTE 称为 FD - LTE，两者具有较高的兼容性。

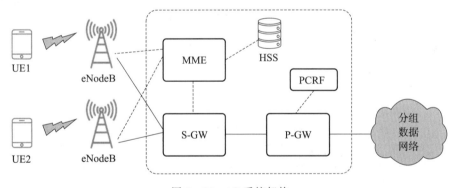

图 9 - 18　4G 系统架构

相较于 3G 技术，4G 的技术特点主要包括：1）采用 OFDM 正交频分复用技术，速率是 3G 的数十倍乃至数百倍，低移动性通信的速率可达 1 Gbps，通信方式更为灵活；2）采用软件无线电技术，通过软件编程替代相应硬件功能，通信终端可以更加灵活地实现多种通信协议转换和应用，可扩展性更好；3）使用智能天线技术和 MIMO 技术，发送端和接收端可以同时采用多个天线实现多路信号传输，可靠性更好、速率和频率效率更高。

不同于前三代移动通信网络，4G 核心网是一个具有开放架构的全 IP 网络，可以实现不同网络间的无缝互联，支持各种不同通信协议和网络互联通信，能够提供端到端 IP 业务，与既有核心网和 PSTN 兼容，支持多种空口接入和多种类型不同制式终端。核心网将业务、控制和传输等不同功能分开，各部分可以独立发展演进，网络复杂度更小、灵活性更好、维护成本更低。

（5）5G 时代（2020s）

人均持有移动终端（手机、平板电脑、智能手表等）数量不断增加、云端服务（如存储、计算、应用程序等）日益丰富导致移动网络面临的压力越来越大。4G 网络的拥塞硬伤已成为优质服务供给瓶颈，主要原因是信息传输速率大于信道容量。在此背景下，数据传输速率更高、通信延时更低、网络容量更大的 5G 技术逐渐发展起来。图 9 - 19 给出了5G 系统架构。IMT - 2020（5G）推进组明确提出通过标志性能力指标和关键技术定义5G。标志性能力指标包括用户体验速率、用户峰值速率、移动性、端到端时延、连接数密度、能量效率、频谱效率、流量密度等；关键技术包括大规模天线阵列、超密集组网、新型多址、全频谱接入和新型网络构架，如表 9 - 5 所示。

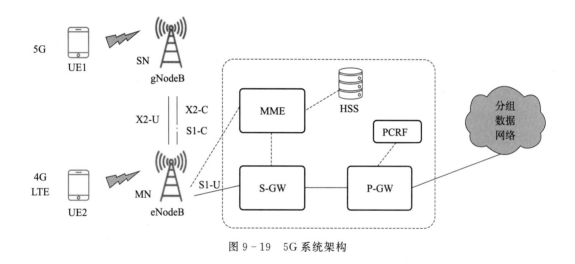

图 9 - 19　5G 系统架构

表 9 - 5　5G 移动通信典型性能

技术指标名称	技术指标含义	4G 要求	5G 要求	性能提升情况
用户体验速率	真实网络环境下,用户可获得的最低传输速率	0.01 Gbps	0.1～1 Gbps	10～100 倍
用户峰值速率	单个用户可获得的最高传输速率	1 Gbps	20 Gbps	20 倍
移动性	获得指定的服务质量,收发双方间获得的最大相对移动速度	350 km/h	500 km/h	提升 30%
端到端时延	数据从源节点到目的节点的时间间隔	20～30 ms	低至 1 ms	数十倍

续表

技术指标名称	技术指标含义	4G 要求	5G 要求	性能提升情况
连接数密度	单位面积内的连接数量总和	10 万台设备/ 平方千米	100 万台设备/ 平方千米	10 倍
能量效率	单位能量所能传输的比特数	1 倍	100 倍	100 倍
频谱效率	单位带宽数据的传输速率	1 倍	3 倍	3 倍
流量密度	单位面积内的总数量	0.1～0.5Tbps/ 平方千米	数十 Tbps/ 平方千米	数百倍

　　我国在 5G 领域走在世界前列。早在 2013 年，我国工信部、发改委与科技部就联合成立了 IMT - 2020 5G 推进组，旨在组织电信运营商、科研机构、终端制造商等国内各方力量共同开展国际合作，积极推动 5G 国际标准的发展。

　　2016 年，我国工信部联合头部通信企业和研发机构全面启动中国 5G 技术试验。此次试验旨在分阶段推动 5G 技术的研发和测试，确保可行性和稳定性，为我国未来 5G 网络的商用和普及奠定坚实基础。试验分为三个阶段实施，分别是 5G 关键技术试验、5G 技术方案验证和 5G 系统验证。第一个阶段主要针对 5G 关键性能指标进行测试，确保达到预期标准；第二个阶段主要针对各 5G 技术方案进行验证和优化，挑选出最优方案；第三个阶段主要侧重 5G 系统整体验证，确保满足大规模商用需求。上述三个阶段试验全面评估了 5G 技术的性能、可行性和稳定性，为我国 5G 网络建设提供了强有力的技术支持和保障。

　　2017 年 11 月，我国工信部率先发布 3 000～5 000 MHz 频段（中频段）5G 系统频率使用规划。国际电信标准组织 3GPP - RAN 于同年 12 月正式冻结并发布 5G NR 首发版本。

　　2018 年，3GPP 正式发布全球首个完整版 5G 标准——3GPP 5G NR 独立组网标准（Standalone，SA），为 5G 网络全面部署提供了重要技术支撑，标志着 5G 技术进入了新发展阶段。同年，我国发改委发布"关于组织实施 2018 年新一代信息基础设施建设工程的通知"，明确提出在不少于 5 个城市开展 5G 规模组网试点，每个试点城市需要建设不少于 50 个 5G 基站、支持不少于 500 个 5G 终端，进一步推动 5G 技术商业化应用。

　　2019 年，我国工信部正式向中国电信、中国移动、中国联通和中国广电发放 5G 商用牌照，标志着我国正式进入 5G 商用元年。

　　前面提到，移动通信标准关乎国家利益。我国在通信技术标准领域经历了 1G 空白、2G 跟随、3G 参与、4G 同步、5G 主导的艰难奋斗历程，在移动通信标准领域逐步实现了话语权从无到有、从弱到强的全过程。截至 2020 年底，我国建成 130 万个 5G 基站，覆盖了全国地级以上城市和 90% 县级以上城市。目前，我国已经建成全球商业规模最大的 5G 网络，为各行各业提供更高效、更稳定的网络连接和数字化转型支持，支撑我国工业互联网建设，为制造业、医疗、交通等领域提供了更多的创新和发展机会。

　　5G 主要定义了增强型移动宽带（enhance Mobile Broadband，eMBB）、超高可靠与低延迟通信（ultra Reliable & Low Latency Communication，uRLLC）和大规模机器通信（massive Machine Type of Communication，mMTC）三类应用场景，如图 9 - 20 所示，涉及移动通信和物联网领域。

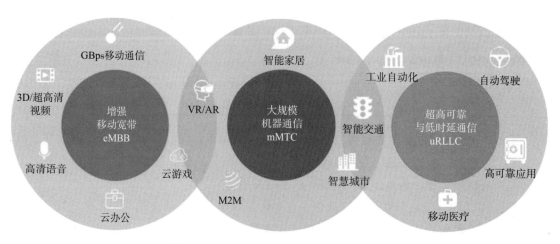

图 9 - 20　三大应用场景（引自：中兴通讯）

　　增强型移动宽带（eMBB）是 4G 移动宽带业务的延续，是运营商当前最主要的商业场景。作为最早实现商用的 5G 场景，eMBB 的应用前景最为清晰，不仅能够满足用户对高数据速率、高移动性业务的需求，而且新增 4K/8K 超高清视频、虚拟现实和增强现实、云服务等新业务，能够广泛应用于融合传媒、智慧教育、智慧旅游和智能安防等领域。

　　超高可靠与低延迟通信（uRLLC）是 5G 区别于 2G/3G/4G 通信网络的一个典型场景，是移动通信行业切入垂直行业的重要突破口之一，是多产业融合信息化革命的推手，能够为智能网联汽车、智能制造、智慧电力、智慧医疗等领域提供可靠通信和低延迟数据传输服务，支撑上述领域的智能化发展。

　　大规模机器通信（mMTC）是物联网业务场景，对终端密集程度要求高但对网络感知实时性要求低。mMTC 延续现有 NB - IoT/eMTC 物联网云平台，结合传感资产标识类信息、状态开关类信息以及数字传感类终端的发展，能够承载更密集海量机器类通信，能够为园区智慧安防、资产/人员管理、楼宇管理、城市市政管理、环境管理、物流、农业等领域提供高效通信和数据传输服务，促进智能化管理和应用发展。mMTC 是移动通信网和物联网深度融合发展的切入口。

（6）6G 时代愿景

　　图 9 - 21 系统性总结了移动通信从 1G 到 5G 的演进过程。未来，6G 将向着更高速率、更低延时、天地一体方向发展，目标是实现万物智连。预计 6G 时代，峰值速率将达到数百 Gbps 至 Tbps 量级，时延将缩短至 0.1 ms，适应 1 000 公里时速动态目标，实现亚米级定位，还将全方位引入人工智能技术，为用户提供更加个性化、智能化的服务。

1G 1980 s	2G 1990 s	3G 2000 s	4G 2010 s	5G 2020 s
模拟通话	数字通话 短信	数字通话　短信 互联网	数字通话　短信 互联网　多媒体 物联网	数字通话　短信 互联网　多媒体 5G　物联网
速率～2.4 kbps	速率～64 kbps	速率～数Mbps 延时～100 ms	速率～百Mbps 延时～20 ms	速率～Gbps 延时～1 ms
900 MHz	900 MHz 1 800 MHz	1 880～1 900 MHz 2 010～2 025 MHz	1 880～1 900 MHz 2 320～2 370 MHz 2 575～2 635 MHz	703～743 MHz 758～798 MHz 2 515～2 675 MHz 3 300～3 400 MHz 3 400～3 600 MHz 4 800～4 900 MHz
FDMA	TDMA CDMA	CDMA	OFDM MIMO	OFDM MIMO

图 9-21　1G～5G 演进特点

9.5　物联网

9.5.1　概念与内涵

物联网（Internet of Things，IoT）是一种通过传感设备按照约定协议把物品与因特网、移动通信网连接起来，实现通信和信息交换，集成智能化识别、定位、跟踪、监控和管理等功能的网络形态。

简单来说，物联网技术可以将各种物品信息接入互联网，支持用户在任何时间、任何地点实现人、机、物之间的互联互通。物联网构建起一个连接各种物品、设备和服务的智能网络，促进各种设备、设施和工具智能化、自动化，提高用户工作效率和生活便利性，为各行各业带来新商机。例如，智能家居领域，用户可以通过智能音箱控制家电，还可以检测空气质量、温度、湿度等参数；智能交通领域，管理部门可以通过智能化管理，减少交通拥堵、提高道路安全性；智能医疗方面，医疗机构可以通过远程监控和预测疾病，提高医疗效率和准确性；智能制造方面，工业部门可以通过物联网提高生产效率和质量；智能城市方面，行政部门可以通过物联网提高城市管理效率和质量。

9.5.2　系统组成

物联网通常由感知层、网络层和应用层组成，如图 9-22 所示。感知层位于最底层，负责感知和识别物体，是实现物联网全面感知的基础，通过温度传感器、湿度传感器、光电传感器、摄像头、电子标签等设备采集信息。网络层位于中间层，负责将传感器采集到的信息安全无误传输至应用层，涉及低功耗路由、自组织通信、无线接入 M2M（Machine to Machine）通信增强、IP 承载、网络传送、异构网络融合接入等技术。应用层位于最顶层，主要解决信息处理和人机界面问题，直接面向用户提供服务，用户通过计算机、手机、平板电脑等设备可以享受定制查询信息、监视信息、控制信息等个性化服务。

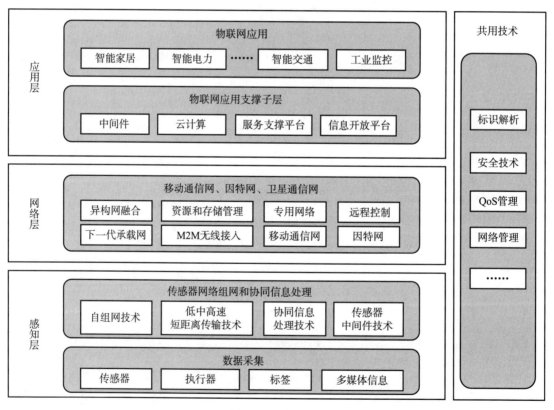

图 9-22　物联网

9.5.3　演进历程

物联网概念自 1999 年首次提出至今大致经历了概念提出与发展、产品创新与探索、智能物联三个阶段。

（1）概念提出与发展（1999—2005 年）

1999 年，麻省理工学院阿什顿（Kevin Ashton）教授首次提出物联网概念，将物联网定义为一种"通过各种信息传感设备把物品与互联网连接起来，使物品参与到日常信息交流与通信，从而智能化识别和管理物品"的场景。这个定义强调了物联网的核心思想，即通过互联网将物理世界与数字世界连接起来，实现物品之间的相互交流、信息共享和智能化管理。

物联网早期主要面向物流应用，通过射频识别（Radio Frequency Identification，RFID）代替传统条码识别。与传统条码相比，RFID 可以无接触非可视获得物品信息，并且对物品的形状/尺寸/位置无过多约束，适用范围更广、识别准确率和效率更高。因此，基于 RFID 的物联网革新了传统物流管理模式，提升了大宗物品的自动化、实时监控、智能调度水平，极大提升了物流运作效率、降低了运营和运行成本，为现代物流系统优化和升级提供了强有力支撑。

2005 年，国际电信联盟（ITU）在突尼斯信息社会世界峰会（WSIS）上发布了一份具有里程碑意义的报告——《ITU 互联网报告 2005：物联网》，革新了"物联网"内涵，指出"我们正站在一个新通信时代的边缘，信息与通信技术的目标已经从满足人与人之间的沟通发展到实现人与物、物与物之间的连接，无所不在的物联网通信时代即将来临。物联网使我们在信息与通信技术世界里获得一个新沟通维度，从任何时间、任何地点连接一切人拓展到连接一切物品，万物连接形成物联网。"

（2）产品创新与探索（2006—2015 年）

智能终端产品的创新为用户带来更便捷、更高效、更智能的体验，促进了物联网的普及，使物联网更好地融入人们的日常生活和工作中。

2006 年，耐克和苹果公司联合推出融合便携式音乐播放器和智能计步器的"Nike＋iPod"产品。"Nike＋iPod"设计精巧、轻便耐用、方便携带，通过智能计步器准确记录用户的步数、距离和卡路里等数据，支持用户通过简单操作查看上述信息并享受运动音乐内容。此外，"Nike＋iPod"还支持与苹果 iTunes 软件的无缝连接，方便用户将喜欢的歌曲、专辑和播客等内容传输至播放器中。

2012 年，美国通用电气公司（GE）提出一个创新理念，即在物联网基础上通过大数据分析和远程控制技术实现工业设施优化和机器运行维护。物联网技术可以将各种设施和机器连接到网络，实现状态实时监控；大数据分析技术可以深入挖掘海量数据，发现隐藏在数据背后的规律和趋势，更好地优化工业设施和机器的运行模式；远程控制技术可以遥控操作远端设备，及时解决故障问题。上述技术的综合应用为资产运营带来显著效益，能够实现资产的持续优化和生产效益的最大化。

同年，我国物联网重大专项"基于物联网的城市智能交通关键技术研究与应用"正式启动，由广州市交通信息投资有限公司牵头实施。项目面向城市交通问题构建了物联网体系架构，建立了城市交通物联网的技术体系、标准体系以及评价体系，突破了物联网信息安全、城市交通专用无线传感器网络（WSN）以及一体化车载设备终端等共性关键技术，针对公交客运优先协同保障、出租车综合管理与服务、交通换乘联运与协同调度、安全驾驶督导、智能交通诱导、市政交通设施管理与服务、桥梁状态感知与评价分析等典型应用场景提出了解决方案。

2013 年，美国谷歌公司发布谷歌眼镜（Google Glass）产品，是物联网和可穿戴技术领域一次突破。谷歌眼镜通过在用户眼前放置一块半透明显示屏幕并内置摄像头和增强现实功能，将数字世界与现实世界完美结合起来，支持语音控制、手势识别等操作。

2014 年，苹果公司发布 Apple Watch 产品，配置高清晰度 Retina 显示屏，提供心率监测、计步器、天气预报、电话通知、音乐播放等功能，支持用户通过语音指令 Siri 实现搜索、发送信息、预订餐厅等操作。

2015 年，窄带蜂窝物联网 NB - IoT 标准正式立项并于 2016 年冻结核心标准。NB - IoT 具有能源效率高、覆盖范围广等优点，通过窄带通信降低能耗，支持设备在复杂通信环境中的稳定连接。

（3）智能物联（2016 年至今）

2016 年起，物联网应用逐渐从相对封闭、碎片化发展模式走向生态开放、规模化发展的创新途径。智慧城市、工业物联网和车联网等领域率先成为突破口，应用成效显著。例如，工业部门通过生产过程自动化、智能化和远程监控大幅度提高工业生产效率和品质；车联网带动了智能驾驶技术的革新，通过车辆与道路基础设施、其他车辆之间的信息交互实现更加安全、更加舒适的行车体验；智能家居、智能家电等一系列联网产品的普及和推广也为人们的生活带来了前所未有的便利和舒适。

中国工业互联网产业联盟于 2016 年发布《工业互联网体系架构（V1.0）》，提出工业互联网的网络、数据、安全三大体系；2017 年发布《工业互联网平台白皮书》，明确了工业互联网平台的概念、定位和作用，指出工业互联网平台是工业全要素链接的枢纽，是工业资源配置的核心；2018 年发布《工业互联网平台评价方法》和《工业互联网平台建设及推广指南》，为工业互联网平台的能力建设和评估提供了参考依据；2019 年，发布《工业互联网白皮书 2019》，全面阐述了工业互联网的发展趋势、挑战和重点工作；2021 年发布《工业互联网创新发展三年行动计划（2021—2023 年）》，提出了未来三年工业互联网发展的重点任务和目标。

2016 年，谷歌公司发布物联网操作系统 Android Things 开发者预览版本，提供了一系列软件开发工具包（SDK）和相对完善的开发环境。同时，谷歌更新了针对物联网设备的 Weave 通信协议，支持设备之间的安全可靠数据交换。

2017 年，"万物智能·新纪元 AIoT 未来峰会"首次正式提出 AIoT 概念。"AIoT"即"AI＋IoT"，是人工智能技术与物联网在实际应用中的融合落地。例如，智能家居领域，家庭设备可以通过 AIoT 互联互通，用户通过语音助手即可智能控制全部家庭环境；智能制造领域，AIoT 可以实现生产线的智能化升级，提高生产效率和产品质量。

2018 年，华为在"AI 生活享品智"媒体品鉴会上表示将从入口、连接、生态三个层面构建 AIoT 产品生态。入口是 AIoT 产品生态的关键环节，华为借助自身丰富的硬件产品线积极布局智能家居、智能穿戴等各类智能硬件设备，抢占 AIoT 入口先机。连接是实现 AIoT 产品生态价值的核心环节，华为凭借自身领先的技术实力和丰富的网络资源，打造稳定、快速、安全的网络连接，确保用户智能设备能够随时随地保持连接，实现无缝智能体验。生态是保证 AIoT 产品生态持续发展的关键因素，华为通过与各行业合作伙伴共享资源、共建平台，共同开发和推广 AIoT 解决方案，构建丰富多样的 AIoT 生态系统，为各类用户需求提供全面解决方案。

同年，京东全面升级 AIoT 战略，成立独立 AIoT 品牌——"京鱼座"，与各行业企业合作推出一系列涵盖智能家居、智能健康、智能出行等领域的创新性 AIoT 产品。

2019 年，小米在年会上宣布未来五年将实施"手机＋AIoT 双引擎"核心战略。同年，亚马逊、苹果公司、谷歌和 Zigbee 联盟宣布共同成立"互联家居项目"（Project Connected Home over IP）工作组，开发并推广免专利费的新连接协议，提升智能家居生态之间的兼容性。

截至 2022 年年底，我国移动物联网用户连接数达 18.45 亿户，比 2021 年底净增 4.47 亿户，占全球总数的 70％。

9.6　总结与展望

9.6.1　传统各类形态网络小结

本章详细梳理了卫星通信网、因特网、移动通信网和物联网四类网络生态体系的发展历程。

卫星通信网，让通信不再受地理条件限制，能够为海洋、沙漠等传统地面通信难以全面覆盖的区域提供全球实时服务。卫星通信网的容量和速率不断提高、延时更小、覆盖性更好，从早期的话音通信逐步发展成集语音、数据、图像等综合多媒体数据传输能力于一体的智能通信平台。

因特网，作为全球最大的互联网，极大提高了信息传输与共享效率，推动了信息时代的快速发展，正在与移动通信、卫星通信网、物联网深度融合发展，促进了电子商务、网络金融、远程教育等新兴产业的发展。通过因特网，人们可以方便地获取和共享全球范围内的信息。

移动通信网，不仅为人们提供了便捷的语音通话和短信服务，而且还提供了移动宽带和移动互联网服务，使人们可以随时随地接入互联网、享受各类网络服务。移动通信网从早期的模拟信号时代发展到现在的 4G、5G 时代，将持续向着更高速率、更大容量、更高安全性方向发展。

物联网，将物理世界与数字世界紧密地联系在一起，使各种设备、传感器、机器等都可以连接到网络中，实现人机物交互与信息共享，在智能家居、智能交通、智能医疗、智能工业等多个领域都发挥着重要作用，极大地改善了人们的生活质量和生产效率。

9.6.2 跨域融合网络体系

在卫星通信网、因特网、移动通信网、物联网四类网络生态系统持续演进基础上，网络服务将向着更高速率、更大容量、服务空间泛在化、异构网络一体化方向发展。未来网络将不再受到时间、空间和设备的限制，最终将演进成为"高速泛在、天地一体、集成互联、安全高效的信息基础设施"，实现全域一张互联网，如图9-23所示。

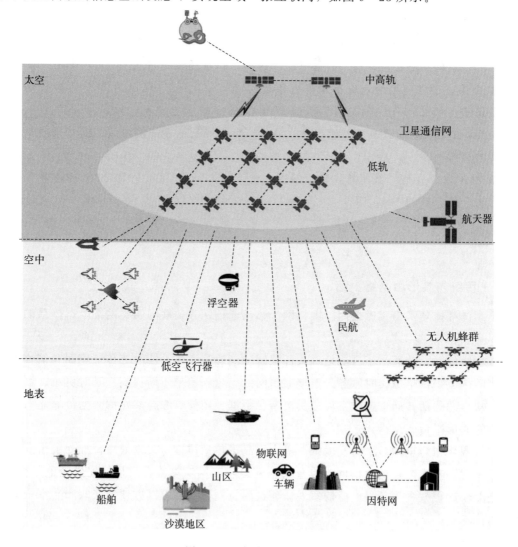

图9-23 全域一张网远景图

相比于传统各类网络，全域一张互联网的用户包含人机物，地点上涵盖了陆、海、空、天等广域地理空间，时间上不受地理空间和环境约束，能够按需随时接入，应用场景更为丰富并且具有自我造血可持续演进能力。全域一张互联网本质上是各种不同类型、不同形态网络资源整合和优化，是一个统一、高效、智能的网络化、体系化、数字化综合基础设施。

全域一张网并非要求四类网络生态系统要向同质化方向发展，相反，是要求多频段多体制空间通信技术共同发展创新，打造出有速度、有梯度、有密度的无线链路体系，将传统网络有机关联、深度融合起来，满足各类场景、各类用户日益增长的个性化差异化需求。6 GHz 以下频谱日益拥挤、传统较低频段优质资源稀缺，通过提高单节点能力和增加空间节点数量提高系统整体容量的途径将逐渐无法满足提速扩容的需求。因此，要实现高达 100 Gbps 甚至 1 Tbps 传输速率的目标，必须寻求更大带宽的电磁频谱资源。这就为太赫兹空间通信技术的发展提供了契机。尽管当前太赫兹通信技术的技术成熟度和规模化应用水平同微波和激光通信相比仍有一段差距，但可以肯定的是，在一个具有可持续发展潜力的应用场景驱动下，太赫兹通信技术将持续、不间断地发展积累并很快实现应用落地。